上海合作组织环境保护研究丛书

上海合作组织
区域和国别环境保护
研究(2015)

STUDY ON REGIONAL AND COUNTRY ENVIRONMENTAL PROTECTION OF SCO(2015)

中国-上海合作组织环境保护合作中心 编著

社会科学文献出版社
SOCIAL SCIENCES ACADEMIC PRESS (CHINA)

前　言

上海合作组织（简称上合组织）作为凝聚中国与周边国家"丝绸之路精神"的纽带，自诞生之日起就是成员国、观察员国、对话伙伴国之间经验互鉴、互利共赢的命运共同体。2015年7月10日，上海合作组织成员国元首理事会第十五次会议批准了《上海合作组织至2025年发展战略》，启动了接收印度和巴基斯坦加入上海合作组织的程序等，为上合组织的未来发展指明了方向，将对提升该组织的国际地位和影响力产生深远影响。

截至目前，上海合作组织成员国包括哈萨克斯坦、中国、吉尔吉斯斯坦、俄罗斯、塔吉克斯坦、乌兹别克斯坦，印度和巴基斯坦正在启动加入程序，观察员国有阿富汗、白俄罗斯、伊朗、蒙古，对话伙伴国有阿塞拜疆、亚美尼亚、柬埔寨、尼泊尔、土耳其、斯里兰卡。

本书是"上海合作组织环境保护研究丛书"的第二本。第一本为《上海合作组织成员国环境保护研究》，介绍了上海合作组织概况及其5个成员国（哈萨克斯坦、吉尔吉斯斯坦、俄罗斯、塔吉克斯坦、乌兹别克斯坦）的国家概况、环境状况、环境管理和环保国际合作。本书分为上下两篇，上篇重点选取上合组织区域重点环保国际合作机制，分别从组织机构、合作领域、在环保合作领域的进展及已签署的合作协议等方面进行整体梳理。下篇是对上合组织两个启动加入成员国程序的国家（印度和巴基斯坦）、三个观察员国（阿富汗、白俄罗斯、伊朗）和两个对话伙伴国（土耳其、斯里兰卡）环境概况及环保国际合作等的阐述，并分别从国家概况、国家环境状况、环境管理及环保国际合作四个方面进行了详细介绍。

本书由中国－上海合作组织环境保护合作中心、中国社会科学院俄罗斯东欧中亚研究所和中国国际问题研究院等单位相关人员共同编著完成。中国－上海合作组织环境保护合作中心郭敬、周国梅做总体设计，并给予全面指导和帮助。各章节完成人：第一章，张宁、谢静、王聃同；第二章，国冬梅、张宁、王聃同；第三章，王玉娟、张宁、侯立鹏；第四章，国冬梅、张宁、侯立鹏；第五章，李菲、张宁、谢静；第六章，侯立鹏、张宁、王聏同；第七章，涂莹燕、张宁、王玉娟；第八章，王玉娟、李自国；第九章，李菲、李自国；第十章，谢静、赵臻；第十一章，魏亮、李自国；第十二章，张扬、赵臻；第十三章，王聏同、李自国、赵臻。全书由国冬梅、王玉娟统稿，王聏同、侯立鹏、李菲和谢静等参与了书稿中文字、图表等内容的修订编辑工作，中国－上海合作组织环境保护合作中心刘婷、尚会君、刘妍妮、张玉麟、周子立等为本书稿的完成提供了支持和保障。

本研究由环境保护部提供资金支持，由环境保护部国际合作司提供指导，并得到了中国社会科学院俄罗斯东欧中亚研究所、中国国际问题研究院等单位的大力支持，在此深表感谢。

上合组织环保合作还在不断深入，殷切希望本书的出版能够引起相关人士对该研究领域的更大关注和支持，本书若能起到抛砖引玉的作用，作者深感欣慰。鉴于上合组织环保合作领域的不断拓宽和深入，许多工作仍有待深化和扩展，加之作者的知识和能力有限，书中难免有不妥之处，敬请不吝赐教。

作　者

2015 年 12 月于北京

目录

上篇　上海合作组织主要区域环保国际合作机制研究

第一章　独联体（CIS）框架内的环保合作 …………………… 3
第一节　合作机制概况 ………………………………………… 4
第二节　环保合作 ……………………………………………… 7

第二章　欧亚经济联盟（EEU）框架内的环保合作 …………… 12
第一节　合作机制概况 ………………………………………… 13
第二节　环保合作 ……………………………………………… 17

第三章　亚洲开发银行"中亚区域经济合作机制"（CAREC）框架内的环保合作 ……………………………………………………… 21
第一节　合作机制概况 ………………………………………… 22
第二节　环保合作 ……………………………………………… 28

第四章　联合国"中亚经济专门计划"（SPECA）框架内的环保合作 ……………………………………………………………… 37
第一节　合作机制概况 ………………………………………… 37
第二节　环保合作 ……………………………………………… 40

第五章　南亚区域合作联盟（SAARC）框架内的环保合作 …… 55
第一节　合作机制概况 ………………………………………… 55

第二节　环保合作 …………………………………………………… 61

第六章　南亚合作环境规划署（SACEP）的环保合作 ……………… 72
   第一节　机构简介 …………………………………………………… 72
   第二节　环保合作 …………………………………………………… 77

下篇　上海合作组织国别环境保护状况

第七章　印度环境概况 ……………………………………………………… 95
   第一节　国家概况 …………………………………………………… 95
   第二节　国家环境状况 ……………………………………………… 101
   第三节　环境管理 …………………………………………………… 112
   第四节　环保国际合作 ……………………………………………… 118

第八章　巴基斯坦环境概况 ……………………………………………… 129
   第一节　国家概况 …………………………………………………… 129
   第二节　国家环境状况 ……………………………………………… 135
   第三节　环境管理 …………………………………………………… 149
   第四节　环保国际合作 ……………………………………………… 153

第九章　阿富汗环境概况 ………………………………………………… 160
   第一节　国家概况 …………………………………………………… 160
   第二节　国家环境状况 ……………………………………………… 184
   第三节　环境管理 …………………………………………………… 198
   第四节　环保国际合作 ……………………………………………… 202

第十章　白俄罗斯环境概况 ……………………………………………… 209
   第一节　国家概况 …………………………………………………… 209
   第二节　国家环境状况 ……………………………………………… 213
   第三节　环境管理 …………………………………………………… 224
   第四节　环保国际合作 ……………………………………………… 230

第十一章　伊朗环境概况 238
第一节　国家概况 238
第二节　国家环境状况 258
第三节　环境管理 282
第四节　环保国际合作 289

第十二章　土耳其环境概况 300
第一节　国家概况 300
第二节　国家环状况 316
第三节　环境管理 333
第四节　环保国际合作 336

第十三章　斯里兰卡环境概况 343
第一节　国家概况 343
第二节　国家环境状况 348
第三节　环境管理 359
第四节　环保国际合作 362

上 篇

上海合作组织主要区域环保国际合作机制研究

第一章
独联体（CIS）框架内的环保合作

独联体是"独立国家联合体"（Commonwealth of Independent States）的简称。1991年12月8日，苏联的三个加盟共和国——白俄罗斯、俄罗斯、乌克兰的领导人在白俄罗斯别洛韦日签署关于成立独立国家联合体的协定。21日，除波罗的海三国和格鲁吉亚外，其余11个苏联加盟共和国的领导人在阿拉木图会晤，通过《阿拉木图宣言》和《关于武装力量的议定书》等文件，宣告苏联已不复存在，并成立独立国家联合体。25日，戈尔巴乔夫宣布辞去苏联总统职务，苏联正式解体。

在决定成立独联体时，为防止苏联复辟，成员国将它设计成一个单纯为发展成员合作提供服务的机构，以主权平等为基础，为各成员国进一步发展和加强友好、睦邻、和谐、信任、谅解和互利合作关系服务，而不是凌驾于国家之上的实体，它没有中央领导机构，不具有国家的性质，也没有给自己设下终极发展目标。但是，苏联解体造成原有的政治、经济、社会、人文、安全等各方面有机联系中断或削弱，并不符合各新独立国家利益，于是这些新独立国家（独联体成员国）又希望独联体能有效地发挥中轴作用。由此形成尴尬的局面：一方面成员不想让渡主权，防止独联体成为超国家机构，另一方面又想让独联体有效协调成员合作；一方面成员都想与俄罗斯加强合作，希望俄罗斯能发挥主导作用，另一方面又利用独联体机制遏制俄罗斯一家独大，加强自身独立与主权，避免成为俄罗斯的附庸。

换句话说，独联体的功能定位和制度设计同成员对它的期待之间存在巨大落差，一旦不能满足成员的需要和期望，便被贴上"缺乏效率"等标签，成员便对它逐渐灰心，越发不重视，这也是近年来人们关注独联体能否继续维系的原因所在。2009年10月9日，中亚地区的哈、土、塔、乌四国总统缺席在摩尔多瓦首都基希讷乌召开的独联体国家首脑峰会，被称为"独联体的葬礼"。独联体内部也不断发出改革呼声，但多年来一直没有大的实质进展。

第一节　合作机制概况

独联体秘书处设在白俄罗斯首都明斯克，工作语言为俄语，创立初期有12个成员国，分别是俄罗斯、白俄罗斯、乌克兰、摩尔多瓦、阿塞拜疆、亚美尼亚、格鲁吉亚、哈萨克斯坦、吉尔吉斯斯坦、乌兹别克斯坦、塔吉克斯坦和土库曼斯坦。自1995年12月土库曼斯坦被联合国承认为永久中立国后，"为保持中立国立场"，土库曼斯坦与独联体其他成员主要发展双边关系，基本不参加多边组织活动。2005年8月26日，土库曼斯坦派副总理阿克耶夫出席在俄罗斯喀山举行的独联体元首峰会，并申请由独联体正式成员国变为非正式成员国。2009年8月18日，格鲁吉亚宣布正式退出独联体，理由是2008年8月的格俄冲突："独联体的一个成员国对另一个合法成员国发动了战争，侵略其领土并承认其被占领土独立"。

一　组织机构

独联体主要有国家元首理事会、政府首脑理事会、外交部长理事会、国防部长理事会、联合武装力量总司令部、边防军司令理事会、集体安全委员会、经济法院、秘书处、协调委员会等常设机构。此外，还有跨国议会大会、人权委员会、跨国经济委员会和跨国货币委员会以及多部门合作机构等专门机构。其中，国家元首理事会是最高机构，通常每年召开两次会议。政府首脑理事会每年召开四次会议。会议轮流在各成员国举行。

国家元首理事会（Council of Heads of State）是独联体最高决策机构，由成员国国家元首组成。

政府首脑理事会（Council of Heads of Government）由成员国政府总理组成，负责落实元首理事会的决议。

外交部长理事会（Council of Foreign Ministers）由成员国外交部部长组成，负责对外关系领域合作。

经济委员会（Economic Committee）由成员国商务或经济部部长组成，负责协调独联体各国经济机构间的合作工作，促进企业跨国多边合作，推动建立商品、劳务、资本和劳动力自由流通的统一大市场。

独联体经济法院（Economic Court of CIS）由成员国各派2名法官组成，负责审理成员间的经济纠纷。

独联体议会联盟（Inter-parliamentary Assembly）由成员国议会代表组成，负责立法机构合作。

执行委员会（Executive Committee）即秘书处，负责组织日常事务，协调各具体领域合作。

部门领导人委员会由成员国各部门负责人组成，负责各具体领域合作。截至2015年1月，独联体框架内共建立69个部门间协调机构（政府间委员会、协调委员会、咨询委员会等）。这些机构均由成员国部长级领导组成，负责具体实务领域合作，如国防部长委员会、交通部长委员会、能源委员会、和平利用原子能委员会、生态环保委员会等。

上述机构间关系见图1-1。

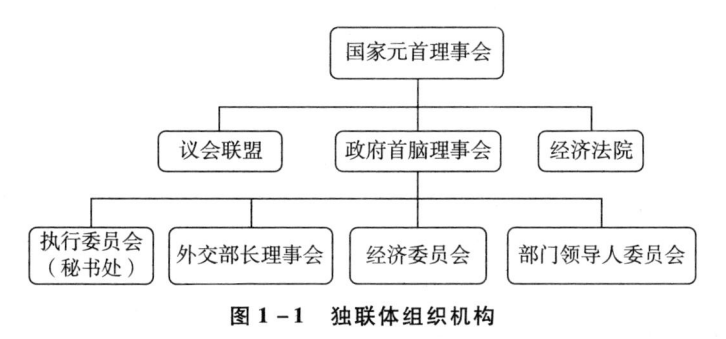

图1-1 独联体组织机构

二 合作领域

独联体的主要功能是独立国家维持苏联加盟共和国时期的各种联系。因此，独联体的合作领域涉及方方面面，尤其是经济、财政金融、人文、社会、科技、安全、司法、边境、议会等。

《独联体2020年前战略》确定该组织的主要合作方向有7个：一是经济；二是财政金融；三是政治；四是人文社会；五是安全，包括国防、边境、反恐、打击有组织犯罪、反毒、应对新挑战等；六是成员间的区域和边境合作；七是司法。

2005年8月26日，喀山峰会决定独联体今后将集中精力发展经济、安全和人文三个领域的合作。为集中精力搞合作，独联体开展主题年活动：2010年为科技与创新年；2011年是历史文化遗产年、提高粮食安全年；2012年是体育与健康生活方式年、通信与信息年；2013年是生态文化与环境保护年；2014年是旅游年；2015年是卫国战争老战士年；2016年是教育年。

成立至今，独联体在经济和人文领域的成绩主要表现在以下几个方面。①独联体已经基本实现自由贸易。成员国于1993年9月24日签署《建立经济联盟协议》，1994年4月15日签署《独联体自由贸易区协议》（土库曼斯坦和摩尔多瓦未签署），10月21日签署《建立独联体跨国经济委员会和支付联盟协议》（土库曼斯坦、阿塞拜疆未签署）。因各种原因，上述协议未获执行，但不同发展速度和发展水平的成员国通过相互签署双边自由贸易区协定的形式（最近一个双边自贸区协定由吉尔吉斯斯坦和塔吉克斯坦于2000年签订），事实上间接地在独联体内建立了自由贸易区。2011年10月8日，独联体成员国政府首脑理事会圣彼得堡会议上，俄罗斯、白俄罗斯、哈萨克斯坦、吉尔吉斯斯坦、塔吉克斯坦、亚美尼亚、摩尔多瓦、乌克兰8个成员国签署了《独联体自由贸易区协议》，阿塞拜疆、土库曼斯坦和乌兹别克斯坦3国未签署。该协议于2012年9月20日生效。当前，成员国间的相互贸易种类约1.2万种，只对27种商品征收关税，对200多种商品实行非关税限制。这意味着，成员国享受着关税优惠，另外还从俄罗斯获得价格优惠（如能源等原材料、国防装备、运输等）。如果脱离独联体，成员国间的贸易壁垒和贸易成本势必增加。②教育、医疗卫生、劳动保护、体育、青年、文艺、出版、传媒等各领域交流频繁，保护了民众间的传统联系，比如开通卫星电视频道，宣传成员国国情和文化；建立出版合作机制，每年都举行图书展；推动相互承认学历和文凭等。

当前，独联体的困难在于，由于成员国已经渡过独立初期难关，从克服危机转为稳定发展，各国的发展程度和利益需求差距比独立初期时加大，因此在独联体范围内，出现了不同层次的次区域经济合作机制，包括俄罗斯和白俄罗斯的俄白联盟；俄、白、哈三国关税联盟；俄、白、哈、吉、塔五国欧亚经济共同体；古阿姆集团等。可以说，独联体成员间的协调难度越来越大。应对上述问题的办法，主要是继续加强成员国双边、行业部门间、地方行政区间、边境地区合作，比如加强能源、交通和通信基础设施，国防装备现代化，信贷支付体系，建立统一劳动力和农产品市场等方面的合作。

在安全方面，独联体的成绩主要表现在以下方面。①成员国强力部门间已经建立了良好的合作关系，如国防部长委员会、边防部队领导人委员会、安全和情报部门负责人委员会、内务部长委员会、检察长委员会、海关委员会、比什凯克反恐中心、杜尚别打击有组织犯罪协调委员会等。②成员国间形成了统一防空体系。③确保成员国边境安全保障体系由独立初期的统一体系平稳转换为成员国自主管理体系。在成员国独立初期，独联体的统一边防体系让大部分成员国省去很多经费和后顾之忧，可以集中精力解决国内发展中最紧要问题。④在打击和防范非传统安全威胁方面效果显著，如紧急救灾、反毒、打击恐怖主义、打击非法移民和贩卖人口、打击洗钱等。1999年10月在独联体"打击有组织和其他犯罪行为协调局"下设立"反恐中心"，以协调各成员国的反恐行动，共同打击三股势力。

第二节 环保合作

独联体框架内环保事务由独联体跨国生态委员会负责。该委员会于1992年2月8日成立，向成员国政府首脑理事会汇报工作。主要职能是协调成员国环保领域合作、协调环保法律规范和环保标准、制定区域环保合作规划、应对环境灾害、开展科研和培训、交流信息、环保评估评价等。委员会下设"跨国生态基金"，为项目开展提供支持，但因经费缺乏，实际上鲜有活动。委员会还下设秘书处"常设协调小组"，负责维持日常联系。

独联体成员国跨国生态委员会成立之初共有成员11名（由独联体各成员国环保部部长组成），但到了2015年上半年只剩下4名成员：白俄罗斯环保部部长（委员会主席）、俄罗斯自然资源与生态部部长、亚美尼亚环保部部长、哈萨克斯坦能源部副部长。其他国家的环保部部长已很少出席生态委员会活动。独联体跨国生态委员会第10次会议于2014年10月6日在白俄罗斯明斯克举行，第11次会议于2015年在哈萨克斯坦举行。从这一现象也可以看出独联体框架内环保合作的艰难。

一 环保合作重点领域

独联体环保合作领域广泛，涉及土壤、矿产、森林、水、大气、臭氧层、气候、动植物、废弃物、紧急救灾、环保评价、环保法律法规、环保技术标准等。随着各国发展差距加大，近年环保合作关注的重点领域为以下几个。

第一，跨境污染治理，如跨界河流、大气污染、动植物疫病、土壤沙化等。因领土接壤，上游污染危及下游生态安全的情况时常发生。成员国希望独联体能够制定统一的处置方案和标准，既有利于合作，也便于处理纠纷。

第二，协调成员国环保法律和标准。此项合作也部分涉及独联体议会联盟框架内的合作，旨在使成员国法律与被普遍接受的环保国际公约相协调，逐渐与国际接轨。

第三，建立环保数据库。在苏联已有资料的基础上，将成员国的有关环保数据资料收集入库，便于成员国之间的合作。

二 已签署的环保合作协议

截至2015年初，独联体框架内已签署的合作协议主要有以下几个。

（1）《独联体成员国环保合作协议》（以下简称《协议》）。该协议于2013年5月31日在白俄罗斯首都明斯克签署，这是环保协议的第二版。第一版早在1992年1月8日于莫斯科签署，当时的签约国有俄罗斯、白俄罗斯、乌克兰、亚美尼亚、摩尔多瓦、哈萨克斯坦、塔吉克斯坦等。《协议》规定了成员国土地、矿产、森林、水、动植物和其他自然资源的开发利用规则。经过近20年的发展，形势已发生较大变化，尤其是依据2007年10月5日《独联体深入发展构想》和2008年11月14日《独联体2020年前经济发展战略》的基本要求，原有协议中的若干内容需要更新。《协议》认为，环境具有不可分割性和完整性，是统一的国家利益的组成部分。《协议》约定成员国将在制定和通过相关法律、环保标准和检验指标体系，拟定自然资源清单，实施环保监督检查，完善环保国家管理，保护生物多样性，评估经济社会活动对环境的影响，发展自然保护区，环保评估，环保教育科研，创新等领域加强合作。《协议》拟通过制定协调统一的环保标准、监督检查指标、环评方法和程序、发展规划和战略，以及建立信息资料数据库、制定教学大纲等方式方法，协调成员国环保行动，并规定，成员国环保合作项目经费主要来自项目约定或各成员国认捐。《协议》属无限期合作，希望退出的成员只需提前6个月通知便可。《协议》不影响成员国履行已签署的其他国际合作协议所规定的义务。

（2）《保护濒危野生动植物红色清单》。该清单于1995年6月23日签署并生效，旨在保护独联体地区内的濒危野生动植物资源，维护生态多样性。主要措施是颁布"红色清单"，各国将需要保护的品种列入其中，并由所有成员国通力协助保护。

（3）《在合理利用和保护跨界水体领域相互协作的基本原则》。该协议于1998年9月11日在莫斯科签署。其依据为1966年8月20日赫尔辛基《国际河流利用规则》和1992年3月17日赫尔辛基《保护和利用跨界河流和国际湖泊构想》，旨在保护和利用成员国跨界河流、跨界地下水、国际湖泊等所有地上地下的跨界水体，如维护水利设施、治理水污染、防止水资源减少和盐碱化、消除灾害后果、治理水灾水患等。该协议约定加强水体信息交流和通报、水质监控、水质和水量测量等方面的合作，制定水量分配基本原则，协调和统一技术标准，不实施可能损害水体的行为等。

（4）《在生态和自然环境保护领域的信息合作协议》。该协议于1998年9月11日在莫斯科签署，旨在建立环境资源数据库、危险物品资料库、环保科技和教育资源库等信息数据库，通报和交流环保信息，开展环保科研和教育培训工作，分析测评环境质量，制定防灾预案，发布环境报告等。

（5）《生态监管领域合作协议》。该协议于1999年1月13日签署，2005年修改补充。该协议旨在规范成员国环保监测、分析和预测环境状态，评估人类活动造成的环境影响，以便采取适当措施保护环境，更好地利用自然资源，实现可持续发展。该协议要求成员国共同建设跨国观测监控体系；在成员国内部建立国家和地方监控体系；协调成员国间的法律规范和技术标准以及行政规划；开展相关科研和培训；建立信息收集、整理和传送数据库；模拟极端环境并探明危害根源；了解污染与人畜健康之间的关系；查明灾害和事故原因，并建立预防机制；预报台风、龙卷风，预防其危害，为有关部门决策提供依据；拟定濒危动植物保护红色清单；提高检测设备、仪器、标准等水平；在俄罗斯气象水文中央研究所基础上建立"跨国环境监测中心"，以集中利用成员国环境监测领域的科研和培训等资源；发展与其他国际环保机制的合作。

（6）《生态安全构想》（以下简称《构想》）。《构想》由独联体成员国议会联盟于2008年通过，旨在通过成员国共同努力，建设"集体生态安全"。《构想》强调成员国需确定可能危害环境的生产或其他活动清单；制定具有跨境影响的危险因素清单；制定共同的跨界水资源利用规则；开展自然保护区危险预防活动；组织调查跨境生物迁徙活动；调查研究可能破坏环境的技术工程活动；开展生态安全模拟试验；寻找、鉴别和登记不知名的极少被关注的有毒生物品种等。《构想》鼓励社会参与，欢迎志愿者广泛宣传生态安全，建立数据库，出版发行环保手册。《构想》重视环保知识产权保护，同时遵守保密义务，维护成员国的环保信息安全。《构想》设立集体生态安全小组，由各成员国各派3名代表组成，负责落实构想。另外，成员国需定期召开环保会议，讨论环保安全，制定合作规划。

独联体环保领域的主要合作文件见表1-1。

表 1-1 独联体环保领域的主要合作文件

主要合作文件	俄文名称
《独联体成员国环保合作协议》2013年5月31日于明斯克签署	《Соглашение о сотрудничестве в области охраны окружающей среды государств-участников Содружества Независимых Государств》
《保护濒危野生动植物红色清单》亚美尼亚、白俄罗斯、哈萨克斯坦、吉尔吉斯斯坦、塔吉克斯坦1995年6月23日于明斯克签署生效	《Соглашение о книге редких и находящихся под угрозой исчезновения видов животных и растений-Красной книге государств-участников СНГ》
《危险品和其他废弃物跨境运输监管协议》俄罗斯、白俄罗斯、摩尔多瓦、亚美尼亚、格鲁吉亚、哈萨克斯坦、吉尔吉斯斯坦、塔吉克斯坦、土库曼斯坦、乌兹别克斯坦1996年4月12日于莫斯科签署	《Соглашение о контроле за транзитной перевозкой опасных и других отходов》
《在合理利用和保护跨界水体领域相互协作的基本原则》俄罗斯、白俄罗斯、哈萨克斯坦、塔吉克斯坦1998年9月11日于莫斯科签署	《Соглашение об основных принципах взаимодействия в области рационального использования и охраны трансграничных водных объектов》
《在生态和自然环境保护领域的信息合作协议》俄罗斯、白俄罗斯、摩尔多瓦、亚美尼亚、格鲁吉亚、哈萨克斯坦、吉尔吉斯斯坦、塔吉克斯坦1998年9月11日于莫斯科签署	《Соглашение об информационном сотрудничестве в области экологии и охраны окружающей природной среды》
《生态监管领域合作协议》俄罗斯、白俄罗斯、摩尔多瓦、亚美尼亚、格鲁吉亚、哈萨克斯坦、吉尔吉斯斯坦、塔吉克斯坦、乌兹别克斯坦1999年1月13日于萨拉托夫市签署；俄罗斯、白俄罗斯、亚美尼亚、哈萨克斯坦、吉尔吉斯斯坦2005年6月3日于第比利斯签署修改备忘录	《Соглашение о сотрудничестве в области экологического мониторинга》
《成员国关于候鸟和哺乳动物及其栖息地的保护和利用协议》于1994年9月9日签署	《Соглашение об охране и использовании мигрирующих видов птиц и млекопитающих и мест их обитания》
《关于建立统一的独联体成员国工业废弃物分类和编码体系的协议》	《Соглашение о создании единой системы классификации и кодирования промышленных отходов в странах СНГ》
《生态安全构想》2008年11月25日于第31届独联体议会联盟会议通过	《Конвенция об экологической безопасности》

续表

主要合作文件	俄文名称
《独联体成员国在跨界水体调节和开发领域的生态教育构想》	《Концепция экологического образования для стран СНГ, Руководящие принципы регулирования и эксплуатации трансграничных водных объектов》
独联体通过的环保标准、技术和方法等文件	
《成员国在大气污染物排放方面的"CORINAIR"使用指南》	《Соглашение о применении Руководства 《CORINAIR》 по инвентаризации выбросов загрязняющих веществ в атмосферу в государствах-участниках СНГ》
《环保评价指南》	《Соглашение о Руководстве по оценке воздействия на окружающую среду》
《关于大气污染物排放的定额的协议》	《Соглашение о нормировании выбросов на основе сводных расчетов загрязнения атмосферного воздуха》
《关于评价跨国环境影响的双边协议的范本》	《Соглашение о модельном двустороннем Соглашении об оценке воздействия на окружающую среду в трансграничном контексте》
《关于在环保评价领域相互协助的基本原则的协议》	《Соглашение об основных принципах взаимодействия в области экологической экспертизы》
《关于依据国际潜在危险和有毒化学物资登记办法，成员国统一登记注册潜在危险化学和生物品的方法的协议》	《Соглашение о гармонизации национальных подходов к государственной регистрации потенциально опасных химических и биологических веществ с учетом рекомендаций Международного регистра потенциально опасных токсичных химических веществ》
《关于发展和完善生态教育的协议》	《Соглашение о развитии и совершенствовании экологического образования》

第二章
欧亚经济联盟（EEU）框架内的环保合作

1991年底苏联解体，独联体成立。由于各成员国利益不同，各有所想，独联体形成"议多行少"的局面。为提高合作效率，俄罗斯、白俄罗斯、哈萨克斯坦三国于1996年3月成立关税联盟，同年吉尔吉斯斯坦加入，1999年4月塔吉克斯坦加入。

关税联盟的成立初衷，是希望在成员内部统一贸易制度，取消进出口关税和数量限制，并对非成员国实施统一的关税和非关税措施。但事实是，关税联盟未能建立起统一的海关边境，也未能协调好成员国的立场。原因在于，它只是一纸协议，不是国际组织，不具备国际行为主体的能力，难以协调和开展对外工作，对不履约行为缺乏制裁手段，另外，因成员国的条约批准生效机制不同，很多决议难以生效，即使生效，成员国也经常借各种理由不履行。

为进一步加强关税联盟成员国间的合作，克服该机制的弊端，避免关税联盟沦落为"第二个独联体"，俄、白、哈、吉、塔五国总统2000年10月10日在哈萨克斯坦首都阿斯塔纳举行会晤，决定将关税联盟提升为欧亚经济共同体，旨在建立统一经济空间，实现经济一体化。从俄文意思看，经济共同体相当于"关税联盟+货币联盟"，不仅要统一关税，还要统一货币。

2009年11月27日，俄罗斯、白俄罗斯、哈萨克斯坦三国元首在明斯克签署包括《关税联盟海关法典》在内的9个文件，决定从2010年1月1日起对外实行统一税率（部分商品有过渡期）；从2010年7月1日起取消俄罗斯与白俄罗斯间的关境；从2011年7月1日起取消俄、哈间的关境。

关税联盟启动后，俄、白、哈三国开始探讨建立"统一经济空间"（关税联盟+货币联盟）。2010年11月20日，三国总理在圣彼得堡签署《协调宏观经济政策协议》《竞争统一原则和规则协议》《抵制第三国非法劳动移民合作协议》等若干协议。同年12月9日，三国元首又在莫斯科签署《宏观经济政策协议》《货币政策原则协议》《金融市场资本自由流通协议》等文件。至此，建立统一经济空间的法律基础全部形成（共 17 份文件）。三国元首发表《联合声明》，决定从 2012 年 1 月 1 日起启动俄、白、哈"统一经济空间"。

2014 年 5 月 29 日，俄、白、哈三国总统在阿斯塔纳签署《欧亚经济联盟条约》，涉及能源、交通、工业、农业、关税、贸易、税收、政府采购、自由贸易商品清单、敏感商品等诸多领域，规定三国于 2015 年 1 月 1 日起启动经济联盟建设进程，目标是到 2025 年建成经济联盟，彻底实现商品、服务、资金和劳动力自由流动。

2014 年 10 月 10 日，欧亚经济共同体在明斯克召开成员国元首峰会，签署关于解散欧亚经济共同体的文件，一致同意欧亚经济共同体于 2015 年 1 月 1 日起正式停止活动，其功能将由欧亚经济联盟代替。欧亚经济共同体此前签署的 151 份协议中的 87 份依然有效。同日，欧亚经济联盟接受亚美尼亚为新会员（第四位成员）。吉尔吉斯斯坦于 2015 年 5 月 8 日成为欧亚经济联盟正式成员。

第一节　合作机制概况

欧亚经济联盟（Eurasian Economic Union，EAEU 或 EEU）成员国包括俄、白、哈、亚美尼亚和吉尔吉斯斯坦五国。联盟的经济中心（欧亚经济委员会）设在莫斯科，法律中心（欧亚法院）设在明斯克，金融中心（未来的联盟央行）设在阿拉木图。

一　组织机构

欧亚经济联盟框架内的机构设置如下。

（1）最高理事会（The Supreme Council）。由成员国国家元首组成，是联盟的最高决策机构。

（2）跨国理事会（The Intergovernmental Council）。由成员国政府首脑组成，负责落实最高理事会的决议。

（3）欧亚经济委员会（The Eurasian Economic Commission）。为联盟的常设机构，负责联盟的日常管理和运行。

（4）欧亚经济联盟法院（The Court of the Eurasian Economic Union）。为联盟的司法机构，负责处理争端。

欧亚经济委员会为常设协调机构，设在莫斯科，包括理事会和执委会。

理事会（Council）由各成员国的一名副总理组成，负责联盟日常工作决策。执委会（Collegium 或 Board）由成员国各派 3 名代表组成，由执委会主席领导（由成员选举产生，任期 4 年）（见表 2-1）。

欧亚经济委员会下设 9 大业务区块，共计 23 个业务司（负责具体业务部门）（见表 2-2）。9 大业务区块分别是行政后勤、宏观经济、经济和财政金融政策、工业和农业政策、贸易政策、技术调节、海关合作、能源和基础设施、竞争和反垄断。各区块负责人由各成员国的正部级代表担任，其也为欧亚经济委员会执委会的组成成员。业务区块下共设立 23 个业务司，各司负责人来自成员国对口业务部门。业务司下还设有 18 个咨询委员会。

欧亚经济联盟组织机构设置见图 2-1。

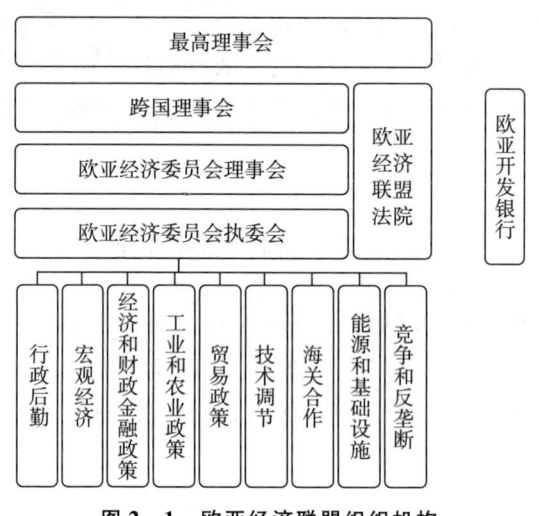

图 2-1　欧亚经济联盟组织机构

欧亚经济委员会的工作原则是"非政治化、利益平衡、效率、透明"。主要工作方式是沟通协调，包括两个层次：一是政府间协调，包括成员国政府间，以及成员国与非成员国或国际组织的协调，讨论重大事项，并做出有关决议。二是与实业界的协调，即直接与企事业单位打交道，落实具体业务项目。

欧亚经济委员会的主要职能有核算和分配进口关税，确定与第三国的贸易政策，统计内部经济和对外贸易，宏观经济政策，竞争政策，工业和农业补贴政策，能源政策，自然垄断政策，政府采购，服务贸易和投资，交通和运输，货币政策，知识产权保护，移民政策，金融市场（银行、保险、外汇、有价证券等），关税和非关税措施，海关行政管理，其他。

欧亚经济委员会的决议具有超主权性质,效力大于成员国国内法律。如有异议,可提交跨国委员会解决。欧亚经济委员会实行多数表决制,成员国在委员会中的表决权比重分别为,一般情况下实行简单多数表决,但调整敏感商品进口税率时采用2/3多数票原则。

表2-1 欧亚经济委员会执委会组成(截至2015年7月底)

组成	负责领域	姓名(来自国家)	联系方式
主席	全面,行政后勤	Khristenko Viktor Borisovich(俄)	+7(495)669-24-44
成员	一体化和宏观经济	Valovaya Tatyana Dmitriyevna(俄)	+7(495)669-24-06
成员	贸易	Slepnev Andrey Alexandrovich(俄)	+7(495)669-24-09
成员	工业和农业	Sidorskiy Sergey Sergeyevich(白)	+7(495)669-24-08
成员	技术规则	Koreshkov Valery Nikolaevich(白)	+7(495)669-24-11
成员	海关合作	Goshin Vladimir Anatolyevich(白)	+7(495)669-24-12
成员	经济和金融	Suleymenov Timur Muratovich(哈)	+7(495)669-24-07
成员	能源和基础设施	Tair Mansurov(哈)	+7(495)669-24-13
成员	竞争和反垄断	Nurlan Shadibekovich Aldabergenov(哈)	+7(495)669-24-14
成员	—	Robert Khosrovich Arutyunyan(亚)	+7(495)669-25-50
成员	—	Karine Agasiyevna Minasyan(亚)	+7(495)669-25-55
成员	—	Ara Rudikovich Nranyan(亚)	+7(495)669-25-65

表2-2 欧亚经济委员会的下属机构

业务板块	机构
行政后勤	礼宾和组织保障司
行政后勤	财务司
行政后勤	法律司
行政后勤	信息技术司
行政后勤	办公厅
宏观经济	发展一体化司
宏观经济	宏观经济政策司
宏观经济	统计司
经济和财政金融政策	发展个体经济司
经济和财政金融政策	财政金融政策司
工业和农业政策	工业政策司
工业和农业政策	农业政策司

续表

业务板块	机构
贸易政策	关税和非关税调节司
	保护内部市场司
	贸易政策司
技术调节	技术调节和信托司
	动植物检疫和防疫司
海关合作	海关法律和司法司
	海关基础设施司
能源和基础设施	交通和基础设施司
	能源司
竞争和反垄断	反垄断调节司
	竞争政策和政府采购政策司

二 合作领域

俄罗斯主导的一体化根据程度不同，大体分为自由贸易区、关税联盟、统一经济空间（关税联盟+资金和劳动力自由流动）、欧亚经济联盟（统一经济空间+货币联盟）、欧亚联盟（经济联盟+社会政策）5个层次。自由贸易区已经在独联体框架内建立。关税联盟、统一经济空间、欧亚经济联盟这三者间的联系是：它们都处于统一的欧亚经济共同体框架内。关税联盟的目标是成员间统一对第三国的进出口关税，主要体现在海关领域；统一经济空间的目标则是取消成员之间的经济贸易壁垒，实现货物、服务、资金和劳动力的自由流动。与关税联盟相比，统一经济空间的合作范围更广，除海关领域外，还涉及统一成员的服务、投资和移民等政策，因此被称为"统一"的经济空间。

欧亚经济共同体从成立伊始，目标定位就是加强区域合作，但并未建立相应的强制措施，虽以欧盟为榜样和追求目标，但未有实际行动。由于各成员能力不一，一体化只能采取"能者先行"的方法，由具有承受能力的成员先实现更高级别的一体化。因此，在欧亚经济共同体的6个成员中，俄、白、哈三国先期建立了关税联盟和统一经济空间，余下的吉尔吉斯斯坦和塔吉克斯坦只能留在欧亚经济共同体内，但无法参与统一经济空间的活动。因此，尽管统一经济空间与欧亚经济共同体的目标和任务相同，但仍属欧亚经济共同体框架内，属欧亚经济共同体内部的先行先试成果。

与欧亚经济共同体相比，欧亚经济联盟的特点在于以下几点。

第一，欧亚经济共同体缺少具体的路线图，成员经常开会讨论，却难以达成一致意见。而欧亚经济联盟成员从关税联盟到统一经济空间再到经济联盟，均有明确统一的规则和时间表，成员必须履行义务，落实协议。

第二，欧亚经济共同体在最高决策层实行协商一致，难以达成具体的行动计划。而欧亚经济联盟则完全由俄罗斯主导，合作规划以俄罗斯方案为蓝本，"愿意就加入，不愿意就不加入"，商量的余地实际很小。这也是从关税联盟到欧亚经济联盟能够一路走来并最终成功的经验。俄罗斯本打算将欧亚经济共同体建成"后苏联空间的欧盟"，但合作机制不允许，于是另起炉灶，借助有利的国际和国内环境，依照自己的意志和模式，推进欧亚地区一体化。正因如此，当统一经济空间升级为欧亚经济联盟后，欧亚经济共同体便已失去存在的价值，于是解散，其中有意愿和有承受能力的成员便寻求加入欧亚经济联盟。

第三，从合作机制和合作领域看，苏联解体后，新独立国家的政治架构通常是总统掌握行政权，政府主管经济社会事务，央行主管金融货币，政府和央行互不隶属，但都向总统汇报工作。除经济合作外，欧亚经济联盟还要进行央行主管的金融货币合作，目标是建立统一的金融政策和货币市场，发行统一的货币。在机构设置上，除主管经济的"欧亚经济委员会"之外，还将设立"联盟央行"。但欧亚经济联盟尚较少涉足社会政策领域。相比之下，欧亚经济共同体的合作范围要广得多，涉及经济和社会两大部分，如法律、宏观经济、海关、交通运输、服务贸易、能源、金融保险、财政税务、经济技术合作、农业、教育、卫生、环保和移民等。

未来，欧亚经济联盟可能发展成为欧亚联盟，即建立统一的经济政策、货币政策和社会政策，还可能涉及其他领域的政策，如内务司法、外交、国防军事等。

第二节　环保合作

环保不属于欧亚经济联盟的合作范围，欧亚经济联盟框架内也未建立环保合作机制。因此，欧亚空间的环保合作主要是继承欧亚经济共同体的环保合作成果。

欧亚经济共同体在其常设机构一体化委员会下设 24 个负责各具体领域

的委员会，其中，环保领域由环保合作委员会负责。该委员会由各成员国派 1~2 名代表（环保部门负责人）组成。委员会共有 9 名成员，包括俄罗斯自然资源与生态部副部长、白俄罗斯自然资源与环境保护部部长和第一副部长、哈萨克斯坦环保部部长和副部长、吉尔吉斯斯坦国家环境和森林保护委员会（政府直属）主任和副主任、塔吉克斯坦国家环境保护委员会（政府直属）主席和副主席。

因为中亚地区已存在"拯救咸海委员会"这个环保合作机制，所以欧亚经济共同体的环保合作起步较晚。欧亚经济共同体成立 11 年后，一体化委员会才决定建立环保合作委员会（相当于环保部长会议），并于 2012 年 4 月 13 日在哈萨克斯坦首都阿斯塔纳召开第一次会议。成员国环保部长第 5 次会议于 2014 年 5 月 16 日在俄罗斯的索契举行，第六次会议（最后一次）于 2014 年 9 月 26 日在吉尔吉斯斯坦的伊塞克湖举行。

一 环保合作重点领域

由历次环保部长会议讨论的内容可知，欧亚经济联盟成员关心的环保问题主要涉及环保合作方向、环保合作协议草案等，具体如下。

第一，拟制定合作发展战略、规划与措施（见表 2-3）。

（1）制定《成员国环保合作协议》；

（2）制定《成员国环保合作基本方向及其落实措施计划》；

（3）制定《合理利用自然资源和环境保护各项要求的清单》；

（4）制定《为改善空气质量、为"欧亚清洁空气"创造良好条件的国际合作纲要》；

（5）制定有关大气治理以及废气排放监测办法，讨论《成员国境内向大气排放的废气量监测办法，以及监测清单和评估程序的实施办法》草案，主要涉及热电站、热力中心，以及油气和其他矿产生产企业等；

（6）制定《创新生物技术跨国专项合作纲要》的落实措施计划和指标；

（7）讨论关于哈萨克斯坦的"绿色之桥"可持续发展战略构想。

表 2-3 欧亚经济共同体拟制定的环保合作文件

拟制定的文件	俄文名称
《成员国境内向大气排放的废气量监测办法，以及监测清单和评估程序的实施办法》	Порядок проведения экспертизы, ведения реестров и введения в действие на территории ЕврАзЭС методик расчёта величин выбросов загрязняющих веществ в атмосферу

第二章 欧亚经济联盟（EEU）框架内的环保合作

续表

拟制定的文件	俄文名称
《成员国环保合作协议》	Соглашение о сотрудничестве государств-членов Евразийского экономического сообщества в области охраны окружающей среды
《成员国环保合作基本方向及其落实措施计划》	План мероприятий по реализации Основных направлений сотрудничества государств-членов ЕврАзЭС в области охраны окружающей среды на 2014 – 2015 и последующие годы
《合理利用自然资源和环境保护各项要求的清单》	проекте о Перечне требований в области охраны окружающей среды, рационального использования природных ресурсов, предъявляемых к проверяемому субъекту
《为改善空气质量、为"欧亚清洁空气"创造良好条件的国际合作纲要》	проект Международной региональной программы по созданию благоприятных условий для улучшения качества воздуха 《Чистый воздух Евразии》

第二，研究机构和数据库建设。

（1）环保信息交换和经验交流；

（2）建立环保研究中心，共同体框架内首个环保研究机构是2014年5月16日成立的"欧亚大气保护研究中心"。

第三，应对具体环保问题。

（1）铀尾矿危害处理；

（2）油气开采对环境的影响；

（3）跨国动物和水生物保护；

（4）大气保护与污染治理。

第四，科研合作。主要表现为成立了"欧亚大气保护研究中心"，其于2014年5月16日成立，设在俄罗斯圣彼得堡市，旨在"打造欧亚清洁大气"，具体任务有：协调成员国大气保护方面的立法和技术标准；促进成员国在大气保护方面与国际接轨并开展合作；制定成员国大气保护领域的合作路线图；建立污染物排放数据库、排放物清单和监控体系；发展生物创新技术。

二 已签署的环保合作协议

截至2015年1月，欧亚经济共同体框架内涉及环保的合作文件和协议主要有1份，即《创新生物技术跨国专项合作纲要》，由欧亚经济共同体政府首脑理事会于2008年7月通过。其目的和任务：一是应对工农业和生活污染，保护环境和民众健康；二是发展生物技术，尤其是制药、转基因和育种等技术，开展生物分子工程、基因工程、细胞工程等项目；三是防治传染病；四是活跃区域内部市场，减少成员国对生物产品和制品的进口依赖；五是协调成员国生物技术领域的科研、法律法规、技术标准等；六是收集动植物和微生物的分子信息，建立国家和整个欧亚地区的生物信息基因库。

《创新生物技术跨国专项合作纲要》于2009年12月通过"2011～2015年落实措施计划"，经费预算总额为3.0886亿俄罗斯卢布（2009年汇率），由成员国投入，分配比例是俄、白、哈三国各占30%，塔、吉两国各占5%。为更好地落实纲要，成员国希望加强国际合作，使成员国的技术和标准与国际接轨。尤其是与欧盟"第7框架"和发展有机农业国际组织（IFOAM）接轨。

第三章
亚洲开发银行"中亚区域经济合作机制"（CAREC）框架内的环保合作

为加强新独立的中亚国家间的区域合作，推动减贫工作，保证区域稳定，促进区域繁荣，巩固地区各国间的"好邻居、好伙伴、好前景"（Good Neighbors, Good Partners, and Good Prospects），亚洲开发银行（以下简称亚行）召集中亚及其周边地区的相关政府部门负责人研讨区域合作与发展，在此基础上，逐渐形成了"中亚区域经济合作机制"（Central Asia Regional Economic Cooperation, CAREC）。CAREC 发展大体分为三个阶段：1996～2001 年是提出合作倡议和打基础阶段，亚行为其成员提供一系列技术援助，以开发合作潜力；2002～2005 年是建立信任和达成共识阶段，主要是树立参与方的合作信心，加强沟通，最终确立"以项目和结果为导向"的制度框架；2006 年至今属战略规划和落实阶段，主要目标是确定战略方向和重点。

"中亚区域经济合作机制"的合作原则和方法如下。

一是"结果导向型"。集中开发能够给区域带来实际利益的务实项目，如交通、能源、贸易便利化等。

二是先规划再落实。首先研讨和确定总的发展规划框架（"综合行动计划"和部门的"战略和行动计划"），然后再逐项落实。

三是优先部门项目和普通部门项目"双轨并行"。前者是指交通、能源、贸易政策和贸易便利化，后者是指除此之外的其他个别问题，如卫生医疗（艾滋病、肺结核、流感的防治和疫情通报）、土地管理（土壤恢复）、自然灾害和气候变化风险管理（水文气象预报、数据分享、预警体系、巨灾保险）等。

图 3-1 展示了"中亚区域经济合作机制"战略。

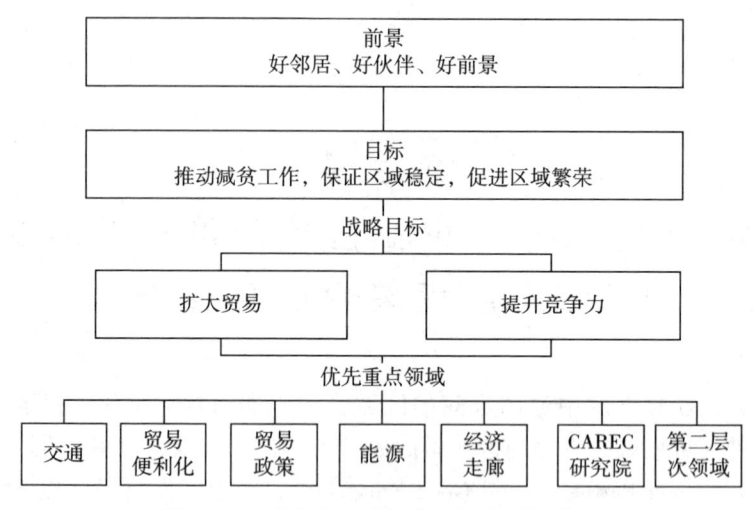

图 3-1 "中亚区域经济合作机制"战略

资料来源：ADB, "A Strategic Framework for the Central Asia Regional Economic Cooperation Program 2011-2020", 2012。

第一节 合作机制概况

截至 2015 年初，亚行"中亚区域经济合作机制"共有 10 个成员：中国（以新疆维吾尔自治区和内蒙古自治区为地域代表）、蒙古、阿富汗、巴基斯坦、哈萨克斯坦、吉尔吉斯斯坦、乌兹别克斯坦、塔吉克斯坦、土库曼斯坦、阿塞拜疆。另外，有 6 个多边机构为该机制提供各种支持：亚洲开发银行、欧洲复兴开发银行、国际货币基金组织、伊斯兰发展银行、联合国开发计划署和世界银行。

一 组织结构

CAREC 框架内设部长级会议、高官会和部门协调委员会三级合作机构（见图 3-2）。

部长级会议每年召开一次，制定 CAREC 的总体指导方针，决议相关政策和战略。

高官会每年召开两次，负责落实部长级会议决议，向部长级会议汇报工作情况，并从区域发展角度评估和确定可实施的项目。

部门协调委员会负责向高官会汇报工作和项目进展情况，由各成员和多边组织负责各具体合作领域的代表组成。截至 2015 年初，共设有 4 个领域的部门协调委员会：交通、海关（贸易便利化）、贸易政策、能源。

另外，每个成员指定一名政府高级官员，负责协调相关机构以及其他区域经济合作中利益相关者的工作，确保项目顺利进行。

中国一直高度重视并积极参与"中亚区域经济合作机制"，在以国家名义参与的同时，确定以新疆维吾尔自治区为主要项目执行区，全面参与中亚区域经济合作。为此，我国相应建立了由国家发改委、财政部、外交部、新疆维吾尔自治区人民政府和其他相关行业部门参与的中亚区域经济合作国内协调机制。协调机制内部分工为：国家发改委负责国内的总体协调和规划工作，并牵头能源领域合作；财政部负责对外联系和协调；外交部负责对外政策；交通部牵头交通领域合作；商务部牵头贸易政策领域合作；海关总署牵头贸易便利化领域合作；新疆维吾尔自治区人民政府负责实施具体的合作项目。

作为发起人，亚行保障 CAREC 的日常工作，如举办部长级会议、高官会议、部门协调委员会会议等，同时，加强亚行与成员政府和相关机构的密切联系，目标是建立广泛的对话和共识、增进成员以及相关利益者之间的互信、增强对未来发展的信心；优化区域间的合作方案，确立合作方案的优先重点，协助相关项目的准备和落实工作，调度资金和技术资源以促进项目的顺利实施。

CAREC 下设中亚区域经济合作学院，由 10 个成员于 2015 年 3 月共同发起成立，校址设在新疆的乌鲁木齐市。其主要职责是围绕 CAREC 重点合作领域，为各成员的政府官员、企业界人士和民间机构管理者提供研究、培训和交流服务，增强并提高各成员的发展能力，促进各成员之间的经济合作与发展。

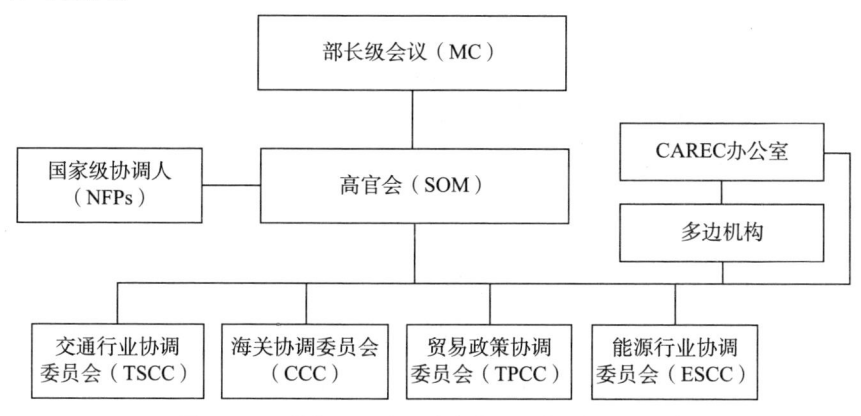

图 3-2 "中亚区域经济合作机制"的组织结构

二 合作领域

自成立至 2015 年初，CAREC 的合作领域涉及四大部分：一是人力资源（知识和能力建设）；二是区域基础设施网络建设（交通、能源、贸易便利化）；三是贸易、投资和商业发展（投资环境、贸易机会）；四是区域公共产品（跨边境的环境保护、自然资源管理）。在这四大领域中，区域基础设施网络建设和贸易投资是重点。从 CAREC 的活动内容看，交通、贸易和能源是核心合作领域，相比之下，其他诸如人力发展、农业、环境和旅游等，属于第二层次合作领域。2001～2014 年，CAREC 相关的贷款、赞助和技术援助项目迅速增长。2001 年 CAREC 框架内仅有 6 个项目，投入 2.47 亿美元，而截至 2014 年底，该机制已经在交通、贸易和能源基础设施领域累计投资超过 242 亿美元，其中，交通领域合作项目共计 105 项、能源领域合作项目共计 36 项、贸易便利化领域合作项目共计 13 项（见图 3-3）。

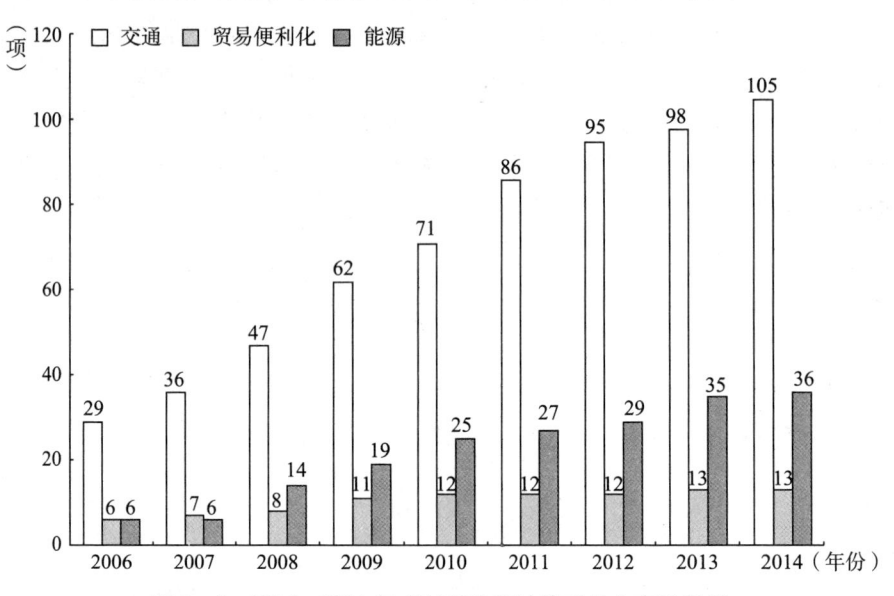

图 3-3 2006～2014 年 CAREC 通过的项目分布及数量

资料来源：CAREC，"Projects Supported by the CAREC Program"，http://www.carecprogram.org/index.php?page=carec-projects。

（一）人力资源领域

人力资源领域的重点在于知识和能力建设。该领域合作主要包括 9 项活动：建立本地区 6 个多边机构和研究/分析网络的专家团；发展中亚区域经济合作学院；组织区域对话、外宣活动，及国别研讨会；撰写政策研究简报、中亚区域经济合作时事通讯,建立相关网站;组织商业论坛、商业圆桌会议等;从事能力建设、咨询、培训、"最优经验"研讨会;拓展活动,包括宣传本地区和中亚区域经济合作计划;组织国内和区域研讨会(交叉举行);发挥第三方、多边机构的经纪人、知名人士作用。①

其中,中亚区域经济合作学院是人力资源建设的重要举措。该学院是由10个CAREC成员共同发起成立的知识合作机构,从2008年开始依托亚行虚拟运行。2013年10月24日,CAREC第12次部长会议同意将该学院实体化并落户乌鲁木齐,学院于2015年3月2日举行揭牌仪式及首期培训班。学院围绕CAREC重点合作领域,为成员的政府官员、企业界人士和民间机构管理者提供研究、培训和交流服务,增强并提高各成员的发展能力,促进各成员间的经济合作与发展。②

(二) 区域基础设施网络建设领域

区域基础设施网络建设领域,重点围绕交通、能源和贸易便利化实施工程。通过支持相关的基础设施建设,加强地区成员间的连通性,推动中亚地区一体化进程,使中亚在亚欧大陆中的战略地位进一步凸显。

第一,交通。任务是形成多模式东西走廊,以及多模式南北走廊,形成连通的交通运输网络体系,促进跨境人员和货物的高效流通,发展安全而人性化的交通系统。通过建设公路、铁路、物流中心,将CAREC涵盖地区的重要城市由点及线连接起来。重点在于建设和升级公路和铁路线路,形成方便而高效贯通的交通网络。6条交通走廊涵盖105个交通项目,共计投入约191亿美元。截至2015年初,CAREC在交通领域的合作成果主要有:在CAREC走廊中,85%的交通线路状况良好;新建和升级4970公里道路;新建和修缮3190公里铁路。

第二,贸易便利化。鉴于交通和贸易便利化二者相互影响,相互制约,在扩大贸易方面都具有十分重要的作用,亚行将交通与贸易便利化联系在一起。2013年10月,第12次部长会议通过《2020年交通和贸易便利化战略》(*CAREC Transport and Trade Facilitation Strategy* 2020)及《交通和贸易便利化战略行动计划》(*The Transport and Trade Facilitation Strategy Implementation Action Plan*)(以下简称《行动计划》)。《行动计划》含108个投资项目,计划总投资388亿美元,另有48个技术援助项目,总投资7460万美

---

① 《CAREC综合行动计划》,2006年。
② 《中亚区域经济合作学院在乌揭牌》,《新疆日报》2015年3月3日。

元。亚行CAREC认为,实现贸易便利化,应从两方面入手:一是在法律程序上,通过简化相关程序,采纳国际通用的法律标准,减少通关所需要办理的程序;二是在硬件设备上,通过改善边境口岸的基础设施,引进有效的风险管理系统,缩减通关程序和通关时间。

第三,能源。CAREC注重能源的高效利用、能源的输送和合理分配,以及清洁能源开发和推广,特别是水能的开发利用。截至2015年初,CAREC在能源领域的合作成果主要有:建成和升级了2322公里的输电线路;完成了《阿富汗电力产业总体规划》;完成了《中亚电力产业总体规划》研究;发行了《电力产业区域性规划》季度报告;确定哈萨克斯坦、吉尔吉斯斯坦、塔吉克斯坦和乌兹别克斯坦的电力生产和输送需求。

(三) 贸易、投资和商业发展领域

贸易、投资和商业发展领域重在改善投资环境,增加贸易机会。通过改善中亚地区的投资环境,形成有利于投资和贸易的一体化框架,以便于调度区域间的人力、物力、财力和自然资源;促进企业进入和融入地区乃至世界市场,使企业在全球价值链中获得更多贸易机会,增强地区发展活力。

主要措施有:制定贸易、投资和商业发展战略;发展贸易便利化;推动海关现代化、一体化、简化;建立信息平台;组织知识论坛和投资论坛;协调贸易和税收政策;简化过境、边境贸易措施;支持成员加入世界贸易组织;加强商业物流服务;发展全球价值链。发展经济走廊CAREC便利化行动框架见图3-4。

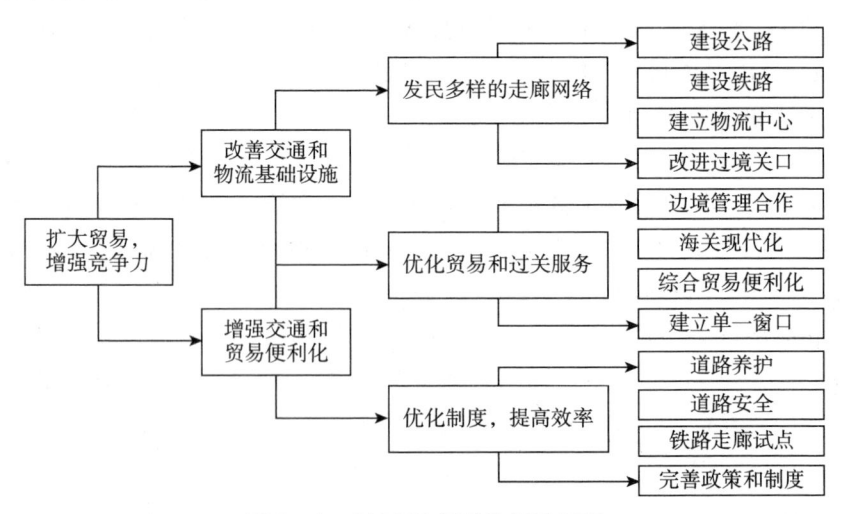

图3-4 CAREC便利化行动框架

资料来源:*CAREC Transport Trade Facilitation Strategy 2020*。

在此，经济走廊是合作重点，也是整合中亚区域经济合作战略框架的特别举措。经济走廊是指"一种加快区域经济合作与发展的潜在有效机制"，是商业活动相对集中的地理区域。因此，经济走廊必须以明确的商业和经济基本原则为基础。[①]一方面，建设经济走廊改变了传统的以行业为单位的项目范围，将企业合作扩展至更广阔的空间单位，使之进一步融入地区和全球生产链之中。另一方面，有利于将现有的基础设施、相关机构和政策规定整合起来，创造较好的投资环境，吸引私人投资，进而创造更多的就业机会，促进经济社会发展。经济走廊的经济职能与城市职能有所重叠，是更大空间范围的经济单位，增强了城市与城市、城市与乡村之间的联系。换言之，经济走廊可以有效促进地区间连通，有利于将地区间的市场资源、人力资源、物力资源和自然资源等有机地整合在一起，互通有无，从而促进地区持续发展。

经济走廊机制的运作，需要相应的基础设施支持，包括：①运输网络，含主要和次要的公路、铁路、港口和航空港等；②能源设施；③信息和通信技术基础设施；④城市基础设施以及专属经济区等。2001～2014年，CAREC在基础设施领域的投入累计超过240亿美元。

2014年11月6日，CAREC第13次部长会议通过"建立比什凯克—阿拉木图经济走廊计划"。项目第一阶段（2015～2016年）由亚行提供可行性分析，协助联合工作组开展工作。主要任务有：评估经济走廊所需的基础设施、政策条件和制度支持；对农业、教育、卫生、旅游、基础设施和物流发展以及城市长期规划做进一步分析和调研；为基建项目确定潜在的融资对象，包括私营部门和其他发展伙伴。公私之间的有效合作，对整个经济走廊的发展起着关键作用。

（四）区域公共产品领域

区域公共产品领域主要关注并解决跨国环境保护和自然资源管理等问题。第一，关于区域公共产品的特别项目。主要是落实《中亚国家土地管理计划》，建立环境信息系统和土地信息系统，通过跟踪记录一段时间内的关键性指标，为解决和应对土地管理、土地退化、土壤沙化和沙尘暴等问题提供支持。比如，2008～2013年的"新疆城市基础设施建设和环境改善项目"中就包括建设环境卫生设施和垃圾处理设施、大量植树造林、种植和恢复植被、建设生态防护林等措施。第二，关于区域公共危害的特别项目。如灾害管理、大气污染治理、禽流感和腐败等。以灾害管理为例，中

---

① 亚洲开发银行：《通向CAREC经济走廊：概念文件注解》，2006。

亚地区自然灾害频发，如洪涝、沙尘暴和塌方等。为提高中亚和高加索地区应对灾害的能力，CAREC 通过了《中亚和高加索地区灾害风险管理倡议》，为各成员在灾害预警、减少灾害和资金投入方面确立了重点。

此外，CAREC 的交通和贸易便利化政策也在一定程度上打击了腐败。例如，吉尔吉斯斯坦的海关现代化和基础设施建设项目在 37 个过境点上建立了统一的自动化信息系统，恢复部分口岸缉私设备，精简过关程序，有效减少了过关所需时间等，使得海关的腐败行为相应减少。2005 年，过关时间为 60 分钟，海关腐败案件达 4488 例，国家关税收入为 1.14 亿美元。到 2012 年，过关时间仅需 5~15 分钟，海关腐败案件也下降到 3076 例，国家关税收入增加到 6.39 亿美元。[①]

三 资金来源

"中亚区域经济合作机制"具有多方资金来源，以维持其相关项目的正常运行。资金来源主要有："中亚区域经济合作机制"的 6 个多边合作组织（亚洲开发银行、欧洲复兴开发银行、国际货币基金组织、伊斯兰发展银行、联合国开发计划署和世界银行）、成员以及机制外的国家和机构组织。其中，亚洲开发银行是主要的出资者。资助的方式有赞助和贷款。

以 2011~2013 年的 CAREC 资金构成为例，2011 年项目资金总计约 22 亿美元，其中，亚行投资 15.36 亿美元（约占总资金的 2/3），成员政府投资 4.52 亿美元，世界银行投资 1.26 亿美元，伊斯兰发展银行投资 3500 万美元，欧洲复兴开发银行投资 2700 万美元，机制外的联合投资者投资 3300 万美元。

2012 年项目投资总计 34 亿多美元，其中，亚行投资 15.97 亿美元（约占一半），世界银行投资 10.68 亿美元，成员政府投资 4.66 亿美元，欧洲复兴开发银行投资 1.97 亿美元，机制外的联合出资方投资 1.04 亿美元。

2013 年项目投资共计约 12 亿美元，其中，亚行投资 6.92 亿美元（约占一半），世界银行投资 1.22 亿美元，伊斯兰发展银行投资 1 亿美元，成员政府投资 8200 万美元，机制外的联合投资方投资 1.77 亿美元。[②]

第二节 环保合作

中亚地区当前面临的环境问题主要有：工农业污染、城市环境不断恶

---

① *CAREC Program Development Effectiveness Review*, 2013.
② *CAREC Development Effectiveness Review*, 2011, 2012, 2013.

第三章 亚洲开发银行"中亚区域经济合作机制"（CAREC）框架内的环保合作

化、水污染、空气污染、温室气体排放、采矿威胁生态环境、沙漠化和土地退化、生物多样性损失、水资源管理、灾难管理等一系列污染环境、破坏生态和环境管理不当问题。环境问题在一定程度上制约着中亚地区的可持续发展。

从自然环境看，中亚地处欧亚大陆腹地，地势东南高、西北低，高山阻断了来自太平洋、印度洋的暖湿气流，导致中亚形成典型的温带沙漠、草原的大陆性气候，降水量少，极其干燥，水资源较为缺乏。另外，该地区地貌复杂，主要分布着草原、沙漠以及高山。这样的气候和地貌，决定了中亚地区以畜牧业为主的经济模式，工业发展较为缓慢。几十年来，随着中亚的工业和灌溉农业发展，水资源需求激增，导致用水紧张，水体收缩。由于中亚国家存在跨国水体共用现象，水资源管理不当极有可能影响地区稳定，甚至引发冲突。

另外，中亚地区的生态环境较为脆弱，加上对自然资源的过度开采和管理不当，以及对生态环境保护缺乏战略眼光，导致原本脆弱的生态进一步恶化，成为引发中亚地区环境问题的主要因素。例如，苏联对于锡尔河的不合理开发和截流，在很大程度上导致咸海水量锐减、盐碱化加深、生物多样性减少。

总体上，CAREC 对环境保护问题并未十分关注。亚行"中亚区域经济合作机制"实行"双轨并进"模式，交通、能源和贸易三项优先部门组成核心合作领域，其他领域的特别倡议则被列入第二层级合作领域，如卫生医疗、土地管理、灾害风险管理和气候等。在 2006 年发布的《中亚区域经济合作：综合行动计划》（*CAREC Comprehensive Action Plan*）中，虽有综合论述，但也只是把环境放在附录 3 的特别举措中提及。相对于优先部门范围内的计划，特别倡议是针对第二层级合作领域提出的具体项目，根据"中亚区域经济合作机制"参与方的兴趣和关心的问题而制定，是未来可以进一步拓展和深化，但不影响交通、贸易和能源等重点计划的活动，其主旨在于改善。

一 环保合作重点领域

CAREC 在环保领域的合作重点主要分为三部分。

一是倡导可持续发展理念。在向有关机构提供贷款和援助，以及开展项目论证时，要求将环境纳入区域经济发展规划中，在发展的同时保护环境。认为环境是发展过程中不可忽视的重要问题，需将其纳入区域发展规划中统筹考虑，防止在发展的同时破坏生态环境，努力实现可持续发展。

二是加强知识管理与信息共享的制度建设。认为信息在决策中起着至关重要的作用。亚行"中亚区域经济合作机制"目前正在实施的一些项目及其诊断性研究成果，显示出各地环境监测系统的薄弱现状，表明有必要采取区域性措施，进行环境能力建设。具体措施包括：一是提高环保能力，加强环境影响评估、环境政策制定、环境标准、环境执法与检查等；二是建立各种环境与社会数据库，同时鉴别 CAREC 地区内较为敏感的环境问题和热点地区；三是帮助各国利用多边环境协议（《联合国气候变化框架公约》《联合国生物多样性公约》《联合国防治荒漠化公约》）所提供的机遇，履行其在协议中所应承担的责任。

三是加强跨国共有环境资源管理方面的合作。包括跨国的水资源—能源、灾害管理、土壤退化等方面的合作。初期，重点放在灌溉方式和水资源管理等方面，加强社会参与，改善水资源管理并解决或缓解水资源—能源矛盾，促进土地可持续管理和防止土地退化。目前的难点在于，CAREC 的参与只能在所涉及国家的要求下进行；在上述任何地区开展项目之前，均须有政府、捐赠机构、非政府组织和其他方面对近期和当前计划的分析；为确定优先项目，需要与所在国进行商讨。

二　已签署的环保合作协议

截至 2015 年初，"中亚区域经济合作机制"所公布的文件中，涉及环保问题的主要有以下几个。

一是 2006 年 4 月 "中亚区域经济合作机制"高官会提出的《环境：概念文件》（*Environment：Concept Paper*）。其指出环境恶化将阻碍中亚地区人民生活水平和健康水平的提高，不利于减贫，是该地区所面临的紧迫问题之一，为深化区域合作，提高地区发展水平，必须提出区域环境合作议题。

二是 2006 年 10 月 "中亚区域经济合作机制"部长级会议通过的《中亚区域经济合作综合行动计划》（*CAREC Comprehensive Action Plan*），在特别举措部分提出环境问题。概述中亚地区当下的环境保护情况，列举了相关的环境合作项目与合作领域，为进一步保护中亚地区的环境提出建议。

三是中亚国家环保部部长于 2003 年签订的《中亚国家实施联合国防治荒漠化公约战略合作协议》（*Subregional Action Programme for the Central Asian Countries on Combating Desertification within the UNCCD Context*）。该协议为期 10 年，预计投入资金 6 亿美元，其中，亚行出资 5 亿美元、全球环境基

金提供1亿美元。通过制订《中亚国家土地管理计划》，建立一个具备监测和预报能力的早期预警系统，帮助中亚各国全面、综合、协调地应对土壤沙化和土地退化问题，实现土地可持续管理。

四是《中亚国家土地管理倡议》（Central Asian Countries Initiative for Land Management，CACILM）。该倡议于2006年启动，为期10年（2006~2016年），目标是恢复、维护和改善中亚地区土地的生产功能，从而提高以土地资源为生的民众的经济和社会福利，同时保护土地的生态功能。其涉及土地管理，应对土地退化、土壤沙化和沙尘暴，发展农村民生，并适应中亚地区的气候变化等问题。

五是《中亚和高加索地区灾害风险管理倡议》（Central Asia and Caucasus Disaster Risk Management Initiative，CACDRMI）。该倡议涉及灾害风险管理，于2008年启动，致力于减灾、防灾准备和灾难应对协调工作；为灾害损失、重建和恢复提供资金；建立地区灾难风险转移工具，如巨灾保险和天气衍生工具；完善水文气象预报、数据分享和预警体系等。参与该项目的机构还有联合国国际减灾战略（ISDR）秘书处、世界银行（WB）、国际气象组织（WMO）等。全球减灾与恢复基金（GFDRR）为之提供资金支持。

CAREC成员在该倡议框架内已完成的研究工作有：《风险评估案头审查》（Risk Assessment Desk Review）、《关于灾害风险融资选择研究》（A Disaster Risk Financing Options Study）、《俄罗斯水文气象区域评估》、《缓解自然灾害对中亚经济造成的负面财政影响》、《完善吉尔吉斯斯坦、塔吉克斯坦和土库曼斯坦的天气和气候服务》、《区域活动计划草案》等。

三 正在执行的项目

截至2015年初，CAREC框架内正在执行的项目主要有4项。

一是"咸海盆地工程"（The Aral Sea Basin Program）。由国际拯救咸海基金主持，于1993年启动。目标主要有：稳定当前咸海盆地的环境状况；重建死海周边受灾地区；提高对跨界水域的管理能力；构建相关区域组织计划和推行该工程的能力。

该项目背景是：1988~1991年，由联合国与苏联合作调研的咸海调查报告问世，指出咸海正面临湖泊面积减少以及严重的生态恶化现象。1992年，咸海盆地工程开始筹备。1993年，在世界银行、联合国开发计划署和联合国环境规划署的共同努力下，该工程正式启动。计划总投资10亿美元，资金主要来源于国际拯救咸海基金成员、联合国开发计划署（UNDP）、世界银行（WB）、亚洲开发银行（ADB）、美国国际开发署（USAID），以及瑞士、日本、芬兰、挪威等国政府。一期工程共获2.8亿美元贷款和4800万美元赞助。2002年启动二期工程，涵盖环保、社会经济、水资源管理及制度等。

二是"中亚国家土地管理倡议"（Central Asian Countries Initiative for Land Management）。计划通过综合与协调方式进行可持续的土地开发，实现遏制土地退化、提高农村居民生活水平的目标。项目成员有中亚五国（吉尔吉斯斯坦、哈萨克斯坦、塔吉克斯坦、土库曼斯坦和乌兹别克斯坦）。赞助合作方主要有：全球环境基金（GEF）、联合国防治荒漠化公约全球机制（GM of UNCCD）、亚洲开发银行、联合国开发计划署、国际旱地农业研究中心（ICARDA）、联合国粮农组织、联合国环境规划署、国际农业开发基金会（IFAD）、德国国际合作机构（GIZ）、瑞士政府和瑞士发展合作机构（SDC）等。项目总投资7亿美元（其中1亿美元来自全球环境基金），规划期为10年：第一阶段是2006～2011年，共投入1.55亿美元，第二阶段是2011～2016年。

三是"气候变化实施计划"（Climate Change Implementation Plans, CCIP）。《亚行2020年战略》（*ADB's Strategy 2020*）指出，保持地区和全球环境的可持续发展，是实现经济增长的迫切需要。为实现亚洲经济的高产，提升亚洲经济的竞争力，同时继续减少贫困，亚行正在扩大其与各国政府、私营部门和民间组织的合作，实现地区经济发展向低碳转型。2008年3月，亚行要求各地区业务部门准备《气候变化实施计划》。在《理解和应对发展中的亚洲的气候变化》（*Understanding and Responding to Climate Change in Developing Asia*）中，亚行对其所资助的应对气候变化项目及其发展伙伴进行分析，对亚行的贷款政策做出调整，使之向需要应对气候变化的国家倾斜，中西亚地区是优先区域。尽管中亚地区因工业不发达，温室气体排放量相对较低，但该地区的温室气体排放量的增长率却高居世界首位。全球14个碳密集型经济体中，中亚五国也位列其中，而且乌兹别克斯坦位列第一。

在"气候变化实施计划"框架下，亚行应对中亚地区气候变化所采取的措施包括以下方面。①促进低碳经济增长转型。亚行将协助各国利用国际资金流，支持产业结构和特定行业的调整，根据其长期目标，调整相关政策，在能源领域重点发展水力等清洁能源，提高能源利用效率，建设跨境能源设施等，重点支持巴基斯坦、哈萨克斯坦和乌兹别克斯坦。②发展碳市场。中亚地区的碳市场具有较大的发展潜力。而要实现碳交易，必须采取有效措施降低温室气体排放量的增长速度。另外，在能源利用效率、燃料转换、可再生能源、工业生产、废弃物管理系统和土壤改良方面的投资也亟待加强。

清洁发展是目前国际公认的唯一一个碳交易机制。在该机制框架下，亚行积极寻求中亚地区的碳市场发展，对地区性清洁发展项目给予资金支持。③减小环境的脆弱性。亚行在中亚地区土地可持续发展和水资源管理上，继续加大投资，以改进相应的技术手段。土地方面，增强土地管理能力，减小土地退化风险，改善基础设施，防止因洪涝灾害、沙尘暴和其他气候变化的预期影响所造成的损害。水资源方面，亚行继续投资巴基斯坦、阿富汗和乌兹别克斯坦的水利设施建设，以确保这些国家的正常农业生产。

四是"区域环境行动计划"（Regional Environment Action Plan, REAP）。1994年初，亚行开始做环境基线研究，研究从哈萨克斯坦、吉尔吉斯斯坦和乌兹别克斯坦开始，同三国环保机构展开密切合作。1998年，亚行发布这三个国家环境方面的相关文献，2000年，又发布了塔吉克斯坦环境报告。亚行的这些研究都指向一个共同问题，即若要实现环境的有效治理，必须加强战略决策和管理执行能力，以实现对环境的有效保护和对自然资源的有效管理。

为此，亚行对中亚区域环境行动计划投入技术和资金支持。技术支持以过程和成果为导向，通过发展相应机制和建立制度，促进区域环境行动计划的落实，促成由国别到地区的环境保护行动和管理合作。技术援助包括：支持"区域环境行动计划"的准备工作、区域环境网络建设、相关运行机制建设、地区合作总体项目建设和相关能力建设。亚行技术援助项目共计投入约60万美元，覆盖中亚五国。其中50万美元由芬兰政府拨款，由亚行对资金进行管理和分配，另外10万美元由联合国环境规划署出资，以平行融资的方式予以支持。亚行"区域环境行动计划"的技术援助框架如表3-1所示。

表3-1 亚行"区域环境行动计划"的技术援助框架

概要	绩效目标	监控机制	前提与风险
目标 借助环保相关的决策，促进中亚地区经济发展	机构计划和实施环境管理决策的能力	审视比较以往的和新的资源管理系统	承诺完成市场经济的转变，愿意解决跨境环境管理问题
目的 ①起草《区域环境行动计划》，并在其框架下，与联合国环境规划署以及联合国开发计划署开展有效合作； ②在环境战略方面达成地区性协议	①形成第一个区域环境行动计划，以及与数据网络相关的区域信息交流和业务联系； ②在涉及不同区域和国别的环境部门会议上，达成各方满意的战略	①在区域和国际信息网络方面发挥监控功能； ②监测政策和管理系统的变化	①承诺成员之间信息共享； ②在自然资源管理方面愿意采取新的地区性行动

续表

概要	绩效目标	监控机制	前提与风险
产出 ①实现可持续发展的自然资源管理和环境管理的地区战略； ②在地区环境管理上，建成信息和技术交流系统，实现信息共享	①国别/地区性的环境战略从2002年起开始改变； ②起草完成《区域环境行动计划》； ③2002年实现操作信息的交流； ④改善环境，增强环境管理	①通过年度DMC报告； ②项目后期信息监测，技术交流检测； ③观察新活动的形成和发展合作	①对维护环境管理提供制度和资金支持； ②保持现代化，更新数据网络； ③对于各代理处间的协作不力，通过加强信息交流予以改善
投入 顾问： 团队领导 地区顾问 会议： 发展中成员国部长（DMC Minister） 其他专家 其他救援代理机构	每个月安排10位国际顾问，25位地区顾问；在国家焦点问题上实行有效合作	绩效报告； 会议和研讨会报告； 最终报告； 监督区域环境行动计划的准备和进展； 监督和更新国家环境行动计划	能胜任该工作的团队领导； 研究中亚五国和环境战略方面的专家； 可以获得数据，与相应的人员合作进行田野调查； 缺乏资金支持； 愿意整合资源

资料来源："Regional Environmental Action Plan in Central Asia", Technical Assistance Framework。

预计支出和资金计划见表3-2。

表3-2 预计支出和资金计划

单位：万美元

项目	亚行投资	联合国环境规划署投资	总计
国际顾问	14	—	14
中亚五国国家顾问	5.5	2	7.5
国际和地区差旅	4	1.5	5.5
每日津贴	3	1	4
设备	5	1	6
讲习班和培训	6	2.5	8.5
办公支持	3	1	4
人力	2	1	3
意外开支	7.5	—	7.5
总计	50	10	60

资料来源："Regional Environmental Action Plan in Central Asia", Cost Estimates and Financing Plan。

四 国际合作

CAREC 在环保领域合作时，非常注重与其他国家或地区国际合作机制的合作，共同致力于中亚地区的环保工作。合作伙伴和赞助方主要有联合国环境规划署、联合国开发计划署、世界银行、全球环境基金、联合国亚洲及太平洋经济社会委员会、旱地农业研究中心、联合国粮农组织、国际农业开发基金会、欧盟、德国、丹麦、意大利、荷兰、美国、芬兰、瑞典、瑞士和日本等国际组织、各国政府及开发机构。其他参与区域环境项目的机构还有中亚山地信息网络（Central Asian Mountain Information Network）、中亚区域环境中心（Central Asian Regional Environmental Center）、中亚水利气象科学研究所（Central Asian Hydro-meteorological Scientific Research Institute）、上海合作组织等。目前已开展的国际合作项目主要如表 3-3 所示。

表 3-3 CAREC 已开展的国际合作项目

领域	合作项目	参与合作的国际合作机制
咸海盆地	咸海盆地工程（Aral Sea Basin Program）	世界银行（WB）、联合国开发计划署（UNDP）、联合国环境规划署（UNEP）
	咸海盆地能力开发（Aral Sea Basin Capacity Development）	联合国开发计划署（UNDP）
	水资源管理与环境（Water Resource Management and Environment）	全球环境基金（GEF）
	节约和高效利用中亚地区的水资源和能源（Conservation and Efficient Use of Water and Energy Resources in Central Asia）	美国国际开发署（USAID）
	锡尔河的管理和咸海盆地北部的复垦（Syr Daria Control and Northern Aral Sea Rehabilitation）	世界银行（WB）
荒漠化	模拟咸海地区荒漠化的影响（Simulation of Desertification Impact on the Aral Sea Region）	北大西洋公约组织（NATO）
山地生态系统	保护天山西部生物多样性行动（Preservation of Biodiversity in Western Tien-Shan）	全球环境基金（GEF）

续表

领域	合作项目	参与合作的国际合作机制
气候变化	气候变化实施计划（Climate Change Implementation Plans）对中西亚地区的气候变化进行干预（Enabling Climate Change Interventions in Central and West Asia）	由亚洲开发银行（ADB）主导，提供技术和资金支持

资料来源：根据"Regional Environmental Action Plan for Central Asia"整理。

第四章
联合国"中亚经济专门计划"(SPECA)框架内的环保合作

联合国"中亚经济专门计划"(The UN Special Programme for the Economies of Central Asia, SPECA)于1998年启动,由联合国经济及社会理事会(ECOSOC,简称联合国经社理事会)下属的欧洲经济委员会(ECE,简称欧经委)和亚太经济社会委员会(ESCAP,简称亚太经社会)两个地区委员会主持,联合国秘书处和联合国驻中亚的各个办事处等机构协助实施。成员除上述几个机构外,还有哈萨克斯坦、吉尔吉斯斯坦、塔吉克斯坦、土库曼斯坦与乌兹别克斯坦中亚五国(1998年的创始成员国),以及阿塞拜疆(2002年加入)、阿富汗(2005年加入)。

第一节 合作机制概况

中亚地处联合国欧经委域内,其战略重要性体现在保障欧亚能源安全、担当欧亚潜在交通中心与应对全球安全挑战三方面,其中,安全挑战又涉及恐怖主义、宗教极端主义及毒品交易等问题。中亚各国则面对内陆区位、经济发展道路差异、国家间收入差异扩大等严峻挑战,迫切需要改变其能源依赖型经济现状,使其经济多元化,从而追求经济高速、平衡和持续发展。各国只有在地区紧密合作前提下,才能集中优势,共同应对地区挑战。为此,1998年,联合国经社理事会应中亚五国所需,在五国(哈萨克斯坦、吉尔吉斯斯坦、塔吉克斯坦、土库曼斯坦与乌兹别克斯坦)总统的倡议下,决定成立"中亚经济专门计划",旨在促进地区稳定和发展。阿塞拜疆和阿富汗先后于2002年和2005年加入。

在联合国欧经委与亚太经社会共同支持下,SPECA具有以下相对优势。一是具有主体性。由其成员创立支配,合作需求强烈。二是具有国际性。由联合国两地区委员会与中亚主要国家共同参与。三是具有中立性。可为联合国欧经委、联合国亚太经社会成员和中亚各国就地区内外合作以及复杂战略问题讨论提供论坛。四是具有规范性。立足区域重要问题，适用欧经委与亚太经社会两个联合国地区委员会规则框架（监管手段、规范、建议等）。五是具有技术性。借助两个联合国地区委员会的专家，将技术协助与能力构建相结合，在跨领域、跨部门层面上定期进行高水平政策对话、讨论与研究。

一 组织结构

SPECA现有管理结构是2005年改革的成果。2004年，联合国秘书长安南要求两地区委员会进一步发挥"中亚经济专门计划"的作用。为提高合作效率并适应地区实际，SPECA在2005年5月于阿斯塔纳国际会议上发起改革，探索建立新管理组织结构：由副总理出席政府理事会（Governing Council），由副外长出席协调委员会（Coordinating Committee），指导下属6个项目工作组工作。6个项目工作组分别是水务与能源、交通与边境、贸易、统计、知识基础经济、性别与经济项目工作组（见图4-1、图4-2）。

SPECA管理结构

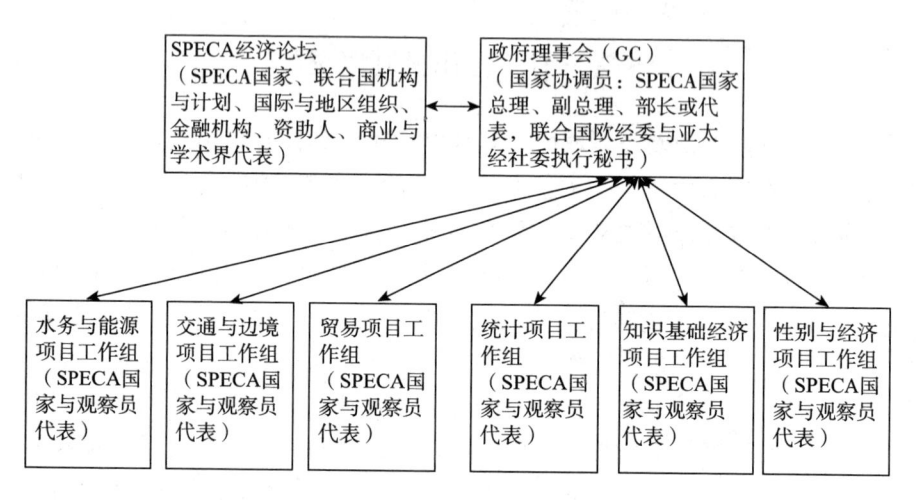

图4-1 "中亚经济专门计划"的组织结构

资料来源：UNECE，"Organizational Structure of SPECA"，http://www.unece.org/speca/about-speca/organizational-structure.html。

第四章 联合国"中亚经济专门计划"（SPECA）框架内的环保合作

SPECA制度结构

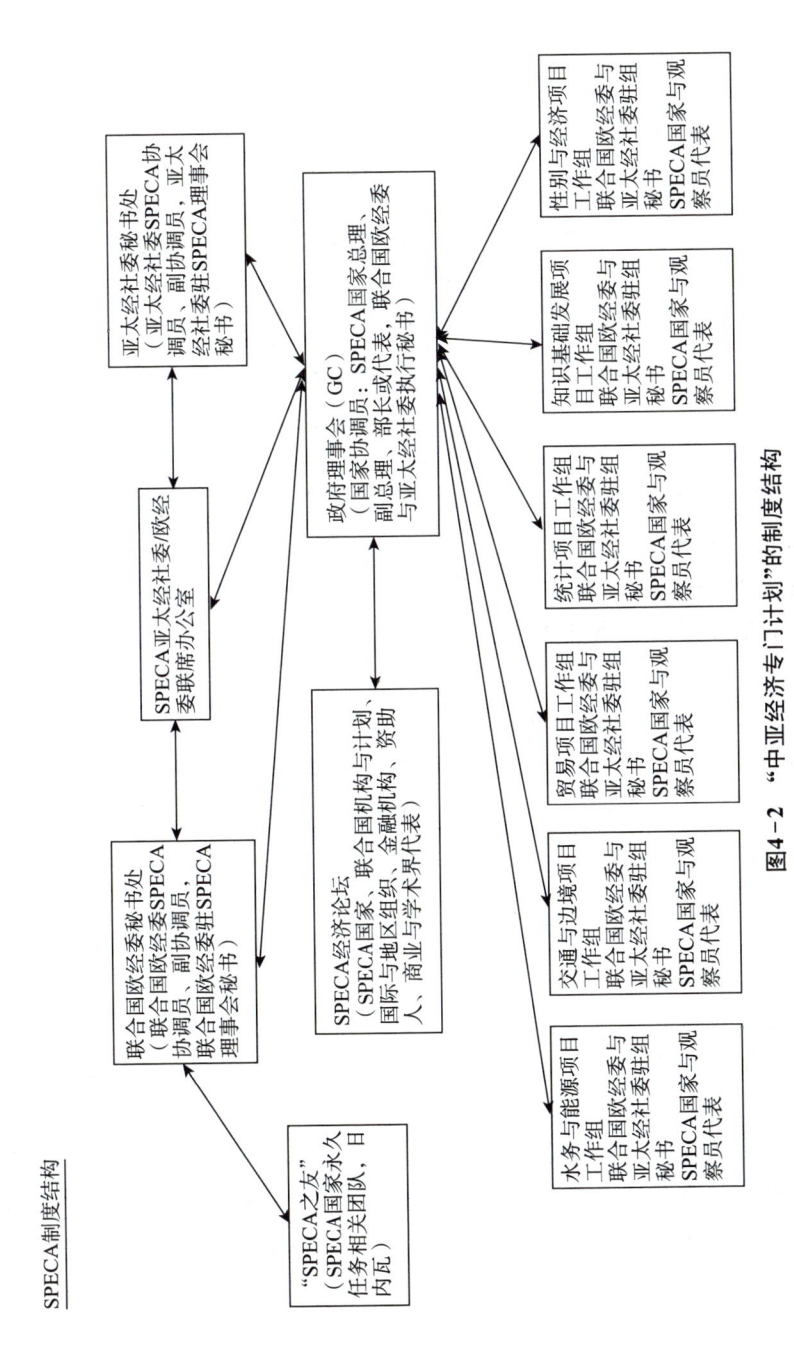

图4-2 "中亚经济专门计划"的制度结构

资料来源：UNECE,"Organizational Structure of SPECA", http://www.unece.org/speca/about-speca/organizational-structure.html。

二 合作领域

"中亚经济专门计划"主要有六大合作领域：交通，水和能源，贸易，发展技术信息交流，统计，性别与经济。

一是交通。主要任务是发展欧亚陆上交通线，扩大区域铁路网和公路网，简化运输程序和手续，提高过境潜力和出口能力等。

二是水和能源。主要任务是落实"中亚能源和水资源合理有效利用合作战略"（Cooperation Strategy for the Rational and Efficient Use of Energy and Water Resources of Central Asia），针对地区性缺水和水利设施老化等问题发布中亚能源和水资源诊断报告，协助哈萨克斯坦与吉尔吉斯斯坦合作管理楚河—塔拉斯河流域水利设施，支持中亚水坝安全项目。

三是贸易。主要任务是基于联合国欧经委的规范、建议与标准，通过引进电子数据走廊（Electronic Data Corridors），帮助中亚国家达到世界贸易组织要求，促进贸易服务。

四是发展技术信息交流。主要任务是加强技术信息交流，提高能力建设，支持首创精神，发展知识共享论坛。

五是统计。主要任务是提高成员统计部门工作效率，提高数据收集分析能力，完善统计资料处理，服务劳动移民和"千年发展目标"。

六是性别与经济。主要任务是促进社会融合，使女性更多地参与经济领域，借助联合国发展账户（UN Development Account）的资助，实现"千年发展目标"。

第二节 环保合作

中亚环保合作有其内在必要性，这源于其特定的自然与地缘、政治与经济因素。中亚深处内陆，大陆性气候显著，相对缺水，地貌以草原荒漠为主，人口集中在河谷地带。来自高山冰川的雪水汇集成河，为中亚地区灌溉农业发展提供了可能。水资源分布不均衡，使中亚国家需要不断解决争议。中亚地区的经济情况在很大程度上受其发展历史的影响。地理大发现造成中亚陆路枢纽地位虚化，使中亚从"旧世界"中心成为"新世界"边缘。在西欧进行工业革命时，中亚仍处于封建割据统治下，并逐渐受到殖民统治，或沦为属地，或沦为附庸。俄国十月革命与苏俄内战后，"中亚民族国家划界"重塑中亚政治秩序。在苏联地域分工性经济政策下，中亚

第四章 联合国"中亚经济专门计划"(SPECA)框架内的环保合作

分属于苏联哈萨克与中亚两大经济区。苏联解体后，中亚国家的经济经历了衰退，之后总体持续增长。

由于历史上长期粗放的工农业开发，中亚面对环境污染与水等自然资源匮乏的严峻形势。为减缓经济增长与资源、能源等制约条件之间的冲突，中亚地区必须合作应对现实与潜在危机。持续经济增长与脆弱政治经济体制并行，使中亚各国必须在经济增长与政治稳定的前提下，保护环境以实现持续发展。

中亚在环境与水资源领域面临挑战，其原因可粗略概括为三个方面：一是历史原因，如咸海萎缩与铀渣隐患，这很大程度上是苏联时期遗留的问题；二是经济原因，即中亚基础建设及相关技术陈旧老化，在经济增长的趋势下，造成环境污染与水资源紧张，而且有恶化趋势；三是气候原因，即气候变化导致异常天气。其与人为因素一起，影响中亚经济中心——各内陆河流域的"小气候"，并进一步加剧水资源紧张。

SPECA环保领域合作的参与者大体分为三部分。

一是联合国机构，包括联合国欧洲经济委员会、联合国亚洲太平洋经济社会委员会、联合国开发计划署等。

二是SPECA的成员国，包括阿塞拜疆、哈萨克斯坦、吉尔吉斯斯坦、塔吉克斯坦、乌兹别克斯坦。

三是其他伙伴，如存在相关利益的国家、国际组织或民间社团。包括俄罗斯、美国、欧亚发展银行、欧亚经济共同体、国际拯救咸海基金、欧洲安全合作组织、Zoï环境网络组织（Zoï Environment Network）等。[1]

这三个部分不可或缺。除成员国外，联合国机构与其他伙伴为SPECA提供人才、技术与资金支持。在"中亚经济专门计划"各领域合作中，私人领域投资对基础设施建设同样至关重要。

SPECA框架内的具体行动或项目总体上分为确定行动项目和待定项目两大类。确定行动项目是指正在进行或计划执行的项目或行动，资金较有保障（已确定或可预期），一般以互补方式落实，并接受合作伙伴的额外支持，以扩大受益面。所以，在SPECA框架下，资金来源除国际组织或国家投入外，合作伙伴的支持至关重要。可以说，在基础建设领域内，SPECA预算所提供资金一般只能支持项目启动，而项目在中长期内运行及最终完

---

[1] Zoï环境网络组织是致力于介绍、揭示、联系环境与社会二者关系的国际环保非政府组织。Zoï出自希腊语，意思是"生命"。

成所需资金,则很大程度上依靠私人领域投资。待定项目是指根据联合国有关机构的建议,具有一定落实可能性,但意向出资人尚未决定是否支持的项目或行动。待定项目既可独立于确定行动项目,又可与其协调落实。

一 环保合作重点领域

中亚环境问题体现在水资源短缺和污染、大气污染、土地退化和生物多样性损失、土壤污染与核污染五个方面。与此相关,"中亚经济专门计划"环境领域内合作主要集中在制度建设、水资源与能源三个方面。制度建设涉及地区与国家环境政策、国内立法与国际公约制定;水资源涉及其利用、分配与管理;能源涉及其采集、利用,以及常规能源技术改良及新能源技术开发。[①]

(一)制度建设

主要涉及三个方面问题:一是环境影响评价。如2005~2007年"跨国条件下环境影响评估:中亚试点项目"(Environmental Impact Assessment in a Transboundary Context: Implementation of Pilot Project for Central Asia)。二是国家环境政策咨询与国际环境法普及。如联合国常规预算项目"能效领域与联合国欧经委环境公约落实政策建议服务"框架在中亚地区的落实执行。三是为解决国际环境争议搭建平台。如2012~2015年待定项目"强化联合国欧经委多边环境共识与强化中亚跨国合作"(Strengthening Implementation of UNECE Multilateral Environmental Agreements and Enhancing Transboundary Cooperation in Central Asia)。

(二)水资源

主要涉及信息库、水利设施、水质、特定水域利用及保护等。

(1)水资源信息库建设和管理(Central Asia Water Information Base)。旨在借助信息透明化与管理合作化,支持国家与地区决策,促进科学研究教育,提高各国国际合作能力,发展完善各国水资源信息系统。2005~2010年,中亚地区水资源信息库分两阶段进行,总预算90万美元,瑞士政府是主要出资人。

为协同水务信息管理,SPECA多次组织相关会议和论坛。包括"水资

[①] 常规能源见:《中国大百科全书》总编委员会、《中国大百科全书》编辑部《中国大百科全书(精粹本)》,中国大百科全书出版社,2002,第167页。新能源见:《中国大百科全书》总编委会、《中国大百科全书》编辑部《中国大百科全书(精粹本)》,中国大百科全书出版社,2002,第1616页。

源管理地区对话与合作"(Regional Dialogue and Cooperation on Water Resources Management)、"深化发展中亚国家环境与水资源信息管理区域合作"会议等,主要出资人是德国政府。

另外,SPECA 推动其成员国在水资源领域加强联合管理,协助成员国制定减缓中亚水危机重要潜在方案,关注构建地区制度、国际水法立法、地区方针原则、监控与信息交流等框架。如开展"中亚国际水资源—能源联合可行性研究阐释"(Elaboration of a Feasibility Study on Establishing International Water and Energy Consortium)、编撰《英—俄跨国水资源管理词典》等。

(2) 水坝等水利设施。中亚地区的水坝等水利设施,与地区工农业经济生产密切相关。伴随设备老化,水利设施安全性所受关注日益提高。2010年3月12日,哈萨克斯坦阿拉木图州内的水库溃坝,造成35人死亡。中亚水利设施安全性涉及法律与制度框架建设,如制定示范性国家法律、加强地区协商共识、开展专家培训、完善技术规则,以及开展水坝对生态环境影响研究等。水坝合作是"中亚经济专门计划"内持续时间较长、获得支持较多、资金利用率较高的项目。水坝安全项目主要包括两部分内容。

一是改善成员国立法,提高水利工程结构安全,完善《水利工程结构安全规定》(Provision of the Safety of Hydrotechnical Structures)。除制定示范法律文本外,还通过广泛磋商和独立审核两种形式,提高成员国的立法水平。

二是国际合作,以"中亚水坝安全:能力建设与地区合作"项目为代表。该项目由芬兰和俄罗斯政府出资,由联合国欧经委落实。国际拯救咸海基金也将该项目纳入其咸海流域第2期计划(ASBP-2)。主要内容是借助改良灌溉技术,实现节水,减缓咸海萎缩趋势。此外,重视生态型水利设施建设。从"亚洲—太平洋绿色增长:生态效益型水利设施发展论坛"[Forum on Eco-efficient Water Infrastructure Development for Green Growth in Asia and Pacific (Part II)]和哈萨克斯坦的"绿色桥梁倡议"(Initiative on Green Bridge)中可以看出,为实现可持续发展,中亚国家在水利设施建设方面越来越重视生态型水利设施建设。

"中亚水坝安全:能力建设与分区合作"项目(Dam Safety in Central Asia: Capacity-building and Sub-regional Cooperation)2005~2007年预算30万美元,2008~2010年预算40万美元,2012~2014年获得芬兰政府与俄罗斯政府10万美元资金。

(3) 水质。中亚水质与水污染问题密切相关。"中亚水质相关合作与政策"(Cooperation and Policy Related Water Quality in Central Asia)项目涉及

建立共同测量原则、信息交流与联合评估机制，完善政策和法规等，尤其是确定关于破坏环境行为的标准、原则和容忍程度。另外，该项目对中亚地区规则及各国立法完善都可起到重要指引作用。

（4）特定水域环保合作。除水利设施管理外，SPECA 还关注跨国河流与湖泊环保合作。中亚地区的特定水域，如楚河、塔拉斯河、阿姆河、锡尔河等，更与相关国家人民能否免于饥渴有关。SPECA 针对特定水域制定了专门的环保合作项目，以提高成员国管理跨国河流的水平和能力。如"楚河与塔拉斯河合作"项目（Development of Cooperation on the Chu and Talas Rivers）等，除当事国哈萨克斯坦与吉尔吉斯斯坦外，芬兰等国、全球环境基金等国际组织，以及一些私人投资也都参与其中。作为"中亚经济专门计划"中延续时间较长的重点领域，楚河—塔拉斯河长期价值将伴随合作扩大而进一步提高。另外，阿姆河也是重点合作对象。SPECA 发起"强化阿姆河上游阿富汗与塔吉克斯坦间跨国取水管理"项目（Strengthening Cooperation on Transboundary Watershed Management between Afghanistan and Tajikistan in the Upper AmuDarya River Basin）2011～2012 年获得俄罗斯政府资金 15 万美元，2013～2016 年预算 30 万美元。

（三）气候变化

气候变化在内陆地区表现可能并不显著，但实际影响与损害却较大。中亚地区自然环境相对脆弱，其生态平衡可能会因微小变化而遭到破坏，特别是河谷地区，有效应对气候变化就是在保障当地人民当代与未来的生存机会。2010～2012 年，在芬兰 22.5 万欧元资金基础上，SPECA 发起"在楚河—塔拉斯河跨国流域提高合作应对气候变化"行动（Promoting Cooperation to Adapt to Climate Change in the Chu-Talas Transboundary Basin）。2014～2017 年又发起"实现楚河与塔拉斯河流域跨国合作与整合水资源管理"（Enabling Transboundary Cooperation and Integrated Water Resources Management in the Chu and Talas River Basins）和"强化楚河—塔拉斯河跨国流域应对气候变化能力"（Enhancing Capacity to Adapt to Climate Change in the Transboundary Chu Talas basin）行动。

（四）能源

主要涉及制度建设、发展能源技术等内容。

（1）制度建设。主要是帮助成员国转变增长方式，完善能源政策，推广可再生能源，实现低碳持续发展并保障能源安全，降低气候变化影响。中亚地区经济增长的迫切要求，与其相对落后的基础建设相矛盾，加大能

第四章 联合国"中亚经济专门计划"(SPECA)框架内的环保合作

源在中亚各国工业生产与出口等经济领域中的权重具有重要意义。提高能效,实现低碳发展,从而缓解能源安全潜在危机,将为中亚地区在增长前提下转型创造机遇。水资源与能源工作组重视可再生能源的推广和应用,旨在减缓气候变化,追求经济去碳化,在建立地区调整规范的同时,投资先进化石燃料技术。

为落实"巴库能源效率与对话倡议"(Baku Initiative on Energy Efficiency and Conservation),水资源与能源工作组于2010年起草《中亚经济专门计划的能效地区构想》(SPECA Region Concept),尝试构建从化石燃料改良到普及可再生能源的经济新结构,并使其在良好制度框架下运行,让中亚各国经济从传统增长型转变为新兴发展型。另外,SPECA在成员国中积极推动"中亚国家能效中心网"(Network of National Energy Efficiency Centres in Central Asia)建设。

(2)技术发展。主要涉及常规能源改良(化石燃料)、开发新能源、提高能效、降低污染物排放,以改善空气质量,优化经济结构,实现清洁生产,提升环境舒适程度。如2004~2007年"中亚空气质量管理与清洁燃煤技术能力建设"项目(Capacity-building for Air Quality Management and the Application of Clean Coal Combustion Technologies in Central Asia)、2005~2007年"通过管理、联网、伙伴关系,提高中亚经济专门计划成员国能效与能源保护能力建设"项目(Capacity-building for Improving Energy Efficiency and Energy Conservation in the SPECA Member Countries through Management, Networking and Partnerships)、2007~2014年"为减缓气候变化扩大能效投入"项目(Financing Energy Efficiency Investments for Climate Change Mitigation)、2007~2014年"全球能效21个项目框架中能效与可再生能源先进技术分析,及其重点用于中亚经济专门计划所在地区建议准备"(Analysis of Advanced Technologies in Energy Efficiency and Renewable Energy in the Framework of the Global Energy Efficiency 21 Project and Preparation of Recommendations of Its Applications with Special Emphasis on the SPECA Region)等。

对工业生产进行结构优化需要资金,以及完善的管理制度。2009~2011年,联合国欧经委、联合国亚太经社会、联合国经济和社会事务部(UNDESA)、联合国贸发会合作进行"通过吸引外国直接投资,发展先进化石燃料技术,缓解气候变化"项目(Mitigating Climate Change through Attracting Foreign Direct Investment in Advanced Fossil Fuel Technologies)。哈萨克斯坦作为唯一适格的中亚国家参与其中,其他"中亚经济专门计划"成员则参与到培训、研讨会、政策讨论会等外围行动中。

SPECA 能源项目始终欢迎私人投资者参加。如推广风能，其"风能资源评估与技术示范"为待定项目，2005~2007年、2008年、2010~2012年总预算64.89万美元。但多年来，SPECA 始终难以推进风能发展，原因在于不明朗的市场前景，及难以予人信心的法治环境。

（3）落实"巴库倡议"。该倡议是 SPECA 框架下一系列行动的总称，涵盖提高能效、发展可再生能源、化石燃料技术改良等一系列内容。2009~2015年，"巴库倡议"由联合国亚太经社会主导，寻求俄罗斯、全球环境基金等国家和机构的资金支持。分为以下三个子项目进行。

一是在选定的亚洲国家强化支持能效制度能力（Strengthening Institutional Capacity to Support Energy Efficiency in Selected Asian Countries, KEMCO），使中亚获得约5万美元资金。

二是亚洲与拉丁美洲生态效益型与持续型乡村基础设施发展（Eco-efficient and Sustainable Urban Infrastructure Development in Asia and Latin America），使中亚与蒙古获得发展账户（Development Account），约7.4万美元资金。

三是北九州清洁环境倡议（Kitakyushu Initiative for a Clean Environment），也称北九州精神（Kitakyushu Initiative），使中亚与蒙古获得2.5万美元资金。

（4）尝试构建地区协调统一的能源系统。如协调能源系统（Coordinated SPECA Energy System）、泛亚能源系统（Trans-Asian Energy System），旨在加强成员国和地区能源合作，形成统一的能源市场和管理体系。

（5）举办"中亚经济专门计划经济论坛"（SPECA Economic Forum），并与"中亚经济专门计划"理事会会议同期举行，就地区发展新理念与新建议进行战略讨论。论坛话题经常涉及环保。

二 已签署的环保合作协议

截至2015年初，SPECA 框架内尚未签署任何环保合作协议，原因主要在于联合国欧经委自身国际环境公约体系比较完备，已经为中亚各国与欧洲各国创立了比较详细的规则体系。SPECA 于1998年成立，而当时《奥尔胡斯公约》已基本完成起草工作。联合国欧经委五公约所构成的地区环境公约体系已基本形成，覆盖空气污染、环境影响评估、工业污染、水资源保护与公众参与各领域，获得成员国较高认同。

根据经济发展水平，可以将联合国欧经委区域假想为环状结构：欧洲西部各国视为经济体系中心，俄罗斯偏居次中心，中亚则是相对边缘区域。

第四章 联合国"中亚经济专门计划"(SPECA)框架内的环保合作

中亚各国虽然在地理上属于亚洲地区,然而由于历史与政治因素,其与欧洲经济联系相对密切。此外,中亚各国经济发展相对落后,难以展开特定领域内的环保工作,同时又需要与欧洲各国及俄罗斯进行包含环保领域在内的各方面合作。国际公约与协议作为国际合作指引规则,其范围适用性在全球层面上比在地区层面上更为重要,而且部分中亚国家至今仍未加入现有地区环境公约体系。

总之,"中亚经济专门计划"环保领域的合作法律基础,主要是联合国欧洲经济委员制定的五项环保公约。这五部公约既是国际环境保护合作的重要规则基础,也是解决中亚环境领域内争议纠纷的主要依据和参考。

一是《长期跨国空气污染公约》(Convention on Long-range Transboundary Air Pollution),又称《1979 年长期跨国空气污染日内瓦公约》(The 1979 Geneva Convention on Long-range Transboundary Air Pollution),于 1979 年签订;

二是《跨国条件下环境影响评价公约》(Convention on Environmental Impact Assessment),因在芬兰城市埃斯波签署,又称《埃斯波公约》(The Espoo Convention),于 1991 年签订;

三是《工业事故跨国影响公约》(Convention on the Transboundary Effects of Industrial Accidents),于 1992 年签订;

四是《保护和利用跨国水道与国际湖泊公约》(Convention on the Protection and Use of Transboundary Watercourses and International Lakes),又称《赫尔辛基公约》,于 1992 年签订;

五是《在环境问题上获得信息、公众参与决策和诉诸法律的公约》(Convention on Access to Information, Public Participation in Decision-making and Access to Justice in Environmental Matters),因在丹麦的奥尔胡斯市签署,又称《奥尔胡斯公约》(Aarhus Convention),于 1998 年签订。

截至 2015 年初,塔吉克斯坦、土库曼斯坦、乌兹别克斯坦尚未加入《长期跨国空气污染公约》《跨国条件下环境影响评价公约》《工业事故跨国影响公约》。从公约加入情况中可以发现,中亚各国最支持水务合作(见表 4-1)。

表 4-1 中亚国家加入国际环保公约情况(截至 2015 年初)

国家	《长期跨国空气污染公约》	《跨国条件下环境影响评价公约》	《工业事故跨国影响公约》	《保护和利用跨国水道与国际湖泊公约》	《在环境问题上获得信息、公众参与决策和诉诸法律的公约》
哈萨克斯坦	2001 年加入	2001 年加入	2001 年加入	2001 年加入	1998 年签字,2001 年批准

续表

国家	《长期跨国空气污染公约》	《跨国条件下环境影响评价公约》	《工业事故跨国影响公约》	《保护和利用跨国水道与国际湖泊公约》	《在环境问题上获得信息、公众参与决策和诉诸法律的公约》
吉尔吉斯斯坦	2000 年加入	2001 年加入			2001 年加入
塔吉克斯坦					2001 年加入
土库曼斯坦				2012 年加入	1999 年加入
乌兹别克斯坦				2007 年加入	
阿塞拜疆	2002 年加入	1999 年加入	2004 年加入	2000 年加入	2000 年加入
阿富汗					
俄罗斯	1979 年签字，1980 年批准	1991 年签字	1992 年签字，1994 年批准	1992 年签字，1993 年批准	
美国	1979 年签字，1980 年批准		1992 年签字		

三 正在执行的项目

SPECA 所执行的环保项目具有延续性，很多现时行动都建立在以往行动落实基础上。根据 2014 年 12 月 5 日在土库曼斯坦阿什哈巴德举行的 SPECA 理事会第九次会议上的水资源与能源项目工作组行动进程报告，当前"中亚经济专门计划"在环保领域的执行项目主要有 10 项（部分见表 4-2）。

一是"中亚水坝安全：能力建设与分区合作"（Dam Safety in Central Asia: Capacity-building and Subregional Cooperation）。主要由俄罗斯和芬兰提供资金支持。

中亚水坝安全始终是"中亚经济专门计划"的焦点。该项目在先期各阶段取得水力设施国家示范法等成果的基础上，计划进一步协调各国在水坝安全上的规则，搭建共同法律框架基础，进而就水坝安全达成地区共识草案。项目涉及信息交换、向其他国家水坝通报事故、专家意见提供、完善成员国相关立法、开展地区专家共同培训等。

该项目第三阶段于 2012 年开始，重点是合作培训地区专家与学员，以及继续个别水坝安全保护工作。除评估中亚地区各水利设施老旧程度外，还在各方资金支持下进行维护改善，同时，提高水利设施的自我维护能力，降低水利设施潜在危险。

第四章 联合国"中亚经济专门计划"(SPECA)框架内的环保合作

二是"实现楚河与塔拉斯河流域跨国合作与整合水资源管理"(Enabling Transboundary Cooperation and Integrated Water Resources Management in the Chu and Talas River Basins)。由全球环境基金提供资金支持。

哈萨克斯坦与吉尔吉斯斯坦共有楚河与塔拉斯河,河流流域是两国重要的工农业经济区,是"中亚经济专门计划"长期以来的重点合作区域。2006年,两国"楚河与塔拉斯河委员会"在联合国欧经委与亚太经社会的支持下建立,就共用水利设施,创造两国分担责任的互惠方式,并致力于更长远合作,提高共同管理水平。

三是"提高楚河—塔拉斯河流域的应对气候变化能力"(Enhancing Capacity to Adapt to Climate Change in the Transboundary Chu-Talas Basin)。由全球环境基金提供资金支持。

2014~2017年,基于既有行动成果,"实现楚河与塔拉斯河流域跨国合作与整合水资源管理"与"提高楚河—塔拉斯河流域的应对气候变化能力"两项目继续深化发展。具体途径为评估水资源因气候变化所受影响,预测未来时期农业受气候变化所致经济影响,并确认跨国条件下可能的应对措施,在前述两领域进行对话与合作,避免水资源利用争议。两项目由全球环境基金出资100万美元,目前尚缺口30万欧元资金。

四是"中亚水资源管理地区对话与合作"(Regional Dialogue and Cooperation on Water Resources Management in Central Asia)。

2008年,德国政府发起"中亚跨国水资源管理"计划,旨在提高国际拯救咸海基金的组织与制度能力,提高中亚各国政府适用国际水法与相关手段的能力,整合水资源区域合作能力。"水资源管理地区对话与合作"为该计划的组成部分,自2009年来由联合国欧经委落实,以求增进地区对话、强化地区制度能力、完善共识落实,并寻找长期解决方法。该计划第三阶段于2015年启动,重点是加强国际水务与环境立法能力建设,完善地区水资源和环境信息库。

五是"中亚水质"(Water Quality in Central Asia)。

该项目由联合国欧经委与中亚地区环境中心(CAREC)合作执行,由联合国开发账户为相关合作与政策出资。第一期为2009年初至2012年秋,第二期为2012~2014年,第三期为2014~2017年,预算约为17.5万欧元,然而资金难以筹集。该项目主要是作为政治平台,为继续水质地区合作并继续执行项目提供资金而服务。

六是"强化阿富汗与塔吉克斯坦间阿姆河上游跨界集水区管理合作"

(Strengthening Cooperation on Transboundary Watershed Management between Afghanistan and Tajikistan in the Upper AmuDarya River Basin）。

该项目旨在发展阿、塔两国阿姆河上游水文与环境合作，由阿富汗水资源与能源部、阿富汗国家环境保护署与塔吉克斯坦环境保护与水资源委员会组成，主要措施是在两国现有双边共识基础上，加强信息交换和水文监测。

七是"中亚第四级低压水工系统评估方法发展"（Development of a Methodology to Assess the Safety of Class IV Low Pressure Hydrotechnical Systems in Central Asia）。

该项目主要措施是由亚太经社会北亚与中亚分区办公室与俄罗斯联邦预算机构"能源安全科学与技术中心"及俄罗斯国民经济与公共管理总统学院（RANEPA）、国际拯救咸海基金（IFAS）、欧亚发展银行（EDB）与联合国欧经委合作，举办了"中亚国家确保小型水工设施安全研讨会"。首次会议已于2014年6月30日至7月2日在莫斯科举办。研讨会目标是完善欧亚地区第四级低压水工系统安全评估共同方法，交换先进经验。

八是"能源持续发展：北亚与中亚合作机遇政策对话"（Energy for Sustainable Development：Policy Dialogue on Opportunites for Cooperation in North and Central Asia）。

由亚太经社会承办。讨论能源领域状况及其对相关国家社会与经济发展的贡献。亚美尼亚、阿塞拜疆、格鲁吉亚、哈萨克斯坦、吉尔吉斯斯坦、俄罗斯联邦、塔吉克斯坦、乌兹别克斯坦政府官员与能源企业参与其中。早在2013年5月，亚太经社会曾在俄罗斯符拉迪沃斯托克组织第一次亚太能源论坛（APEF），此后该论坛发展成定期机制。

九是"为减缓气候变化与持续发展提高能效投资"（Promoting Energy Efficiency Investments for Climate Change Mitigation and Sustainable Development）。

该项目由联合国开发账户出资，由联合国五个地区委员会共同落实。在欧亚地区，由来自阿塞拜疆、哈萨克斯坦、吉尔吉斯斯坦、塔吉克斯坦、土库曼斯坦与乌兹别克斯坦的政府官员、能源专家、项目推动者及主要国内外投资人参与，集体研讨能效计划，并组织培训，还向国际可持续能源论坛提交项目成果报告。

十是"北亚与中亚国家能源与再生能源来源持续利用政策与规范数据库"（Database of Policies and Regulations on Sustainable Use of Energy and Renewable Energy Source in Countries of North and Central Asia）。

该数据库由俄罗斯资助，是亚太经社会"以地区合作强化能源安全"项目成果之一，现已在线开放（www.asiapacificenergy.org）。目前，阿塞拜疆、哈萨克斯坦、吉尔吉斯斯坦、俄罗斯联邦、塔吉克斯坦与乌兹别克斯坦为该数据库提供上千份文件，而且持续更新，反映出北亚与中亚能效现行政策、规范框架和再生能源来源发展情况。该数据库使相关决策者与研究者能够比较相关国家政策与法律，并分析发展趋势。

表4-2 近年来SPECA在水、能源和环境领域的部分合作项目

项目名称	执行时间	经费预算
中亚水坝安全：能力建设与分区合作	2012~2014年	2012~2014年，芬兰和俄罗斯政府出资10万美元，并筹集其他资金
实现楚河与塔拉斯河流域跨国合作与整合水资源管理	2014~2017年	100万美元，由全球环境基金出资
提高楚河—塔拉斯河流域的应对气候变化能力	2014~2017年	30万欧元，正筹集资金
中亚水资源管理地区对话与合作的第二阶段	2013~2014年	30万欧元，由德国国际合作署（German International Cooperation）出资
中亚水质	2014~2017年	17.5万欧元，正筹集资金
强化阿富汗与塔吉克斯坦间阿姆河上游跨界集水区管理合作	2013~2016年	30万美元，正筹集资金
北亚与中亚国家能源与再生能源来源持续利用政策与规范数据库	2014~2015年	俄罗斯出资

四 国际合作

SPECA非常注重与其他国家或地区国际合作机制配合，共同致力于中亚地区的环保工作。已建立合作关系的其他区域国际合作机制主要有以下几个。

一是"中亚区域经济合作机制"（CAREC），是亚洲开发银行主导的中亚和高加索地区的合作机制。应成员要求，"中亚经济专门计划"与"中亚区域经济合作机制"两机制于2007年建立定期协调合作。

二是"经济教育与研究支持伙伴"（Partnership for Economics Education and Research Support, PEERS）。由联合国欧经委、联合国开发计划署、欧安

组织和经济教育研究联合会共同建立①，致力于支持中亚经济研究，为"中亚经济专门计划"各项目工作组行动提供基础分析。

"中亚经济专门计划"主要由联合国欧经委协调，与各成员国的合作内容大体可分为加入相关公约与具体项目合作两部分，具体如下。

（一）与阿富汗的合作

在SPECA成员国中，阿富汗虽然陷于战乱中，却仍具有潜在发展机遇。作为地缘意义上连接中亚地区与南亚次大陆的通道，阿富汗为实现国家转型战略，需要反对宗教极端主义、恐怖主义与犯罪组织，停止战乱，发展经济，融入国际社会。

SPECA各成员国在增进地区联系上共享利益。阿富汗2014年12月4日在阿什哈巴德举行的SPECA 2014年度经济论坛上提出，强化阿富汗与中亚的联系，指出阿富汗与其他中亚各国相似，都是区域内陆通道，在"中亚经济专门计划"与"中亚区域经济合作机制"完善基础设施建设中，如土库曼斯坦—阿富汗—巴基斯坦—印度油气管线，以及CASA 1000（经阿富汗，将中亚与印度及巴基斯坦联网的电网项目）与地区各铁路线建设中，需要承担国际枢纽的重任。

（二）与哈萨克斯坦的合作

哈萨克斯坦是中亚地区唯一完全加入联合国欧经委五个环境公约的国家，是中亚地区积极参与国际环保合作的国家之一。它于2001年加入《长期跨国空气污染公约》《跨国条件下环境影响评价公约》《工业事故跨国影响公约》《保护和利用跨国水道与国际湖泊公约》；于1998年在《在环境问题上获得信息、公众参与决策和诉诸法律的公约》上签字，并于2001年获得批准。

2006年，哈萨克斯坦与吉尔吉斯斯坦合作建立楚河与塔拉斯河委员会，并在2014年参与到"提高楚河—塔拉斯河跨国流域应对气候变化合作"项目中。

2014年在哈萨克斯坦，联合国欧经委与"中亚经济专门计划"成员国就中亚水坝安全，组织了三次国际培训课程。此外，哈萨克斯坦与吉尔吉斯斯坦、塔吉克斯坦、乌兹别克斯坦及俄罗斯参与在中亚国家中确保小型水工设施安全研讨会；与亚美尼亚、阿塞拜疆、格鲁吉亚、吉尔吉斯斯坦、

---

① 经济教育研究联合会（Economics Education and Research Consortium，EERC）由多家国际知名智库于1995年创立，目的是强化独联体经济教育研究能力。

俄罗斯、塔吉克斯坦及乌兹别克斯坦参与"能源持续发展：北亚与中亚合作机遇政策对话"；与阿塞拜疆、吉尔吉斯斯坦、塔吉克斯坦、土库曼斯坦及乌兹别克斯坦参与"为减缓气候变化与持续发展提高能效投资"；与阿塞拜疆、吉尔吉斯斯坦、俄罗斯、塔吉克斯坦及乌兹别克斯坦参与了"北亚与中亚国家能源与再生能源来源持续利用政策规范数据库"。哈萨克斯坦与联合国亚太经社会和欧经委合作召集了"为亚洲—太平洋绿色增长：生态效益型水利设施发展论坛"。

（三）与吉尔吉斯斯坦的合作

吉尔吉斯斯坦于 2000 年加入《长期跨国空气污染公约》，于 2001 年加入《跨国条件下环境影响评价公约》《在环境问题上获得信息、公众参与决策和诉诸法律的公约》。吉尔吉斯斯坦主要参与楚河与塔拉斯河流域及其应对气候变化合作。此外，吉尔吉斯斯坦与哈萨克斯坦等国参与"中亚第四级低压水工系统评估方法发展"；与阿塞拜疆等国参与"能源持续发展：北亚与中亚合作机遇政策对话""为减缓气候变化与持续发展提高能效投资"及"北亚与中亚国家能源与再生能源来源持续利用政策规范数据库"。

（四）与塔吉克斯坦的合作

塔吉克斯坦于 2001 年加入《在环境问题上获得信息、公众参与决策和诉诸法律的公约》。塔吉克斯坦与哈萨克斯坦、乌兹别克斯坦参与"中亚水坝安全"专家共同培训；与阿富汗参与阿姆河上游集水区合作；与哈萨克斯坦等国参与"中亚第四级低压水工系统评估方法发展"；与阿塞拜疆等国参与"能源持续发展：北亚与中亚合作机遇政策对话""为减缓气候变化与持续发展提高能效投资"及"北亚与中亚国家能源与再生能源来源持续利用政策规范数据库"。

（五）与土库曼斯坦的合作

土库曼斯坦于 2012 年加入《保护和利用跨国水道与国际湖泊公约》，于 1999 年加入《在环境问题上获得信息、公众参与决策和诉诸法律的公约》。2013~2014 年，土库曼斯坦与阿塞拜疆、哈萨克斯坦、吉尔吉斯斯坦、塔吉克斯坦及乌兹别克斯坦共同参与"为减缓气候变化与持续发展提高能效投资"讨论会与集体培训，以及第五次国际持续能源论坛。

（六）与乌兹别克斯坦的合作

乌兹别克斯坦于 2007 年加入《保护和利用跨国水道与国际湖泊公约》。乌兹别克斯坦与哈萨克斯坦、塔吉克斯坦参与"中亚水坝安全"专家共同培训；与哈萨克斯坦等国参与"中亚第四级低压水工系统评估方法发展"；

与阿塞拜疆等国参与"能源持续发展：北亚与中亚合作机遇政策对话""为减缓气候变化与持续发展提高能效投资"及"北亚与中亚国家能源与再生能源来源持续利用政策规范数据库"。

（七）与俄罗斯的合作

俄罗斯对中亚地区的影响力，在环保合作领域，特别是具体能源方面有着颇为鲜明的体现。"中亚经济专门计划"框架内很多项目都是由俄罗斯出资支持的，如以下几个项目。

（1）"北亚与中亚能效与清洁能源技术政策法律框架在线数据库完善"（Development of the Online Database of Policy and Legal Frameworks for Energy Efficiency and Clean Energy Technologies in North and Central Asia）。该项目旨在在俄罗斯与中亚各国间实现相关制度建设信息对接，强化俄罗斯与中亚各国的制度相关性，便利俄罗斯与中亚各国经济（特别是能源各方面）贸易交流。

（2）"北亚与中亚能效潜在与市场机遇评估研究指引"（Conduct an Assessment Study on Energy Efficiency Potential and Market Opportunities in North and Central Asia）。该项目以对俄罗斯与中亚各国工业设施运行状况统计为基础，分析近期与长期市场重点，具有极高的潜在利益引导性。

（3）"分区层面上北亚与中亚及潜在东北亚或其他分区能效与清洁能源技术市场完善研究指引"（Conduct an Assessment Study on Development a Market for Energy Efficiency and Clean Energy Technologies at Subregional level in North and Central Asia and Potentially with North-East Asia or Other Countries）。该项目更为细化地分析能效与清洁能源在区域内的潜在中心，而且从范围上已经包含中、日、韩等国。

第五章
南亚区域合作联盟（SAARC）框架内的环保合作

南亚区域合作联盟（South Asian Association for Regional Cooperation, SAARC）简称"南盟"，是由地理位置基本位于南亚次大陆的8个国家组成的地区性国际组织。合作目标是：提高南亚人民的生活质量；加快经济、社会、文化发展；促进互信；加强区域内合作以及和发展中国家、其他国际组织的合作。南亚区域合作联盟坚持尊重主权平等、领土完整、政治独立、不干涉内政和互惠互利等原则。

第一节 合作机制概况

南盟的合作理念最早由孟加拉国前总统齐亚·拉赫曼于1980年5月2日提出。1983年8月，印度、巴基斯坦、孟加拉、斯里兰卡、马尔代夫、尼泊尔和不丹7国外交部部长在印度首都新德里举行首次会晤并通过《南亚区域合作联盟声明》。1985年12月8日，7国领导人在孟加拉国首都达卡举行首届首脑会议，发表《达卡宣言》并通过《南亚区域合作联盟宪章》（以下简称《宪章》），标志南盟正式成立。2005年接纳阿富汗为第8个正式成员国。

截至2015年初，南盟共有成员国8个，观察员9个（澳大利亚、中国、欧盟、伊朗、日本、毛里求斯、缅甸、韩国、美国）。另外，印尼、南非和俄罗斯三国已表示愿意成为观察员。印度是整个南盟组织中最重要的国家。印度占南盟70%的地域和总人口，经济总量约占南盟经济总量的80%，与除阿富汗以外的所有南盟成员国接壤。

南盟的目标是：提高南亚人民福利，改善生活质量；加快区域经济增长、社会进步和文化发展，为所有人提供体面的生活和实现全部潜力机会；促进并加强南亚国家的集体自力更生能力；为互信、理解和其他问题的合理解决做出贡献；积极促进经济、社会、文化、科技等领域的合作；加强和其他发展中国家的合作；与有普遍利益的国际论坛加强合作；与目的和目标相似的区域组织开展合作。

南盟的合作原则是：尊重主权平等、领土完整、政治独立、不干涉他国内政和互惠互利；协商一致；不审议双边问题和有争议的问题；联盟框架内的合作不影响成员间的双边和多边合作；联盟框架内的合作与成员国的现有国际义务和责任互不冲突。

根据《宪章》，南盟的各项活动经费来自成员国的自愿捐助，每个技术委员会需为执行项目所需费用提出预算建议。当项目资金有余额时，经有关部门同意，可用于其他项目。

一 组织结构

南盟主要设有6个机构：国家元首和政府首脑会议、部长理事会、常务委员会、技术委员会、行动委员会和秘书处。具体组织结构如图5-1所示。

国家元首和政府首脑会议（Meetings of the Heads of State or Government）每年举行一次，轮流在各成员国举行，成员国认为有需要时，也可举行非例行会议。如果成员国中任何一国拒绝参加，会议将不能举行。

部长理事会（Council of Ministers，CoM）成员由成员国的外交部部长组成，一般每年举行两次，在各成员国一致同意的情况下，可以召开特别会议。部长理事会负责制定南盟政策、审查区域合作进展情况、决定新的合作领域、确定秘书长人选等。

特别部长会议（Special Ministerial Meeting）是成员国针对各具体领域而举行的部长会议。目前已举行商贸、儿童、妇女、环境、残疾人、住房等领域的部长会议。

常务委员会（Standing Committee）由成员国外交秘书（南亚国家特有的官职，相当于外交部秘书长，副部长级）组成，通常在南盟峰会和部长理事会前召开，其职能类似上海合作组织的国家协调员理事会，主要负责全面监督和协调合作项目；批准项目、项目方案和项目融资方式；决定部门间的优先事项，调动区域资源和外部资源，确定新的合作领域，处理财政事务等。对上，常务委员会要向部长理事会汇报工作并定期提交报告，对下，常务委员会要监督并接受技术委员会的报告。

秘书处（Secretariat）是南盟组织日常的后勤保障机构，设在尼泊尔加德满都。现任秘书长是来自尼泊尔的阿琼·塔帕（Arjun Bahadur Thapa），于2014年3月上任。

经济合作委员会（Committee on Economic Cooperation）由成员国商务和贸易部秘书组成，负责制定经贸领域的具体政策措施并监督实施，促进区域内经贸合作。

技术委员会（Technical Committees）由成员国专家或专业代表组成，负责各自具体领域合作的落实、协调和监督。南盟共有农业与农村发展委员会、卫生与人口活动委员会、妇青幼委员会、环境委员会、科技委员会、运输委员会、人力资源委员会7个技术委员会。

行动委员会（Action Committees）由常务委员会建立，并由执行相关项目的成员国构成（构成行动委员会的成员国数目必须在两个以上，但不能由所有的成员国构成行动委员会），负责落实和执行相关项目。

规划委员会（Programming Committee）负责协助常务委员处理相关事务，如区域相关项目的选择、各部门间工作项目的先后次序以及审查相关活动的时间表等。同时，规划委员会听取区域中心的工作汇报。规划委员会会议一般在常务委员会会议前召开。

工作组（Working Groups）负责制定并监督项目的进展和相关活动，加强并促进各自领域内的区域合作。目前共设立了信息与通信技术、生物技术、知识产权、旅游、能源5个工作组。

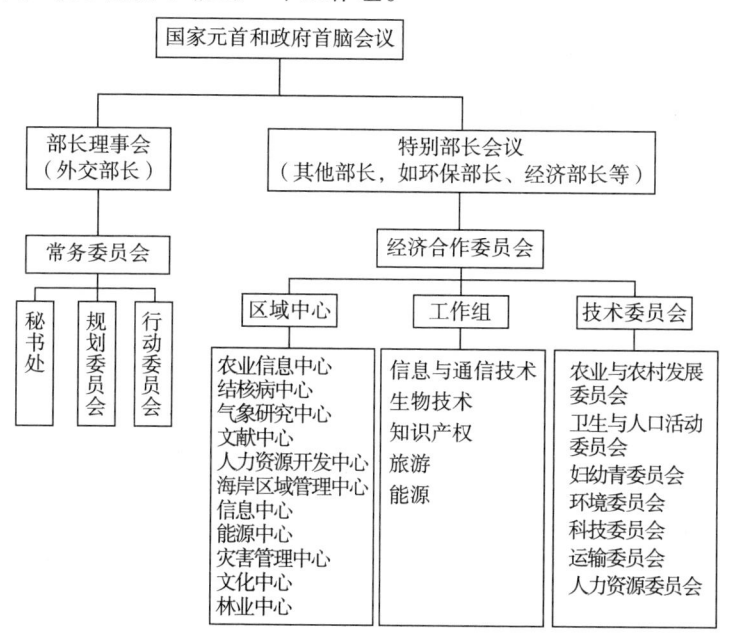

图5-1 南亚区域合作联盟的组织结构

区域中心（Regional Centers）是某一具体领域的常设合作机制。由全体成员国代表、南盟秘书长和东道国政府外交部部长组成董事会，负责管理区域中心。董事会董事需向规划委员会汇报工作。截至2015年初，已设立11个区域中心，分别是：①农业信息中心（达卡）；②结核病中心（加德满都）；③气象研究中心（达卡）；④文献中心（新德里）；⑤人力资源开发中心（伊斯兰堡）；⑥海岸区域管理中心（马累）；⑦信息中心（加德满都）；⑧能源中心（伊斯兰堡）；⑨灾害管理中心（新德里）；⑩文化中心（科伦坡）；⑪林业中心（廷布）。

除正式机构外，南盟还有若干非正式机构，如表5-1所示。

表5-1 南亚区域合作联盟的非正式机构

非正式机构	简介
南亚区域合作联盟工商会 SAARC Chamber of Commerce & Industry（SCCI）	1997年，该组织迁至巴基斯坦的伊斯兰堡。其功能是把区域内的各商界组织紧密联系在一起，以实现合作共赢，并造福于南盟各国人民
南亚区域法律合作联盟 SAARCLAW	1991年，在科伦坡成立。该组织是由南盟国家构成的法律共同体，其职能主要是：传递相关法律信息、促进相互理解、推动地区发展
南亚会计师联合会 South Asian Federation of Accountants（SAFA）	1984年成立于印度新德里，其主要目标是：通过该组织推动区域内的科技、教育、经济发展；促使国际社会承认该地区的会计机构资格；同时，组织区域内的会计大会，安排交流项目，援助会计组织
南亚基金 South Asia Foundation（SAF）	该组织位于不丹，其建立的宗旨是：为在不丹学习的大学生提供帮助，如奖学金，鼓励学生间的互动，交流不同的文化和传统
南亚终结儿童暴力倡议 South Asia Initiative to End Violence Against Children（SAIEVAC）	2005年成立，该组织致力于打击拐卖妇女、儿童的非法活动；保护儿童及其权利；积极与南盟合作执行保护妇女、儿童的措施和计划
南亚作家和文学基金会 Foundation of SAARC Writers and Literature（FOSWAL）	—
南盟认可的机构 SAARC Recognized Bodies	—
南盟大学妇女联合会 SAARC Federation of University Women（SAARC-FUW）	—

第五章 南亚区域合作联盟（SAARC）框架内的环保合作

续表

非正式机构	简介
南亚管理与发展机构协会 Association of Management and Development Institutions in South Asia（AMDISA）	该组织成立于1988年，是南盟承认的非营利性组织机构。该机构致力于利用网络加强区域内企业和公共机构的合作，以促进南亚国家的有效管理
南亚建筑师区域合作协会 South Asian Association for Regional Cooperation of Architects（SAARCH）	—
南盟设计师文凭论坛 SAARC Diploma Engineers Forum（SDEF）	—
南盟国家放射学会 Radiological Society of SAARC Countries（RSSC）	该组织成立于1998年，位于尼泊尔首都加德满都。该组织致力于汇集放射线科学、放射诊断学、肿瘤学、核医疗等方面的人才
南盟教师协会 SAARC Teachers Federation（STF）	—
南盟外科护理协会 SAARC Surgical Care Society（SSCS）	于1996年在斯里兰卡成立
南亚皮肤病专家、性病专家、麻风病专家区域协会 South Asian Regional Association of Dermatologists, Venereologists and Leprologists（SARAD）	—
南亚自由媒体协会 South Asian Free Media Association（SAFMA）	—
南盟斯里兰卡妇女协会 SAARC Women's Association in Sri Lanka（SWA）	—
兴都库什—喜马拉雅基层妇女自然资源管理 Hindukush Himalayan Grassroots Women's Natural Resources Management（HIMAWANTI）	—
南亚国家小儿外科医师联合会 Federation of Association of Pediatric Surgeons of SAARC Countries（FAPSS）	—
南亚交易联合会 South Asian Federation of Exchanges（SAFE）	该组织的主要职能是：促进区域内的市场安全；为成员国和其他相关实体提供信息，方便交流；推动资本市场的发展，并为资本市场的发展制定统一的标准等

续表

非正式机构	简介
南盟肿瘤专家联合会 SAARC Federation of Oncologists（SFO）	—
南亚国家侦查组织协会 South Asia Association of National Scout Organization（SAANSO）	—
南亚经济研究院广播网 South Asian Network of Economic Research Institute（SANEI）	—

资料来源：南盟秘书处官网（http://www.saarc-sec.org/Apex-and-Recognised-Bodies/14/）。

南盟发展基金（SAARC Development Fund，SDF）的前身是南亚发展基金。南亚发展基金因资金不足，不能满足成员国日益增长的资金需求，被重组为南盟发展基金。南盟发展基金设有常设秘书处和3个服务窗口。常设秘书处位于不丹首都廷布，由首席执行官负责日常工作。3个服务窗口分别为社会事务窗口、基础设施事务窗口、经济事务窗口。社会事务窗口主要关注减贫和社会发展项目，基础设施事务窗口的服务领域覆盖能源、交通运输、通信、环境、旅游和其他基础设施领域。经济事务窗口致力于非基础设施领域的基金项目。2010年4月15日，南盟全体成员国批准《南盟发展基金宪章》。

南亚大学（South Asian University）是为南盟及其成员国培养人才的高校，2011年在印度新德里正式建立，2012年5月首次招生。设有发展经济学、国际关系、社会学、法学、生物科技和计算机科学等专业。校长任期5年，现任校长为G. K. Chadha教授，至2016年进行校长换届。

南盟粮食银行（The SAARC Food Bank）。粮食银行设有董事会。董事会主席由成员国轮流推举产生。董事会的主要职责是为区域内的国家制定短期或长期的粮食生产政策和建议；定期对粮食的质量、储存地及其设施进行监督检查，还要对区域内粮食的生产和所遇到的问题进行评估，并将相关信息进行搜集、汇编、分析，以便分享给成员国；解决粮食银行在运行过程中遇到的分歧和问题。

二 合作领域

截至2015年初，南盟主要合作领域有16个，分别是农业和农村，生物科技，文化，经贸，教育，能源，环保，金融，筹资机制，信息、通信和传媒，

第五章 南亚区域合作联盟（SAARC）框架内的环保合作

人文交流，减贫，科技，安全，社会发展，旅游。为集中精力解决突出问题和加强区域合作，南盟实行"主题年"和"主题阶段"措施，即赋予某年或某个阶段（一般是5年或10年）一个突出主题，如表5-2所示。

表5-2 SAARC的主题阶段和主题年

时间	主题阶段期
1991~2000	女童十年（SAARC Decade of the Girl Child）
2001~2010	儿童权益保护十年（SAARC Decade of the Rights of the Child）
2006~2015	减贫十年（SAARC Decade of Poverty Alleviation）
2010~2020	区域内联系十年（SAARC Decade of Intra-regional Connectivity）

时间	主题年
1989	打击吸毒及贩毒（SAARC Year of Combating Drug Abuse and Drug Trafficking）
1990	女童（SAARC Year of Girl Child）
1991	收容所（SAARC Year of Shelter）
1992	环境（SAARC Year of Environment）
1993	残疾人（SAARC Year of Disabled Persons）
1994	青年（SAARC Year of the Youth）
1995	消除贫困（SAARC Year of Poverty Eradication）
1996	扫盲（SAARC Year of Literacy）
1997	参与式施政（SAARC Year of Participatory Governance）
1999	生物多样性（SAARC Year of Biodiversity）
2002~2003	青年对环境的贡献（SAARC Year of Contribution of Youth to Environment）
2004	认识艾滋病（SAARC Awareness Year for TB and HIV/AIDS）
2006	亚洲旅游（South Asia Tourism Year）
2007	绿色南亚（Green South Asia Year）

第二节 环保合作

环保是SAARC的重要合作领域之一。环保领域的主要合作机制有二。

一是环境部长会议（Meetings of the SAARC Environment Ministers）。这是南盟成员国环境部门部长的定期会晤机制。

二是环境技术委员会（Technical Committee on Environment）。1992年建立，负责审查区域研究的相关提议，确定紧急行动的手段方法，决定相关决议的落实执行方式。环境技术委员会授权监督气象和森林两个区域研究中心的建议或提议。

环境技术委员会涉及环境、气候变化、森林和自然灾害等领域。除此之外，根据《宪章》第六条概述的职权范围，环境技术委员会对《宪章》规定的机构（南盟峰会、部长理事会、常务委员会）和南盟环境部长会议所做决议的执行情况进行监督，包括监督1997年南盟环境行动计划和南盟气候变化行动计划的落实情况。

自成立以来，南盟在各环保领域都进行了有益合作，并取得了不错成果。

1997年，南盟环境部长会议通过《德里环境宣言》；

2004年，第12届峰会通过《南亚自由贸易区框架协定》；

2005年，第13届峰会提出2006~2015年为南盟减贫十年；

2006年，依据《马累宣言》通过了《南亚疾病管理：2006~2015行动的全面区域框架》，旨在降低南亚地区疾病风险和进行有效的管理；

2007年，第14届峰会设立南亚大学、南盟粮食银行和南盟发展基金；

2008年7月，南盟环境部长会议通过《气候变化行动计划》；

2008年，第15届峰会签署《南盟发展基金宪章》《南亚地区标准组织协议》《司法互助公约》和阿富汗加入南亚自贸区议定书；

2008年，在达卡举行的关于气候变化的专家会议和部长会议通过了《达卡宣言》和《南盟气候变化行动计划》；

2009年，第8届南盟环境部长会议通过《德里环境合作声明》；

2010年，第16届峰会发表《气候变化廷布宣言》，签署《关于气候变化的廷布声明》《南盟环境合作公约》《南盟服务贸易协定》等文件，宣布在廷布设立南盟发展基金秘书处；

2010年，第16届峰会签署《南盟环境合作公约》，并于2013年付诸实施；

2011年，第17届峰会签署《应对自然灾害快速反应协定》《南盟种子银行协定》等4份合作文件；

2014年，第18届峰会签署南盟《铁路协定》《机动交通工具协议》《能源合作协议》3份合作协议。

一 环保合作重点领域

南盟的环保合作重点主要有自然灾害管理、海岸管理、森林保护、气候变化、垃圾处理和生物多样性六大部分。

（一）自然灾害管理

南亚地区的地理位置和自然人文条件特殊，是世界上地质灾害和气象灾害严重的地区之一。引发自然灾害的主要原因有：①南亚次大陆是地球上最"年轻"的大陆，喜马拉雅山地区地壳活动频繁；②北部山地海拔高，拥有世界上最大的非极地冰层，易受全球变暖所带来的冰川融水的影响；③绝大部分南亚地区处于广大的洪泛区，海岸线长、降水集中。

区域中心下设的"南亚自然灾害管理中心"（Disaster Management Center）是南亚各国在防灾减灾领域合作的主要机制之一。主要职能如下。①加强防灾、减灾和救灾合作。②建立信息数据库。搜集、汇编和整理有关灾害管理的数据、信息、个案研究，分析灾害产生原因，制定科学对策，将研究成果编成教材，开设灾害管理专业课程。③培养应对自然灾害的人才。④科研和咨询服务。提供政策建议，开展研究、培训和信息交流合作，中心还模拟自然灾害发生的场景，对受灾国提供援助，组织专题讨论会和研讨班，集中研究灾害管理。⑤建立网络化虚拟合作体系。以南盟成员国、南盟和其他国际组织为基础，使用信息和通信技术，为南亚的灾害管理建立虚拟资源中心。

南盟粮食银行在成员国出现粮食危机时，会依据相应的规定和程序向受灾国提供粮食援助。粮食银行主要有6项基本功能。一是粮食储备。储备粮食以小麦和大米为主，另外还有其他粮食银行宪章中规定的农作物（非小麦、大米作物必须是南盟作物）。成员国在满足自身粮食需求后向该储备机构提供剩余粮食。当成员国遇到困难时，可根据粮食银行的相关规定，获得自己所享有的粮食份额。二是检查储备粮食的质量。粮食银行储存的粮食的质量必须达到中等质量水平或者符合粮食银行董事会规定的其他标准。成员国要为粮食储备提供专门的设施和地点，并且要定期对粮食和储粮设施进行检查，保证对粮食进行经常性的翻储，当粮食和储存地不符合粮食银行的标准时要及时更换粮食和地点。三是发放粮食。按照粮食银行宪章规定，当成员国遭遇紧急情况和粮食短缺且自身能力无法应对时，可向粮食银行申请救助。四是决定粮食价格。粮食银行董事会根据相关情况决定粮食价格、粮食支付的条款等事务。但在特殊时期（如成员国遭遇严重粮食问题和紧急突发事件时），董事会需出于人道主义原则审慎决定粮食价格。总体来讲，粮食银行制定的价格要低于其他地区的定价。

（二）海岸管理

南亚海岸管理遇到的最棘手的问题是气候变化导致海平面上升和高山冰川融化。海平面上升影响南亚的低地、沿海地区、岛屿，甚至威胁到某些成员国的存在，如马尔代夫和斯里兰卡。高山冰川融化影响到山地和湿地生态，甚至是区域内的水资源。

区域中心下设的"海岸区域管理中心"（SAARC Coastal Zone Management Center，SCZMC）是南盟成员海岸管理领域的合作机制，旨在通过调查、培训人员，提高人们对海洋管理的意识，来促进沿海地区在规划、管理和可持续发展方面的合作。该中心还积极筹划南盟海洋倡议，以便加强区域内国家对海洋和水体的共享，促进海洋和水体在可持续发展中的作用。另外，环境部长会议也涉及区域海岸管理，比如2004年印度洋海啸后，成员国环境部门部长于2005年在马累召开特别会议，讨论区域内的海啸问题。

南盟的《新德里环境宣言》明确表达了各成员国对海岸及海洋的重视，呼吁加强合作。宣言强调：①不论是内海、半封闭海域，还是沿海地区，都要加强海洋保护，重视海洋资源；②促进资源开发和有效管理，在相关国家的法律规定下可持续地利用海洋资源；③保护脆弱且稀有的海岸和海洋生态系统，如红树林沼泽、珊瑚礁、海草、海床等；④欢迎联合国环境规划署在印度洋进行项目合作；⑤呼吁其他国际组织（如全球环境发展基金、亚洲开发银行等）扩大对南亚海洋项目的援助。

（三）森林保护

森林保护涉及温室气体减排。由于南盟国家都是发展中国家，砍伐树木成为他们生产生活的一部分，但是树木可以吸收温室气体，同时燃烧树木又加剧二氧化碳排放，因此，南盟国家认识到森林保护的重要性，并在气候变化问题上达成统一立场，多次声明要减少森林砍伐、减缓森林退化、增加碳汇，为保护森林提供全面支持。

区域中心下设的"林业中心"（SAARC Forestry Center，SFC）是南盟各国森林领域合作的主要机制之一。该中心于2007年建立，旨在通过开展林业调查、教育合作等，推动成员国林业资源的可持续化和集约化开发利用，还关注冰川活动对人们生产生活和可持续发展的影响，推动南盟成员国政府间达成《关于山地生态的倡议》。另外，南盟技术委员会下还设有"环境和森林技术委员会"，旨在促进区域森林保护合作。

（四）气候变化

应对气候变化是南盟环保合作项目的重点。南亚地区受气候变化威胁较严重，如季风、极端天气（洪水、干旱、热带风暴）等。从长远看，气候变化带来的最大隐患是水资源安全。南盟气候政策与联合国《气候变化框架公约》和《京都议定书》的精神一致，即控制温室气体排放，减缓气候变化。为此，南盟已制订气候变化行动计划，通过《达卡宣言》《南盟气候变化行动方案》《廷布气候变化声明》等文件，在应对气候变化领域加强合作，并取得一定成效。在南盟第 16 届峰会上（2010 年 4 月于廷布召开），气候变化成为大会主题。

区域中心下设的"气象中心"（SAARC Meteorological Research Center）是南盟气候变化领域合作的主要机制之一。该中心于 1995 年建立，主要从事气象预报和南亚地区季风方面的研究，并推动南盟成员国政府间达成《季风倡议》。

南盟在气候变化领域的主要立场是：第一，对全球气候变化表示出深切的关注，呼吁南亚各国寻找可以应对气候问题的发展方式。第二，通过努力发展社会经济，提高南盟应对气候变化的能力，减弱因环境脆弱、管控手段不足和能力有限等不利因素造成的影响。

（五）垃圾处理

在垃圾处理方面，南亚地区面临的最大威胁是危险垃圾品输入，尤其是有毒化学品。发达国家将一些不易处理的生产生活废料输入发展中国家，南盟成员国是主要对象之一，这种特殊贸易可以获得短期利益，但却隐藏着严重的环境危机。为此，南盟着力推进对有害物质的管理，逐步淘汰涉及危险化学品和有害废物的贸易。

目前主要措施有：①严格管理监督，并建立区域危险品信息资料库。成员国希望以"环境友好型"方式发展工业，严格监督和管理危险化学品和垃圾。这种监督需要成员国搜集相关的化学品信息、对化学制品进行正确而熟练的风险评估，并将相关知识和信息加以整理，以便在区域内分享。②呼吁发达国家履行义务，严格控制输出危险垃圾品。监管过程要与国际社会通过的决议和方针一致。③打击非法输入垃圾行为。各成员国一致同意采取一切可行措施，打击越境输入化学品和废品，并对输入品严格把控。④加强立法合作，改善法律制度，用法律等有效机制，防止有害废品和有毒化学品以虚假名义流入南盟。

（六）生物多样性

南亚国家拥有丰富的生物资源，所有成员国都是《联合国生物多样性公约》的缔约国。为保护生物多样性，南盟的基本态度是：①坚持在平等基础上开发利用本国生物资源，明确生物资源所属国对该资源享有所有权并给予保护，支持成员国有效利用生物多样性资源获利，允许当地居民和原住民利用其生物知识和技术获利。②强调发达国家有义务将诸如生物科技之类的技术转移到发展中国家。南盟欢迎发达国家提供的资金和技术支持，赞同以《联合国生物多样性公约》为指导，通过协商，确立成员国对知识产权（生物知识）的共同立场，加强在生物分类学、生物信息学，以及其他生物研究与开发等方面的能力建设，以便更好地开发利用生物资源。

二 已签署的环保合作协议

截至 2015 年初，SAARC 框架内已签署的与环保有关的合作协议主要有 10 份，如表 5-3 所示。

（一）《南盟环境行动计划》

于 1997 年 10 月 15~16 日第 3 届南盟环境部长会议上通过。确认了成员国急切关心的事务，建立了区域合作的程序规范。

（二）《新德里环境宣言》

于 1997 年通过，主要内容如下。

（1）着重强调气候变化、生物多样性、危险垃圾品管理和南亚海洋管理四方面问题。

（2）提出南亚国家所面临的其他环境问题及对策。例如，全球气候变化严重威胁了南盟低地国家的生存，同时气候变化也影响到喜马拉雅山脆弱的生态系统，进而会威胁到南亚的山地国家。为此，南盟呼吁在环保领域要加大区域合作力度，并且要根据里约地球峰会的指导，履行国际义务。

（3）强调环境保护不能与经济发展相分离，不能以保护环境为由，限制国际贸易，阻碍经济发展，因此要从根本上改变消费模式。南盟敦促发达国家以优惠的方式向发展中国家转移无害于环境的技术知识以及促进发展中国家内在能力构建的方法措施；向最容易受到气候变化不利影响的低地国家提供援助，满足它们进行气候适应所需资金和能力构建的需求。

（4）敦促发达国家和所有相关的国际性、区域性的基金组织和金融机构以优惠的方式为南盟提供充足的基金或小额贷款，以提高妇女的地位和权利，促进脱贫和可持续发展。推动校园建设，鼓励人们参加环境保护和自然资源可持续管理的活动。建立有效的信息网络机制以援助成员国保护并管理环境，以便获得持续的发展。

（三）《马累宣言》

于 1997 在马尔代夫马累召开的亚太旅游部长"旅游与环境会议"上通过。认为旅游能够而且也应该保持并促进环境的健康与和谐，促进资源的可持续利用，实现自然环境的全民保护，减少消耗和浪费，保持自然、社会和文化的多样性。在发展旅游业时，要监测旅游对环境、文化和遗产的影响，在制定旅游规划中要评估其对环境的影响。

（四）《南亚灾害管理：2006～2015年地区综合行动框架》

依据《马累宣言》要求，于2006年通过。该框架要求成员国共同努力，满足南亚地区降低疾病风险和进行有效管理的特殊需求，各成员国需为该区域框架的落实执行制订各自的行动计划。灾害管理框架要与《兵库行动框架（2005～2015）》相一致。①

（五）《达卡宣言》和《南盟气候变化行动计划》

成员国环境部门部长在2008年7月南盟峰会期间通过。主要内容如下。

（1）建立政府间应对气候变化的专家组，制定清晰的政策方针，监督《达卡宣言》和《南盟气候变化行动计划》的落实执行。

（2）建立清洁发展机制、降低温室气体排放。

（3）加强有关气候变化的宣传，提高民众对气候变化的关注。同时，加强成员国以及各国家机构间的联系，以促进相互分享与气候变化有关的知识、信息和能力建设。

（4）推进由海岸区域中心支持的南盟间"海洋倡议"，加强区域对海洋和水体的共享，发挥海洋和水体在可持续发展中的重要作用。

（5）强调生物多样性、自然资源和山体生态监督的重要性。推进由林业中心支持的南盟政府间《关于山地生态的声明》的落实，尤其要关注山地对冰川及可持续发展的影响。

（6）要求成员国以实际行动促进有关气候变化宣传项目的落实，并唤起大众的关注。

（7）加强清洁发展机制和降低温室效应气体方面的能力构建，分享延缓气候变化作用的研究成果，从事适应气候变化相关措施的研究，加强南南技术发展和技术转移合作。

（8）落实相关项目和措施，以应对气候突变，保护人们的生命，维持正常生活。

（9）呼吁《联合国气候变化框架公约》的缔约国按照公约的要求履行提供额外资源的义务。

《南盟气候变化行动计划》以共同协商原则为基础，确认了7项合作主题：环境适应；减缓环境变化；技术转移；资金与投资；教育和增强关注

---

① 《兵库行动框架》（Hyogo Framework for Action）是2005年世界168个国家通过的应对自然灾害的国际合作文件，确定了2005～2015年的世界减灾战略目标和行动重点，为世界范围内的防灾减灾活动提供了指引。

气候变化的意识；气候变化进程监控和风险管理；进行国际协商谈判的能力建设。重点是：①建设清洁发展机制项目（Clean Development Mechanism，CDM）；②交流灾害防御能力、极端天气和气象信息，应对气候变化所带来的影响，如海平面上升、冰川融化，做好生物多样性保护及森林资源保护等。

（六）《德里环境合作声明》

于 2009 年 10 月第 8 届南盟环境部长会议上通过。该声明确认了在关键领域急需解决的众多问题，重申成员国加强在环境和气候变化领域内区域合作的义务。

（七）《廷布气候变化声明》

于 2010 年南盟成立 25 周年时通过。该声明提议以集中的方式应对气候变化的不良影响，在国家层面和区域层面上构建了多项重要倡议。该声明对南亚丰富、脆弱而又多样的生态系统表示高度关切；关注气候变化对南亚 16 亿人民生命和生活的影响；呼吁对延缓和适应气候变化做出迅速反应。该声明提出以下内容。

（1）作为发展中国家，南盟成员国需处理好应对气候变化不利影响和追逐社会经济效益的双重挑战；

（2）以可持续的方式发展，减少贫困，减少碳排放，强化对气候的适应能力；

（3）确立南盟在全球低碳经济和可再生能源领域的领导地位；

（4）在全球气候变化协商中，坚持平等、普遍原则，坚持各国根据自身应对气候变化能力的不同而履行相应义务的原则；遵守联合国气候变化框架公约；

（5）在应对气候变化的国际协商中，坚持全面、透明、公开、民主的方式；

（6）在易受气候变化和相关灾害影响的南亚，建立区域应急反应机制，以应对突发的、不可抗拒的气候变化所带来的挑战；

（7）处理气候变化的方式方法要与《宪章》所规定的区域合作的目的、原则一致；

（8）南盟成员国需为应对气候变化承担相关义务。例如，监督《达卡宣言》和《南盟气候变化行动计划》的落实执行；建立政府间应对气候变化的专家组，根据《南盟气候变化行动计划》制定清晰的政策方针；在成员国中进行气候问题的宣传，提高人们对气候问题的关注程度；在南亚大学等机构中进行低碳技术研究，为促进低碳科技和可再生能源等项目发展提供资金支持；自 2010 年至 2015 年为区域内的造林和再造林战略植树 1000

万棵；为保护南亚的考古和历史遗迹免受气候变化不利影响而提供资金支撑；在南盟成员国中分享与气候变化相关的知识、信息和能力构建经验；推进由海岸区域中心支持的南盟间海洋倡议，以加强区域对海洋和水体的共享，发挥海洋和水体在可持续发展中的重要作用；保护生物多样性、自然资源，监督区域内的山体生态；研究季风演化模式；将适应气候变化和降低灾害风险相结合；每年至少定期召开两次关于气候变化的政府间专家组会议等。

（八）《气候变迁脆弱国家论坛宣言》

于 2009 年 11 月 10 日在马尔代夫首都马累举行的"气候最脆弱国家论坛"上通过。气候脆弱国家主要指位于沿海、低地、山区等受气候变化影响威胁较大的国家，如马尔代夫、孟加拉国、越南和太平洋岛国基里巴斯等面临海平面上升威胁的国家，可能会因冰川融化而影响淡水供应的不丹和尼泊尔，以及可能受旱灾影响的肯尼亚和坦桑尼亚等非洲国家。论坛的主题是讨论气候变化，尤其是气候变暖威胁。受气候变暖影响，海水上升，冰山减少，极端气候增多，威胁到部分国家的生存。这些国家具有相同的立场。《宣言》的主要内容有：①倡导低碳，走绿色经济道路，坚持可持续发展道路；②呼吁发达国家拿出其国内生产总值的 1.5% 帮助发展中国家应对气候变化，提供资金、技术等援助，帮助发展中国家建立低碳经济，适应气候变化；③进一步提高气候变迁脆弱国家应对气候变化的意识和能力，扩大它们的国际合作范围。

（九）《南盟环境合作公约》

于 2010 年南盟第 16 届峰会上签订，并于 2013 年 10 月 23 日付诸实施。该公约确认了环境和可持续发展的 19 个合作领域，旨在推广最佳的环保方式、方法和促进知识交流，促进环保相关能力的构建，促进环境友好型技术的转移。由成员国环境部长理事会负责监督和落实。

（十）《南盟应对自然灾害快速反应协议》

于 2011 年在马尔代夫南盟第 17 届峰会上签订。截至 2014 年 11 月，已经有 5 个国家完成该协议的批准程序。主要内容是建立并启用南盟自然灾害快速反应机制。

表 5-3 南亚区域合作联盟环保合作协议

中文名称	英文名称	签署时间
《南盟环境行动计划》	*SAARC Environment Action Plan* (1997)	1997 年

续表

中文名称	英文名称	签署时间
《新德里环境宣言》	New Delhi Declaration of Environment	1997 年
《马累宣言》	Malé Declaration	1997 年
《南亚灾害管理：2006~2015 年地区综合行动框架》	Disaster Management in South Asia: A Comprehensive Regional Framework for Action 2006-2015	2006 年
《达卡宣言》	Dhaka Declaration	2008 年
《南盟气候变化行动计划》	SAARC Action Plan on Climate Change	2008 年
《德里环境合作声明》	Delhi Statement on Cooperation in Environment	2009 年
《廷布气候变化声明》	Thimphu Statement on Climate Change (2010)	2010 年
《气候变迁脆弱国家论坛宣言》	Declaration of the Climate Vulnerable Forum	2009 年
《南盟环境合作公约》	SAARC Convention on Cooperation on Environment	2010 年
《南盟应对自然灾害快速反应协议》	SAARC Agreement on Rapid Response to Natural Disasters (2011)	2011 年

三 正在执行的项目

根据 2014 年在加德满都举行的南盟第 18 届峰会会议决议，截至 2015 年初，SAARC 框架内正在执行的项目主要有 2 项，见表 5-4。

一是《南亚灾害管理：2006~2015 年地区综合行动框架》。该项目依据 2006 年通过的《马累宣言》，旨在通过改善环境，满足南亚地区降低灾害风险和进行有效管理的特殊需求。

二是《南盟环境合作公约》。《公约》确认了 19 项环境和可持续发展领域的合作，在与环境有关的领域内更广泛地交换环保方式、方法和知识，进行能力构建，促进环境友好型技术转移。

表 5-4 南亚区域合作联盟环保合作项目统计

中文名称	英文名称	签署时间
《南亚灾害管理：2006~2015 年地区综合行动框架》	Disaster Management in South Asia: A Comprehensive Regional Framework	2006 年
《南盟环境合作公约》	SAARC Convention on Cooperation on Environment (2010)	2010 年

四 国际合作

南盟自 2010 年 12 月起成为联合国气候变化框架公约（UNFCCC）的观察员；所有南盟成员国都是《联合国生物多样性公约》的缔约国；绝大多数南盟成员国是《控制危险废料越境转移及其处置的巴塞尔公约》（简称《巴塞尔公约》，Basel Convention）的缔约国；所有南盟成员都在履行联合国气候变化框架公约和京都议定书关于减少温室气体排放的义务。

南盟在环保领域合作中，非常注重与其他国家或地区国际合作机制合作，共同致力于南亚地区的环境保护工作。截至 2015 年初，南盟已与 3 家国际环保合作组织签署了合作谅解备忘录：

（1）2004 年 7 月与南亚环境合作计划（SACEP）；

（2）2007 年 6 月与联合国环境规划署（UNEP），双方合作内容之一是发布报告"南亚环境展望"（The South Asia Environment Outlook）；

（3）2008 年 9 月与联合国国际减灾战略署（UNISDR）和亚洲灾害防备中心（ADPC）。

第六章
南亚合作环境规划署（SACEP）的环保合作

环境问题从来都不是某一国家领土范围内的问题，它往往超越国界成为区域性问题，乃至全球性问题。为解决南亚地区的环境问题，20世纪80年代，南亚各国及印度政府达成共识，决定成立南亚合作环境规划署（South Asia Co-operative Environment Programme，SACEP）。

成立 SACEP 主要基于以下三点共识：第一，认识到贫困、人口过剩、过度消费、浪费式生产等因素造成环境恶化，威胁经济增长和人类生存；第二，协调环境与发展是可持续发展必不可少的先决条件；第三，南亚地区许多生态和发展问题超越了国界和行政边界。

SACEP 的法律基础有《科伦坡宣言》和《章程》。这两份文件确定 SACEP 的目标是：促进南亚地区在环境、自然与人类的可持续发展等领域的区域合作；支持南亚地区自然资源保护与管理；与各国、区域的政府和非政府机构以及相关专家开展密切合作。

SACEP 的资金来源主要有：成员国的年度捐款；秘书处所在地斯里兰卡的政府提供设施；资助机构（多边机构：联合国环境规划署、联合国开发计划署、国际海事组织、亚洲开发银行和亚太经社会；双边机构：挪威开发合作署和瑞典国际开发署）提供资金支持。

第一节　机构简介

SACEP 是一个政府间国际组织，由南亚各国政府于1982年成立，旨在促进和支持该地区的环境保护、管理和改善。截至2015年初，共有8个成员国：阿富汗、孟加拉国、不丹、印度、马尔代夫、尼泊尔、巴基斯坦、斯里兰卡。

第六章 南亚合作环境规划署（SACEP）的环保合作

一 组织机构

SACEP 的组织结构中有：理事会（The Governing Council）；咨询委员会（The Consultative Committee）；国家联络点（National Focal Points）；主要领域联络点（Subject Area Focal Points）；SACEP 秘书处（见图 6-1）。

理事会负责审议和审查组织的政策、战略和行动方案，并定期召开会议确定重大战略方针。自 1982 年成立至 2015 年初，SACEP 共召开 8 次理事会定期会议和 3 次特别会议。

咨询委员会由位于科伦坡的各成员国外交使团代表组成，负责落实执行理事会所制定的政策、战略和行动方案，并定期召开会议，就方案和项目的规划、执行和监测等事项向秘书处提供指导意见。

国家联络点是成员国之间以及成员国与秘书处之间的主要联络渠道，每个成员国都有责任指定一个联络点，配合秘书处工作，尤其是在项目规划和执行时，由其代表成员国与秘书处进行日常联系。成员国通常指定环保部秘书长作为 SACEP 的国家联络官，负责官方往来，而在处理具体事务时通常会指定一名适合的官员协助工作。

主要领域联络点与秘书处合作，负责项目立项、制定、实施和监督。不同成员国负责不同的主题领域，每个成员国组织相关主题领域的专家组成一个工作中心，并指定一名联络官。其中，孟加拉国的主要领域联络点负责清洁水资源管理和气候变化；印度负责保护生物多样性、能源和环境、环境立法、教育与培训、废弃物管理、气候变化；马尔代夫负责珊瑚礁生态系统管理、可持续的旅游业发展；尼泊尔负责参与式林业管理；巴基斯坦负责空气污染、沙漠化、促进可持续发展的科技开发；斯里兰卡负责可持续农业和土地使用、可持续人类居住区发展。

秘书处位于斯里兰卡首都科伦坡，由秘书长领导，负责组织的日常保障事务。

此外，SACEP 还设有一个附属机构"南亚环境与自然资源信息中心"（South Asia Environment and Natural Resource Information Centre, SENRIC）。该中心的前身是"区域环境与自然资源信息中心"（Regional Environmental and Natural Resources Information Centre, RENRIC），成立于 1990 年，致力于促进南亚地区环境信息的获取与交流。RENRIC 的主要工作是在 SACEP 秘书处内部建立环境与自然资源信息交换所，在 SACEP 成员国之间构建环境与自然资源的信息网络，为信息网络的构建提供硬件和软件保证，为成员国提供咨询和培训服务。到 1994 年，RENRIC 完成了环境立法数据库、环境培训和研究机构数据库以及环境专家数据库的建设。1994 年，在亚洲开发银行和联合国环境规划署全球资源信息数据库的资助下，RENRIC 改名为 SENRIC，扩大了工作领域。SENRIC 早期主要负责在亚太地区推动联合国环境规划署的"环境与自然资源信息网络"计划，包括开展培训、进行数据管理等，如组织编写地理信息系统（Geographic Information Systems，GIS）培训手册，在 GIS、图像处理和遥感等方面对各国相关人员进行培训，在斯里兰卡帕拉代尼亚大学设立 GIS 培训机构，在斯里兰卡和马尔代夫环保部设立协调机构，为南亚地区信息化建设提供硬件和软件支持等。

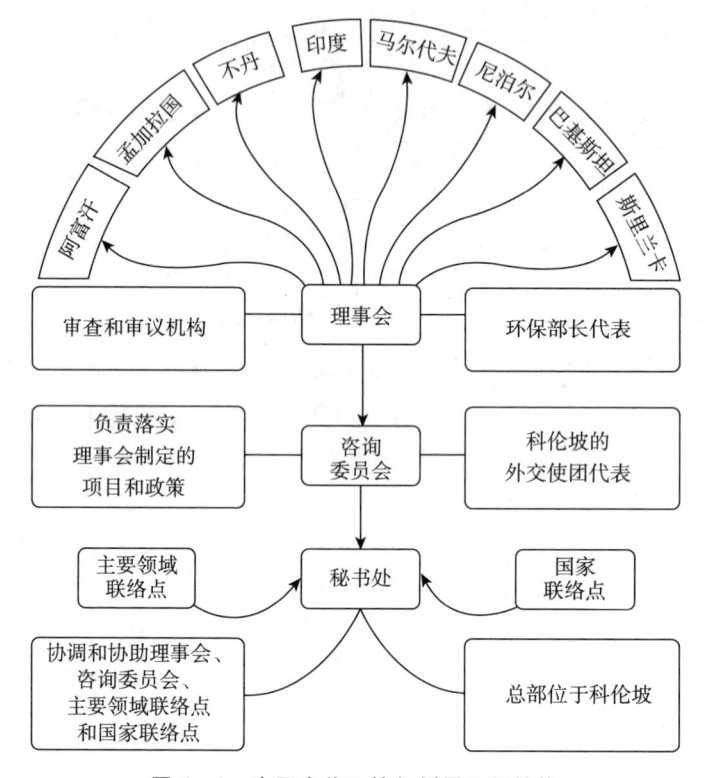

图 6-1 南亚合作环境规划署组织结构

资料来源：SACEP 官网（http://www.sacep.org/html/about_organisational.htm）。

二 合作领域

SACEP 的主要任务是：促进南亚各国政府在共同关切的环境问题上进行合作，而且合作行动必须有益于各成员国及其国民；促进成员国之间交流环保知识和经验；为项目和合作的实施提供当地资源。

SACEP的工作领域十分广泛，涉及环境问题的方方面面，鉴于南亚地区独有的自然地理环境和人文社会环境，SACEP的工作重点集中于以下6个方面。

（一）海洋资源和海岸管理

南亚地区有着丰富的海洋和沿海资源，但是由于各种原因，这些宝贵的资源面临着退化的危险。例如，丰富的海洋资源被过度开采；由于旅游业和渔业活动不受监管，珊瑚礁被油污污染；斯里兰卡、马尔代夫和印度沿海大量排放未经处理的污水，导致大部分浅水珊瑚礁被严重污染；沿海的红木林被过度砍伐，大面积林地被用于农业活动和养殖鱼虾；为了发展海洋旅游业而建设酒店、海滩俱乐部、游艇码头，建筑材料对海洋环境造成了极大破坏；不良的土地利用方式造成的土壤侵蚀导致南亚沿海地区泥沙量增加。海洋资源和海岸管理是SACEP一贯的工作重点，在联合国环境规划署南亚海洋计划的框架下致力于海洋管理的方方面面，包括海洋垃圾管理、珊瑚礁保护等。近年来，南亚海域发生数起轮船溢油事故，南亚各国在事后应对处理中意识到，溢油事故不是某一个国家可以单独应对的，需要进行区域合作，并提高各国政府对于此类事故的应急管理水平，因此海洋溢油管理也成为SACEP海洋行动计划的重点之一。

（二）生物多样性保护

南亚地区生物多样性十分丰富，森林资源占亚太地区的19%，印度被称为世界17个"超级多样性地区"之一，南亚地区的生物多样性占全世界的69%。可以说，南亚地区是一个天然的生物宝库，然而南亚地区对生物多样性的保护却远远不够。不丹有26%的土地面积受到法律保护，斯里兰卡、尼泊尔和孟加拉国受保护土地的比例超过10%，而印度、巴基斯坦和马尔代夫仅有不到5%的土地受到保护。据亚洲湿地局统计，在南亚地区约有179种哺乳动物受到威胁，仅印度境内受到威胁的动物就占全球的3%。造成生物多样性衰退的原因有很多，包括政府不够重视，法律保护不力；森林砍伐率高；薪柴仍是当地基本能源需求的主要来源，对森林资源造成了很大压力；走私和捕杀野生物。保护生物多样性不仅是南亚地区的问题，也早已成为全球议题。SACEP在《联合国生物多样性公约》框架下致力于促进南亚各国保护生物多样性，包括提高国民保护意识，建立信息化系统，打造生物多样性数据库等。

（三）大气污染

2013年，美国北卡罗来纳大学环境科学院与国家环境保护局研究人员发布的《环境研究通讯》指出,东亚、印度和东南亚是全球空气污染重灾区,仅印度一国每年因空气污染至少有50万人失去生命。工业废气、汽车尾气排放等工业发展造成的空气污染,还有传统生活方式造成的空气污染(如印尼烧芭事件),不仅对本国有着严重影响,而且由于南亚地理位置和季风的影响,也会殃及邻国。为了应对空气污染以及进行跨界治理,SACEP在成立之初就策划实施了关于南亚地区防治空气污染及其潜在跨境影响的《马累宣言》,制订了阶段实施计划。《马累宣言》的实施贯穿了SACEP的整个历史。除此之外,开发和推广清洁能源、减少尾气排放也是SACEP致力于解决空气污染的工作重点。

(四)固体废弃物处理

由于生活方式传统、环保意识薄弱、基础设施缺乏等原因,固体废弃物处理是南亚地区一个严重的环境问题。南亚地区许多城市的居民缺少永久性住宅,住所不稳定导致居民环保意识薄弱,也不便配备相应的垃圾处理设施,因此露天倾倒和焚烧仍是当地处理固体废弃物的主要方法。鉴于此,减少、回收、重新利用是SACEP固体废弃物管理工作的核心原则。

(五)教育与培训

任何一个环保项目的成功实施都需要很多条件,如民众和社会组织环保意识的提高,环保技术的推广与应用,环保管理人员管理水平的提高等。尤其是要想实现可持续发展,必须提高儿童、青少年的环保意识。因此,SACEP十分重视环保教育与培训,不仅实施了专门的"环保教育与培训项目",还制订了相应的行动计划,如南亚海洋行动计划、《马累宣言》对固体废弃物管理等都有相应的教育和(或)培训内容。

(六)环境数据库

要解决环境问题首先要对环境进行充分的了解,为了对南亚环境进行监测,SACEP将环境数据库建设作为工作重点之一,这些数据库不仅包括专门的自然环境信息数据库,也包括隶属于各个项目的专家数据库、环保法律数据库等,为南亚地区环保研究与信息交流打下了良好的基础。

除了大气污染、海洋资源退化、生物多样性减退和固体废弃物处理,南亚还面临着很多环境问题,如土壤退化、水资源管理、森林管理等,这些问题有很多相互交叉的领域,如保护海洋资源和生物多样性都离不开森林管理,因此虽然SACEP没有设置相应的专门项目,但对这些问题也都有所涉及,只是相对而言不是近年来的工作重点。

第二节 环保合作

一 已签署的环保合作协议

截至2015年初,SACEP框架内与环保有关的协议、宣言、备忘录主要有以下5个(见表6-1)。

第一,《南亚防治空气污染及其潜在越境影响的马累宣言》(*Malé Declaration on Control and Prevention of Air Pollution and its Likely Transboundary Effects for South Asia*),简称《马累宣言》。于1998年4月在马尔代夫马累市举行的SACEP理事会第7次会议上通过。这是南亚第一个致力于解决区域空气污染的政府间协议,旨在促进南亚国家重视空气污染问题及其跨界影响,对空气污染发展趋势加强研究和检测;为分析和管理空气污染问题创造框架条件;吸收和借鉴本地区及世界其他地区的合作经验与教训。签约国有孟加拉国、不丹、印度、伊朗、马尔代夫、尼泊尔、巴基斯坦和斯里兰卡。该宣言由各签约国政府具体实施,SACEP和联合国环境规划署亚太区域资源中心(UNEP-PRC.AP)负责协调,瑞典的斯德哥尔摩环境研究所(SEI)提供技术援助,瑞典国际开发署(SIDA)提供资金支持。自1998年以来,参与国每年都会召开政府间会议,审查该宣言的实施情况。

第二,《加德满都宣言》(*Kathmandu Declaration*)。该宣言于2007年第10次SACEP成员国环保部长会议上签署。主要内容是提示关注南亚区域合作联盟(SAARC)和SACEP在2002年达成的相关实施区域合作项目的协议;进一步重申对全球性协议的承诺,如《里约环境与发展宣言》、《约翰内斯堡计划》、《千年发展目标》(2000)、《能力建设和技术支持巴厘岛战略计划》(2005)、《促进可持续发展区域执行计划(2006~2010)》等。

第三,《南亚倡议打击非法野生动植物贸易的斋浦尔宣言》(*Jaipur Declaration on South Asia Initiative for Combating Illegal Trade in Wildlife*)。该宣言于2008年SACEP理事会第11次会议之后,由8个成员国环保部门的部长签署,提出"打击非法野生动物贸易区域"战略计划和建立"南亚野生动物执法网络"(SAWEN)。2011年4月,南亚野生动物执法网络(SAWEN)在尼泊尔加德满都正式成立,由尼泊尔国家公园和野生动物保护署(DNPWE)及尼泊尔森林与水土保持部共同管理,目标是加强、促进与协调在打击非法野生动物贸易方面的区域合作,以防威胁南亚野生动植物的生存。

第四,《2010年后南亚生物多样性决议》(*Resolution on "South Asia's*

Biodiversity beyond 2010"）。该决议在 2010 年的第 12 次 SACEP 理事会会议上通过。强调南亚生物多样性对经济发展和生态系统的重要性，指出技术和经济资源、整体的生态系统管理以及提高公众意识等，对于实现《联合国生物多样性公约》确定的 2011～2020 年目标具有重要意义，呼吁南亚各国政府和利益相关方采取必要措施，实施联合国生物多样性大会决议，阻止生物多样性减少的趋势。

第五，《清洁能源和车辆决议》（Resolution on Cleaner Fuel and Vehicles）。该决议在 2010 年第 12 次 SACEP 理事会会议上通过。主要内容如下。

一是在南亚推广低硫燃料。中期目标是实现该地区燃料含硫量不超过 50ppm，最终目标是不超过 10ppm。为实现这一目标采取多项措施，并制定时间表，包括升级炼油厂，制定法规提高燃料质量，提供排放标准和车辆燃料经济性等；设计创新性和战略性财务机制，并通过双边和多边援助增加经费；每个国家都应开发清洁发展机制，促进公共和私营部门合作，以推广清洁燃料和车辆；所有政策、计划和税种都不得有益于不环保燃料和车辆的使用；SACEP 国家实行统一的燃料与车辆标准。

二是在南亚推广环保汽车。制定政策或升级现有政策，加强对二手车辆进口的管理；提高车辆标准，如使用年限、尾气排放量、燃油利用率等；设立车辆检验标准，并确保进口车辆在环保方面合乎标准。

三是在南亚促进清洁交通系统。制定整体系统的交通政策，发展公共和非机动车交通；为管理交通事务的政府部门和机构搭建协作平台；按照联合国环境规划署的共享道路计划要求，所有交通和道路相关项目必须为非机动车和行人友好交通预留经费和空间，如规划人行道、自行车道、人力车道等；培养公众支持清洁交通的意识。

四是为国家间的技术援助和能力建设创造平台。通过技术研讨会和案例研究共享科研经验和成果，从而推动区域新燃料和车辆技术的进步与发展。

五是加强和推广成员国之间以及与发达国家之间的技术转让。

表 6-1 南亚合作环境规划署已签署的合作协议

中文名称	英文名称	签署时间
《南亚防治空气污染及其潜在越境影响的马累宣言》	Malé Declaration on Control and Prevention of Air Pollution and its Likely Transboundary Effects for South Asia	1998 年
《加德满都宣言》	Kathmandu Declaration	2007 年

续表

中文名称	英文名称	签署时间
《南亚倡议打击非法野生动植物贸易的斋浦尔宣言》	Jaipur Declaration on South Asia Initiative for Combating Illegal Trade in Wildlife	2008年
《2010年后南亚生物多样性决议》	Resolution on "South Asia's Biodiversity beyond 2010"	2010年
《清洁能源和车辆决议》	Resolution on Cleaner Fuel and Vehicles	2010年

二 正在执行的项目

1982~2008年，SACEP共实施约70个项目，主要集中在环境立法、教育与培训、空气污染、生物多样性、南亚海洋行动计划、海岸管理、珊瑚礁等领域。其中，大多数项目规模较小，时效很短，通常一年内完成，尤其是培训项目。例如，环境立法研讨会项目，仅仅是1996年在斯里兰卡召开了区域研讨会，在孟加拉国、马尔代夫和尼泊尔召开了三次国家研讨会，出版了一本关于促进南亚环境与发展和谐关系的书。

除短期项目外，SACEP长期持续关注的重点领域是空气污染、南亚海洋行动计划和生物多样性等。防治空气污染可以说是SACEP最富有成效的一个领域，《马累宣言》就是由SACEP牵头并推动实施的，从签署之日开始就没有间断过，至今仍是SACEP的工作重心。

"南亚海洋行动计划"是联合国环境规划署的南亚海洋计划的重要组成部分，涉及海洋管理的多个方面，包括海洋垃圾管理、海洋溢油应急管理、珊瑚礁保护等，囊括了SACEP以往在海洋保护方面的工作。而生物多样性是在《联合国生物多样性公约》框架下的一个工作重点。

自2008年至2015年初，SACEP框架内正在落实执行的项目主要有11项（如表6-2所示）。

（1）清洁能源和车辆合作伙伴关系（Partnership for Cleaner Fuels and Vehicles，PCFV）。该项目由联合国环境规划署倡议，于2002年9月在约翰内斯堡召开的世界可持续发展首脑会议上通过，是公共部门与私营部门间的全球性倡议，致力于在发展中国家和转型国家发展清洁燃料和车辆，通过提高燃油质量和引进清洁车辆技术，逐步淘汰遍布全球的含铅汽油，减少含硫燃料，在公路运输中实现清洁的空气和降低温室气体排放量。2008年SACEP成为该项目的一员，以帮助其成员国进行相关领域的能力建设。截至2015年，共有72个组织加入PCFV，分别代表发达国家、发展中国家、燃料和汽车行业、世界知名清洁燃料和车辆机构等。

自实行以来，PCFV项目取得了显著成绩。2002年实施之初，全球有82个国家采用含铅汽油，到2011年，仅缅甸、伊拉克、阿富汗、阿尔及利亚、也门和朝鲜6个国家的车辆仍采用含铅汽油。2014年底，伊拉克实现了车辆无铅目标，阿尔及利亚和缅甸分别计划于2015年年中和年底实现车辆无铅，也门尚无具体日程安排，朝鲜和阿富汗计划对本国含铅汽油的使用情况进行摸底确认。

(2) 可持续的环保交通（Environmentally Sustainable Transport，EST）。2004年，联合国区域发展中心和日本环保部共同提出"亚洲的EST倡议"，包括制定中长期国家战略、建立区域EST论坛等。根据这一倡议，2005年在日本爱知县举办首届区域EST论坛，并发表《爱知县EST声明》。2007年，SACEP与联合国区域发展中心签署《南亚地区EST谅解备忘录》。在2009年第四届首尔EST论坛上，SACEP成员国发表《首尔EST声明》，强调在解决区域内可持续交通和气候变化问题时应当坚持双赢原则。2010年，第五届区域EST论坛在泰国曼谷举行，主题是"可持续交通的新十年"，会后共同发表《2020年曼谷宣言——2010~2020年可持续交通的目标》。参与国承诺在新十年（2010~2020年）中，将采取各种措施和行动，在高速城市化的亚洲地区实现安全、可靠、经济实惠、高效、人与环境友好型交通。

该宣言的主要内容如下。①避免不必要的出行和缩减出行距离战略：在地方、区域和国家层面整合土地使用和交通规划的相关制度；通过适当的土地利用政策，积极推动以公共交通为导向的交通系统开发，在城市内实现土地的综合开发和重点地段的高利用率；实施政策、计划和项目支持信息通信技术。②可持续模式转型战略：发展非机动交通，发展行人和自行车交通设施，制定完整的街道设计标准；推广包含质优价廉的专用基础设施的公共交通服务；采取交通需求管理措施，包括针对交通拥堵、交通安全和污染成本采取收费措施；推广更加可持续的城际客运和货物运输模式，如相对于卡车和空运，优先采用火车和驳船运输。③优化交通方法和技术战略：采用更加可持续的交通燃料和技术；为燃油质量、燃油效率、尾气排放制定循序渐进、适当而合理的标准；设置有效的交通检查和维护要求；采用智能交通系统；通过提高货运车辆技术、车队控制的现代化及物流和供应链管理水平，提高货运效率。④跨领域战略：采用零死亡率政策提高运输安全要求；监控尾气排放、交通噪音等对人类健康的影响；建立国家特有的、循序渐进的、健康、高性价比和可执行的空气质量和噪音标准，采取可持续低碳交通措施，以减缓全球气候变化和巩固国家能源安全；在制订和实施交通计划时坚持社会平等原则；鼓励采取创新型融资机制，以建设交通基础设施；鼓励可持续交通基础设施和业务创新的融资机制；鼓励可持续交通信息和意识的广泛传播；设立专门机构，制定和实施可持续交通的土地使用政策。

（3）《南亚防治空气污染及其潜在越境影响的马累宣言》。该宣言的主要内容为：各国应当评估分析空气污染的起源、原因、性质、程度以及地方和区域空气污染的影响，发挥成员国鉴定机构和高等院校等机构的作用，构建和加强防治空气污染的能力；实施预防和尽可能减少空气污染的战略；合作建立监测机制，尤其是硫、氮和挥发性有机化合物的排放量、浓度和沉积量；合作建立一套标准化方法监测酸沉降等现象；开展包括资金和技术转移在内的各种计划，从双边和多边渠道增加援助；鼓励经济分析，实现空气污染防治的最佳效果；在活动中邀请其他关键利益相关方，如工业界、学术机构、非政府组织、社区和媒体等；改善国家报告制度，加强学术研究，增强对空气污染问题的理解与处理；继续推进双边协商，在更加全面地了解跨界空气污染的基础上，分阶段制定和实施国家与区域行动计划和协议。

该宣言已完成四个阶段任务。第一阶段（1998~2000年）：开展基础研究；建立专家数据库；建立空气污染数据库；在基础研究的基础上，各参与国制订空气污染国家行动计划，包括建立和维护空气污染监测站。第二阶段（2001~2004年）：扩展第一阶段完成的数据网络；研究和分析南亚空气污染影响与现状；成立监测委员会，加强空气污染监测能力建设，设立国家层面的空气污染防治标准（尽可能实现次区域内标准统一）；通过国内及区域范围的培训、发放技术手册等方式，加强参与国跨境空气污染监测能力。第三阶段（2005~2008年）：建设巴基斯坦空气污染及其跨界影响的预防与控制数据库。第四阶段（2010~2012年）：建立可持续的融资机制；继续对作物、人类健康和腐蚀情况进行定期监测，并对其影响进行评估。

第五阶段（2014~2016年）正在实施。目标包括：促进南亚地区控制空气污染（包括短暂气候污染物）排放政策的实施；通过政府间会议、利益相关方网络、政府间工作组、干湿沉降监测区域技术中心、农作物和植被监测、土壤监测、腐蚀影响评估、健康影响评估、空气污染的减排政策/战略等，继续落实该宣言确定的任务。

(4) 南亚海洋计划（South Asian Seas Programme, SASAP）。该计划是联合国环境规划署1995年3月通过的17个类似计划之一，受到南亚五个国家（孟加拉国、印度、马尔代夫、巴基斯坦和斯里兰卡）的强力支持。SACEP是该计划的秘书处。

SASAP的总目标是以环境友好和可持续的方式，保护和管理南亚地区的海洋环境和沿海生态系统。具体目标是建立和加强区域内各国之间的磋商和技术合作，突出海洋和沿海环境资源的经济及社会重要性，就整个南亚地区感兴趣的课题或项目建立区域合作网络。

"南亚海洋行动计划"（Action Plan，以下简称"行动计划"）是SASAP的重要组成部分，致力于环境评估、环境管理、环境立法、制度和财务安排等。其重点活动领域为海岸带综合管理、开发和实施国家与区域溢油应急计划、通过建立优秀人才区域中心促进人力资源开发、保护海洋环境免于陆地资源的污染。2004年印度洋海啸使"行动计划"的重点领域有所变化，提升了灾害管理和预警能力建设。

SASAP"行动计划"的具体活动如下。①实施海洋垃圾处理计划。设计框架文件，寻找计划资助人；通过意识培养和培训拓展管理能力；实施海滩清理计划；制定专门的海洋垃圾管理战略。②制订南亚区域溢油应急计划。《区域石油和化学污染物泄漏应急计划》及相关谅解备忘录由国际海事组织于2000年参与制订，迄今为止，所有成员对计划和谅解备忘录的文本内容表示同意，其中，孟加拉国、马尔代夫和巴基斯坦已经签署谅解备忘录。该计划正式通过后将成立一个区域行动中心。③与国际海事组织的其他合作。除开展若干环保培训计划外，油污染防备、反应与合作公约（OPRC）以及MARPOL73/78公约也已提上日程。④欧盟资助的南亚沿海珊瑚礁长期管理与保护的制度建设与能力开发后续活动。该项目为期3年，于2009年3月结束，旨在进行南亚地区珊瑚礁保护能力构建与意识培养。项目成果包括建立南亚珊瑚礁工作组、实施区域交流战略、设计海洋和沿海保护区工具包等，还计划建立一个关于珊瑚礁健康状况的网络信息系统。SACEP秘书处负责实施南亚珊瑚礁管理区域交流战略。⑤与伙伴组织合作开展培训计划。任务是增加决策者对最新技术和动向的了解。培训内容主要包括预防船舶压载水排放造成的外来物种入侵；召开海洋保护区法律区域培训研讨会；培训沿海资源经济价值计量方法；设计灾害管理计划，绘制易受灾地区地图；环境立法。⑥参与"保护海洋环境免受陆地活动影响全球行动计划"（GPA）。旨在最大限度减少陆地资源对海洋的污染。具体活动包括制定 2003~2006 年 GPA 区域规划等。⑦海龟保护。在 IOSEA 谅解备忘录的基础上保护和管理海龟。⑧区域行动中心。目标是在每个成员国内成立一个区域活动中心，处理一项 SASAP 行动计划。

（5）环境数据和信息管理系统（Environmental Data and Information Management Systems，EDIMS）。2005 年 8 月，SACEP 理事会第 9 次会议提出将数据和信息管理作为该地区的关注点之一。总体目标是加强南亚环境数据和信息的基础，以便制定可持续发展政策。SACEP 理事会第 12 次会议上，联合国环境规划署亚太地区办公室同意为该项目提供经费。2012 年 2 月，SACEP 成员国在斯里兰卡科伦坡召开为期两天的"环境数据和信息管理系统创立与培训研讨会"，目标包括：建立区域环境数据和信息中心，以协助成员国国家环境数据和信息中心的开发与运营；运用标准格式和方法，培养国家及次区域机构在数据和信息管理方面的能力；在国家和次区域层面协调数据和信息报告机制；协助国家和次区域机构对元数据、信息和数据库的开发与维护；协助环境数据和信息产品的开发与传播，以适应用户群要求的日益多样化。

（6）废弃物管理（Waste Management）。2005 年 8 月，SACEP 理事会第 9 次会议决定实施该项目，旨在以有效的方式，宣传环境知识，尽可能降低废弃物对环境的影响，协调不同的利益相关方。该项目制定了废弃物的减少、重新利用和回收"3R"目标（Waste Reduction、Reuse、Recycling），开展废弃物检测与评估，确认废弃物产生点，减少废弃物的产生，培养减少废弃物的意识，实施废弃物重新利用和回收。具体活动包括宣传和推广使用"双色垃圾桶"，促进垃圾分类及后期处理；向运动员、媒体、环保工人发放环保布袋，宣传废弃物管理；制作电视节目，提高大众环保意识。2011 年，SACEP 成为联合国区域发展中心"废弃物管理服务国际合作伙伴关系"（IPLA）在南亚次区域的秘书处。

（7）南亚生物多样性信息交换机制（South Asia Biodiversity Clearing House Mechanism，CHM）。CHM 项目于 1982 年由 SACEP 在《联合国生物多样性公约》下建立并负责管理，旨在通过建立 CHM 网站和论坛，促进国家、区域和全球层面各利益相关方共同保护生物多样性，实现数据可持续利用和信息共享。

SACEP 理事会第 10 次会议决定，在 CHM 机构帮助下构建南亚地区的区域 CHM，各成员国也相应成立本国的 CHM，并加强与南亚区域各 CHM 的联网协作。在 SACEP 理事会第 11 次会议上，理事会进一步提出完成以下活动：帮助成员国开发与维护 CHM；开发适应南亚需求的区域 CHM，与各成员国 CHM 联网，为促进区域科技交流提供平台。

（8）建立南亚的《巴塞尔公约》区域中心（Establishment of Basel Convention Regional Centre for South Asia）。《巴塞尔公约》（Basel Convention，全称《控制危险废料越境转移及其处置的巴塞尔公约》）由联合国环境规划署起草，于 1989 年在世界环境保护会议上通过。旨在遏止越境转移危险废料，特别是向发展中国家出口和转移危险废料；要求各国将危险废料数量减到最低限度，用最有利于环境保护的方式尽可能就地储存和处理；若出于环保考虑确有必要越境转移废料，出口危险废料的国家必须事先向进口国和有关国家通报废料的数量及性质；越境转移危险废料时，出口国必须持有进口国政府的书面批准书。SACEP 于 2008 年提议并于 2010 年决定成立《巴塞尔公约》南亚区域中心，设于秘书处内。

（9）环保教育与培训项目（Project on Environmental Education and Training）。该项目由全球环境战略研究所（IGES）设计和牵头，是一个全球性环境教育项目，SACEP 是该项目的南亚次区域负责机构。该项目的主要内容包括：建立环境教育全面战略；建立环境教育国际网络；设计环保教育材料；对各国环境培训人员进行环保教育；开发人力资源和发展创新型生态旅游教育模式。2001 年，SACEP 与 UNEP 亚太地区办公室（UNEP-ROAP）合作，在此项目框架下设计了针对南亚地区的"2003~2007 南亚环境教育与培训行动计划"（South Asia Environmental Education and Training Action Plan）。该行动计划的目标是设计一个南亚地区环境教育与培训框架，对处理主要环境问题的社会机构进行教育和培训，促使人们树立环保意识，促进南亚国家公办和民办教育机构在环境教育与培训领域的合作。

（10）南亚区域压载水管理战略（South Asian Regional Ballast Water Management Strategy）。南亚是全球航运活动的主要地区之一，是海湾地区石油的输出带。因此，加入和实施《压载水管理公约》（Ballast Water Management Convention，BWM）对于该地区十分重要。目前，SACEP 成员国中，只有马尔代夫签署了 BWM 公约。为协助南亚国家做好实施 BWM 公约的准备，2012 年 5 月，国际海事组织与印度政府合作在孟买召开南亚区域压载水管理战略开发会议，决定由 SACEP 成立工作组，制定区域压载水管理战略及其行动计划。

（11）适应气候变化（Adaptation to Climate Change）。2005 年，SACEP 理事会第 9 次会议将"适应气候变化"作为重点关注之一。2008 年，SACEP 理

事会第11次会议决定设立一个南亚环境数据与信息管理体统,并将其作为环境信息共享平台。2013年,SACEP理事会第13次会议上进一步决定在适应气候变化领域与全球水伙伴(GWP)领域展开合作。

表6-2 南亚合作环境规划署的环保合作项目统计

中文名称	英文名称	签署时间
清洁能源和车辆合作伙伴关系	Partnership for Cleaner Fuels and Vehicles, PCFV	2008
可持续的环保交通	Environmentally Sustainable Transport, EST	2007
《南亚防治空气污染及其潜在越境影响马累宣言》	Male Declaration on Control and Prevention of Air Pollution and its Transboundary Effects for South Asia	1998
南亚海洋计划	South Asian Seas Programme, SASAP	1995
环境数据和信息管理系统	Environmental Data and Information Management Systems	2005
废弃物管理	Waste Management	2005
南亚生物多样性信息交换机制	South Asia Biodiversity Clearing House Mechanism	1982
建立南亚《巴塞尔公约》区域中心	Establishment of Basel Convention Regional Centre for South Asia	2010
环保教育与培训项目	Project on Environmental Education and Training	
南亚区域压载水管理战略	South Asian Regional Ballast Water Management Strategy	2012
适应气候变化	Adaptation to Climate Change	2005

资料来源:SACEP官网(http://www.sacep.org/html/projects_ongoing.htm)。

另外,SACEP还计划未来实施11个项目(见表6-3)。

表6-3 南亚合作环境规划署计划实施的项目

合作领域	项目
生物多样性	保护和综合管理海龟及其在南亚海洋区域的栖息地 Conservation and Integrated Management of Marine Turtles and Their Habitats in the South Asia Seas Region
气候变化	适应和减弱气候变化影响 Adaptation and Mitigation the Effects of Climate Change
珊瑚礁	珊瑚礁管理 Reef-Based Corals Management.
海岸管理	南亚蓝旗海滩认证计划 Blue Flag Beach Certification Programme for South Asia

续表

合作领域	项目
数据与信息管理	国家/区域环境数据信息管理机制 National / Regional Environmental Data Information Management System
化学品管理	国际化学品管理战略方针 Strategic Approach for International Chemicals Management (SAICM)
能源	加速推广具有成本效益的可再生能源技术 Accelerated Penetration of Cost Effective Renewable Energy Technologies.
危险废弃物	建立南亚巴塞尔公约次区域中心 Establishment of a Basel Convention Sub Regional Centre for South Asia
保护区	世界遗产保护区管理 Management of World Heritage Areas
湿地	在次区域层面实施《拉姆萨尔战略计划》（关于湿地保护与利用的南亚区域倡议）Implementation of Ramsar Strategic Plan at Sub-regional Level

资料来源：SACEP 官网（http://www.sacep.org/html/projects_future.htm）。

三 国际合作

作为一个政府间合作组织，SACEP 致力于在南亚地区共同关注的环境问题上促进各国环保能力建设，协调政府间、次区域间乃至全球范围的合作与交流。除保障成员间的合作联系外，SACEP 还与很多关注南亚地区环境问题的国际组织、非政府组织等也建立了合作关系，签署合作谅解备忘录，如联合国环境规划署、联合国区域发展中心、亚太地区区域社区林业培训中心（RECOFTC）、国际木材研究与开发协会（TRADA）、世界自然保护联盟（IUCN）、联合国教科文组织、国际野生物贸易研究组织（TRAFFIC）、国际海事组织、国际气象组织、南亚区域合作联盟等，SACEP 已与上述机构开展多项合作，如表6-4所示。

表6-4 南亚合作环境规划署的国际合作

年份	合作伙伴	合作内容
2006	联合国环境规划署亚太区域资源中心	签署《马累宣言》第三阶段实施协议
2007	联合国教科文组织	签署关于组织生物多样性国家能力建设计划的合同
2007	"发展选择协会"（Society for Development Alternatives）	签署协议，确保利益相关者参与电子废物管理，以减少其对环境和健康的影响

续表

年份	合作伙伴	合作内容
2008	国际野生物贸易研究组织	签署"南亚野生物贸易倡议政府间会议"协议
2008	联合国环境规划署全球行动计划司（UNEP-GPA）	签署小规模资助协议，以便继续开展南亚海洋养护区项目
2009	联合国环境规划署	基于PCFV第四届全球合作伙伴会议建议的小规模资助协议（SSFA），合作举办次区域研讨会，以推广低硫燃料的使用
2009	联合国环境规划署环境政策执行司（UNEP-DEPI）	签署关于组织"南亚海洋资源采样以及数据收集和解读"区域培训计划的小规模资助协议；该培训计划针对中层管理人员，以帮助他们在海洋资源保护和管理方面能够有效地履行职责
2009	联合国环境规划署环境政策执行司	签署携专家访问南亚成员国小规模资助协议；可携环境准则、行为守则、认证计划等方面的专家，以便鼓励这些国家开展海滩认证
2010	联合国环境规划署亚太地区总部	签署小规模资助协议
2010	美国外交部	为SACEP提供援助奖，为国际海滩清洁日提供项目经费
2010	世界保护监测中心（UNEP-WCMC）	签署合作编写南亚海域生物多样性展望报告服务协议
2010	联合国环境规划署亚太区域资源中心（UNEP-RRCAP）	签署《马累宣言》第四阶段协议；协助《马累宣言》国家减排污染物

资料来源：SACEP官网（http://www.sacep.org/html/docs_mos_main.htm）。

与此同时，SACEP还作为南亚地区的合作代表（秘书处），签署或加入国际公约、合作协议等，或参与其框架内的国际合作项目。举例如下。

（1）2011年5月，SACEP成为联合国区域发展中心（UNCRD）"废弃物管理服务国际合作伙伴关系"（IPLA）的南亚秘书处。

（2）2008年，SACEP成为联合国环境规划署（UNEP）"清洁能源和车辆合作伙伴关系"（PCFV）的合作伙伴。

（3）2009年，SACEP是国际海事组织"生态污染联络小组"（Bio-fouling Correspondence Group）成员。该小组于IMO散装液体和气体分委会（BLG）第13次会议"开发国际测量，以尽可能减少船舶生态污染造成的侵略性水生物种的流动"上获批成立。

（4）SACEP 是"国际珊瑚礁倡议"（ICRI）组委会成员。

（5）2007 年，与国际珊瑚礁行动网络（ICRAN）合作，由欧盟提供资金资助，在"南亚海洋养护区"项目（the South Asia MCPA）下成立"南亚珊瑚礁工作组"（SACRTF），获得孟加拉国、印度、马尔代夫、巴基斯坦和斯里兰卡 5 国支持。任务是在国家层面上促进珊瑚礁和相关生态系统的管理协调，在区域层面上促进合作行动，鼓励跨界合作，共同应对环境挑战。

（6）与联合国环境规划署亚太区域资源中心（UNEP-RRCAP）合作起草并实施《南亚地区防治空气污染及其潜在跨境影响的马累宣言》。

（7）与联合国环境规划署、UNEP 亚太地区总部和 UNEP 亚太区域资源中心合作完成 2001 年《南亚环境报告》。

（8）参与全球国际水域评估项目（GIWA），完成孟加拉湾水质评估。

（9）与国际海事组织（IMO）合作，制订区域溢油应急计划，实施防止船舶污染国际公约（MARPOL）。

（10）与挪威开发合作署（NORAD）合作，完成南亚环境法项目以及生物多样性评估。

（11）参与制订联合国环境规划署"保护海洋环境免受陆地活动影响全球行动计划"（GPA）中的孟加拉国、印度、马尔代夫、巴基斯坦和斯里兰卡部分。

表 6-5 比较了中亚和南亚地区的环保国际合作机制。

第六章 南亚合作环境规划署（SACEP）的环保合作

表 6-5 中亚和南亚地区的环保国际合作机制比较

项目	独联体（CIS）	欧亚经济联盟（EEU）	亚行"中亚区域合作机制"（CAREC）	联合国"中亚经济专门计划"（SPECA）	南亚国家合作联盟（SAARC）	南亚合作环保规划署（SACEP）
成员	俄罗斯白俄罗斯摩尔多瓦亚美尼亚阿塞拜疆中亚四国（哈、吉、塔、乌）	俄罗斯白俄罗斯哈萨克斯坦吉尔吉斯斯坦亚美尼亚	共有10个成员，中亚五国（哈、吉、土、乌、塔），中国、阿富汗、蒙古、巴基斯坦、阿塞拜疆	联合国经社理事会下属的欧洲经济委员会（UNECE）和亚太经济社会委员会（ES-CAP），联合国秘书处，联合国驻中亚各办事处，中亚五国（哈、吉、土、塔、乌），阿富汗、阿塞拜疆	成员国8个（阿富汗，孟加拉国，不丹，印度，马尔代夫，巴基斯坦，尼泊尔，斯里兰卡），观察员9个（澳大利亚、中国、欧盟、伊朗、日本、韩国、缅甸、毛里求斯、美国）	8个成员国：阿富汗；孟加拉国；不丹；印度；马尔代夫；尼泊尔；巴基斯坦；斯里兰卡
负责机构	独联体"跨国生态委员会"	欧亚经济共同体"环保合作委员会"			1. 环保部长会议；2. 环境技术委员会；3. 气象研究中心；4. 森林研究中心	1. 理事会；2. 咨询委员会；3. 国家联络点；4. 主要领域联络点；5. 秘书处；6. "南亚环境与自然资源信息中心"
合作内容	1. 土壤；2. 矿产；3. 森林；4. 水；5. 大气；6. 臭氧层；7. 气候；8. 动植物	尚未有环保合作内容，主要是继承欧亚经济共同体的环保合作	1. 土地管理；2. 灾害风险管理；3. 气候变化	1. 交通；2. 水和能源；3. 贸易；4. 统计；5. 发展技术信息交流；6. 性别与经济	1. 自然灾害管理；2. 海岸管理；3. 森林；4. 气候变化；5. 垃圾处理；6. 生物多样性保护	1. 海洋资源和海岸管理；2. 生物多样性保护；3. 大气污染；4. 固体废弃物处理；5. 教育与培训；6. 环境数据库

89

续表

项目	独联体（CIS）	欧亚经济联盟（EEU）	亚行"中亚区域合作机制"（CAREC）	联合国"中亚经济专门计划"（SPECA）	南亚国家合作联盟（SAARC）	南亚合作环保规划署（SACEP）
近5年合作重点	9. 废弃物； 10. 紧急救灾； 11. 环保评价； 12. 环保法律法规； 13. 环保技术标准 1. 跨国污染治理； 2. 协调环保法律和标准； 3. 建立环保数据库	1. 制定合作发展战略、规划与措施； 2. 建立研究机构和数据库； 3. 铀尾矿危害处理； 4. 油气开采对环境的影响； 5. 跨国动物和水生物保护； 6. 大气保护与污染治理； 7. 落实《创新生物技术跨国专项合作纲要》	1. 倡导"可持续发展"理念； 2. 加强知识管理与信息共享的制度建设； 3. 加强跨国共有环境资源管理方面的合作，包括水资源、能源、土壤灾害管理、土地退化等	1. 制度建设，涉及地区与国家环境政策、国内立法与国际公约制定； 2. 水资源、分配与管理、水利设施建设，涉及其利用； 3. 能源，利用，与常规采集、改良及新能源技术开发	1. 《南盟环境行动计划》； 2. 《新德里环境宣言》； 3. 《马累宣言》； 4. 《南亚灾害管理2006~2015年地区综	1. 《关于南亚防治空气污染及其潜在跨境影响的马累宣言》； 2. 《加德满都宣言》； 3. 《南亚倡议打击非法野生动植物贸易的斋浦尔宣言》；
已签署的环保合作协议	1. 《独联体环保合作协议》； 2. 《植物检疫合作协议》； 3. 《在预防和消除自然和技术灾事件后果方面相互协助的协		1. 《环境：概念文件》； 2. 《中亚区域经济合作综合行动计划》； 3. 《中亚国家实施联合国防治沙漠化公约战略合作协议》； 4. 《中亚国家土地管	未签署任何环保合作协议，主要是推广联合国欧洲经济委员会制定的5项环保公约； 1. 《长期跨国空气污染公约》； 2. 《跨国条件下环境		

第六章 南亚合作环境规划署（SACEP）的环保合作

续表

项目	独联体（CIS）	欧亚经济联盟（EEU）	亚行"中亚区域合作机制"（CAREC）	联合国"中亚经济专门计划"（SPECA）	南亚国家合作联盟（SAARC）	南亚合作环保规划署（SACEP）
	议； 4.《保护濒危野生动植物红色清单》； 5.《合理利用和保护跨界水体领域相互协作的基本原则》； 6.《生态监管领域合作协议》； 7.《在生态环境保护领域的信息合作协议》； 8.《生态安全构想》		理倡议》； 5.《中亚和高加索地区灾害风险管理倡议》	影响评价公约》； 3.《工业事故跨国影响公约》； 4.《保护和利用跨国水道与国际湖泊公约》； 5.《在环境问题上获得信息、公众参与决策和诉诸法律的公约》	合作行动框架》； 5.《南盟气候变化行动计划》； 6.《德里环境合作宣言》； 7.《廷布气候变化合作声明》； 8.《南盟环境合作公约》； 9.《南盟应对自然灾害快速反应协议》	4.《2010年后南亚生物多样性决议》； 5.《清洁能源和车辆决议》
正在落实的项目			1. "咸海盆地工程"； 2. 中亚国家土地管理倡议； 3.《气候变化实施计划》； 4.《区域环境行动计划》	1. "中亚水坝安全：能力建设与分区合作"； 2. "楚河与塔拉斯河合作发展"； 3. "提高楚河-塔拉斯河跨国流域应对气候变化合作"； 4. "中亚水资源管理地区对话与合作"； 5. "中亚水质"； 6. "强化阿富汗与塔吉克斯坦之间阿姆河上游跨界集水区管理"	1. "南亚灾害管理：2006~2015年地区综合行动框架"； 2. 落实《南盟环境合作公约》	1. "清洁能源和车辆合作伙伴关系"； 2. "可持续的环保交通"； 3.《南亚潜在跨境空气污染及其海洋影响的加尔各答宣言》； 4. "南亚海洋计划"； 5. "环境数据和信息管理系统"； 6. 废弃物管理； 7. 南亚生物多样性信息交换机制；

91

续表

项目	独联体（CIS）	欧亚经济联盟（EEU）	亚行"中亚区域合作机制"（CAREC）	联合国"中亚经济专门计划"（SPECA）	南亚国家合作联盟（SAARC）	南亚合作环保规划署（SACEP）
				7."中亚第四级低压水工系统评估方法发展"； 8."能源可持续发展：北亚与中亚合作机遇政策对话"； 9."为减缓气候变化与可持续发展提高能效投资"； 10."北亚与中亚国家能源与再生能源来源可持续利用政策与规范数据库"		8.建立南亚《巴塞尔公约》区域中心； 9."环保教育与培训项目"； 10.南亚地区压载水管理战略； 11.适应气候变化

92

下 篇
上海合作组织国别环境保护状况

第七章
印度环境概况

第一节 国家概况

一 自然地理

（一）地理位置

印度位于南亚次大陆，是南亚最大的国家，南北长3119千米，伸入印度洋部分约长1600千米，东西宽2977千米。东北部同中国、尼泊尔、不丹接壤，孟加拉国夹在其东北部国土之间，东部与缅甸为邻，南部与斯里兰卡、马尔代夫隔海相望，西北部与巴基斯坦交界。① 印度东临孟加拉湾，西濒阿拉伯海，海岸线长6083千米。

（二）地形地貌

印度国土面积约298万平方公里（不包括中印边境印占区和克什米尔印度实际控制区等），居世界第7位。印度国土从喜马拉雅山向南，一直伸入印度洋，按照地形特征，印度大致可以分为5个部分：北部喜马拉雅山区、中部恒河平原区、西部塔尔沙漠区、南部德干高原区和东西海域岛屿区。平原约占总面积的2/5，山地约占1/4，高原约占1/3，但山地、高原海拔大都不超过1000米。中部的平原由印度河、恒河和布拉马普特拉河三大水系的盆地组成，是世界上较大的冲积平原之一，也是世界上人口最稠密的地区，这里地势平坦，气候温和，土地肥沃，雨量充足，是印度主要的农作物区和经济最发达地区。

值得注意的是，印度与中国、巴基斯坦都有领土争端，现今印度约5%的领土都属于有争议性的。印度宣称我国的藏南地区是印度领土，并实际控制该地区；印度与巴基斯坦分别控制一部分克什米尔地区，印度称巴控

---

① 印度认为，所有克什米尔地区都是印度领土，因此，在印度看来，其与阿富汗也接壤。

克什米尔地区也是印度领土，因此在印度看来，阿富汗也是它的一个邻国。

（三）气候

印度主体属热带季风气候，一年分为凉季（10月至次年3月）、暑季（4月至6月）和雨季（7月至9月）三季。降雨量受西南季风的影响很大，不仅一年之内时空降水差别大，而且受厄尔尼诺现象的影响，不同年份降水也忽多忽少，分配不均。印度西部的塔尔沙漠区属于热带沙漠气候。

二 自然资源

（一）矿产资源

印度矿产资源丰富，有矿藏近100种。云母产量居世界第一，出口量占世界出口量的60%，煤和重晶石产量居世界第三。主要资源可采储量估计为：煤2533.01亿吨，铁矿石134.6亿吨，铝土24.62亿吨，铬铁矿9700万吨，锰矿石1.67亿吨，锌970万吨，铜529.7万吨，铅238.1万吨，石灰石756.79亿吨，磷酸盐1.42亿吨，黄金68吨，石油7.56亿吨，天然气10750亿立方米。此外，还有石膏、钻石、钛、钍和铀等。[1]

（二）土地资源

印度耕地资源丰富，拥有世界1/10的可耕地，面积约1.6亿公顷，人均0.17公顷，是世界上较大的粮食生产国之一。农村人口占总人口的72%。印度是世界最大的大米出口国，近年来大米出口量超过1000万吨。[2]西南季风带来的降水对于印度农业至关重要，根据印农业部发布的公告，2013年度大部分地区季风降水正常，印度全国粮食产量创2.63亿吨历史新高。在过去的10年中，厄尔尼诺造成2002年、2004年和2009年三个年份的雨量少于常年水平，其中，2009年为30年来最干旱的一年，印度2009年至2010年度粮食产量比上年度减少7%，降至2.18亿吨。[3]

（三）生物资源

据2009年印度森林状况报告，印度森林覆盖率为23.84%，森林面积约为7688万公顷。2012年印度提出，要将森林覆盖率再提高5%。[4] 表7-

---

[1] 中华人民共和国外交部：《印度国家概况》，http://www.fmprc.gov.cn/mfa。
[2] 中华人民共和国商务部：《印度概况》，http://in.mofcom.gov.cn/article/ddgk/。
[3] 中华人民共和国商务部：《为应对厄尔尼诺气候现象再现，印度政府已做好农业应急预案》，http://www.mofcom.gov.cn/article/i/jyjl/j/201402/20140200502133.shtml。
[4] "Twelfth Five-Year-Plan (2012—2017) —Faster, More Inclusive and Sustainable Growth", P24.

1 展示了印度的森林覆盖率。由于印度拥有较为独特的地形和变化明显的气候，其生物资源也比较丰富，是世界上生物物种较丰富的国家之一。印度的哺乳动物种类占世界已知的 8.58%，鸟类占 13.66%，爬行动物占 7.91%，两栖类占 4.66%，鱼类占 11.72%，植物种类占 11.80%。[1]

表 7-1 印度森林覆盖率

森林等级	面积（平方米）	占比（%）
非常茂密的	83471	2.80
较为茂密的	320736	10.76
稀疏林木	287820	9.66
森林总覆盖	692027	23.22

资料来源：《印度森林状况报告（2011）》。

（四）水资源

喜马拉雅山阻挡了来自亚洲大陆的寒风，使印度免受寒流的侵袭，同时又阻挡了夏季由印度洋上吹来的西南季风，造成大量降水。印度多年平均降水量为 1170 毫米，但在时间和空间上分布极不均。降雨主要集中在 6~9 月，占全年降水量的 80% 左右，地域上，西部地区拉贾斯坦邦塔尔沙漠年降水量不足 100 毫米，而东北部地区梅加拉亚邦乞拉朋齐地区降水量超过 11000 毫米。主要的河流有恒河、布拉马普特拉河（上游为我国的雅鲁藏布江）、亚穆纳河、纳巴达河、哥达瓦里河、克里希纳河、默哈纳迪河等。其中，恒河全长 2700 千米，是印度最长的河流，流域面积为 106 万平方千米。水量最丰沛的河流是布拉马普特拉河。印度多年年均径流量为 18694 亿立方米，可用水资源量为 11220 亿立方米，占水资源总量的 60%，其中，地表水可用量为 6900 亿立方米，可更新地下水资源量为 4320 亿立方米。印度属于缺水国家，由于人口急剧增加，1951 年时印度人均水资源量为 5100 立方米，到 2001 年下降到 1820 立方米，目前人均水资源量进一步降为 1600 立方米，已经低于国际用水标准的 1700 立方米，因此其水资源供需矛盾尖锐。[2]

---

[1] Central Statistics Office Ministry of Statistics and Programme Implementation Government of India, "India Country Report 2013 Statistical Appraisal", http://mospi.nic.in/mospi_new/upload/SAARC_Development_Goals_%20India_Country_Report_29aug13.pdf.

[2] 钟华平、王建生、杜朝阳：《印度水资源及其开发利用情况分析》，《南水北调与水利科技》2011 年第 1 期。

三 社会与经济

(一) 人口概况

据印度统计普查总署 2012 年公布的数据,2012 年印度总人口约为 12 亿人,其中,男性人口 6.237 亿人,女性人口 5.865 亿人。过去十年,印度人口增长率为 1.764%,较 2001 年人口普查时的 2.115% 出现明显下降。根据联合国公布的贫困标准(日生活费用 1.25 美元以下),印度目前有 3.55 亿贫困人口,约占全国总人口的 30%。印度人口出生率为 2.18%,新生婴儿死亡率为 4.46%,人均寿命为 66.1 岁。印度有 10 个大民族和几十个小民族,其中,印度斯坦族人口占总人口的 46.3%,泰卢固族占 8.6%,孟加拉族占 7.7%,马拉地族占 7.6%,泰米尔族占 7.4%,古吉拉特族占 4.6%,坎拿达族占 3.9%,马拉雅拉姆族占 3.9%,奥里雅族占 3.8%,旁遮普族占 2.3%。官方语言为英语和印地语。约有 80.5% 的居民信奉印度教,其他宗教有伊斯兰教 (13.4%)、基督教 (2.3%)、锡克教 (1.9%)、佛教 (0.8%) 和耆那教 (0.4%) 等。[①]

(二) 行政区划

全国行政区域划分为:1 个德里国家首都辖区、27 个邦和 6 个联合属地(不包括印度政府非法设立的"伪阿鲁纳恰尔邦")。27 个邦分别为:安得拉邦、阿萨姆邦、比哈尔邦、恰蒂斯加尔邦、果阿邦、古吉拉纳邦、哈里亚纳邦、喜马偕尔邦、查谟-克什米尔邦、贾坎德邦、卡纳塔克邦、喀拉拉邦、中央邦、马哈拉施特拉邦、曼尼普尔邦、梅加拉亚邦、米佐拉姆邦、那加兰邦、奥里萨邦、旁遮普邦、拉贾斯坦邦、锡金邦[②]、泰米尔纳德邦、特里普拉邦、北方邦、北安查尔邦、西孟加拉邦。6 个联合属地分别为:安达曼—尼科巴群岛、昌迪加尔、达德拉—纳加尔哈维利、达曼—第乌、拉克沙群岛、本地治里。

(三) 政治局势

印度当前主要有国大党和印度人民党两大政治势力。印度独立后长期由国大党统治,反对党曾在 1977 年至 1979 年、1989 年至 1991 年两次短暂

[①] 中华人民共和国外交部网站:http://www.fmprc.gov.cn/mfa_chn/gjhdq_603914/gj_603916/yz_603918/1206_604930/。

[②] 印度于 1975 年吞并锡金王国,在原锡金王国基础上设立了锡金邦。2005 年,中国国家测绘局下发了《关于地图上锡金表示方法变更的通知》,从此中国出版的地图上不再把锡金标示为主权国家。

执政。1996年后印度政局不稳，到1999年先后共举行了3次大选，产生了5届政府。1999年至2004年，以印度人民党为首的全国民主联盟上台执政，瓦杰帕伊任总理。2009年4月16日至5月13日，印度举行第15届人民院选举，国大党领导的团结进步联盟以较大优势胜出，再次组成联合政府，曼莫汉·辛格连任总理，2011年、2012年、2013年共进行了四次改组。2014年5月印度再次举行大选，印度人民党领导的全国民主联盟获得压倒性多数票，国大党败北，人民党总理候选人莫迪成为印度新总理。

（四）经济概况

印度独立后经济有较大发展，农业由严重缺粮到基本自给，并形成了较完整的工业体系。20世纪90年代以来，服务业发展迅速，占GDP比重不断攀升。印度已成为全球软件、金融等服务业重要出口国。1991年7月，印度开始全面经济改革，国家放松了对工业、外贸和金融部门的管制，经济快速发展，到2008年经济危机前经济增速一度达到9%。与中国类似，印度也有五年规划，2011年8月，印度通过了"十二五"（2012~2017年）规划指导文件，对经济、社会、环境等各领域发展提出了目标规划。但2008年全球经济危机对印度影响很大，印度经济增长速度放缓，特别是2012~2013年，由于国际金融环境变化，热钱流出，印度货币大幅贬值。

印度主要工业行业有纺织、食品加工、化工、制药、钢铁、水泥、采矿、石油和机械制造等。汽车、电子产品制造、航空等新兴工业行业近年来也发展迅速。2012/2013财年（头年4月至次年3月）印度国内生产总值为100.3万亿卢比（约合1.84万亿美元），增长5%，人均GDP为1520美元，失业率为6.6%。[①] 2013/2014财年印度GDP增速约为5.3%。

中印双边经贸合作持续稳定发展。双边贸易从2000年的29亿美元快速增长到2011年的739亿美元，11年间增长了约24倍。中国是印度第一大贸易伙伴。在经济合作方面，印度在2006~2011年连续6年位列我国海外承包工程市场首位，截至2013年2月底，中国对印度工程承包合同额累计达到602亿美元。但受国际形势的影响，2013年有所下降。据印度商业信息统计署与印度商务部统计，2013年，印度与中国双边货物贸易额为659.5亿美元，下降4.1%。2014年1~6月，印度与中国双边货物贸易额为331.8亿美元，增长7.2%。其中，印度对中国出口71.4亿美元，增长14.7%，

[①] 中华人民共和国外交部：《印度国家概况》，http://www.fmprc.gov.cn/mfa_chn/gjhdq_603914/gj_603916/yz_603918/1206_604930/。

占印度出口总额的 4.5%，提高 0.5 个百分点；印度自中国进口 260.4 亿美元，增长 5.0%，占印度进口总额的 11.7%，提高 1.8 个百分点。印度对中国的贸易逆差为 189.0 亿美元，增长 2.2%。①

四 军事和外交

(一) 军事

印度军队前身为英国殖民主义者的雇佣军。1947 年印巴分治后始建分立的三军。总统是名义上的武装力量统帅，内阁为最高军事决策机构。国防部负责部队的指挥、管理和协调。各军种司令部负责拟订、实施作战计划，指挥作战行动。印度实行募兵制，现有陆、海、空三军现役兵力 127 万人，其中陆军 110 万人、海军 5.3 万人、空军 11.7 万人。另有 50 多万预备役军人和 100 多万人的准军事部队，2012～2013 财年，国防预算约为 1.93 万亿卢比（约合 405 亿美元），同比增长 12%。②

(二) 外交

印度为不结盟运动创始国之一，历届政府均强调不结盟是其外交政策的基础。印度与所有国家积极发展关系，力争在地区和国际事务中发挥重要作用。冷战结束后，印政府调整了过去长期奉行的亲苏政策，开始推行全方位务实外交，但是与俄罗斯仍然保持了非常好的外交关系，两国在军事、经济领域合作密切。2005 年，印度与日本、巴西和德国组成了"四国集团"，提出安理会改革框架决议草案，要求扩大安理会成员，增加常任理事国与非常任理事国。在国际格局中，印度与俄罗斯、美国、欧盟、日本都保持密切的关系，是东西方都试图争取的对象，因此所受外部压力较小。在南亚地区，印度是南盟创始国之一，并于 1986 年、1995 年和 2007 年三次主办南盟首脑会议。作为南盟最大的国家，印度强调加强南亚各国联系，积极推动在南盟范围内实现物流、人员、技术、知识、资金和文化的自由流动，最终建立南亚经济共同体。印度积极推行"东向政策"，努力发展与东盟国家的政治经济关系，积极参与东亚合作。印度与巴基斯坦的关系长期不睦，自 2004 年以来，双方启动了和平对话进程，紧张的关系有所缓和。中印关系因领土问题和中巴合作长期受到羁绊，但总理莫迪曾在担任部长期间 4 次访华，并希望效仿中国的经济模式。2014 年 7 月，中印领导人在

---

① 中华人民共和国商务部：《国别报告：印度》，http:∥countryreport.mofcom.gov.cn/record/view110209.asp?news_id=41105。

② 数据来源于中华人民共和国外交部。

巴西举行会晤，就双边关系的大方向达成共识。2014年9月，习近平主席访问印度，双方签署了一系列合作协议，中印关系有望搁置领土分歧，进入一个新阶段。

五 小结

印度是南亚地区面积最大、综合国力最强的国家，在南亚地区拥有无可争辩的"霸主"地位，同时在世界也有很强的影响力。印度自然资源和人力资源丰富，发展潜力巨大。印度自然环境和气候多样，是世界上生物物种较为丰富的国家之一。

第二节 国家环境状况

一 水环境

（一）水资源概况

水资源问题是印度环境问题中最突出的一方面，制约着印度社会和经济的发展，同时也是印度与周边国家争议最多、矛盾最大的领域。

印度水资源的特点：①时间和空间分配极度不均衡。从时间上看，印度多年平均降水量可达1170毫米，但降水主要集中在6~9月的雨季，占全年降水的80%左右。从空间上看，西部地区的拉贾斯坦邦塔尔沙漠年降水量不足100毫米，而东北部地区梅加拉亚邦乞拉朋齐地区降水量超过11000毫米。[①] 另外，印度每年受西南季风的影响较大，每隔4~10年就会出现一次厄尔尼诺现象，降水量减少。随着人口的增加、水资源污染加剧和经济快速发展，印度缺水的现象越来越严重，目前已属于缺水国家。1951年，印度人均水资源量为5100立方米，到2001年下降到1820立方米，目前人均水资源量进一步降为1600立方米。②水资源污染严重。地表水遭到污染，水质下降。印度的恒河、布拉马普特拉河、亚穆纳河、戈达瓦里河、克里希那河等河流污染形势严峻，恒河已被列入世界污染最严重的河流之列，流入恒河的污水中有80%是两岸居民的生活废水，15%是工业废水。恒河两岸居民使用受污染的地下水，导致腹泻、肝炎、伤寒和霍乱等疾病发生。地下水开发快速增加，目前的开采率已经到达60%，部分地区超采严重，

---

① 钟华平，王建生，杜朝阳：《印度水资源及其开发利用情况分析》，《南水北调与水利科技》2011年第1期。

如德里的地下水开采率已经达到170%，自采地下水竖井林立。水传染病占印度传染病的21%左右，其中，首要疾病是腹泻。根据2003年联合国首份世界水资源发展报告的评估，印度的生活用水质量在全球122个国家中排名第120位，位于全球最差国家行列。

（二）水环境问题

印度水环境的主要问题集中在三个方面：用水量大幅增加，供应体系跟不上；水资源遭到污染，治理跟不上；时空分布不均，调节水资源的基础设施跟不上。

1. 用水量不断增加，效率不高

生活用水、工农业用水随着人口增加和经济发展而不断增加，而与之配套的水资源供应跟不上。印度是世界上人口增长最快的国家，2012年印度人口达到12.15亿人，到2018年将超过中国，成为世界人口最多的国家。人口增加必然导致对粮食和饮用水需求的增加，而粮食的生产则严重依赖水资源供应，通常情况下，生产1吨粮食大约需要1000立方米淡水。

另外，近年来印度经济也快速发展，全球工业产品的虚拟水含量是1美元商品的生产需要80升水[1]，而德国和荷兰大约是50升左右，日本、澳大利亚和加拿大为10~15升。在大多数发展中国家，如中国和印度，1美元产值需要20~25升水。[2]

就农业而言，印度农业用水量占取水量的87%[3]，但印度农业用水效率很低，只有38%，而马来西亚和摩洛哥的农业用水效率为45%，以色列、日本、中国的这一数值达到50%~60%。[4]

随着人口和经济的增长，印度对淡水需求持续增加是不可避免的，印度将面临越来越严峻的水资源危机。据印度"十二五"国家战略规划的数据，如果按照当前用水模式，到2030年印度用水量将翻番，水资源问题会

---

[1] Hoekstra and Chapagain, "The Water Footprints of Morocco and the Netherlands: Global Water Use as a Result of Domestic Consumption of Agricultural Commodities", *Ecological Economics*, (1) 2007.

[2] 《联合国世界水资源发展报告之四》, http://www.hwcc.gov.cn/pub2011/hwcc/wwgj/xwzx/201312/t20131230_370385.htm。

[3] 在金砖国家（巴西、俄罗斯联邦、印度和中国），农业用水量占取水量的74%，但是这一比例最低可至俄罗斯联邦的20%，最高可至印度的87%。

[4] Government of India, "Twelfth Five-Year-Plan (2012—2017) —Faster, More Inclusive and Sustainable Growth", Volume Ⅰ.

越来越突出。[①] 到 2025 年，印度全国将有 11 条主要河流干涸，恒河的水量也会大幅度减少，届时全印 10 多亿人口的生活将因此而陷入困境。[②]

2. 污染严重，饮用水安全问题突出

印度地表水和地下水水质呈恶化趋势，其中，地表水受污染严重。印度约 70% 的地表水受到污染，而地下水开发利用的比例越来越高。[③] 根据印度中央污染控制委员会在 2500 个观测点的数据，1995~2011 年印度主要水域的 BOD 和大肠菌的数量一直在增加。造成水质恶化的主要原因是废水处理率低，监管不严以及不良的习惯。有机物和细菌是水体的主要污染源，而污染物又主要来自城市未经处理的生活和生产废水。[④] 以恒河为例，流入恒河的污水中有 80% 是两岸居民的生活废水，15% 是工业废水。由于缺乏限制工业废水排放的法令，很多工厂只需交纳低廉的保证金就可以将废水直接排入恒河。该河流在 2007 年被列为世界受污染最严重的河流。

在地下水方面，80% 的农村饮用水来自地下水，而地下水受污染的情况也越来越严重。据《印度时报》报道，印度多个地区地下含水层储水已经不适合饮用，该国地下水的短缺和严重污染很可能导致一场全国性的饮用水危机。印度水利部向印度国会提交的报告显示，该国 639 个县的 158 个储水区的地下水含盐量过高，267 个县的地下水含有氟化物，385 个县地下水的硝酸盐含量超标，53 个县的地下水含砷，270 个县的地下水铁含量过量。此外，63 个县的地下水含水层带有铅、铬、镉等重金属元素，这些元素一旦聚集出现将对人体健康带来严重危害。造成地下水有害化学物质增多的原因主要是当局为获得地下水而不断向地底深处挖掘，以及工业废料和人类日常排泄物的不当排放。[⑤]

---

① Government of India, "Twelfth Five-Year-Plan (2012—2017) —Faster, More Inclusive and Sustainable Growth", Volume Ⅰ.
② 《印度严重缺水 20 年后 11 条河流可能干涸》，http://news.h2o-china.com/html/2005/03/357531111685280_1.shtml。
③ Central Statistics Office Ministry of Statistics and Programme Implementation Government of India, "India Country Report 2013 Statistical Appraisal" http://mospi.nic.in/mospi_new/upload/SAARC_Development_Goals_%20India_Country_Report_29aug13.pdf.
④ Central Statistics Office Ministry of Statistics and Programme Implementation Government of India, "India Country Report 2013 Statistical Appraisal" http://mospi.nic.in/mospi_new/upload/SAARC_Development_Goals_%20India_Country_Report_29aug13.pdf.
⑤ 《印度地下水污染严重 或造成全国饮用水危机》，http://gb.cri.cn/27824/2012/05/02/6011s3665928.htm。

3. 基础设施匮乏

世界银行认为，印度水资源短缺问题与基础设施落后有很大关系。首先是水库等蓄水设施少，使雨水丰沛季节的水资源白白流失。印度人均储水量很低，不到213立方米，中国为1111立方米，而俄罗斯高达6103立方米，也就是说印度人均储水量仅约为中国的1/5、俄罗斯的1/30。其次是印度水处理和利用能力低。印度都市计划顾问梅农表示："德国莱茵河的水要循环使用6次。他们将废水处理过后送回河里，然后再使用。而在这里我们只用过一次就把它浪费了。不能循环利用的原因是印度没有足够的污水处理厂。"最后是基础设施破旧、水资源漏失严重。科学与环境中心的负责人那拉因认为，印度的基础设施系统非常缺乏效率，几乎有50%的供水在中途就流失掉了。

4. 一些独特的宗教活动影响水质

印度拥有悠久的历史和灿烂的文化，在其历史长河中也形成了一些独特的宗教活动和传统习惯，部分活动和习惯造成了水资源污染。例如，印度的印度教火葬仪式，这是一种延续了几千年的古老仪式。在印度，估计每年有700万印度教教徒死亡，其中许多人都遵循传统进行火葬。据一个印度非政府组织统计，印度每年砍掉5000万~6000万棵树用于火葬，释放出约800万吨温室气体，而火葬产生的大量灰烬残渣还被投入河中，造成河水污染。[①] 甘奈施节，又称象神节，该节日期间的一些传统活动也造成大量污染。甘奈施节是纪念印度最受欢迎的有着象头的神的节日，节日中人们为寺庙筹集资金、用石膏等塑造各种各样的甘奈施形象，节日最后把象头神送入"圣水"。这些圣像内含大量硫黄、磷、镁等金属和非金属污染物，而装饰圣像的颜料等含有水银、铅、镉等重金属。[②]

（三）治理措施

第一，制定相应法律、法规。1974年印度通过了《水法》，规定禁止向水体中排放超标污染物，该法还制定了相应的处罚措施。1988年对水法进行了修正，设立了中央污染控制委员会，为水污染防治推荐标准。1977年出台了《水（污染防治）税法》，对企业和地方当局收取水税。1987年印度制定了《水政策》，2002年重新修订，规定领域用水的优先顺序是：饮用水、灌溉和其他农业用水优先，其次是水电、生态服务、工业、航运和旅

[①] "India's Burning Issue with Emissions from Hindu Funeral Pyres", http://edition.cnn.com/2011/09/12/world/asia/india-funeral-pyres-emissions/.

[②] 钱智刚：《印度水污染防治的历史性进程以及当今甘奈施节造成的水污染研究分析报告》，《今日湖北》2012年第4期。

游等。该法规在《印度环境政策（2006）》中得到再次确认。第二，跨流域调水，增加供应。印度提出了全国水网建设计划，计划把印度东北部和北部由喜马拉雅山脉发源的恒河、布拉马普特拉河等各条大河的河水截住，通过开挖水渠，使之彼此连接，将水量丰沛的布拉马普特拉河及部分恒河的河水调往印度西部和南部各邦。预计总引水量达1730亿立方米。① 第三，积极回收水资源。包括积极鼓励印度传统的集水方式，在部分地区挖水池（水库），以便在季风雨时期积蓄雨水；收集屋顶和其他建筑物上的雨水，利用管道将雨水排入地下水层，以提高地下水位。第四，加大水污染治理。1985年起，印度政府实施了一项名为"恒河行动计划"的方案，投资33亿美元，在瓦拉那西修建污水厂，利用抽水泵将污水净化后排入恒河。2009年，印度政府设立由总理辛格领导的国家恒河流域管理局，专门负责恒河治理工作，并将"恒河行动计划"的目标具体化。2014年6月，印度政府宣布，政府计划在2400公里长的恒河两岸建造数千座河畔厕所，防止人们随意向恒河大小便。另外，印度政府拟投入巨资修建更多污水处理厂，提高污水处理能力，包括以公私合作模式建立和运行污水处理厂。农业方面，鼓励合理使用化肥、农药和杀虫剂，通过价格杠杆，鼓励综合虫害管理和使用可降解农药，以改善水质；划定专门的地点并建设相应的设施接收有毒废料倾倒，防止污染地表和地下水源。第五，节水。印度政府积极推广甚至强制使用节水龙头、节水厕所；在农业领域推广喷灌或滴灌技术等。上述措施在"十二五"国家战略规划第一部分第五章中又得到了论述。另外，印度还拟成立国家水资源委员会，以监督水资源利用和保护。

　　水资源问题随着社会的发展和人口的快速增加而越来越突出，而水质的改善非一朝一夕之事。受制于整个国家经济发展状况，如由于电力供应时常中断和资金不足，印度的不少污水处理厂处理能力常常得不到有效利用，水资源问题将成为制约印度未来发展的首要难题。

二 大气环境

（一）大气环境状况

　　印度大气环境状况与水资源情况类似，同样呈恶化的趋势。大气环境问题主要表现为：可吸入颗粒物增加，污染不断加重。可吸入颗粒物是印

---

① 《印度不接受孟加拉国对印"调水工程"抗议》，http://news.h2ochina.com/html/information/world/206051061682780_1.shtml。

度当前首要污染物,但随着机动车的迅速增多,氮氧化物的排放也日渐增多,成为新的污染源。据世界卫生组织2007年的报告,印度每年死于固体燃料使用的民众占3.5%,主要原因是急性下呼吸道感染。大气污染对环境影响的典型例子是泰姬陵变黄事件。2007年一份提交到印度国会的评估报告认为,泰姬陵由白变黄,主要是由空气里长期存在的大量悬浮颗粒所致。2013年7月17日,世界银行的报告显示,印度青年人和城市劳动人口过多地暴露在粉尘污染之中,导致成人大量死于心肺疾病。燃烧化石燃料所造成的粉尘污染已严重损害印度国民的健康,相关医疗费用已占印度国内生产总值的3%。① 据印度中央污染控制委员会发布的数据,2013年11月到2014年1月,新德里的平均PM2.5浓度达到575微克/立方米;②。根据世界卫生组织2014年年度报告,印度新德里年平均PM2.5浓度达到153微克/立方米,高居榜首,而空气污染最严重的20个城市中,印度就有13个。③

造成空气污染的主要原因有:经济快速发展,特别是重型工业,如化工、钢铁等工业造成的污染增多,由于配套的治理设施和技术跟不上,污染日益严重;人口增长快,对电力、化石能源等的需求不断增加,而以煤电为主的电力生产发展迅速,又对大气环境带来持续压力;由于时常停电,印度中产阶层及以上群体多备有柴油发电机,而燃烧不充分使得污染进一步加剧;机动车发展较快,尾气排放标准低;城市建设步伐加快,道路和建筑施工扬尘,使悬浮颗粒物增多;此外,据全国家庭健康调查的数据,印度家庭71%使用固体燃料做饭,而农村地区更是有91%的家庭以薪柴、粪便为燃料,这是造成室内污染的重要原因。④

(二)治理措施

1. 制定法律法规

空气污染治理方面的法规主要有1981年公布的《大气污染防治法》和1986年颁布的《环境保护法》,另外,2003年印度还出台了《企业环境保护

---

① World Bank, "India: Green Growth-Overcoming Environment Challenges to Promote Development" http://www.worldbank.org/en/news/feature/2013/07/17/.

② 《中国城市'退出'世界空气最差20城之列》,http://env.people.com.cn/n/2014/1028/c1010-25923711.html。

③ World Health Organization, "Ambient (outdoor) Air Pollution in Cities Database (2014)", http://www.who.int/phe/health_topics/outdoorair/databases/cities/en/.

④ Central Statistics Office Ministry of Statistics and Programme Implementation Government of India, "India Country Report 2013 Statistical Appraisal" http://mospi.nic.in/mospi_new/upload/SAARC_Development_Goals_%20India_Country_Report_29aug13.pdf.

责任法》，从约束企业的角度治理大气污染。采取的主要标准有1982年颁布的《全国空气质量标准》和2006年《国家环境政策》。印度在《2012～2017年国家战略规划》中提出了单位GDP温室气体排放以2005年为基数下降20%～25%以及能源使用效率提高20%的目标。

2. 具体措施

（1）工业领域。出台重点污染行业和区域污染物排放标准；实施工业环境审计制度；规划工业布局，实施分区管理，防止污染转移；实施环境影响评价制度，推行清洁生产计划等。

（2）能源领域。加强对电煤发电的管理，降低灰分含量；降低电力能源中煤的使用比例，增加对石油、天然气的使用。

（3）交通领域。提高汽车排放标准，加大对老旧车辆的淘汰力度，2010年4月1日起，实施类似欧IV标准；推广清洁净化技术，提高燃油质量，推广无铅汽油；大力推广公共交通，加大尾气检测等。

（4）新能源领域。积极采取节能措施，采用更多的可再生能源和清洁能源。具体包括：发展水电；提高电力转换、输送的效率；研发和采用更多可再生能源技术，包括开发和推广生物燃料等。

（5）农村地区。努力降低以薪柴为能源的比例，增加可再生能源的比重。印度政府还通过了《国家沼气开发计划》，支持使用沼气。另外，鼓励使用太阳能等新能源，包括太阳灶。

三　固体废物

（一）固体废物问题

经济增长和城市化是固体废物增长的主要原因。一般来讲，城市家庭人均固体废物产生量是农村家庭的2～3倍。印度主要固体垃圾依次为：煤燃烧残渣、甘蔗渣、煤矿和城市固体废物。印度每年产生的工业、采矿、城市和农业等固体垃圾达9.6亿吨。工业生产中，每年会产生有害废物8300万吨，非危险废物2亿吨左右，其中一半以上为电厂的煤灰。城市每年约产生固体废物5700万吨，农业部门产生的有机废物约3.5亿吨。孟买和新德里是固体废物产生量较大的城市，2005年固体废物日产生量分别为5922吨和5320吨，其次为金奈和加尔各答，分别为3036吨和2653吨。[1]

---

[1] Central Statistics Office Ministry of Statistics and Programme Implementation Government of India, "India Country Report 2013 Statistical Appraisal" http://mospi.nic.in/mospi_new/upload/SAARC_Development_Goals_%20India_Country_Report_29aug13.pdf.

不易分解的塑料废物每天约产生1万吨，但其中70%的塑料废物能够得到重复利用。城市生活垃圾和拆建等废物多数都没有得到妥善处理，并在某种程度上造成二次污染。

（二）治理措施

1. 加强管理

2000年，印度环境与森林部颁布了城市固体废物管理和处置规则，要求市政府须在2003年底前安装废物处理和处置设备，确定卫生填埋场等。政府要制定切实可行的措施，通过国家和私人多种模式建设垃圾填埋场和焚烧炉，并采取更适合的技术处理有毒有害废弃物，工业和医疗有害废物处理收费纳入相关账户。有毒有害废弃物填埋场要列入国家清单以便于监测。

2. 变废为宝

印度政府提出，要加大对城市固体废物的分离、回收和再利用；在法律上给予非国有处理企业对废物利用的支持，包括金融支持等；通过激励机制，鼓励非危险废物，如飞灰、底灰、赤泥和炉渣等的再利用，包括制成水泥和砖等建筑材料；推广可降解材料的使用，并使用一些激励性措施。制定对电子废物的监管准则，把电子废物列为危险废物。印度还制订了"废物变能源"计划（WTE），但目前来看，废物利用率还不高，仅为2%左右。

四 土壤污染

（一）土壤环境概况

印度土地总面积为3.0523亿公顷，其中，农业用地占46.3%，与休耕地一起，占总面积的54.5%。印度人均可用土地随人口增加而不断下降，1951年为0.91公顷，到2001年为0.32公顷，[①] 目前下降到0.17公顷。印度水土流失严重，土地因化肥、农药的过度使用等而受到越来越严重的污染，肥力下降。

（二）土壤环境问题

印度约有1.3亿公顷土地（约占国土总面积的45%）发生退化，其中可耕地约为1.04亿公顷，土地受侵蚀的情况不一，每公顷每年流失的土壤为5~25吨，个别地方甚至高达100吨。2006年印度《国家环境政策》将土地退化的表现总结为：土壤受到侵蚀，土地盐碱化，水涝，土地受到污

---

① 中国环境保护环境规划院、印度能源与资源研究所：《环境与发展比较：中国与印度》，中国环境科学出版社，2010。

染和土地肥力下降，有机物质和有益的矿物质含量降低；由于长期大量使用化肥，地下水的硝酸盐污染显著增加。

造成土地退化的原因有以下几个方面：①地表水造成的水蚀，这是水土流失的主要因素，印度受到水蚀的土地面积达到0.9368亿公顷，占可耕种土地的90%；②大风造成的风蚀，受到风蚀的土地面积约为948万公顷；①③不可持续的放牧活动，由于历史和宗教原因，牛在印度是圣物，在绝大多数邦不能随意宰杀，数量庞大，其数量约为2.8亿~3.2亿头，占世界总量的28%以上；④缺乏相应排水系统及过度灌溉；⑤农用化学品使用不当，导致土壤中有毒化学物质累积；⑥以动物粪便为燃料，导致粪便无法转换成有机物质；⑦工业和生活垃圾污染土地。

（三）治理措施

1. 继续推动土地改革

2008年1月，印度总理批准成立国家土地改革委员会和土地改革未完成工作委员会，前者由总理亲自担任主席，后者由农业发展部部长担任主席，以加快土地改革步伐。2005年还通过法律，允许传统林区居民拥有林地和使用林地。

2. 采取积极措施，鼓励合理利用土地

鼓励传统的可持续土地利用；加大教育宣传，对农民加强培训；厘清土地权属关系，促进荒地和退化林地开垦和复种；制订专题行动计划，扭转荒漠化趋势，提高绿化覆盖率，防止水土流失；发展高效灌溉技术，合理用水；发展有机农业，采取可持续的种植模式，提高附加值。

但印度"十二五"规划认为，由于历史、种姓制度等原因，印度土地改革迄今没有完成且进展缓慢，在促进土地公平和农业投资方面一直成效不大，部分农民依然没有土地。而土地管理方面的政策缺失、农民知识水平不高，使农民在保护土地资源方面缺乏主动性和积极性。

五 核污染

（一）核辐射状况

印度核辐射问题在印度政府相关环境政策中不是重点内容，在2006年印度国家环境政策等文件中没有专门论述。但印度的核计划却是世界上最

---

① Central Statistics Office Ministry of Statistics and Programme Implementation Government of India, "India Country Report 2013 Statistical Appraisal", http://mospi. nic. in/mospi_new/upload/SAARC_Development_Goals_%20India_Country_Report_29aug13.pdf.

宏伟的，核电站的安全问题突出，可能会成为印度环境争议的焦点之一。

在军事核试验方面，1974年印度进行了首次核试验。1998年5月11日，印度在波克兰核试验基地连续进行了三个地下核试验，这也是印度自1974年以来进行的第二次核试验，印度成为事实上的拥核国家，并希望以核武器国的身份加入《核不扩散条约》。在民用核能领域，2009年9月，印度政府宣布了世界上规模最大的核能发展计划。根据该计划，印度要在2050年时将核能发电量提高12倍，达到4700亿瓦，超过中国和美国，成为全球最大核能发电国。① 截至2010年1月1日，全世界正在运行的核动力反应堆有437个，在建55个，其中，印度分别为18个和5个。② 目前，印度正在运行的核电机组数量在发展中国家中是最多的。印度已与俄、美、法、哈萨克斯坦等国签署了民用核能协议，印度核电计划在争议中快速推进。

但印度核电站运行过程中的安全隐患不少。2004年12月，印尼地震引发了大规模海啸，潮水涌入了英迪拉·甘地原子能中心，印度被迫关闭了一座反应堆。2009年11月24日，印度卡纳塔克邦盖加核电站发生放射性元素污染事故，致使大约50名工人中毒。

印度民众反核的声音一直很强。因印度政府拟投资100亿美元在该地区兴建一座世界上最大的核电站，2011年4月，印度马哈拉施特拉邦的杰塔普尔地区民众因抗议核电站计划与警方发生冲突。2013年11月，印度南部一处核电厂附近发生爆炸，造成了财产损失及人员伤亡。

（二）治理措施

目前，印度的报告中很少提及核辐射问题，但在日本发生核泄漏后，印度于2012年8月由国家审计总署对其国内核电厂的安全管控进行了审查，结果发现管理极为松散，且惩处力度极弱，例如，若核电厂发生意外，监管部门对事故单位的罚款上限仅为500卢比，仅相当于9美元。审计报告认为，印度必须采取切实措施，避免核电站发生意外事故。预计今后印度对核安全会采取更积极的措施。而印度的医疗放射性物质被列为危险物质在专门地点进行掩埋。

六 生态环境

（一）生态环境概况

印度生态环境随着人口增加和经济发展而面临越来越大的压力，生态

---

① 《印度核能计划全球之最：2050年核发电量超过中美》，www.china.com.cn/news.
② IAEA：《国际原子能机构年度报告（2009）》，2010。

环境日益脆弱，而且治理的能力赶不上破坏速度，生态赤字逐渐扩大，生态环境状况还处在不断恶化的过程中。2006年印度《国家环境政策》认为，环境恶化、人口爆炸、贫困、不良消费习惯、不当技术使用、城市化进程缺乏规划、政府治理薄弱、制度管理缺失等问题同时出现，使印度环境不断恶化。美国耶鲁大学和哥伦比亚大学在其《2012全球环境表现指数》中指出，印度在所调查的132个国家中环境状况仅排名第125位（中国排名第116位），位列表现最差的国家集团中。另外，环境恶化严重制约和损害了印度经济社会的可持续发展。2013年7月17日，世界银行报告显示，印度每年因环境恶化所造成的损失高达800亿美元，占其国内生产总值的5.7%。印度环境与森林部认为，如果把对生态影响的因素考虑在内的话，印度经济增长速度要下降3个百分点。

（二）生态环境问题

印度面临的主要生态问题有：气候变化导致降水时空分布更加不均匀；水土流失严重，土地污染，引发粮食安全；对水资源需求不断上升而供应缺乏，水体遭受严重污染，地下水位不断下降，部分地区超采严重，水资源短缺的问题越来越突出，制约国家经济发展；城市化进程中管理能力不足，城市垃圾和污染处理水平低；大气污染日趋严重，影响居民健康。

（三）治理措施

生态问题作为环境问题的一部分，其治理与整个环境治理是一体的。印度做得比较好的是在森林和生物多样性保护方面。1992年，印度成立了国家造林和生态发展委员会（NAEB）；1999年，启动了国家林业行动计划，包括退耕还林等措施，计划将森林覆盖率增加5%；2011年2月，印总理批准了《绿色印度国家目标》，力争到2020年使印度绿化面积翻两番。在生物多样性方面，印度于2002年颁布了生物多样性法案，建立了专门机构，包括国家生物多样性管理局和地方邦生物多样性委员会；2003年，印度政府通过了《国家生物多样性战略和行动计划》（NBSAP）；2012年10月，印度还承办了《联合国生物多样性公约》缔约方大会第十一次会议。但在水资源保护、水土流失治理、草场保护等方面，印度的表现乏善可陈。鉴于环境问题越来越突出，2014年2月，印度总理莫迪也发起了"清洁印度行动"（Clean India Mission），呼吁所有印度人行动起来治理环境污染。

七 小结

印度作为一个发展中的人口大国，现在和未来很长时期内都会面临两个主要问题：人口和发展。而这两个问题与环境不可避免地产生矛盾。一方面是环境与庞大人口的矛盾。印度只有298万平方公里的土地，但人口已达12.15亿人，且仍呈快速增长的态势，不断增大的人口密度对环境造成巨大压力，这是印度无法回避的问题。另一方面是环境与发展的矛盾。印度人均GDP只有不到1600美元，还有大量贫困人口，特别是城市里的贫民窟泛滥，印度需要通过经济发展来提高民众生活水平。在发展和环境的取舍上，印度不得不常常牺牲后者。印度只能在发展中寻求环境的相对平衡。但印度在一些方面，如在变废为宝、恒河治理等项目上也取得了不错的成绩。

第三节 环境管理

一 环境管理体制

（一）主要环境保护机构和职责

印度的主要环境保护机构是环境与森林部（The Ministry of Environment and Forests），其主要职能类似于我国环境保护部+国家林业局。此外，印度还有其他一些部门与环境保护有关，包括：印度水资源开发部（The Ministry of Water Resources Development），负责水资源的保护与利用；印度农村发展部（Ministry of Rural Development），负责农村饮用水问题；印度电力部（Ministry of Power），辅助监控大气、水资源、森林资源等的变化；印度城市发展和减贫部（Ministry of Urban Development and Poverty Alleviation），负责城市饮用水和卫生等问题；印度新能源与可再生能源部（MNRE），负责新能源开发和促进新能源及可再生能源的推广利用。由于水的管理涉及多个政府部门，印度存在"多龙治水"的情况，协调难度不小。例如，因环境与森林部和农业部相互掣肘，全国荒地开发委员会从其建立之日起就没有发挥作用。

除了环境与森林部，还有全国环境计划委员会，其成立于1981年5月，取代之前的国家环境规划与协调委员会。

印度政府还设立了具体的环境领域的管理组织、机构和单位，具体如下。

森林和野生动物领域的管理机构有5个：印度植物考察队、印度动物考察队、印度森林考察队、全国植树造林和生态发展委员会、印度野生动物委员会。

污染控制领域的管理机构有3个：中央污染治理委员会、国家河流保护局、国家环境控诉局，其下面还设立了环境影响评估机构等来具体处理环境控诉事宜。

土地资源的管理机构是全国荒地开发委员会。

能源领域的管理机构有4个：国家能源调查局、补充能源委员会、非传统能源部、国家能源顾问委员会。

水资源领域的管理机构是水资源局，下设中央水利委员会和中央地下水管理局。

除了上述领域的机构外，印度还有全国环境气候质量监督署、全国遥感监测署、地球与科学研究中心、环境信息系统、退役军人生态发展特遣队、印度人类与生物圈全国委员会、环境调查委员会、针对生态发展的联合行动调查委员会、优质环境教育中心、全国环境顾问委员会等。[①]

（二）组织结构图

为遏止国内环境不断恶化的情况，印度于1972年成立了"国家环境规划与协调委员会"（NCEPP），隶属于科技部，负责管理环境事务。1985年，印度正式成立了环境与森林部，下设30个处室、7个附属办公室、8个自治机构及1个公共事业部门（见图7-1）。目前，环境与森林部是印度进行环境保护的最高行政机构，主要职责是保护和调查植物、动物、森林和野生动物，保障生物多样性；保护国家自然资源，包括湖泊和河流，预防和控制污染；造林和对退化地区进行重建；预防和减少污染，制定减排方案；制定相关政策，如1988年的《印度国家森林政策》、1992年的《国家污染减排政策》和2006年的《国家环境政策》等。[②]

（三）司法和非政府组织

根据《印度环境非政府组织指南（2008）》，印度有环境非政府组织2313个，这些非政府组织对政府环境决策和利益集团有关项目形成强大压力。如果印度政府推出的发展计划，如大型水利工程的建设、矿山的开采等，破坏了环境的话，双方的对抗是非常激烈的。这时候，环保非政府组织会发挥重要的作用，组织民众积极捍卫自己的利益。借助司法的力量，非政府组织也有多个成功阻击利益集团破坏环境的案例。例如，1984年印度发生严重的"西姆拉煤气泄漏事件"，次年12月4日，著名的环境律师梅塔将之起诉到最高法院，最后最高法院下令关闭这家化工厂；1987年，北方

[①] 张淑兰：《印度环境管理的制度分析》，《南亚研究》（季刊）2010年第1期。
[②] 资料来源于印度环境与森林部官网（http://envfor.nic.in/）。

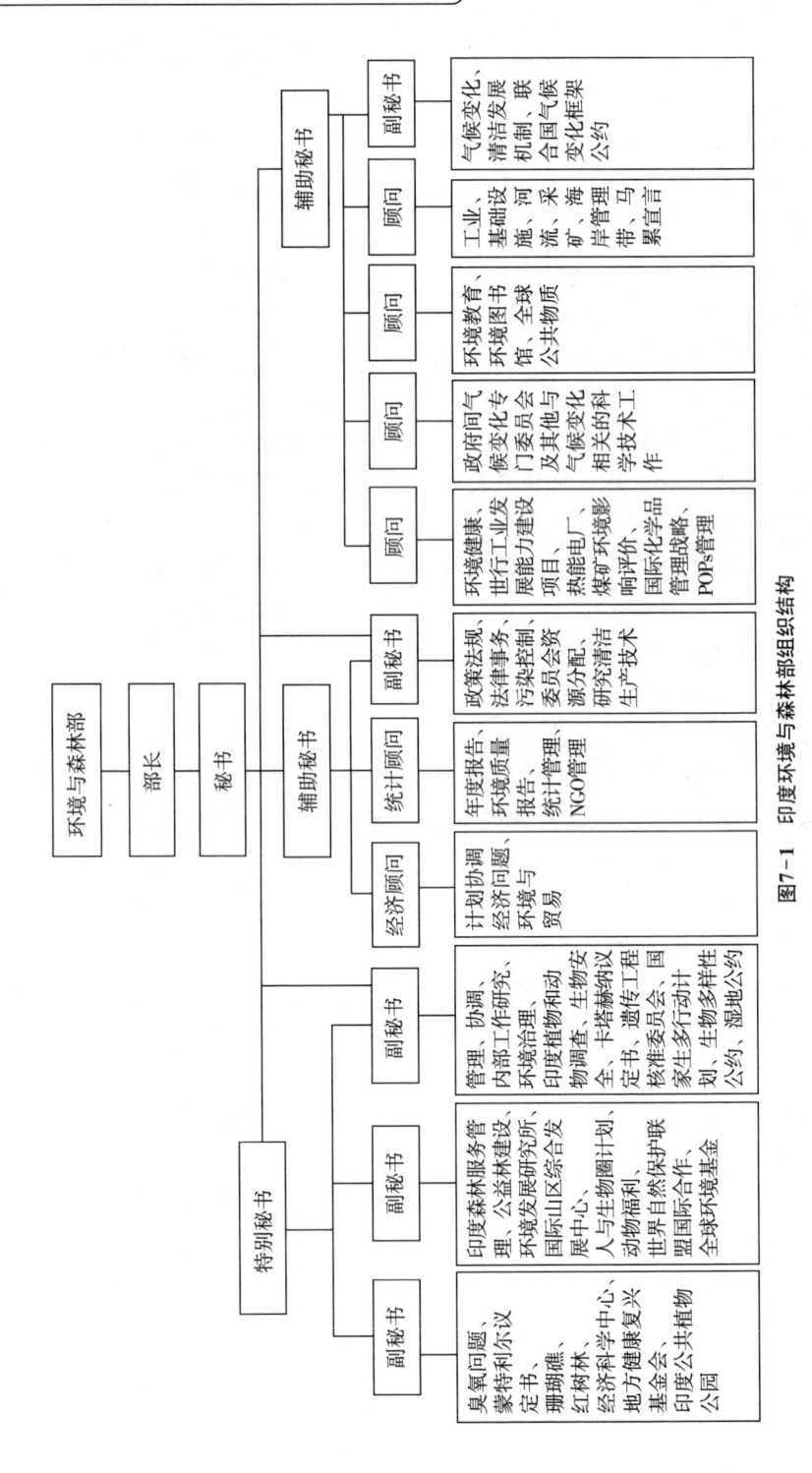

图7-1 印度环境与森林部组织结构

邦的一个志愿组织起诉德拉顿采石场破坏环境，最高法院首次在环境领域运用了"书信管辖权"[①]，并明确认可了志愿组织的诉讼资格。这些案例在相当程度上鼓舞了民众维护自身的环境权。

总体上看，虽然印度实行的是中央和地方两级环境管理体系，但在环境方面，基本上是"弱中央，强地方"的格局，地方政府对环境问题的发言权更大。另外，印度实行的是所谓的"议会民主制"，政党代表往往是由工业集团资助和推举出来的，代表们常常代表利益集团"发声"，对一些环境问题"睁一只眼，闭一只眼"。

二 环境保护政策与措施

（一）环境保护法律法规

1. 综合性法律法规

1947年独立时，印度宪法中并无关于环境保护的条款，国内仅有少部分环境立法。1976年印度通过了第42次宪法修正案，增加了环境保护等内容，将环境纳入国家政策的指导原则和基本权利和义务，并首次把保护环境作为政府和公民的责任写入宪法。1980年联邦议会修改刑事诉讼法和民事诉讼法，补充了有利于环境诉讼的内容。1986年印度《环境保护法》是首部环境保护领域的综合性法律。同年，还出台了《环境保护规则》。1997年通过了《国家环境上诉受理当局法案》，建立了受理国家环境问题上诉的专门部门。除法律外，印度还颁布了《国家林业政策》（1988年）、《国家环境与发展保护战略与政策声明》（1992年）、《污染减排政策声明》（1992年）和《国家环境政策》（2006年）等文件，用以指导环境保护领域的工作。

在政府的政策方面，印度对环境问题的关注度逐渐上升，经历了由笼统到细化，由局部到全面的过程。印度第一至第三个五年规划中都没有提及环境问题。直到1971年，对环境问题格外关注的英迪拉政府上台后，在印度的第四个五年规划中才首次提出了环境问题，并在以后的五年规划中不断提升对环境问题的关注度。在第六个五年规划中，印度首次单列了

[①] "书信管辖权"指的是公民可以给最高法院写信，陈述侵害公共利益的事实，最高法院经审查后，认为可以转化为权利请求的，启动公益诉讼程序。信件的根据十分广泛，可以是新闻报道、调查报告或者是所见所闻。书信审理模式创立之后，由于易于操作，且几乎不需要起诉人负担任何成本，对公益诉讼制度的建立和充分保护弱势群体的基本权利及自由起到了重要作用。

"环境与发展"一章,规定了一系列环境和生态的管理原则,这成为印度环境管理计划发展的一个分水岭。① 在"十一五"规划中,辛格政府单列了"环境与气候变化"一章,目标是到 2011~2012 年,使所有主要城市的空气质量达到世界卫生组织的标准。在 2012~2017 年的"十二五"计划中,副标题更是定为"更具包容性和可持续的增长"。

2. 专门领域的法案

水资源领域。1974 年印度通过了《水(污染防治)法》,禁止向水体排放超出规定标准的污染物,并规定了相应的处罚措施。1988 年对《水(污染防治)法》进行修改,以符合 1986 年《环境保护法》的规定。修正案设立了中央污染控制管理局(CPCB),为水污染防治推荐标准。1977 年推出《水(污染防治)税法》,该法案规定向工业企业和地方当局消耗的水征税。

大气领域。1981 年出台《空气(污染防治)法》,规定了控制和减轻空气污染的手段,中央污染控制委员会按照该法案颁布了主要污染物的《国家环境空气质量标准》(NAAQS);1987 年对该法案进行了修正。1988 年出台了《机动车法案》。1990 年颁布了交通工具排放标准,之后于 1996 和 2000 年两次进行了修订,标准日趋严格。

森林保护领域。1927 年印度通过了《森林法案》,1980 年出台《森林(保护)法》,该法案限制了邦在砍伐森林和作为非森林目的使用林地方面的权利。2006 年出台《林权法》,通过为部落和其他森林居民提供土地和森林管理权和所有权,允许他们收集、使用和处置少量林产品,再生和保护社区森林资源,为部落和其他森林居民提供发展机会。另外,印度在其《国家环境政策》及 2012~2017 年"十二五"规划中提出了提高森林覆盖率的目标。

生物多样性方面。1972 年印度出台《野生动植物保护法》,用于保护所列的动植物物种,建立生态意义保护区网络。1991 年进行了修订。2002 年通过了《生物多样性法案》,为生物多样性管理建立了三级结构——中央一级的国家生物多样性管理局、邦一级的生物多样性委员会、地方生物多样性管理委员会。

废弃物处置方面。1989 年通过了《危险废弃物(管理和处理)规则》,对危险化学品的生产、贮存和进口以及危险废弃物的处置提出了要求。1998 年通过了《生物医学废弃物(管理和处理)规则》,对传染性废弃物的适当

---

① 张淑兰:《印度环境管理的制度分析》,《南亚研究季刊》2010 年第 1 期。

处置、分离和运输做了规定。2000年出台《城市垃圾（管理与处理）规则》，使城市管理部门能够以科学方式处理城市固体废弃物，同年通过了《危险废弃物（管理和处理）规则修正案》。

（二）环保政策制度

根据《国家环境政策》及《印度第12个五年规划期间环境战略规划》，印度基本环境政策如下。

① 协调发展原则。印度要努力实现与环境相协调的包容性发展，保护环境及自然资源，为这一代及下几代人谋福祉。印度计划在十二五规划结束时，将全国森林覆盖率提升到33%；努力保护现有森林、野生动植物及水资源，仔细调查和甄别不同地区的新物种；更好地控制大气、水体、噪声及工业污染，走环境友好型的发展道路。

② 实行环境评价制度。根据《环境保护法》，对《环境保护法》中环境影响评价计划I中所列的活动、位于敏感地区的项目及需要大量投资的项目进行环境影响评估，并举行公开听证会，同时要对项目实施过程和项目运行进行监督。

③ 通过经济杠杆减少污染。政府鼓励个人和企业采取各种措施，实现绿色生产。印度政府于1991年推出了生态标签自愿计划，鼓励使用环境友好型的产品。提供各种财政和货币政策来刺激人们安装减少污染的设备，同时采取各种惩罚措施（包括法律的）来处理拒不安装或拖沓的单位。

④ 专项治理与综合治理相结合。印度环境问题最突出的是水污染，而典型案例是恒河污染。印度政府制订了"清洁恒河计划"，力争到2020年停止向恒河排放未处理的生活污水和工业废水。印政府成立了"国家恒河盆地管理局"（NGRBA），利用政府资金和世行等免息、低息贷款，全面清理及维护恒河水资源。政府还同时实施"国家河流保护计划"（NRCP）和"主要湖泊计划"（NCCP）。通过国家综合治理计划和专项治理措施，对民众反映强烈的问题优先处理。

⑤ 环保标准趋于严格，公开透明。政府有义务通告空气、水、噪音、散发物和排放物的标准，实施规范监控，并加大强制遵守的力度，督促未达标的工业在规定时间内安装必要的控制污染的设备。制定更加严格的汽车尾气排放标准，加强对行驶车辆、公路网、公共运输系统及管理的检查和维护计划。

三　小结

印度的相关法律和制度基本是完善的，问题在于如何落实，特别是资金能否到位和执法力度如何。由于国家资源有限，印度实际用于治理污染和环境保护的资金不足，也制约了环境保护的能力建设。如财政部近几年每年拨到环境与森林部的资金仅有 2000 亿卢比，只占 GDP 的 0.012%，少于 0.25% 的国家预算。① 另外，印度的社会腐败现象严重，违法不究的情况很多。因此，没有相应的资金和人力投入，印度环境的改善是无法得到保障的。

第四节 环保国际合作

一 双边环保合作

1. 与中国的双边环保合作

1993 年 9 月 7 日，中印签署了《中华人民共和国政府和印度共和国政府环境合作协定》，这是指导中印在环境保护领域合作的纲领性文件。协定规定，中印将在以下领域优先开展活动：全球环境问题，包括生物多样性保护，全球气候变化及臭氧层保护；废物管理；环境污染控制，重点在清洁技术、水质保护、大气质量保护；包装、固体废物回收利用、有害废物问题处理；环境影响评价程序和经验；环境保护产品的质量控制和管理；公众环境意识和教育；野生生物保护，特别是防止濒危物种的贸易；环境保护立法和执法等。

2001 年，应印度政府请求，中印两国恢复了跨界河流水文合作工作磋商，并于 2002 年在北京签署了《中华人民共和国水利部与印度共和国水利部关于中方向印方提供雅鲁藏布江—布拉马普特拉河汛期水文资料的谅解备忘录》，中方将根据现有的国际公约向印方提供雅鲁藏布江—布拉马普特拉河汛期水文资料。2005 年 3 月，中印就水资源合作问题在京举行副部级会谈，双方草签了《朗钦藏布报汛谅解备忘录》。4 月，中国和印度签署了《中华人民共和国与印度共和国联合声明》，决定"将继续在交换双方同意的跨界河流的汛期水文数据方面保持合作"。

2006 年 11 月，胡锦涛主席访问印度期间双方发表联合声明，认为中方向印方提供相关河流水文资料的做法"已经被证明有助于预报和缓解洪水"。双方还宣布，建立专家级机制，探讨就双方同意的跨境河流的水文报

---

① Government of India, "Twelfth Five Year Plan (2012 – 2017) —Faster, More Inclusive and Sustainable Growth", Volume Ⅰ.

汛、应急事件处理等情况进行交流与合作等，双方还将通过双边和多边渠道，就可持续发展、生物多样性、气候变化和其他共同关心的环境问题加强磋商。

2010年，温家宝总理访问印度期间，在印度世界事务委员会的演讲中重申，"保护好、利用好、管理好跨境河流，是我们共同的责任。长期以来，为帮助下游地区防灾减灾，中方技术人员在上游地区极为恶劣的自然条件下，克服巨大困难，甚至冒着生命危险，向印方提供汛期水文资料，处理紧急事件。中方重视印方在跨境河流问题上的关切，愿意进一步完善双方联合工作机制。中国在上游的任何开发利用，都会经过科学规划和论证，兼顾上下游的利益"。2011年9月26日，中印两国在北京举行了首次战略经济对话，印度计划委员会副主任阿鲁瓦利亚提议加强两国在跨国河流上的合作，请求中国在布拉马普特拉河和萨特累季河的数据共享上进一步与印度合作。在跨境水资源问题上，中方秉承互利、惠邻的政策，积极回应了印方的诉求，并提供了力所能及的帮助，也化解了印度的担忧，促进了中印在气候变化等领域的合作。

2009年10月21日，中印签署了《中国政府和印度政府关于应对气候变化合作的协定》，根据这一协定，中印两国将建立应对气候变化伙伴关系，加强在减缓、适应和能力建设方面的交流与合作，并建立中印气候变化工作组，轮流在中国和印度举行年度会议，就气候变化国际谈判中的重大问题、各自应对气候变化的国内政策措施以及相关合作项目交流情况、交换看法。这是中印在气候变化问题领域开展合作的标志性文件。

2013年10月24日，印度总理辛格在访华期间到中央党校演讲，提出了中印具体合作领域，包括基础设施建设、城镇化、制造业、能源安全、食品安全、维护良好的国际经济秩序、气候变化、环境保护以及共同维护亚太和世界的和平稳定。他提出，中印两国都处在大规模的城市化进程中，特别需要注意水资源和废物处理，而中国在城市化方面有显著经验，两国城市规划人员和建设人员应该分享经验。他主张作为需求庞大的能源消费国，中印应加强合作，共同开发可再生能源，认为两国共同面临应对气候变化和脆弱的环境挑战，共同倡导"共同但有区别的责任"原则。

在学术领域，中印由于国情类似，面临的发展问题接近，因此合作成果也很多。2010年12月27日，中国环境与发展国际合作委员会与印度可持续发展委员会在北京举办了《环境与发展比较：中国和印度》报告发布会，对中印在快速发展中面临的人口与环境压力进行了全面的梳理和仔细对比，印度能源与资源研究所所长、联合国政府间气候变化专门委员会主席、项目组印方组长帕乔理指出，该合作项目开拓了两国在环境与发展领域合作的先河。2014年3月17日，《2014年中印低碳研究报告》在联合国开发计划署驻华代表处举行发布式。这些都是中印两国在环境合作领域的首批重要成果，为两国深化合作奠定了科学基础。

中印环境合作集中地体现在两个方面：一是跨境水资源利用；二是应对气候变化。

在跨境水资源问题上，印度一方面请求我国提供相应的水文资料，实现数据共享；另一方面对我国在跨境河流上兴建水利设施表示忧虑，时刻关注着布拉马普特拉河（上游系我雅鲁藏布江）的流量变化，担心我国有关水利设施会影响其下游的供水。① 中方在不同场合均表态称，对跨境河流的开发利用一定会持负责任的态度，实行开发与保护并举的政策，会充分考虑对下游地区的影响，规划中的有关电站不会影响下游地区的防洪减灾和生态环境。而印度中央水资源委员会提供的监测数据也表明，布拉马普特拉河的水流正常，印度没有必要对此担心或恐慌。跨境河流问题既有可能成为双方利益争夺的焦点，但解决好了，也可以成为中国影响南亚，打造和谐周边的重要载体。

在气候变化问题上，中印是"基础四国"的中坚力量，是历次气候变化国际会议上的主要盟友。

2. 与其他国家的双边环保合作

印度与其他国家的双边环保合作首先是与周边国家的环保合作，而印度与周边合作的焦点和难点是水资源分配问题。印度与邻国，如巴基斯坦、孟加拉国、尼泊尔间都有用水争端。解决跨国界水资源利用问题以维护南亚地区的安全与稳定是印度环境合作中最迫切的任务。

（一）印度与巴基斯坦

印巴环境问题的焦点是印度河水的分配问题。1960年9月16日，在世界银行的斡旋下，印巴签署了印度河水协定，这是印度与巴基斯坦两国之间最重要的水资源分配协议。根据协定，印度河、奇纳布河及杰卢姆河除部分河水供给克什米尔外，其他全部划归巴基斯坦；而萨特莱杰河、拉维河及比亚斯河则划归印度。在这个基础性协议签署后很长一段时间，双方

---

① 2010年9月27日，位于雅鲁藏布江干流中游的藏木水电站正式开工建设，是西藏第一座大型水电站。

的矛盾得以化解。但随着印度在上述河流的支流上兴建大坝，双方的矛盾再起。特别是1999年印度决定投资10亿美元在印巴共享的印度河五大支流之一的杰纳布河上修建巴格里哈水电站，引发巴方强烈抗议。巴方认为该水电站会给处在下游的农田灌溉造成负面影响，坚决反对修建该大坝和水电站。另外，巴方还时常指责印度有意截留印控克什米尔地区上游水源，致使下游水位下降，影响农业生产。但印方表示，印度修建大坝并不会用掉河水，不会导致流入巴方的河水减少，因而没有违反1960年的条约。2013年3月，印—巴印度河水委员会对话再次无果而终，巴方威胁将有关争议提交国际常设仲裁法庭裁决。随着双方的人口增长，对水资源的需求不断增加，双方水资源的矛盾会越来越严重，甚至会影响到两国来之不易的和解进程。

（二）印度与孟加拉国

印度与孟加拉国共享54条跨境河流，其中，布拉马普特拉河、恒河和梅克纳河是3条主要河流。印、孟关于水资源的问题同样是水资源分配问题，特别是恒河河水分配的问题。恒河流经两国，水量丰沛，但季节分布不均，雨季时供应印、孟两国有余，甚至泛滥成灾，但旱季水量骤减，水资源短缺，甚至人畜饮水都会出现困难。为了调节旱季供水，印度在这些河流的干、支流上建了许多大坝，包括1974年在恒河下游修建的法拉卡大坝，截留了半数以上的河水，使孟加拉国旱季用水严重不足。1996年12月，孟加拉国总理哈西娜和印度总理高达在新德里签署了《孟印关于在法拉卡分配恒河水的条约》，有效期30年，双方的分歧有所缓解。但近年来，印度又提出了"内河联网工程"计划，拟将恒河和布拉马普特拉与南部的河流联网，把东北部的布拉马普特拉河水连同大量恒河水一起调往印度西部和南部各邦。预计该工程总引水量将达1730亿立方米。这样流向孟加拉国的河水自然就会减少，影响孟加拉国近亿人的生活。孟加拉国的民间组织"救救母亲河——恒河、布拉马普特拉河和梅格纳河委员会"多次对印调水表达不满，孟政府也表示抗议，但印度认为抗议没有根据而不予理睬。2011年9月，印度总理辛格访问孟加拉国，签署了包括可再生能源合作谅解备忘录、渔业合作谅解备忘录，以及环境保护、学术交流备忘录等在内的一系列协议，但影响两国的核心问题——水资源分配问题仍继续存在。

在孟加拉虎保护方面，孟加拉国与印度两国决定尽快制定并签署有效的协议，以保护孟加拉虎和其所生存的环境。协议内容包括：污染物对环境的影响；孟加拉虎重返栖息地；受伤的孟加拉虎的治疗、保护；放养的孟加拉虎生存训练等。

(三) 印度与尼泊尔

尼泊尔属于两国跨境河流的上游，其境内的河流多是印度河流的源头，在枯水季节可为印度部分邦提供所需水源，但在季风季节也可能造成洪涝灾害。印度与尼泊尔就水资源问题签署了多份协议，包括1954年的《柯西条约》、1959年的《甘达克条约》、1996年的《马哈卡利河条约》等。由于双方对协议内容理解有分歧，双方的水资源分歧依然很大。

二 多边环保合作

1. 已加入的国际环保公约

印度是世界重要国际公约的参与国，在300多个国际公约中，印度签约的有77个。主要的环境领域的公约如表7-2所示。

表7-2 印度加入的国际环保公约列表

名称	生效日期	印度入约时间	目的
《濒危野生动植物种国际贸易公约》	1973年	1976年	控制或预防濒危物种及其动植物衍生品的国际商业贸易
《关于破坏臭氧层物质的蒙特利尔议定书》（简称《蒙特利尔议定书》）	1987年	1992年	减少臭氧层消耗，淘汰消耗臭氧层的物质生产
《控制危险废料越境转移及其处置的巴塞尔公约》	1989年	1992年	跨境污染控制
《联合国生物多样性公约》	1992年	1992年	保护生物安全和多样性
《联合国防治荒漠化公约》	1994年		印度制订了应对荒漠化国家行动计划
《联合国气候变化公约》	1992年	1992年签署，1993年11月批准，2002年加入《京都议定书》	

资料来源：中国环境保护环境规划院、印度能源与资源研究所《环境与发展比较：中国与印度》，中国环境科学出版社，2010。

2. 与中亚地区的环保合作

印度与中亚国家签署过环境保护合作协议，但多已过期且环境保护领域的实际合作较少。印度与中亚的合作主要集中在经济领域。其中与环境有关联的是能源领域，主要体现在铀矿、水电和化石能源等方面的合作。

这其中最具影响力的环境项目是吉尔吉斯斯坦—塔吉克斯坦—阿富汗—巴基斯坦输电项目（CASA1000），该项目主要目的是将塔、吉两国多余的水电输往南亚。虽然该项目目前与印度没有直接关系，但未来将是组建"中亚南亚区域电力市场"的重要一步，印度未来也可能受益。

2011年4月，印度与哈萨克斯坦签署民用核能、空间技术、信息产业与信息安全、医药、农业等多项合作协议。根据协议，哈萨克斯坦将在2014年之前向印度提供总计2100吨的核燃料，并在和平利用核能领域加强与印度的全方位合作。

印度与中亚最具潜力的项目是土库曼斯坦、阿富汗、巴基斯坦和印度四国天然气管道（TAPI）项目，该项目拟将土库曼斯坦的天然气经阿富汗出口至巴基斯坦和印度。虽然项目实施面临很大困难，但未来对印度的能源供应和空气质量改善将起到重要作用。

3. 与上合组织的环保合作

印度与上合组织的环保合作还没有真正启动。印度目前是上合组织观察员国，正在积极争取成员国地位，因此对上合组织的各种合作都持积极的态度。然而，鉴于上合组织在扩员问题上才刚刚起步，印度对上合组织的关注点首先是成为其成员国，然后才是在安全和经济合作方面发挥一定作用。印度与上合组织的环境合作是随着印度入盟的步伐开展的。如果上合组织在印度入盟前制定相关的环境合作规则，印度会积极遵守。

4. 与国际组织的环保合作

南亚地区环境合作协会（South Asia Cooperative Environment Programme，SACEP）是南亚地区多边环境领域的组织，意在改善南亚地区环境质量。现有阿富汗、不丹、孟加拉国、印度、马尔代夫、斯里兰卡、巴基斯坦和尼泊尔8个成员国，下设南亚环境和自然资源中心（SENRIC）、南亚的珊瑚礁工作组（SACRTF）、南亚海洋计划、南亚生物多样性信息交换机制等。[①] 该组织与联合国环境规划署合作开展了清洁水资源、土地、森林、生物多样性、海洋和海岸管理等项目。但由于各国间矛盾重重，组织资金不足，许多计划中的项目都被搁置，一些已经开始实施的项目也进展缓慢。在2005年第9次会议上，各方提议把协会主要关注点集中在废弃物管理和气候变化项目两个世界性的环境热点问题上。近年来，该组织活动趋于活跃，举办了不少专题研讨会，2013年12月，在巴基斯坦举行了第13次南亚地

---

① 资料来源于南亚环境合作协会官网（http://www.sacep.org/default.htm）。

区环境合作协会理事会会议。

南亚区域合作联盟。1980年5月,孟加拉国总统齐亚·拉赫曼首先提出开展南亚区域合作的倡议,得到其余南亚国家的支持。1983年7月,孟加拉国、不丹、印度、马尔代夫、尼泊尔、巴基斯坦和斯里兰卡外交部部长在印度首都新德里举行首次会晤,并通过了《南亚区域合作联盟声明》。1985年12月,七国领导人在孟加拉国首都达卡举行第一届首脑会议。会议发表了《达卡宣言》,制定了《南亚区域合作联盟宪章》,并宣布南亚区域合作联盟正式成立。联盟的主要任务是促进各国在农业、乡村发展、电信、气象、科技与体育、邮政、交通、卫生与人口、文化与艺术等领域的合作。在南盟的合作中,环境、气象、能源等也是各国重要的合作内容,并形成了环境部门部长会晤机制,2011年5月南盟环境部门部长在不丹举行了第9次例会。[1] 在元首峰会上,环境合作也是重点内容之一。如2010年4月,在南盟第16届元首峰会上,签署了《关于气候变化的廷布声明》《南盟环境合作公约》,通过了南盟气候变化行动纲领,强调各国要在保护喜马拉雅山生态系统、保护沿海地区的海洋生态环境等方面的合作。2011年,在南盟第17次元首峰会上,各国还签署了《应对自然灾害快速反应协定》《南盟种子银行协定》等与环境有关的文件。[2]

世界银行的《水伙伴计划》。这是由英国、荷兰和丹麦共同资助的信托基金,目的是通过改进水资源管理和供水服务模式加大世行的减贫工作力度。该计划对印度的调研发现,印度能效低下的城市水行业有很大提升空间。该项目在印度卡纳塔克邦六市开展了一些试点项目,用节能效果更好的水泵置换了老旧水泵,使运营成本降低20%~25%,每年节电1600万度。目前,世行正在卡纳塔克邦准备一项后续项目——城市供水项目。[3] 2014年2月,世行与印度旁遮普省开展了农村自来水项目,为农村地区居民提供安全饮用水。

气候变化"基础四国"合作。中国、印度、巴西和南非在气候变化问题上立场一致,被称为"基础四国"。2009年11月,四国首度携手,在哥本哈根大会开幕前聚首北京,形成共同的基本立场。四国认为,气候变化

---

[1] 资料来源于南亚区域合作联盟网站(http://saarc-sec.org/areaofcooperation/cat-detail.php?cat_id=54)。
[2] 《南盟多项合作取得进展》,http://roll.sohu.com/20130611/n378580249.shtml。
[3] 《水资源管理:部门成果》,http://www.shihang.org/zh/results/2013/04/15/water-resources-management-results-profile。

谈判应该在《联合国气候变化框架公约》《京都议定书》《巴厘路线图》的框架下进行，秉承"共同但有区别的责任"和"各自能力"原则，呼吁发达国家尽快批准议定书修正案，提高减排力度并确保可比性，要求发达国家必须履行向发展中国家提供资金、技术转让和能力建设支持的义务。截至 2014 年 8 月，"基础四国"已经举行了 18 次气候变化部长级会议，已经成为应对全球气候变化的一支重要力量。在基础四国《气候变化部长级会议联合声明》中，四国认为，"发展中国家在减缓努力上的贡献已远远超过发达国家"，发达国家应"以可测量、可报告和可核实的方式，履行其为发展中国家提供新的、额外的和可预测的资金支持的义务"。这些原则和诉求也成为金砖国家在该问题上的基本原则，并在历次金砖国家峰会文件中体现出来。但"基础四国"当中，印度曾经在 2010 年坎昆气候变化大会上出现临时倒戈的情况，当时印度环境与森林部国务部长贾伊拉姆·拉梅什在大会上发表了一份令人惊诧的声明，宣布印度愿意承担有法律约束力的减排承诺。但随后印方收回声明，重回"基础四国"立场。

亚太清洁发展和气候伙伴关系计划。该计划的部长级会议于 2006 年首次召开，并发布了《"亚太清洁发展与气候伙伴计划"第一次部长级会议公报》，成立了政策与实施委员会。美国、澳大利亚、中国、印度、韩国和日本是发起国，旨在加快开发和利用更洁净、更有效的技术以达到减少成员国污染、实现能源安全和防止全球变暖的目标。2009 年的第三次会议在我国上海举行。这也是中、印作为发展中国家与发达国家就气候变化、清洁能源和环境保护开展的多边对话。

金砖国家。印度是金砖国家的主要成员之一，金砖国家机制在气候变化、清洁能源和可持续发展方面一直保持密切磋商和合作。2014 年 7 月 15 日，金砖国家领导人第六次会晤在巴西福塔莱萨举行，会议发表了《金砖国家领导人第六次会晤福塔莱萨宣言》。该宣言呼吁各国落实《联合国生物多样性公约》及其议定书，特别是《2011～2020 生物多样性战略规划》和"爱知目标"；要求在《联合国气候变化框架公约》有关决定基础上，根据公约原则和规定，特别是在"共同但有区别的责任"及"各自能力"的原则的基础上，在 2015 年前完成有关谈判，形成一份在公约框架下适用于所有缔约方的议定书、其他形式的法律文书或具有法律效力的商定成果。会议还决定加大在可再生能源和清洁能源及普及等方面的国际合作，促进可再生能源和清洁能源及能效技术发展。

三 小结

水资源是印度与周边国家合作的主要领域,同时也是矛盾的焦点。印度总体看是中游国家,中国、尼泊尔是其上游国家,而孟加拉国、巴基斯坦是其下游国家。印度对我国在上游建设水电站抱有疑虑,同时,印度在其境内密集修建水电站,无视下游国家的反对。随着各国对水资源需求的增加,未来印度与周边国家在环境领域的矛盾会上升,但同时对在环境领域开展合作以避免矛盾升级的诉求也会上升。印度、中国都属于受季风影响很大的国家,且属于温室气体排放大国,在气候变化等问题上仍会加强合作。中印面临很多共同的环境问题,双方在节能减排、节水、污水处理、大气污染治理、新能源等领域有广阔的合作空间。

附表

印度参与的双边及多边环境合作机制

序号	合作国家/论坛	谅解备忘录(MoU)状态/联合声明(是否在有效期)
1	加拿大	有效(联合声明)
2	英国	有效(联合声明)
3	美国	有效(MoU)
4	挪威	有效(MoU)
5	丹麦	有效(MoU)
6	瑞典	有效(MoU)
7	欧盟	印度—欧盟的战略伙伴关系及《联合行动计划》(涉及环森部和商工部,其中三款涉及环保合作)
8	印非论坛峰会	在印度—非洲论坛峰会架构下,印外交部和非盟达成一个联合行动计划,其中包括环境领域合作
9	印巴南三国对话论坛	有效(2008年10月15日,印、巴、南在三国对话论坛上签署关于环境合作的MoU)
10	芬兰	在商工/商务部下辖经济联委会的支持下,印、芬联合工作组环保会议定期召开
11	埃及	印环森部正请求内阁批准与埃及签署MoU
12	摩洛哥	印环森部已请求内阁批准与摩洛哥签署MoU
13	瑞士	双方正准备MoU草案

续表

序号	合作国家/论坛	谅解备忘录（MoU）状态/联合声明（是否在有效期）
14	德国	已失效（1998年9月8日签署MoU，2003年到期）
15	伊朗	有效（1995年4月18日签署MoU）
16	以色列	有效（2003年9月9日签署MoU，持续有效）
17	毛里求斯	有效（2005年3月31日签署MoU，持续有效）
18	荷兰	有效（1998年1月18日签署MoU，持续有效）
19	俄罗斯	已失效（1994年6月30日签署MoU，1999年到期）
20	澳大利亚	已失效（1994年1月13日签署MoU）
21	塔吉克斯坦	已失效（1995年12月12日签署MoU，2000年到期）
22	土库曼斯坦	有效（1997年2月25日签署MoU，持续有效）
23	越南	有效（1997年3月8日签署MoU，持续有效）
24	南亚区域合作联盟（印度是最重要的成员国）	2004年7月，南盟与南亚环境合作协会签署MoU；2007年6月，南盟与联合国环境规划署签署MoU；2008年9月，南盟与联合国国际减灾战略署签署MoU；南盟向《联合国气候变化框架公约》秘书处派驻观察员

资料来源："Bilateral Agreements / Joint Statements / MoUs in the Field of Environment", http://envfor.nic.in/division/bilateral-agreementsjoint-statements.

参考文献

[1] 中国环境保护环境规划院、印度能源与资源研究所：《环境与发展比较：中国与印度》，中国环境科学出版社，2010。
[2] 钟华平，王建生，杜朝阳：《印度水资源及其开发利用情况分析》，《南水北调与水利科技》2011年第1期。
[3] 钱智刚：《印度水污染防治的历史性进程以及当今甘奈施节造成的水污染研究分析报告》，《今日湖北》2012年第4期。
[4] 刘思伟：《水资源与南亚地区安全》，《南亚研究》2010年第2期。
[5] 张淑兰：《印度环境管理的制度分析》，《南亚研究》2010年第1期。
[6] *National Environment Policy* 2006.
[7] Central Statistics Office Ministry of Statistics and Programme Implementation Government of India, India Country Report 2013 Statistical Appraisal.
[8] Government of India, "Twelfth Five Year Plan (2012 – 2017) —Faster, More Inclusive and Sustainable Growth", 2013.
[9] 印度环境与森林部官网：http://envfor.nic.in/。
[10] 中国外交部网站：http://www.fmprc.gov.cn/。
[11] 中国商务部网站：http://www.mofcom.gov.cn。

［12］南亚环境合作协会官网，http：∥www.sacep.org/default.htm。
［13］世界银行官网：http：∥www.shihang.org。
［14］南亚区域合作联盟官网，http：∥saarc-sec.org/areaofcooperation。
［15］IAEA：《国际原子能机构年度报告（2009）》，2010。
［16］《联合国世界水资源发展报告之四》，http：∥www.hwcc.gov.cn。

第八章
巴基斯坦环境概况

第一节 国家概况

一 自然地理

（一）地理位置

巴基斯坦伊斯兰共和国（意为"圣洁的土地""清真之国"）位于南亚次大陆西北部，地处北纬23°30′~36°45′，东经61°~75°31′。它是南亚通向中亚、西亚的陆上交通要冲，也是中亚国家出海的捷径。

巴基斯坦东接印度，东北与中国毗邻，西北与阿富汗交界，西邻伊朗，南濒阿拉伯海，北枕喀喇昆仑山和喜马拉雅山。巴基斯坦国土略呈矩形，自东北向西南延伸约1600公里，东西宽约885公里。国土面积为79.6万平方公里（不含巴控克什米尔地区），专属经济区面积为24万平方公里，海岸线长980公里。巴基斯坦属于东五区，首都伊斯兰堡当地时间比北京晚3个小时。

（二）地形地貌

巴基斯坦地形较为复杂。从南部的海滩、珊瑚礁、沼泽到中部的沙漠、高原、平原和北部的高山、冰川等，多种景观并存。根据不同的地形特征，巴基斯坦大致可以分为北部高山区、西部低山区、俾路支高原、波特瓦尔高地、旁遮普和信德平原。

山地和高原占全国面积的3/5。喜马拉雅山、喀喇昆仑山和兴都库什山这三座世界上有名的大山脉在巴基斯坦西北部汇聚，形成了奇特的景观。全国最高峰为乔戈里峰，海拔8611米。

东南部的印度河平原是世界上较大的冲积平原之一，也是巴最为富庶的农业区，约占全国总面积的1/3。源自中国的印度河流贯国境南北，注入阿拉伯海。印度河平原南北延伸1280公里，东西平均宽约320公里。沿北纬29°线可将印度河平原分为上印度河平原和下印度河平原。上印度河平原主要位于旁遮普省，所以又称旁遮普平原。下印度河平原又称信德平原。

（三）气候

巴基斯坦地处热带季风区西缘，除西部沿海为热带季风区外，大部分地区属于热带干旱和半干旱气候类型。总体来说，巴每年4月至6月为热季或夏季，气候干燥，气温有时高达40℃；7月至9月为季风季，雨水较多；10月至11月为短暂的转换季；12月至来年3月为冬季，最低气温为4℃。

根据地形差异所带来的气温变化，巴基斯坦可分为4个气温区：印度河三角洲地区、印度河平原、西部俾路支高原地区、北部高山区。其中，印度河三角洲地区因受阿拉伯海的影响，空气湿度大；印度河平原是典型的大陆性气候区；西部俾路支高原在冬季和夏季、白天和夜间温差很大；北部高山区是巴气温最低的地区。

二 自然资源

（一）矿产资源

巴基斯坦矿产资源较为丰富。主要资源储备有石油、天然气、煤炭、铁、铝土、铜、铬、铅、锌、金、大理石和宝石等，其中，铜、铬、大理石、煤和宝石储量丰富。天然气储量为4920亿立方米，主要分布在苏伊和乌奇地区，其中，位于俾路支省的苏伊气田储量特别大。石油储量为1.84亿桶，主要油田有伊斯兰堡西南的图特油田和南部的多达克油田。煤储量为1850亿吨，在信德的塔尔沙漠有着较大储量；铁储量为4.3亿吨，主要分布在俾路支省的查盖山区、旁遮普省印度河西岸的苏莱曼山区和西北边境省的南部和东部等。铝土储量为7400万吨。

（二）土地资源

巴基斯坦可耕地面积约为5768万公顷，实际耕作面积为2168万公顷，占土地总面积的25%，其中特别适于种植的优质土壤只有1100万公顷。[①]巴北方高寒山区、南部沙漠和西部高原农业耕种稀少，而在旁遮普省和信德省的北部，肥沃的土地几乎养活了全国庞大的人口。

（三）生物资源

由于地形多样，巴动植物种类繁多，但当地特有物种所占比例相对较

---

① Asian Development Bank, "Islamic Republic of Pakistan: Country Environment Analysis", http://www.adb.org/documents/country-environmental-analysis-pakistan, 2008.

低：约有7%的开花植物和爬行动物、3%的哺乳动物、15%的淡水鱼为当地特有物种。[①] 巴平原地区和沿海地区水产资源丰富，卡拉奇附近海域是世界最好的渔场之一，盛产龙虾、白虾、墨鱼、石斑鱼等。北部高山区有许多珍稀动物，常见的有山羊、黄羊、羚羊、野驴、鬣狗、狐狸、豺狼、蛇等。巴林业资源较为贫乏，森林面积为422.4万公顷，森林覆盖率仅为5%，远远低于邻国印度和世界其他国家。主要原因是气候干燥、降雨量少、北部山区高寒、乱砍滥伐等。巴水果丰富，品种多，质量高，主要有芒果、葡萄、梨、苹果、香蕉、石榴等。

（四）水资源

巴基斯坦全国大部分地区属于干旱和半干旱地区，降水稀少，且在时间和空间上都分布不均。巴最主要的河流——印度河全长3180公里，源起中国西藏高原，自北向南贯穿全境，与其四条主要支流杰卢姆河、奇纳布河、拉维河和萨特勒季河一起被称为"五水"。印度河水源主要来自季风降雨和北部高山区冰雪融水，一年有两次汛期，季节流量变化极大。印度河通航价值小，但因大部分流经干旱区，富灌溉之利。

三 社会与经济

（一）人口概况

巴基斯坦人口约为1.97亿人，是世界第六人口大国，且人口增长较快，农村人口占总人口的2/3左右。最大城市卡拉奇约有2100万人口，第二大城市拉合尔有1000万人口，首都伊斯兰堡有150万人口。

巴是多民族国家，其中，旁遮普族人口占总人口的63%，信德族占18%，帕坦族占11%，俾路支族占4%。乌尔都语为国语，英语为官方语言，主要民族语言有旁遮普语、信德语、普什图语和俾路支语等。95%以上的居民信奉伊斯兰教（国教），少数信奉基督教、印度教和锡克教等。

（二）行政区划

巴基斯坦全国共设4个省——旁遮普省、信德省、俾路支省、开伯尔-普什图省、7个联邦直辖部落地区和联邦首都伊斯兰堡。各省下设专区（Division）、县（District）、乡（Tehsil）、村联会（Union Council）。

旁遮普省面积为20.5万平方公里，约占国土总面积的1/4。"旁遮普"

---

① Asian Development Bank, Islamic Republic of Pakistan: Country Environment Analysis, http://www.adb.org/documents/country-environmental-analysis-pakistan, 2008.

意为"五河"，由杰卢姆河、奇纳布河、拉维河、比亚斯河和萨特勒季河冲积而成。该地区水源充足，土壤肥沃，一直都是巴基斯坦的粮仓。除首府拉合尔外，该省较大的城市还有木尔坦、拉瓦尔品第等。

信德省面积为14.1万平方公里，占巴总面积的18%左右。该省可分为3个经济区：印度河盆地灌溉农业区、干旱贫瘠区和城市与工业区。位于该省境内的卡拉奇是巴最大的城市和商业中心，此外，海德拉巴、苏库尔等是其境内较大的城市。

俾路支省是巴面积最大、人口密度最小的省份，首府在奎达。俾路支省南濒阿拉伯海，境内遍布高山和平原。农业是俾路支省最主要的经济部门，由于气候和土壤的关系，该省出产的水果质量好、产量高。海岸地区的渔业发达，该省西南部的瓜达尔港为著名深水良港。

开伯尔-普什图省（原名西北边境省）是巴最小的省份，西北部通过著名的开伯尔山口与阿富汗接壤。该省主要居民为普什图族。开伯尔-普什图省经济主要以农业为主，但可耕地面积不多，矿藏较为丰富。

联邦直辖部落地区是巴基斯坦靠近阿富汗边境的一块面积约为2.7万平方公里的"缓冲地带"，居民多属普什图族部落。根据不同的家族和地域，联邦直辖部落地区被划分为7个区。1981年的统计数字显示，整个部落地区的人口为219万人。该地区虽属于联邦政府管辖，但实际基本处于自治状态。

（三）政治局势

巴基斯坦原为英属印度的一部分。1858年，巴随印度沦为英国殖民地。1947年，英国公布"蒙巴顿方案"，实行印巴分治。同年，巴基斯坦宣布独立，成为英联邦的一个自治领。1956年，巴基斯坦伊斯兰共和国成立。目前巴仍是英联邦国家。

巴基斯坦自独立以来，军人统治和民选政府来回转换，宪法也经历了多次重大修正。政治体制的建设较为缓慢，曾经历过西方议会民主制、总统制、有限民主、专制独裁、军法统治、文官统治，但一直未能建立起适合本国国情的、稳定的政治制度。近年来，在巴基斯坦，军队淡出政治舞台并不意味着可以忽略军队的影响力，尤其是在巴国内恐怖活动猖獗和安全形势日益恶化的情况下。

巴基斯坦总统为国家元首，现任总统为马姆努恩·侯赛因，于2013年9月就职。

巴基斯坦实行联邦制，联邦政府是最高行政机关。2013年5月，纳瓦兹·谢里夫率领穆斯林联盟（谢里夫派）赢得大选，第三次出任巴总理。联邦内阁由总理、部长和国务部长组成，各部委由常务秘书主持日常工作。省政府受联邦政府领导，但宪法规定实行省自治。省议会可为本省立法，但其立法必须符合联邦立法规定。受政治、经济、民族等诸多因素的影响，联邦与省之间的关系十分复杂。2011年7月，巴基斯坦中央政府按照宪法第18修正案给予各省自治权，将17个部委的权力下放至省政府。

议会为巴立法机构。1947年建国之后长期实行一院制，1973年新宪法颁布之后实行两院制，由国民议会（下院）和参议院（上院）组成。

巴基斯坦实行多党制，主要政党有：穆斯林联盟（谢里夫派）、人民党、正义运动党（PTI）、穆斯林联盟（领袖派）、统一民族运动党（MQM）、人民民族党（ANP）、伊斯兰促进会（JI）、伊斯兰神学者协会（JUI）等。

（四）经济概况

巴基斯坦是一个人口规模庞大的发展中国家。2012～2013财年，巴国内生产总值为2382亿美元，同比增长3.6%，人均GDP为1368美元（见表8-1）。世界经济论坛《2013～2014年全球竞争力报告》显示，巴基斯坦在全球最具竞争力的148个国家和地区中，排名第133位。农业、工业、服务业分别占GDP的21.4%、20.9%和57.7%。[①] 但近年来，农业在GDP中的份额不断下降，工业所占比重逐年增长。

表8-1 巴基斯坦近年来经济增长情况

财政年度	经济增长率（%）	人均GDP（美元）
2008/09	2.0	1000
2009/10	4.1	1018
2010/11	2.4	1026
2011/12	3.7	1372
2012/13	3.6	1368

资料来源：巴基斯坦联邦统计局，转引自中华人民共和国商务部《对外投资合作国别（地区）指南：巴基斯坦》，2014。

当前，巴经济以农业为主，农村人口约占全国总人口的2/3，国家外贸外汇收入的42%通过农产品出口实现。巴农业以种植业为主。主要作物有小麦、水稻、玉米、棉花、甘蔗等，其中，棉花是巴主要经济作物，是巴支柱产业——纺织业的基础和出口创汇的主要来源。巴水产资源丰富，渔

---

① 中华人民共和国商务部：《对外投资合作国别（地区）指南：巴基斯坦》，2014。

业较为发达。①

巴工业基础较为薄弱。目前最大的工业部门是棉纺织业，其他重点部门包括毛纺织、制糖、造纸、烟草、制革、机械制造、化肥、水泥、电力、石油、天然气等。

在对外贸易方面，巴主要进口石油及石油制品、机械和交通设备、钢铁产品、化肥和电器等，主要出口大米、棉花、纺织品、皮革制品和地毯等，主要贸易伙伴有阿联酋、中国、沙特、美国等。2012~2013财年，巴进出口贸易总额约为645亿美元，贸易逆差为151亿美元。近年来，巴政府一直在努力加速工业化，扩大出口，缩小外贸逆差。巴基斯坦已与46个国家签署了投资保护协定（包括中国），与52个国家签署了避免双重征税协定（包括中国）。巴参与区域经济合作也较为活跃，迄今已与斯里兰卡、中国、马来西亚、南盟等国家和区域组织签署自贸协定，还与伊朗、毛里求斯、伊斯兰发展中八国集团等国家和组织签署优惠贸易安排。上述贸易协定大部分已经开始实施。②

四 军事与外交

（一）军事

巴基斯坦武装部队是世界第七大现役武装部队，包括陆军、海军、空军和一些准军事部队。巴宪法规定，总统是武装部队最高统帅。巴实行募兵制，陆军服役期限为7年，海军、空军为7~8年。武装力量由现役部队、预备役部队和地方军组成。总兵力为56.9万人。2013~2014财年国防预算总额约为63.2亿美元，同比增长15%。巴基斯坦同中国、美国等均保持密切的军事关系。

军队在巴基斯坦政治生活中扮演着极为重要的角色，尤其是出现政治危机时，军队更成为一支决定国家命运和前途的重要力量。建国以来，多位军队首领先后接管国家政权。即便在民选政府执政期间，军队也积极参与国家大政方针的制定。

（二）外交

巴基斯坦奉行独立和不结盟外交政策，注重发展同伊斯兰国家和中国的关系；致力于维护南亚地区和平与稳定，在加强同发展中国家团结合作

---

① 中国驻巴基斯坦大使馆经商参处：《巴基斯坦农业发展概况》，http://pk.mofcom.gov.cn/article/wtojiben/h/200905/20090506216032.shtml，2014。
② 中华人民共和国商务部：《对外投资合作国别（地区）指南：巴基斯坦》，2014。

的同时，发展同西方国家的关系；支持中东和平进程；主张销毁大规模杀伤性武器；呼吁建立公正合理的国际政治经济新秩序；重视经济外交；要求发达国家采取切实措施，缩小南北差距。截至2005年，巴基斯坦已同世界上120多个国家建立了外交和领事关系。

五 小结

巴基斯坦位于南亚次大陆的西北部，东、北、西三面与印度、中国、阿富汗和伊朗相邻，南面濒临阿拉伯海。巴地形主要由山地和平原构成，耕地主要集中在印度河平原。巴全国大部分地区属于热带干旱和半干旱气候，降水稀少。巴矿产资源较为丰富，尤其是宝石资源，但本国能源资源难以满足需求。巴生物多样性丰富，但森林覆盖率极低。巴是以农业为主的发展中国家，近年来虽经济增长较快，但经济发展面临不断增长的人口压力。由于未能建立起稳定的政治制度，巴国内政局也缺乏稳定性，民选政府和军政府来回转换。巴为南亚军事大国，军队在国内政治生活中角色特殊。巴奉行独立和不结盟外交政策，注重发展同伊斯兰国家和中国的关系。

第二节 国家环境状况

一 水环境

（一）水资源概况

巴基斯坦可再生水资源总量为246.8立方千米（2011年数据），淡水资源消耗总量为每年183.5立方千米，其中，生活用水、工业用水和农业用水分别占5%、1%和94%。人均消耗淡水资源为每年1038立方米（2008年数据）。[1]

巴基斯坦降水稀少，全国大部分地区属于干旱和半干旱地区，其中3/5的地区年降水量不足250毫米。自北向南降水量递减：北部高山区为全国多雨区，以春夏雨为主，年降水量可达1000~1500毫米；东南部平原以夏雨为主，多暴雨，雨量集中在6~9月的西南季风期，占全年降水量的60%~70%；旁遮普平原山麓地带年降水量为350~500毫米，信德平原为100~200毫米，塔尔沙

---

[1] CIA, "World Fact Book: Pakistan", https://www.cia.gov/library/publications/the-world-fact-book/geos/pk.html.

漠地区在 100 毫米以下。由于气候干燥,巴农业属于灌溉农业。

巴地表水资源主要来自印度河及其支流。印度河发源于中国西藏,是亚洲最长的河流之一,全长 3180 公里（在巴境内长约 2300 公里）,流域面积为 96.6 万平方公里,年径流量达 2080 亿立方米。[1] 印度河水源主要来自季风降雨和北部高山区冰雪融水,因而一年有两次汛期,3~5 月为春汛,7~8 月为伏汛。季节流量变率极大,冬季枯水期与夏季洪水期相差 10~16 倍。印巴分治后,印度河河水归两国共同使用。根据两国签订的《印度河水条约》(IWT),印度从东三河分水后,巴基斯坦可用的地表径流量将降至 1736 亿立方米。除印度河外,俾路支高原和西北部山地也有一些内流河,但流量不大,在西南沿海也有一些独流入海的小河。

巴地下水主要集中在印度河平原。地下水年补给为 570 亿~660 亿立方米,其中有 490 亿~520 亿立方米已被管井泵出或使用。[2]

（二）水环境问题

巴面临的水环境问题主要如下。

一是水资源短缺。数据显示,巴基斯坦人均水资源量已经从 1947 年的 5650 立方米降至 2013 年的 1000 立方米。巴已被联合国列为"水稀缺"国家。水资源短缺的原因包括：气候炎热干燥,降水少而蒸发量大；人口基数大且增长速度快；水库泥沙淤积增多；灌溉体系不合理；等等。值得一提的是,巴农业用水就占去了淡水资源消耗的 94% 左右。这一方面是由于巴农业需要养活快速增加的人口,另一方面是由于灌溉系统不合理等因素导致的用水效率低下——只有 35%。水资源匮乏不仅大大制约了巴经济的发展,还常常导致国内各部落、地区之间的冲突,危害社会的稳定。

二是水资源争端。由于巴基斯坦几乎完全依赖印度河提供农业、工业和居民生活用水,巴十分担心位于印度河上游的印度修建大坝截流水源,从而影响巴国家用水安全。虽然两国签署了《印度河水条约》,但印巴水资源争端由来已久,且与克什米尔争端相互交织而更加复杂,一直是印巴关系紧张的原因之一。近年来,两国由于经济发展和人口增长,对水资源的需求都有增多,未来都将面临严重的水资源短缺问题,水资源争端愈加激烈。

三是水污染。巴基斯坦水污染主要来自工业废水排放和农业活动,尤其是工业废水排放。主要的水质问题包括细菌污染、砷污染、硝酸盐污染、

---

[1] 杨翠柏、刘成琼：《巴基斯坦》,社会科学文献出版社,2005。

[2] Asian Development Bank, "Islamic Republic of Pakistan: Country Environment Analysis", http://www.adb.org/documents/country-environmental-analysis-pakistan, 2008。

氟化物污染等。水污染使得60%的民众难以获得清洁水源。尤其是在缺乏管道输水系统的农村地区和城市贫民窟，居民用水的水源通常是受到污染的河流、湖泊和人工浅水井，这引发了许多健康问题。据统计，巴20%~40%住院患者的病因与水污染相关。通过水源传播的痢疾是农村婴儿和儿童死亡的首要原因。水污染导致的群体性中毒甚至死亡事件也时常发生。2004年初，在信德省的海德拉巴，有30多人因为饮用受污染的印度河水死亡。水污染还对巴农业发展造成影响，耕地盐度的上升大大降低了土壤肥力。[1]

此外，巴还存在地下水超采、水浸等问题。

（三）治理措施

水资源短缺和水污染已经严重影响到巴居民健康和经济发展。未来，随着人口的增加和城市化进程的加速，巴水环境还将进一步恶化。为解决这一问题，巴政府采取的主要措施如下。

1. 加快水利基础设施建设，调节水资源的时空分布不均的状况

为了更好地开发利用印度河水资源和水电资源，发展经济，巴基斯坦于1958年成立水电开发署（WAPDA），该部门的性质介于政府部门和企业之间，负责开发规划的制定和计划的实施，包括地表水、地下水的开发、灌溉、排水、供水、电力等各项工程的建设。水电开发署主要负责印度河流域计划（IBP）的实施，包括最为著名的西水东调工程，即从西三河调水到东三河，按照《印度河水条约》，解决东三河下游的灌溉等用水问题。工程于1960年开始实施，到1977年基本建成。该工程曾是世界上调水量最大的工程，主要包括2座大坝、6座大型拦河闸、1座倒虹吸，新建8条调水连接渠道，沟通东西6条大河。之后，为满足居民日益增长的对水资源和能源的需求，水电开发署开始对这些项目进行升级、改造和扩容。

2. 努力保障居民饮用水的安全

在环境目标和政策方面，为实现联合国大会设定的"千年发展目标"，巴基斯坦政府于2000年出台了《减贫战略文件》（RPSP），承诺通过对洁净饮用水和卫生设施等社会领域进行投资，提高社会指标。2009年，巴环境部制定的《国家饮用水政策》中也规定：饮用水安全是基本的人权，确保向所有公民提供安全的饮用水是政府的责任；在水资源的分配中，饮用水的分配问题会优于其他用途用水的分配问题；预计到2025年将为所有居

---

[1] Safdar Abbas, "Pollution in Pakistan and its Solutions", http://www.agribusiness.com.pk/pollution-in-pakistan-and-its-solutions/, 2013.

民供应安全、稳定的饮用水；确保水资源的安全，避免浪费。

在具体的实践层面，巴联邦政府于2004年批准了"全民洁净饮用水"（CDWA）试点项目。该项目旨在为巴所有地区提供具备每小时净化2000加仑水能力的水净化处理厂121座。2005年，联邦政府还提出了后续项目——"洁净饮用水倡议"（CDWI），旨在建立6584座饮用水过滤设施，项目耗资预计为2亿美元。这两个项目由联邦政府提出、批准和筹资，表明了巴国对该问题的重视。然而，项目的执行情况却不容乐观。截至2011年，仅建起了1341座饮用水过滤设施，仅为最初目标的20%。[①]

巴在水资源管理方面，存在一些不足。

第一，在法律、政策和机制层面上存在空白。巴涉及水资源管理的法律、政策有《巴基斯坦环境保护法》（1997年）、《国家环境质量标准》、《国家卫生政策》（2006年）、《国家饮用水政策》（2009年）等，但这些远远不够。巴水利电力部2006年起草的《国家水政策》草案至今仍未获得联邦政府批准。巴没有类似国家水委员会这样的部门来监管水资源的综合规划、开发与管理，协调相关的政府部门，甚至还没有建立起饮用水质量的监控和监督体系。

第二，执法、行政有待加强。以上述的CDWA和CDWI两个项目为例，它们最初由环境部提出，后被移交到工业和生产部，最后被转到了特殊项目部。2011年，根据宪法第18修正案，包括环境部在内的17个部委的权力下放给了各省政府，这些项目的执行也被移交到各个省份执行。执行机构的不断变化以及所有权归属不明确，使得项目实施不断拖延，费用一再超支。

此外，缺乏资金也对巴进行水环境治理形成掣肘。

二 大气环境

（一）大气环境状况

近年来，由于快速的城市化和工业化，巴基斯坦城市地区的室外空气质量严重恶化。根据世界卫生组织发布的数据，巴基斯坦2010年的平均PM10和PM2.5浓度分别为282微克/立方米和101微克/立方米，在参与排名的91个国家中垫底。其中，卡拉奇、拉合尔、白沙瓦和拉瓦尔品第这4个城市的颗粒物浓度也在参与排名的全球1622个城市中落后，大大超出了世界卫生组织提出的标准（见表8-2、表8-3）。[②]

---

① Sajid Mehmood Raja, "Country Paper on Auditing on Water (CDWA & CDWI) in Pakistan", 2013.
② World Health Organization, Ambient (Outdoor) Air Pollution in Cities Database 2014, http://www.who.int/phe/health_topics/outdoorair/databases/cities/en/.

表 8-2　巴基斯坦全国及部分城市可吸入颗粒物
及可入肺颗粒物浓度（2010 年）

单位：微克/立方米

全国/城市	PM10	PM2.5
全国	282	101
卡拉奇	273	117
拉合尔	198	68
白沙瓦	540	111
拉瓦尔品第	448	107

资料来源：世界卫生组织"2014 年城市户外空气污染"数据库。

表 8-3　巴基斯坦部分城市可入肺颗粒物、二氧化硫、二氧化氮、
臭氧及一氧化碳浓度极值（2012 年）

城市	PM2.5 （微克/立方米）	二氧化硫 （微克/立方米）	二氧化氮 （微克/立方米）	臭氧 （微克/立方米）	一氧化碳 （毫克/立方米）
伊斯兰堡	157	32	196	148	5
奎达	96	136	83	72	4
卡拉奇	201	173	122	86	2
白沙瓦	146	147	141	90	6
拉合尔	433	309	129	139	7

资料来源：世界银行《清洁巴基斯坦的空气：应对室外空气污染损失的政策选择》，转引自 Ernesto Sánchez-Triana, Santiago Enriquez, Javaid Afzal, Akiko Nakagawa, and Asif Shuja Khan, "Cleaning Pakistan's Air: Policy Options to Address the Cost of Outdoor Air Pollution", The World Bank.

巴基斯坦大气污染物主要来自以下几个方面。

① 工业。大型工厂，尤其是使用含硫量高的石化燃料的工厂，如热电厂、水泥厂、化肥厂、炼钢厂、糖厂等，是造成空气质量恶化的主因。很多中小型工业企业，如砖窑、塑胶厂、轧钢厂等，也常常使用旧轮胎、纸、木头、织物等作为燃料。

② 机动车。从 1991 年到 2012 年，巴国内摩托车的数量增长了 450%，汽车数量则增长了近 650%，[1] 很多机动车疏于保养、车况不佳，车辆排放造成大量污染。

---

[1] Ernesto Sánchez-Triana, Santiago Enriquez, Javaid Afzal, Akiko Nakagawa, and Asif Shuja Khan, "Cleaning Pakistan's Air: Policy Options to Address the Cost of Outdoor Air Pollution", The World Bank.

③ 焚烧垃圾和秸秆。在城市地区，巴对固体垃圾缺乏适当处理，通常的做法是倾倒或焚烧，低温焚烧会产生大量的一氧化碳、致癌的有毒细颗粒物和挥发性有机化合物。农村地区常常焚烧秸秆，尤其是在甘蔗收获季节，这造成农村地区 PM10 的浓度大大升高，在信德省和旁遮普省尤为严重。由于夏季高温，细粉尘随着热空气上升而形成粉尘云。①

另外，由于能源匮乏，86%的农村家庭和 32%的城市家庭使用生物质燃料烹饪。② 由于电力极度短缺，小型柴油发电机在商业区和住宅区被广泛使用，这些都加剧了空气的污染。

空气污染严重危害着居民的健康，增加了其患呼吸道疾病和早逝的风险，尤其是城市居民，因为城市地区也是巴人口、机动车和工业集中的地区。据估计，在 2005 年，室外空气污染给巴基斯坦所造成的直接损失约为 10 亿美元，占到了巴 GDP 的 1.1%，非直接损失更是难以估量。③ 每年有超过 22600 人直接或间接死于空气污染，其中 800 多人为 5 岁以下的儿童。④

空气污染也对农业生产造成很大影响。受到空气中的硫氧化物、氮氧化物、臭氧的影响，巴主要作物小麦减产。

（二）治理措施

2005 年，巴政府通过了"巴基斯坦清洁空气项目"（PCAP），该项目对治理城市空气污染提出了一系列的建议。

PCAP 项目提出的短期措施包括：通过固定或移动的实验室收集室外空气质量的基线数据；提升公众对冒烟车等问题的认识；停止进口和生产二冲程车辆；限制将车辆的汽油引擎改装为二手柴油引擎；通过更好的交通管理，如建立快速轨道交通和无机动车区域等，识别和控制城市中的污染高发地点；加强机动车检测人员的能力建设；对市场上出售的燃料和润滑油质量进行定期检查；逐步淘汰二冲程和使用柴油的公共服务车辆；对使

---

① Ernesto Sánchez-Triana, Santiago Enriquez, Javaid Afzal, Akiko Nakagawa, and Asif Shuja Khan, "Cleaning Pakistan's Air: Policy Options to Address the Cost of Outdoor Air Pollution", The World Bank.

② Asian Development Bank, "Islamic Republic of Pakistan: Country Environment Analysis", http://www.adb.org/documents/country-environmental-analysis-pakistan, 2008.

③ Ernesto Sánchez-Triana, Santiago Enriquez, Javaid Afzal, Akiko Nakagawa, and Asif Shuja Khan, "Cleaning Pakistan's Air: Policy Options to Address the Cost of Outdoor Air Pollution", The World Bank.

④ Ernesto Sánchez-Triana, Santiago Enriquez, Javaid Afzal, Akiko Nakagawa, and Asif Shuja Khan, "Cleaning Pakistan's Air: Policy Options to Address the Cost of Outdoor Air Pollution", The World Bank.

用压缩天然气的公交车给予关税优惠;通过财政激励和融资机制对大型运输车辆提供资源;在所有大城市的交警队设立环境小组以控制可见烟;覆盖整修工地和建筑工地,防止空气污染;等等。

PCAP项目提出的长期措施包括:培养和提升公众意识;在城市中设立室外空气质量的连续检测站,对污染程度进行记录;提高机动车的能源效率;向国内引入低硫的柴油和燃料油,推广替代燃料,如压缩天然气、液化石油气、混合燃料等;审查机动车条例,为私家车提供检查;建立车辆检查中心;列出并鼓励使用用于控制车辆污染的设备和添加剂;在工业领域推广废物最小化、废物交换和污染控制技术;在城市中适当地处置固体垃圾;在城市街区植树,在沙漠造林,以固沙;铺设路肩;等等。[1]

上述措施的执行取得了一些成果。自2005年以来,含铅汽油已经完全从巴正规零售市场中淘汰,这有助于降低空气中的乙基铅水平。另外,通过推动国内机动车由使用汽油发动机过渡为使用压缩天然气发动机,2008年,巴基斯坦成为南亚地区拥有最多使用压缩天然气机动车的国家,在全世界也仅次于阿根廷和巴西。[2]

2010年,巴环保署起草了室外空气质量的国家环境标准,该标准涵盖了二氧化硫、氮氧化物、臭氧、悬浮颗粒物、可入肺颗粒物、铅、一氧化碳等主要污染物,该标准随后获得通过。然而,巴空气质量标准仍远低于世界卫生组织相关标准(见表8-4)。

表8-4 巴基斯坦国家空气质量标准与世界卫生组织空气质量标准比较

污染物	时间	巴基斯坦室外空气质量标准(微克/立方米) 2010年生效	巴基斯坦室外空气质量标准(微克/立方米) 2013年生效	世界卫生组织空气质量标准(微克/立方米)
悬浮颗粒物(SPM)	年均	400	360	不适用
悬浮颗粒物(SPM)	24小时	550	500	不适用
可吸入颗粒物(PM10)	年均	200	120	20
可吸入颗粒物(PM10)	24小时	250	150	50

---

[1] Pakistan Environmental Protection Agency, *Pakistan Clean Air Programme* (*PCAP*), http://www.environment.gov.pk/NEP/PCAPFinal.pdf.

[2] Asian Development Bank, "Islamic Republic of Pakistan: Country Environment Analysis", http://www.adb.org/documents/country-environmental-analysis-pakistan, 2008.

续表

污染物	时间	巴基斯坦室外空气质量标准（微克/立方米）		世界卫生组织空气质量标准（微克/立方米）
		2010年生效	2013年生效	
可入肺颗粒物（PM2.5）	年均	25	15	10
	24小时	40	35	25
	1小时	25	15	1
铅	年均	1.5	1	0.5
	24小时	2	1.5	不适用
二氧化硫	年均	80	80	不适用
	24小时	120	120	20
二氧化氮	年均	40	40	40
	24小时	80	80	不适用
一氧化氮	年均	40	40	不适用
	24小时	40	40	不适用
一氧化碳	8小时	5	5	不适用
	1小时	10	10	不适用

资料来源：世界银行：《清洁巴基斯坦的空气：应对室外空气污染损失的政策选择》，转引自 Ernesto Sánchez-Triana, Santiago Enriquez, Javaid Afzal, Akiko Nakagawa, and Asif Shuja Khan, "Cleaning Pakistan's Air: Policy Options to Address the Cost of Outdoor Air Pollution", The World Bank.

巴基斯坦在大气环境管理方面，还存在一些问题。

第一，由于缺乏技术和资金，巴几乎没有对空气质量进行持续性、系统性检测。早在2006~2009年，日本国际协力机构（JICA）就曾协助巴政府设计和建立了一个空气质量监测的测量站网络。该网络包括：在5个主要城市（伊斯兰堡、卡拉奇、拉合尔、白沙瓦和奎达）设立固定和移动的空气监测站，设立1个数据中心和1个中央实验室。位于各省的监测装置由省环保局管理和运作，最初的实际操作则由日方雇佣和培训的顾问来完成。然而，2012年中期，日方的支持逐渐停止，各省环保局也没有负担起该监测网络的运营和维护成本，只有旁遮普省在之前日方援助的基础上制定了一个继续进行空气质量监测的项目。①

---

① Ernesto Sánchez-Triana, Santiago Enriquez, Javaid Afzal, Akiko Nakagawa, and Asif Shuja Khan, "Cleaning Pakistan's Air: Policy Options to Address the Cost of Outdoor Air Pollution", The World Bank.

第二，相关法律政策的执行也遇到很大的问题。虽然《环保法》规定了污染者付费原则（PPP），政府也于 2001 年出台了《征收排污费规定》（PCR），然而由于一些电力集团的抵制，《征收排污费规定》未能实施。[①] 除了企业的抵触之外，政府各部门之间缺乏协调，以及中央和地方之间的分权也给法律的执行和政策的实施造成困难。

三 固体废物

（一）固体废物问题

巴基斯坦的固体废物大致可分为三类。

① 生活废物。巴基斯坦只有 42% 的人能用上环卫设施，45% 的人没有卫生间，51% 的家庭没有排水系统。[②] 占全国总人口 1/3 的城市居民每天产生约 5.5 万吨固体废物。在伊斯兰堡、卡拉奇等大城市，固体废物管理的情况相对较好，有一定垃圾收集设施，但也仅仅是把垃圾倾倒或填埋在垃圾场，这些地点往往成为啮齿类动物的天堂和疾病的传染源。而在城市郊区和广大农村地区，露天倾倒的现象更为普遍。

② 农业废物。作为一个农业大国，巴每年产生的农业废物（生物质）约为 1400 亿吨。这些生物质垃圾是大气中甲烷和二氧化碳的主要来源。在收获季节，农民处理秸秆往往是将其一烧了之，加重了对空气的污染。

③ 工业废物。巴主要的工业废物包括制糖业的滤泥、造纸业产生的石灰渣、化肥业产生的石膏和石灰、热电厂产生的煤灰等。这些废物常常被投入本就濒临瘫痪状态的地下排水设施。

（二）治理措施

在巴基斯坦，涉及固体废物管理的法律、政策、标准有《巴基斯坦环境保护法》（1997 年）、《危险物质规定》（2007 年）、《国家卫生政策》（2006 年）、《国家环境质量标准》等。

2005 年 6 月，巴环保署在日本国际协力机构和联合国开发计划署的协助下，起草了《固体废物指导原则》（GSWM）[③]。该指导原则提出：所有市

[①] Ernesto Sánchez-Triana, Santiago Enriquez, Javaid Afzal, Akiko Nakagawa, and Asif Shuja Khan, "Cleaning Pakistan's Air: Policy Options to Address the Cost of Outdoor Air Pollution", The World Bank.

[②] Muhammad Abdul Rahman, "Revisiting Solid Waste Management (SWM): a Case Study of Pakistan", International Journal of Scientific Footprints, (1) 2013.

[③] "Guidelines for Solid Waster Management", http://environment.gov.pk/EA-GLines/SWMGLines-Draft.pdf.

政当局应每年监测废物的产量、组成和堆积密度,并至少每年监测一次废物的收集/倾倒量;所有人口超过50万人城市的市政当局应每年监测废物的含水量和碳氮比,并在每一个排放/处理站安装称重台,以便对废物量进行每日监测;所有人口超过200万人城市的市政当局应每年监测废物的热值。在废物填埋方面,所有市政当局都应遵循一级标准,即引入废物填埋;所有人口超过50万人城市的市政当局应遵循二级标准,即进行每日覆土的卫生填埋;所有人口超过200万人城市的市政当局应遵循三级标准,即进行渗滤液循环的卫生填埋。

一些地方政府在固体废物管理方面进行了成功的实践,例如,旁遮普省尝试将城市固体垃圾用于露天耕地,鉴于城市固体垃圾往往富含可提高作物产量的有机质,此举既能减少化肥的使用,也能节省垃圾填埋对土地和水体的污染。[1]

但总体而言,巴在处理固体废物方面效率不高,还存在很多问题。例如,收集系统不够完善,仅能收集产生垃圾总量的51%~69%。[2] 大部分的固体废物并没有得到适当的处置,更不用说对危险废物的管理了。人们还常常采用焚烧的方式来处理垃圾,露天和低温焚烧产生了大量粉尘,释放致癌污染物,不仅危害居民的身体健康,也加剧了污染和温室效应。[3] 巴在垃圾的分类和回收方面做得也非常有限,虽然垃圾回收行业潜力巨大,但目前仍未形成产业。

造成以上状况的原因是多方面的,首先是巴缺乏垃圾收集、处理和回收的资金、设备和技术。其次,在固体废物管理方面缺乏专门的、综合性的法律或规定,也没有对固体废物进行统一管理的全国性机构。虽然固体废物管理的具体事务由地方政府负责,但这一问题远远超出了地方政府的能力。最后,居民环保意识缺失。

四 土壤污染

(一)土壤环境概况

巴基斯坦耕地面积约占国土总面积的26.02%(2011年数据),灌溉农

---

[1] Muhammad Abdul Rahman, "Revisiting Solid Waste Management (SWM): A Case Study of Pakistan", *International Journal of Scientific Footprints* (1) 2013.

[2] "Guidelines for Solid Waster Management", http://environment.gov.pk/EA-GLines/SWMGLines-Draft.pdf.

[3] Safdar Abbas, "Pollution in Pakistan and its Solutions", http://www.agribusiness.com.pk/pollution-in-pakistan-and-its-solutions/, 2013.

田面积为 19.99 万平方公里（2008 年数据）①，产能水平低。北方高寒山区、南部沙漠和西部高原农业耕种稀少；肥沃的土地主要分布在旁遮普省和信德省北部。

（二）土壤环境问题

巴基斯坦土壤退化和污染问题非常严重，主要表现在如下几个方面。

① 森林砍伐和荒漠化。由于人口不断增长，家用木柴的消耗也随之增长。另外，过度放牧、商业砍伐也加速了森林的消耗。目前，巴森林覆盖率仅为 5% 左右。森林砍伐使得荒漠化情况不断恶化。

② 土壤侵蚀。在巴基斯坦，受到水力侵蚀和风力侵蚀的土地面积分别为 1305 万公顷和 617 万公顷。土壤侵蚀主要是由北方森林的砍伐所引起的。记录在案的最高水力侵蚀率为 150～165 吨/公顷/年。1990 年，印度河的沉淀率高达 4.49 吨/小时，居世界第五。风力侵蚀在巴沙漠地区较为常见，约有 300～500 公顷的土地受到影响。风力侵蚀所造成的水土流失约占水土流失总量的 28%。② 在水力和风力侵蚀的共同影响下，农田生产率每年降低 1.5%～7.5%。

③ 土壤水浸。当前，巴基斯坦遭受水浸的地区总面积约为 156.99 万公顷。造成耕地浸水的主要原因是沟渠系统的渗流。人类活动，如修建道路和房屋阻断了天然排水渠，对多余的雨水处理不力等也加剧了水浸问题。

④ 土壤盐碱化。巴全国范围内共有 628 万公顷的土地受到了盐碱化的影响，导致土地生产能力的下降。巴基斯坦的大部分地区降水少而蒸发量大，这是土壤盐碱化的主要原因之一。

⑤ 土壤肥力下降和养分失衡。③ 巴国内很多地区的土地缺乏氮、磷、钾、硫、锌、铜、铁、锰等元素。土地营养流失的主要原因是：灌溉和雨水造成营养成分流失；长时间地持续耕种，以及几乎不变的耕种方式；全国大部分地区炎热而干旱的气候导致了较高的有机质分解率和土壤中有机成分的净损失；有机肥料和绿肥使用不足造成土壤中有机质含量不断减少；持续使用单一肥料（如尿素）导致土壤中营养元素单一。

---

① CIA："World Fact Book: Pakistan"，https://www.cia.gov/library/publications/the-world-factbook/geos/pk.html.

② Muhammad Azeem Khan, Munir Ahmad and Hassnain Shah Hashmi, "Review of Available Knowledge on Land Degradation in Pakistan", OASIS Country Report 3, 2012.

③ Zia-ul-Hassan Shah and Muhammad Arshad, "Land Degradation in Pakistan: A Serious Threat to Environments and Economic Sustainability", http://www.eco-web.com/edi/060715.html, 2006.

⑥ 土壤污染。污染物中的重金属和合成有机化学品主要来自工业固体废物和废水。此外，农业生产中杀虫剂和化肥的使用也造成了土壤污染。

（三）治理措施

巴基斯坦参与了联合国开发计划署的"可持续土地治理项目"（SLMP）。[①] 该项目旨在防治土地退化和荒漠化，执行方为巴气候变化专部（CCD）、内阁秘书处、各省级部门等。目前，SLMP已在巴全国63个村庄实施了9个试点项目，重点在于对土地资源实施一体化管理来防治土地退化和荒漠化。主要措施包括再造林、牧场恢复、雨水收集、水土保持、雨养农业、建立防护林和林地、微灌系统、提高林果种植等。另外，该项目还包括推动将可持续土地管理纳入部门政策与规划，为巴全国性和村级土地使用规划起草进行指导等内容。

五　核污染

（一）核辐射状况

巴基斯坦未加入《不扩散核武器条约》（NPT），属于非法拥核国家。核政策与核战略是巴国家安全战略的重要组成部分。核武器是巴对印度实施威慑的重要手段。巴政府支持建立南亚无核武器区，多次提出若印度愿意采取对等行动，巴愿意销毁自己的核武器。作为唯一拥有核武库的伊斯兰国家和美国全球反恐战争的前线国家，巴基斯坦在核武器的安全保护和防止核扩散方面有着很大的特殊性。

在民用核能领域，巴核电占能源比重较小，核电装机容量仅为电力总装机容量的2.1%（2010年数据）。[②] 目前巴共拥有两座核电站：卡奴普核电站和恰希玛核电站（恰希玛核电站三期和四期工程的商运日期预计为2017～2018年）。由于长期受到能源短缺问题的困扰，巴政府希望进一步扩大核电比重以缓解能源危机。2005年，巴政府在一项能源安全计划中呼吁，到2030年将全国发电装机容量增加到16万兆瓦，其中核电要增加到8800兆瓦。近期核电领域的规划重点是卡拉奇核电项目，该项目有望为巴提供

---

① "Sustainable Land Management to Combat Desertification", http://www.pk.undp.org/content/pakistan/en/home/operations/projects/environment_and_energy/montreal-protocol—institutional-strengthening-project/.

② CIA: "World Fact Book: Pakistan", https://www.cia.gov/library/publications/the-world-factbook/geos/pk.html.

15%的电力。① 然而,核废料处理在国际上一直都是个棘手问题,对巴而言也是如此。据巴媒体披露,巴政府将不少核废料掩埋在旁遮普省 Baghalchur 村废弃的铀矿矿山里。当地居民声称,核废料已对其身体健康和当地生态环境造成破坏。对此,巴原子能委员会(PAEC)声称核废料的处理符合国际标准。②

(二) 治理措施

巴基斯坦对于核安全与核污染的治理措施如下。

① 在维护核武库的安全方面,尽管政局混乱,巴政府对核武器采取了一系列严密的安全措施,包括建立强有力的指挥控制系统、对核设施和核武库采取严密的安保措施、部件分散配置等,严防核武器落入恐怖分子之手。③

② 在维护核电站安全方面,核电站周围不仅设有层层安全岗哨,电厂内部也设有应急装备以应对紧急事故的发生。主要负责核电站建设和运营的巴原子能委员会总部设有负责核安全督查的部门。近年来,PAEC 在国际原子能机构和本国专家指导下,不断改进核电站的安全措施,巴核电站经受住了多次自然灾害的考验。2001年,为推动核电站的推广运营与监管功能的完全分离,巴成立了相对独立的核管局(PNRA),该局主管核安全与核辐射防护。

③ 在维护核材料的安全方面,巴基斯坦也达到了较高的专业水平。国际原子能机构报告称,2011年全球与非法核材料走私有关的56起案件中没有一起发生在巴基斯坦。④

六 生态环境

(一) 生态环境概况

巴基斯坦地形多样,海拔高度差距大,拥有丰富的野生动物栖息地和植物群落。

由于巴地处世界六大主要动物地区中古北界和东洋界的交界区,生物多样性较为丰富,特别是印度河三角洲地带的红树林是世界上生物量与生

---

① 杨迅:《核电合作给巴基斯坦带来"及时雨"》,《人民日报》2014年1月3日。
② PAKISTAN: "Punjab Village Fears Threat from Nuclear Waste", 2006, http://www.irinnews.org/report/34307/pakistan-punjab-village-fears-threat-from-nuclear-waste。
③ 夏立平:《巴基斯坦核政策与巴印和战略比较研究》,《当代亚太》2008年第3期。
④ 《巴基斯坦大力发展核电 2030年核电量将扩至8800兆瓦》,http://gb.cri.cn/27824/2012/07/30/2625s3790410.htm。

物多样性最为丰富的湿地之一。巴动物种类多，在北部高山区有很多珍稀动物，鸟类种类多达 100 余种。平原和沿海地区水产资源丰富。

巴基斯坦是个少林国家，但森林在巴基斯坦经济发展中起着重要的作用。巴主要森林类型包括高山灌丛、亚高山林、喜马拉雅干旱温带林、喜马拉雅湿润温带林、亚热带松林、亚热带常绿阔叶林、热带旱生林、热带干旱落叶林、海岸沼泽林（红树林）。[1] 巴是一个大部分国土处于干旱地区的农业国家，森林除了提供木材和薪炭材外，还对流域保护起了重要作用。

（二）生态环境问题

由于人口的不断增长和经济的快速发展，巴基斯坦的生态环境面临着巨大的压力。巴面临的主要生态环境问题如下。

① 不合理地开发利用自然资源对生态环境造成破坏。盲目开垦、滥伐森林、过度放牧等，引起水土流失、牧场退化、土壤沙化和盐碱化及生物多样性丧失。出于商业利益驱动而忽视环境保护的例子屡屡发生：2004 年 5 月，旁遮普政府不顾林业局的强烈反对，开发建设 Murree 新城，此举不仅破坏森林，还使居民面临土地退化、水土流失与山体崩塌的风险；信德省政府决定将卡拉奇红树林地区 130 英亩的土地出售用于房地产开发。[2] 另外，由于自然栖息地的退化和非法偷猎，巴境内 31 种哺乳动物、20 种鸟类和 5 种爬行动物被列为濒危动物。[3]

② 城市化和工业化发展所引起的"三废"污染（废水、废气、废渣）、噪声污染、农药污染等造成严重的环境问题。

（三）治理措施

① 造林。为控制森林资源的减少，巴基斯坦政府鼓励植树造林，参加了联合国"减少发展中国家毁林和森林退化造成的排放"项目（REDD+），取得一定成效。

② 生物多样性保护。巴已建立 10 个国家公园，总面积达 95.42 万公顷；82 个野生动物保护区，总面积为 274.91 万公顷；82 个禁猎区，面积为 353.53 万公顷，然而这些地区并没有得到充分的保护和科学的管理。国家

---

[1] 资料来源于中国国家林业局网站，http://www.forestry.gov.cn/portal/main/map/sjly/sjly62.html。

[2] Parvez Hassan：《巴基斯坦环境规划与管理——一个值得思考的新方法》，摘自江泽慧主编《综合生态系统管理实践——国际案例研究》，中国林业出版社，2006 年。

[3] Muhammad Azeem Khan, Munir Ahmad and Hassnain Shah Hashmi, "Review of Available Knowledge on Land Degradation in Pakistan", OASIS Country Report 3, 2012.

生物多样性保护计划正在制订中，该计划将优先保护所有受威胁的动植物种类。①

七　小结

巴基斯坦环境形势非常严峻。在美国耶鲁大学和哥伦比亚大学发布的《2014 全球环境表现指数》中，巴基斯坦环境状况在所调查的 178 个国家中仅排在第 148 位。② 巴水资源极度匮乏，水污染严重，且与邻国印度存在水权争议；空气污染问题极为严峻；固体废物处置不当，对土壤、空气和水体造成污染；土壤退化和土壤污染问题日益突出；政局动荡、自然灾害频发等因素对核安全造成威胁，核废料的处理也非常棘手；人口的不断增长、经济的快速发展及工业化和城市化进程更是对生态环境和自然资源造成巨大的压力。针对上述环境问题，巴政府虽然采取了一定的治理措施，并积极与国际伙伴开展合作，但由于法律制度的不完善甚至是缺失，政府各部门之间以及中央和地方之间权责不够明确、协调不够充分，缺乏资金，技术和设备、公众环保意识淡薄等种种原因，总体来说环境治理的效果并不理想。

第三节　环境管理

一　环境管理机制

最近二三十年，巴基斯坦环境保护机制不断演变。

成立于 1983 年的巴基斯坦环境保护委员会（PEPC，简称环保委）曾是联邦环境政策的最高决策机构。环保委由巴总理担任委员会主席，委员会成员包括各省政府、相关的联邦部委、非政府组织和私人部门代表。环保委的主要任务是：协调和监督 1997 年《巴基斯坦环境保护法案》（PEPA，简称《环保法》）的执行；在联邦政府环保战略的框架内制定全国性的综合环境政策并推进其实施；制定《国家环境质量标准》（NEQS）；为保护和保存物种、栖息地和生物多样性，以及保存可再生和不可再生资源制定指导方针；协调并整合可持续发展的原则和观点，使其融入发展规划和政策中；

---

① 资料来源于中国国家林业局网站，http://www.forestry.gov.cn/portal/main/map/sjly/sjly62.html。
② Yale University and Columbia University, "2014 Environmental Performance Index: Full Report and Analysis", http://issuu.com/yaleepi/docs/2014_epi_report.

评估国家环境报告并以其为依据做出适当的指导。

同样成立于 1983 年的巴基斯坦环境保护署（Pak-EPA，简称环保署）直接对环保委负责。作为联邦署，它最主要的职责是在全国执行和落实 1997 年《环保法》。具体工作包括：制定和修订《国家环境质量标准》；采取措施推进关于防治污染、保护环境、促进可持续发展的科研和技术发展；倡议环境各领域的立法；为公众提供环境信息并引导公众；制定可能造成污染的事故或灾难防护措施；鼓励非政府组织、社区组织和村庄组织的建立及工作，以防控污染，促进可持续发展。[①]

依据 1997 年《环保法》，巴还成立了省环境保护局，局长由省政府任命。

2002 年，巴基斯坦成立环境部（MoE）。在环境机构的序列上，环境部仅次于环保委。其主要职权包括：制定和实施国家环境政策、计划和安排。但在 2010 年，宪法第 18 修正案获得通过，包括环境部在内的多个部委的职责下放给了各省。2011 年 10 月，环境部被并入自然灾害管理部。随着气候变化问题日益受到政府重视，自然灾害管理部增加了应对气候变化的职能。2012 年 4 月，自然灾害管理部正式更名为气候变化部（MoCC）。2013 年，气候变化部从部（Ministry）改组为直属内阁秘书处的一个专部（Division）。[②]

目前，气候变化专部（CCD）由巴总理谢里夫直接负责。[③] 下设的主要部门有管理司（Administration Wing）、国际合作司（International Cooperation Wing）、发展司（Development Wing）、环境司（Environment Wing）和林业司（Forestry Wing）。其他挂靠在专部的部门有国家灾害管理署（NDMA）、环保署（Pak-EPA）、巴环境规划和建筑顾问有限公司、环保委（PEPC）、动物调查部门（ZSD）。[④]

省级的环保事务主管部门分别为旁遮普省环保厅（Environment Protection Department）、信德省环境与替代能源厅（Environmental & Alternate En-

---

[①] 资料来源于巴基斯坦环保署网站，http://environment.gov.pk/aboutus/Brief-Pak-EPA.pdf。

[②] Ernesto Sánchez-Triana, Santiago Enriquez, Javaid Afzal, Akiko Nakagawa, and Asif Shuja Khan, "Cleaning Pakistan's Air: Policy Options to Address the Cost of Outdoor Air Pollution", The World Bank.

[③] "Federal Government Ministries & Divisions", http://www.pakistan.gov.pk/gop/index.php?q=aHR0cDovLzE5Mi4xNjguNzAuMTM2L2dvcC8uL2ZybURldGFpbHMuYXNweD9vcHQ9bWlzY2xpc3Qmbmlkm0FtcDtpZD0zOA%3D%3D。

[④] 资料来源于巴基斯坦气候变化专部网站，http://www.mocc.gov.pk/gop/index.php?q=aHR0cDovLzE5Mi4xNjguNzAuMTM2L21vY2xjL2RlZmF1bHQuYXNweA%3D%3D。

ergy Department)、开伯尔－普什图省环境厅（Environment Department）；俾路支省环保厅（Environmental Protection Agency）。

除上述部门外，环境治理涉及的其他部委还包括水电部、工业生产部、国家卫生服务管理与协调部、国家粮食安全与研究部等。

二 环境保护政策与措施

（一）环保法律法规

1.《巴基斯坦环境保护条例》（*Pakistan Environmental Protection Ordinance*，1983年）

1983年，巴基斯坦颁布了首个环保方面的法律框架——《巴基斯坦环境保护条例》（以下简称《条例》），成为亚太地区最早进行环保立法的国家之一。该条例的第8条是实质性条文，它规定要对开发项目进行环境影响评价（EIA），这是在环境保护立法上的创新之举。根据相关条文，任何在建设过程中有可能对环境产生不利影响的项目都必须进行环评。环评报告必须在项目规划开始之时报环保署备案，而且需要包含以下内容：该项目对环境的影响；该项目的净化机制；该项目对环境无法消除的损害；项目倡议人为使损害降到最低而采取的措施。然而，尽管环评是启动项目所必需的法定步骤，但巴却从未出台将以上要求落到实处的相关规定，《条例》中唯一的实质性条款也只是有名无实。

2.《巴基斯坦环境保护法》（*Pakistan Environmental Protection Act*，1997年）

1997年生效的《巴基斯坦环境保护法》（以下简称《环保法》）是当前巴基斯坦环境立法的基石。1997年《环保法》沿用了1983年《条例》所创设的制度框架，并对《条例》进行改进和补充。《环保法》规定：环保委是最高环境决策机构，有权制定全国性的环境政策，环保署对其负责；各省设立省级可持续发展基金，为合适的项目提供资金援助；排污量不得超过环保委制定的国家环境质量标准（NEQS）或环保署制定的其他标准；政府有权对违反国家环境质量标准的个人进行罚款；对于申请项目引入了两阶段审核程序，包括初期环境检测（IEE），或者是对可能造成环境损害的项目进行综合性的环境影响评价（EIA）；进口有害废物及对有害物质的处理只能在许可下进行；为了确保机动车达到NEQS，环保署及各省环保局有权要求其安装指定污染控制装置，使用指定燃料，接受指定的维护或检测。

对于违反《环保法》的行为，环保署及各省环保局有权发布环境保护令（EPO）以应对其对环境所造成的实际的及潜在的损害。根据《环保法》，法院拥有对重大环境违法案件的专属管辖权。轻微的环境损害案件，如机动车引起的空气污染、乱丢垃圾、废物处理不当及其他违反规章制度的行为，由地方环境法院审理。

（二）环保政策制度

巴基斯坦于 2005 年通过了《国家环境政策》（NEP）。该政策的附属文件、战略和计划为解决一系列环境问题提供了一个适当的框架。但是，该政策并没有优先列出特定任务，也没有明确有关机构的责任。主要依赖于联邦政府、省政府和地方政府的自愿执行。它也不是一个重要的规划性或发展文件。

巴基斯坦环境政策还包括《国家重新安置政策》（1999 年 12 月）、《国家环境政策》（2005 年 8 月）、《清洁发展机制（CDM）国家行动战略》（2006 年 1 月）、《饮用水政策》（2009 年 9 月）、《国家牧场政策》（2010 年 1 月）、《国家森林政策》（2010 年 5 月）、《国家可持续发展战略》（2012 年 5 月）、《国家卫生政策》（2012 年 8 月）、《国家气候变化政策》（2012 年 9 月）等。[①]

三 小结

巴基斯坦的环保机构经历了不断的改革和演变，目前环境问题的主管机构为直属于内阁秘书处、由总理直接负责的气候变化专部。随着 2010 年宪法第 18 修正案的通过，一部分的环境管理职责从中央移交给了地方。此举虽可带来一些好处，但也有风险。例如，各省之前缺乏协调，对环保标准的定义不同，执行不同步，或是执行能力有差别，会导致全国不同地区出现更为严重的环境退化。实际上，综合生态系统管理远远超出了地方政府的行政范围。

巴基斯坦曾是亚太地区最早进行环保立法的国家之一。然而，虽然 1997 年颁布的《巴基斯坦环境保护法》和 2005 年通过的《国家环境政策》及其附属文件为解决环境问题提供了一定的法律和政策框架，但整个法律体系仍存在不尽完备和空白之处。这些环境法律、政策如何得到有效执行也是个大问题。但在经济发展和环境保护发生矛盾时，国家往往会向前者

[①] 资料来源于气候变化专部网站，http://www.mocc.gov.pk/gop/index.php?q=aHR0cDovLzE5Mi4xNjguNzAuMTM2L21vY2xjL3BvbGljaWVzRGV0YWlscy5hc3B4。

倾斜，这时环评规定就会成为一纸空文。

第四节 环保国际合作

一 双边环保合作

（一）与中国的双边环保合作

1951年5月21日，巴基斯坦和中国正式建交。自此，两国建立了"全天候"友谊，开展了全方位的合作。

1986年10月，中国与巴基斯坦签署的《中华人民共和国和巴基斯坦伊斯兰共和国和平利用核能合作协定》生效，有效期为30年。该协定规定，两国的合作领域包括核安全、辐射防护和环境监测等。在核安全领域，双方保持了密切的合作关系，取得了丰硕的成果。中巴核安全合作指导委员会机制的建立，更是加强了两国核安全监管当局之间的合作与交流，促进了两国核安全事业的发展。截至2014年5月，委员会已举行过7次会议。

1996年12月，中巴两国签署了《中华人民共和国国家环境保护部和巴基斯坦伊斯兰共和国国家环境保护委员会环境保护合作协定》。2008年10月，两国签署了《中华人民共和国环境保护部和巴基斯坦伊斯兰共和国环境部环境保护合作协定》。

（二）与其他国家的双边合作

巴基斯坦进行双边合作的主要对象是陆上邻国和西方国家。

1. 印度

巴印之间环保合作的焦点是印度河水的分配问题。印度河及其他几条支流都是从印度流入巴基斯坦，是巴主要的灌溉水源。1947年印巴分治后，两国在水资源分配上出现争议，后由世界银行介入调停，于1960年达成了《印度河水条约》。根据这一条约，印度河、奇纳布河及杰卢姆河除部分河水供给克什米尔外，全部划归巴基斯坦；而萨特莱杰河、拉维河及比亚斯河则划归印度。该条约签署后很长一段时间双方的矛盾得以化解。但随着印度在该河流支流上兴建大坝，巴担心此举影响下游的灌溉，双方矛盾再起。且水权争议与巴印之间的克什米尔领土争议相互交织，一时间难以解决。2013年3月，巴印印度河水委员会对话再次无果而终，巴方威胁将有关争议提交国际常设仲裁法庭裁决。

（二）阿富汗

阿富汗是巴基斯坦的重要邻国。2010年3月，巴阿签署并发表了《关于阿富汗—巴基斯坦全面合作未来步骤的联合宣言》，表示将在跨国交通、贸易与投资、教育、机构建设、农业与环境、能源和民间交流 7 个方面加强合作。其中，在农业与环境方面，双方表示将联合建立粮食银行，确保粮食安全。双方还将启动农作物替代品的联合研究，并就保护环境和应对气候变化影响展开对话。

（三）日本

日本方面主要通过直属外务省的国际协力机构对巴进行环保援助、人员培训和技术支持。巴日两国环境领域的技术合作项目主要有"建立环境监测系统的技术合作"（Technical Cooperation for Establishment of Environmental Monitoring System）、"固体废物管理能力建设"（Capacity Building for Solid Waste Management）等。[①]

（四）欧盟

欧盟为巴基斯坦提供了大量的资金用于自然资源管理和保护、生物多样性保护、可持续资源管理等方面。《欧盟—巴基斯坦国家合作战略（2007~2013）》更是将农村地区的发展和自然资源管理列为合作重点，尤其强调抑制环境退化和水资源保护。[②]

二 多边环保合作

（一）已加入的国际环保公约

巴基斯坦签署和批准的主要环境保护国际公约如表 8-5 所示。

表 8-5 巴基斯坦已加入的国际环保条约

海洋	《海洋法公约》（Convention on the Law of Seas） 《国际防止船舶造成污染公约 73/78》（International Convention for the Prevention of Pollution from Ships 73/78）
大气与气候	《保护臭氧层维也纳公约》（Vienna Convention on the Protection of the Ozone Layer） 《关于破坏臭氧层物质的蒙特利尔议定书》（Montreal Protocol on Substances that Deplete the Ozone Layer） 《联合国气候变化框架公约》（United Nations Framework Convention on Climate Change） 《京都议定书》（Kyoto Protocol to UNFCCC）

---

① 资料来源于巴基斯坦驻日本大使馆网站，http://pakistanembassyjapan.com/content/brief-history-pakistan-japan-bilateral-relations。

② 资料来源于欧盟委员会网站，"Pakistan-European Community Country Strategy Paper for 2007-2013"，http://eeas.europa.eu/pakistan/csp/07_13_en.pdf。

续表

生物多样性、自然环境	《濒危野生动植物物种国际贸易公约》(Convention on International Trade in Endangered Species) 《拉姆萨湿地公约》(Ramsar Convention on Wetlands) 《迁徙物种公约》(Convention of Migratory Species) 《联合国生物多样性公约》(UN Convention on Biological Diversity) 《联合国防治荒漠化公约》(UN Convention to Combat Desertification) 《生物安全卡塔赫纳议定书》(Cartagena Protocol on Biosafety) 《关于持久性有机污染物的斯德哥尔摩公约》(Stockholm Convention On Persistent Organic Pollutants)
废物处理	《控制危险废料越境转移及其处置的巴塞尔公约》(Basel Convention on the Control of Trans-boundary Movement of Hazardous Wastes and Their Disposal) 《在国际贸易中对某些危险化学品和农药采用事先知情同意程序的鹿特丹公约》(the Rotterdam Convention on the Prior Informed Consent Procedure for Certain Hazardous Chemicals and Pesticides in International Trade)
核辐射	《核安全公约》《Convention on Nuclear Safety》

(二) 与中亚地区的环保合作

自从中亚国家独立以来，巴基斯坦就不断加强与这些国家的关系，以实现巴在中亚的战略安全和能源利益，即平衡印度力量，寻求战略纵深，获取能源，促进经济发展。近年来，巴基斯坦加强了对中亚国家的外交活动，并积极开展有关瓜达尔港口通道的公关工作。巴基斯坦和中亚五国均为中亚西亚经济合作组织（ECO）的成员，该组织框架内多边合作包括环保领域，但双方环保合作的实质内容不多。

(三) 与上合组织的环保合作

2005年，巴基斯坦正式成为上合组织观察员国。此后，巴总统、总理多次参加组织相关活动，也曾多次表示出成为正式成员国的意愿。巴对上合组织多边合作的主要诉求是安全和经济，尤其将成为正式成员国看作是通过多边体系巩固自身安全的重要策略。当前，巴对上合组织多边环保合作的参与有限。

(四) 与国际组织的环保合作

1. 经济合作组织（又称中亚西亚经济合作组织，ECO）

ECO成立于1985年，有10个成员国：巴基斯坦、阿富汗、阿塞拜疆、伊朗、土耳其、哈萨克斯坦、塔吉克斯坦、乌兹别克斯坦、土库曼斯坦和吉尔吉斯斯坦。ECO的主要任务是促进区域经济一体化。

生态环境保护是ECO国家合作的内容之一。ECO设有能源、矿产和环境理事会，并于2011年在伊朗城市卡拉季开设了环境科学与技术研究院

(ECO—IEST)，该院为 ECO 地区环境问题提供智力支持。① 最近一次环境部长会议于 2014 年 6 月在肯尼亚首都内罗毕召开，主要讨论了环境合作行动计划的实施办法、全球变暖等问题。② ECO 曾制订《环境合作行动计划（2003～2007）》。

2. 南亚合作环境项目（SACEP）

SACEP 成立于 1982 年，是南亚地区环境合作的政府间组织，意在改善南亚地区环境状况。现有巴基斯坦、阿富汗、不丹、孟加拉国、印度、马尔代夫、斯里兰卡和尼泊尔 8 个成员国，下设南亚环境和自然资源中心（SENRIC）、南亚的珊瑚礁工作组（SACRTF）、南亚海洋计划、南亚生物多样性信息交换机制等。该组织与联合国环境规划署合作开展了清洁水资源、土地、森林、生物多样性、海洋和海岸管理等项目。

3. 南亚区域合作联盟（SAARC）

南亚区域合作联盟成立于 1985 年，正式成员国有 8 个：巴基斯坦、孟加拉国、不丹、印度、马尔代夫、尼泊尔、斯里兰卡、阿富汗。观察员国包括中、美、日、欧盟等 9 个国家和地区。南盟的主要任务是加速经济发展，提高和改善本地区人民的生活福利，推动成员国之间的协作。环境合作是其主要合作领域之一。

1992 年，南盟成立了环境技术委员会，其主要职能是：审议地区研究提出的建议；确定行动的措施；决定具体的执行方式。2004 年前后，该委员会更名为环境和森林技术委员会。由于南亚地区自然灾害多发，南盟还建立了自然灾害快速反应机制（the SAARC Natural Disaster Rapid Response Mechanism）。

1992 年以来，南盟举行过多次环境部长例行会议，还曾在 2005 年 7 月和 2008 年 7 月分别就印度洋海啸和气候变化问题举行了特别会议。南盟国家在一系列环境和气候变化相关国际会议上采取了共同的立场。2009 年 10 月，第八次南盟环境部长会议通过了环境合作《德里宣言》，该宣言不仅指出了许多亟待解决的问题，还重申要在环境和气候变化领域加强区域合作。在 2009 年举行的《联合国气候变化框架公约》第 15 次缔约方会议上，南盟主席国斯里兰卡阐述了南盟国家在气候变化问题上的共同立场。在 2010

---

① 资料来源于经济合作组织网站，http://eco-iest.org/。
② 资料来源于伊朗伊斯兰通讯社，"Iran presides over ECO environment ministers meeting"，http://www.irna.ir/en/News/2719493/Social/Iran_presides_over_ECO_environment_ministers_meeting。

年第 16 次缔约方会议上,主席国不丹再次阐述南盟共同立场。

南盟在环境合作方面通过的重要文件和宣言有:《南盟环境行动计划》(SAARC Environment Action Plan, 1997)、《达卡宣言和南盟气候变化行动计划》(The Dhaka Declaration and SAARC Action Plan on Climate Change, 2008)、《2006~2015年灾害管理综合框架》(The Comprehensive Framework on Disaster Management, 2006~2015)。2010年4月召开的南盟第16届峰会以气候变化问题为主题,元首们通过了《气候变化廷布宣言》(The Thimphu Statement on Climate Change)。在这次峰会期间的外交部部长会议上,外交部部长们通过了《南盟气候合作公约》(SAARC Convention on Cooperation on Environment)。

南盟还与南亚环境合作项目、联合国国际减灾战略、联合国环境规划署等建立了合作关系。[①]

4. 联合国开发计划署(UNDP)

近年来,联合国开发计划署在巴基斯坦与环境相关的活动主要集中在对气候变化的适应和监测、对自然资源进行可持续管理、保护生态系统等方面。正是在联合国开发计划署的帮助下,巴制定了《固体废物管理指导原则(草案)》,制定并开始实施《国家气候变化政策》。当前,联合国开发计划署在巴主要的环境和气候变化项目有:降低冰湖溃决洪水的风险和脆弱性(Reducing Risks & Vulnerabilities from Glacial Lake Outburst Floods)、防治荒漠化的可持续土地管理(Sustainable Land Management to Combat Desertification)、扫除能效标准和标识之障碍(Barrier Removal to Energy Efficiency Standards and Labeling)、山地与市场(Mountains and Markets)、推进可持续交通(Promoting Sustainable Transport)等。[②]

三 小结

为解决本国环境问题,促进环保事业发展,巴基斯坦积极参与双边和多边国际环保合作。在双边层面,巴主要的合作对象是周边邻国和西方国家。其中,核安全是巴中合作的重点。水资源领域是印巴主要的合作领域,同时也是双方矛盾点之一。巴与日、欧等的合作重点在于环境监测、自然资源管理等领域。在多边层面,巴已签署和批准了多个国际环保协定和公

[①] 资料来源于南亚区域合作联盟网站,http://www.saarc-sec.org/areaofcooperation/cat-detail.php?cat_id=54。

[②] 资料来源于联合国开发计划署网站,http://www.pk.undp.org/content/pakistan/en/home/operations/projects/environment_and_energy.html。

约，涉及海洋、大气、生物多样性、防治荒漠化、废物管理等领域。巴也积极参加南亚、中亚、西亚地区及联合国框架内的多边环保合作。尤其是在气候变化问题上，巴与其他南盟成员国达成了共同立场。

中国和巴基斯坦同为人口基数大的发展中国家，都经历着快速的工业化和城镇化进程，面临着同样的经济发展任务和类似的环境问题。

- 节能、清洁能源、替代能源、可持续农业、环境监测、城市可持续规划、垃圾资源化利用、水资源综合管理、环保能力建设等是双方应进行交流、合作与共建的重点领域。
- 我国在有技术优势的领域，可对其进行环保技术支持或是环保技术共享，通过示范项目的方式，将较为先进的环境技术、设备和方法引入巴基斯坦，迅速提升其相关技术水平。
- 双方环保部门、研究机构可通过联合研究、召开国际会议、共同实施培训计划等方式进行经验交流和人员交流。

参考文献及资料来源

[1] 杨翠柏、刘成琼：《巴基斯坦》，社会科学文献出版社，2005。

[2] 商务部：《对外投资合作国别（地区）指南：巴基斯坦》，2014年。

[3] Parvez Hassan：《巴基斯坦环境规划与管理——一个值得思考的新方法》，引自江泽慧主编《综合生态系统管理实践——国际案例研究》，中国林业出版社，2006。

[4] 杨迅：《核电合作给巴基斯坦带来"及时雨"》，《人民日报》2014年1月3日。

[5] "Islamic Republic of Pakistan: Country Environment Analysis", http://www.adb.org, 2008.

[6] CIA, *World Fact Book: Pakistan*, http://www.cia.gov.

[7] Safdar Abbas, "Pollution in Pakistan and its Solutions", http://www.agribusiness.com.pk/pollution-in-pakistan-and-its-solutions/, 2013.

[8] Sajid Mehmood Raja, "Country Paper on Auditing on Water (CDWA & CDWI) in Pakistan", 2013.

[9] "Ambient (outdoor) Air Pollution in Cities Database 2014", http://www.who.int/phe/health_topics/outdoorair/databases/cities/en/.

[10] Ernesto Sánchez-Triana, Santiago Enriquez, Javaid Afzal, Akiko Nakagawa, and Asif Shuja Khan, "Cleaning Pakistan's Air: Policy Options to Address the Cost of Outdoor Air Pollution", The World Bank.

[11] "Pakistan Clean Air Programme (PCAP)", http://www.environment.gov.pk/NEP/PCAPFinal.pdf.

[12] "Islamic Republic of Pakistan: Country Environment Analysis", http://www.adb.org/documents/country-environmental-analysis-pakistan, 2008.

[13] Muhammad Abdul Rahman, "Revisiting Solid Waste Management (SWM): A Case Study of Pakistan", *International Journal of Scientific Footprints* (1) 2013.

[14] "Guidelines for Solid Waster Management", http://environment.gov.pk/EA-GLines/SWMGLinesDraft.pdf.

[15] Safdar Abbas, "Pollution in Pakistan and Its Solutions", http://www.agribusiness.com.pk/pollution-in-pakistan-and-its-solutions/.

[16] Muhammad Azeem Khan, Munir Ahmad and Hassnain Shah Hashmi, "Review of Available Knowledge on Land Degradation in Pakistan", OASIS Country Report 3, 2012.

[17] Zia-ul-Hassan Shah and Muhammad Arshad, "Land Degradation in Pakistan: A Serious Threat to Environments and Economic Sustainability", http://www.eco-web.com/edi/060715.html, 2006.

[18] "Sustainable Land Management to Combat Desertification", http://www.pk.undp.org/content/pakistan/en/home/operations/projects/environment_and_energy/montreal-protocol—institutional-strengthening-project/.

[19] Yale University and Columbia University, "2014 Environmental Performance Index: Full Report and Analysis", http://issuu.com/yaleepi/docs/2014_epi_report.

[20] "Iran Presides over ECO Environment Ministers Meeting", http://www.irna.ir/en/News/2719493/Social/Iran_presides_over_ECO_environment_ministers_meeting, 26/06/2014.

[21] 中国外交部网站：http://www.fmprc.gov.cn/。

[22] 中国商务部网站：http://www.mofcom.gov.cn/。

[23] 中国国家林业局网站：http://www.forestry.gov.cn/。

[24] 美国中央情报局网站：http://www.cia.gov。

[25] 巴基斯坦联邦政府网站：http://www.mofcom.gov.cn/。

[26] 巴基斯坦气候变化专部网站：http://www.mocc.gov.pk/。

[27] 巴基斯坦环境保护署网站：http://www.environment.gov.pk/。

[28] 巴基斯坦驻日本大使馆网站：http://pakistanembassyjapan.com/。

[29] 联合国开发计划署网站：http://www.pk.undp.org/。

[30] 联合国环境规划署网站：http://www.unep.org/。

[31] 世界卫生组织网站：http://www.who.int/。

[32] 亚洲开发银行网站：http://www.adb.org/。

[33] 世界银行网站：http://www.worldbank.org/。

[34] 欧盟委员会网站：http://eeas.europa.eu/。

[35] 经济合作组织网站：http://eco-iest.org/。

[36] 南亚区域合作联盟网站：http://www.saarc-sec.org/。

[37] 南亚合作环境项目网站：http://www.sacep.org/。

第九章
阿富汗环境概况

第一节 国家概况

一 自然地理

(一) 地理位置

阿富汗是亚洲西部的内陆国,位于北纬29°35′和38°40′之间、东经60°31′和75°00′之间。从地理方位看,阿富汗恰好介于西亚、南亚、东亚、中亚4个地理区之间,处于连接中东和远东的具有重要意义的内陆通道上,既是周边大国的利益交汇处和竞逐场所,又是横亘在大国之间的缓冲地带(见图9-1)。

阿富汗全国总面积65.23万平方公里,世界排名第41位(排名在缅甸之后),略小于中国面积排名第4位的青海省(72.23万平方公里),大于排名第5位的四川省(48.14万平方公里)。

图9-1 阿富汗地理位置

阿富汗西北与土库曼斯坦接壤（边境线744公里），北部与乌兹别克斯坦接壤（137公里），东北部与塔吉克斯坦接壤（1206公里），另有狭长的瓦罕走廊与中国接壤（96公里），东部与巴基斯坦接壤（2412公里），南部与伊朗东部接壤（925公里）。

（二）地形地貌

阿富汗的地形分为北部平原（海拔600米以下）、西南高原（平均海拔1000米）和兴都库什山脉所在的中央高地（海拔2700~4600米，部分在5200米以上），以高原和山地为主，占全国总面积的4/5。

全国平均海拔1000米（海拔范围为470~6000米），海拔600米以上的山地占国土面积的90%以上，夏季雪线在海拔3000~4600米，冬季雪线通常在海拔1800米以上。境内最高点为挪沙克山，海拔7485米。平原主要分布在北部和西南部，西南部有沙漠。

兴都库什山脉被称作"国家的脊梁"，从东北到西南横贯国土，将整个阿富汗分割为两部分。平原位于山脉两侧。境内两大河流（赫尔曼德河和喀布尔河）都发源于兴都库什山，河流两岸的土壤肥沃。

（三）气候

阿富汗属大陆性气候，夏季炎热、冬季寒冷，具有"寒暑变化剧烈、昼夜温差大、降水少、风沙大"四大特点。夏季7月全国平均气温24℃，盆地部分地区可能高达43℃，沙漠地区更高。冬季1月全国平均气温低于0℃，有寒流时可能降到-26℃。兴都库什山脉东部海拔2500~4000米地区7月平均气温只有10℃，无霜期100天左右，海拔4000米以上地区无霜期大约只有50天，海拔4500米以上基本属于冰川和积雪地带。另外，受地形影响，阿富汗气候随海拔垂直变化较明显。高山上有冰川和终年积雪，中部有山地森林，山脚下是盆地河谷。阿富汗的气候类型分布、日均气温及气温分布分别如表9-1、表9-2、表9-3所示。

因远离海洋，境内大部分地区都干燥少雨。降水较集中在冬春两季，尤其是冬季降雪（见表9-4）。全国年均降水量约为350毫米。水汽主要来自印度洋，降水总体上由东南向西北递减。兴都库什山脉东南地区受印度洋暖湿气流影响，降水较丰富，最多可达1300毫米。兴都库什山脉西北部属印度洋季风的背风坡，气候较干旱，年均降水量大约70毫米。

另外，受印度洋热低压影响，北方冷空气得以南下，被兴都库什山脉阻挡后，顺着山脉西侧南下，造成阿富汗西部（兴都库什山脉西侧）几乎每年5~9月都会刮起一股干燥的北风（当地人称之为"阿富汗热风"），有时还夹带着中亚地区的卡拉库姆沙漠的沙尘。

表 9-1 阿富汗气候类型分布

地区	气候类型
北部	大陆性沙漠干燥气候
南部	亚热带沙漠气候
西北部	大陆性半干旱气候
中部低地和东南部	半干旱地中海气候
中部东北地区	从大陆性半干旱向多雨的海洋气候过渡
喀布尔谷地	干旱草原气候
高山地区、中部和东北部	高山气候

表 9-2 阿富汗日均气温

项目	1月	2月	3月	4月	5月	6月	7月	8月	9月	10月	11月	12月
日均最高气温（℃）	5	6	13	19	24	30	32	32	29	22	15	8
日均最低气温（℃）	-7	-6	1	6	9	12	15	14	9	4	-1	-5

表 9-3 阿富汗气温分布

观测点（海拔）	1月最高气温（℃）	1月最低气温（℃）	7月最高气温（℃）	7月最低气温（℃）	年均降水量（毫米）
费萨拉巴德（1200m）	6.7	-4.7	33.4	16.0	321
昆都士（433m）	7.3	-2.4	33.7	23.1	349
马扎里沙里夫（348m）	9.1	-2.0	33.6	23.3	190
拉勒（2800m）	-3.4	-21.4	23.2	4.2	282
喀布尔（1791m）	3.3	-7.4	32.2	14.0	276
加兹尼（2183m）	1.6	-10.7	30.3	13.9	292
法拉（660m）	13.9	0.2	42.3	24.3	77
坎大哈（1010m）	13.2	0.1	40.4	22.7	132
赫拉特（964m）	10.4	-2.9	36.4	21.2	241
霍斯特（1164m）	13.4	-1.1	33.9	21.2	442
贾拉拉巴德（580m）	16.0	2.6	39.3	27.1	164

表9-4 阿富汗降水量分布

地区	降水（毫米）	干旱月份	结霜月份
巴达赫尚地区（不包括瓦罕走廊）	300~800	2~6	1~9
中部和北部山区	200~800	2~9	0~8
东部和南部山区	100~700	2~9	0~10
瓦罕走廊和帕米尔地区	<100~500	2~5	5~12
土耳其斯坦平原	<100~400	5~8	0~2
西部和西南地区低地	<100~300	6~12	0~3

资料来源：联合国粮农组织统计数据库，http://faostat.fao.org。

二 自然资源

（一）矿产资源

从大地构造上看，阿富汗位于欧亚大陆与冈瓦纳大陆交接部位"特提斯—喜马拉雅"成矿带转折段。该成矿带经历新老特提斯洋的扩张沉积和闭合隆起，两次大规模的板块俯冲碰撞，区域地质构造由陆内环境转向汇聚造山环境，形成以中、新生代构造演化为主的褶皱造山带。复杂的地质构造演化和多样化的地质构造环境，形成包括沉积岩型、矽卡岩型、斑岩型和脉岩型等在内的多种成矿条件。阿富汗矿产资源以金属矿为主，主要有铜、铁、锂、金、钴、铌、钼、稀土等，非金属矿主要有天青石等，能源矿产主要有石油和天然气等。

铜矿。从阿富汗的喀布尔省延伸到洛加尔省的铜矿带，是现已探明的世界级巨型铜矿之一。苏联勘探后认为，其品位在0.6%以上的铜矿石储量估计在10亿吨以上。规模最大的铜矿床是沉积层控型的"安纳克"（Aynak）铜矿，位于喀布尔断块内，距喀布尔市南30公里，系角闪岩相变质的砂岩，矿床赋存于洛伊赫瓦尔（Loy Khwar）白云质大理岩和石英—黑云母—白云质片岩中，矿化受赋矿层沉积变质岩控制，浸染状矿化，主要矿石矿物为斑铜矿和黄铜矿。矿床由3个独立区段（中央区、西区和南区）构成。中央区与西区的矿体长度均超过2000米，矿层厚度为：中央区段，60~200米；西区段，4~94米。工业矿体的赋存深度约600米。深度10~20米至80~100米的含矿层上部为碱性氧化型矿石，中央区段的氧化矿铜品位为0.71%~2.85%，平均品位为1.2%。在70~100米深处，矿石的氧化程度为70%，在南区段不存在氧化现象。原生硫化矿占矿床铜储量的绝大部分。矿石中的主要伴生元素包括锌、钴、镍、金、银。氧化矿中铜平均品位为

1.2%，原生矿中铜平均品位为2.5%。据评估，矿床资源量高达4.83亿吨，美国地质调查局估算矿石储量为7.05亿吨，金属平均品位为1.56%。

铁矿。据评估，资源量为20多亿吨。其中，位于巴米扬省的哈吉加克地区（HajjiGak）的沉积型铁矿总储量达到近21亿吨，品位为63%~69%，由赤铁矿和磁铁矿组成。整个矿体延伸达3公里，适合露采。但矿区大部分处于4000米的高海拔地区，交通不便，开发难度高。另外，阿富汗的火成型铁矿资源量约18亿吨，品位为47%~68%，常伴生有硫、磷、镍、锰等矿产。

锂矿。据测算，阿富汗的锂矿资源储量与目前世界上锂矿资源最丰富的国家玻利维亚相当，主要集中在楠格哈尔省。其中，楠格哈尔省的帕斯胡斯塔（Pasghushta）地区的锂、钽、铌、锡矿以及位于乌鲁兹甘省的塔浩洛尔（Taghawlor）地区的锂、锡矿均拥有上亿吨储量。查玛纳克（Jamanak）锂矿拥有近3000万吨储量。这些资源均未进行任何开发。

锡矿。阿富汗已探明的锡呈矿现象有20多个，主要属于矽卡岩矿床，渐新纪和下白垩纪陆源碳酸盐沉积的花岗岩类接触区。位于赫拉特省的米斯卡洛矿床处于破碎矿化区，且破碎区长2500米，宽50~300米。石榴石-透辉石碎矿中含有磁铁矿、浸染性黄铁矿与黄铜矿。矿石中有价组分含量：锡0.01%~0.2%，铜约0.1%，铅约0.5%，锌0.09%。位于法拉省的图尔玛林矿床在石英—电气石矿脉与角砾状区域含锡多金属矿类型的锡矿体，长约3500米。

铬矿。阿富汗的铬矿石平均含量为42%，总储量近万吨。巴达赫尚省、古尔省和帕尔旺省拥有成规模的铬矿矿床，其他省份也相继有所发现，且都达到可工业开采的储量。

铍矿。储量集中在古尔省的库什卡克（Kushkak）铍矿、帕尔旺省的北法任加（North Farenjal）铍矿、拉格曼省的尼洛（Nilaw）铍矿，但均未进行开发。

金矿。阿富汗拥有多处金矿，最为著名的是塔哈尔省北部努拉普地区的萨姆提金矿（Samty），矿长约8000米，宽约1500米，矿砂总量约7000万立方米，含金量为200~400克/立方米。该矿已开采多年，接近枯竭。另外两个矿山分别位于加兹尼省的扎尔卡善和巴达赫尚省的亚夫塔勒地区，矿床长350米，厚度超过12米，矿石含金量为1~85克/吨。另外，在喀布尔以南85公里处也已探明多座金矿，在巴格兰省凯尔盖津地区与巴达赫尚省行政中心法扎巴德市等地也发现有多处含金矿体。

铀矿。阿富汗的铀矿集中位于赫尔曼德省的北哈尼森（Northern Khannesshin），属铀、钍、稀土共生矿，尚未开发。

稀土金属。据美国地质勘探局报道，在阿富汗南部赫尔曼德省汗奈欣死火山下发现稀土矿,储量约100万吨,矿区面积约0.74平方公里,总价值830亿美元。汗奈欣稀土矿蕴藏丰富的镧、铈和钕等轻稀土元素,储量可匹敌美国加利福尼亚的帕斯山或中国内蒙古的白云鄂博等世界级稀土矿区。

宝玉石。阿富汗是世界宝玉石赋存量和产量较丰富的国家之一,宝石类矿产有红宝石、尖晶石、祖母绿、海蓝宝石等。玉石类矿床主要是青金石,资源量和产量居世界之首。紫锂辉石矿床宝石级的矿石比例较高,产量较大。红宝石主要产于喀布尔省的贾格达莱克红宝石矿床,祖母绿集中分布在帕尔万省和卡皮萨省,此外还包括达克汉岩祖母绿矿床、楠格哈尔省巴代尔祖母绿矿点。

石油与天然气。据美国地质调查局和阿富汗地质调查局2006年的联合评估,阿富汗总计拥有大约34亿桶原油储量(其中北部地区约16亿桶)和16万亿立方英尺天然气储量、5亿桶天然气凝析油。大部分石油分布在塔吉克盆地,而大部分天然气位于阿姆河盆地,面积达51.5万平方公里。最大的气田是朱兹詹省希尔比甘市(Sheberghan)气田,储量达到670亿立方米。该气田在20世纪80年代中期因为战乱被迫停止生产并被封存,目前在国际援助下生产已得到一定程度的恢复。

矿山部是阿富汗的政府组成部门,管理矿产资源的勘探、开拓、开采和加工,同时负责保护资源所有权,并且按照国家新的法律管理矿产品(矿物和碳氢化合物)的运输和销售。下设政策和促进局(负责制定相关政策,投资促进,并提供相关法律服务)、法规执行局(负责矿山登记、矿山督察和小型矿山开采作业,协调与各省份的关系)、国有企业局(管理国有矿业企业)、投资促进处和重大项目办公室(负责管理外商投资、项目、基础及其他设施建设协调等,目前设有艾纳克铜矿项目办公室、北部油气项目办公室、哈吉加克铁矿项目办公室)、地质调查局(负责搜集整理地质和矿产勘察及相关资料,管理国家地质科学信息)。[①]

自然资源开采对于阿富汗未来的经济发展具有重大意义,是推动经济增长、增加财政收入、扩大就业、实现经济自立的重要力量。因此,阿富汗政府将能矿开发确定为重点发展方向。世界银行估计,若阿富汗安全形势好转,几个大型矿产项目顺利上马,阿富汗经济增长率或将升至5%。[②]但另一方面,对于饱受冲突与战乱之苦的国家而言,自然资源开发也往往

---

① 郭彤荔:《阿富汗矿产资源及管理概况》,《中国国土资源经济》2013年第2期,第30~32页。
② 《阿富汗动态》,http://af.china-embassy.org/chn/。

导致动荡和腐败。为避免"资源诅咒",必须建立起一个强有力的法律和监管框架。新的矿业法草案饱受争议,在 2013 年仍未获得议会通过。批评者认为,新法草案存在诸多缺陷,与旧法相比甚至还有所倒退。例如,新法草案的具体规定不够明确,无助于提高招标透明度,还将勘探和开采活动分离,抑制了投资者的积极性。因此,反对者称,新草案如获总统批准,将对采矿业乃至整个国家的发展产生深远的消极影响,不仅无法保障采矿收入造福人民,甚至可能导致采矿业成为非法武装的"财源"。表 9-5 是目前阿富汗矿产资源勘查开发方面的重要法规。

表 9-5 阿富汗矿产资源勘查开发重要法规一览

法规名称	发布/修订时间
《矿产法》和《采矿条例》	2005 年发布（2010 年出英文）
《阿富汗私营投资法》	2005 年 12 月修订
《碳氢化合物法》	2009 年发布
《土地征用法》	2005 年修订
《税法》	1965 年发布,2005 年 2 月修订
《劳动法》	2006 年修订
《环境法》	2005 年 12 月发布
《股份公司和有限责任公司法》	1999 年发布

（二）土地资源

阿富汗国土总面积为 6522 万公顷,其中,可耕地面积约占总面积的 12%（约 780 万公顷）,牧场和草地约占 46%,实际利用面积约 620 万公顷),山地的占 39%,森林约占 2%。受人口增加影响,人均耕地面积逐年减少,2011 年为 0.27 公顷（见表 9-6）。

阿富汗的农业区主要分布在河流沿岸,如北部塔吉克边界的阿姆河流域（Amu Darya）、南部坎大哈一带的赫尔曼德河流域（Helmand）、东部的喀布尔河流域（Kabul）等。全国农业灌溉面积约 320 万公顷,其中约一半的耕地因灌溉困难而不能连年耕种。

表 9-6 阿富汗耕地统计

单位:万公顷

项目	1996 年	2001 年	2006 年	2011 年
国土总面积	6522	6522	6522	6522

续表

项目	1996 年	2001 年	2006 年	2011 年
可耕地	765	768	779	779
永久耕地	11	7	12	12
人均耕地面积	0.42	0.36	0.31	0.27
农业劳动力人均耕地面积	2.09	1.87	1.61	1.42

资料来源：联合国粮农组织统计数据库，http://faostat.fao.org。

(三) 生物资源

阿富汗主要是干旱或半干旱气候，海拔越低降水量越少，东部受印度季风的影响，降水量相对较多。多年以来，干旱少雨、荒漠化、基础设施破坏、现代化战争、极度贫困，加上缺乏有效的法律管制等诸多因素，使阿富汗当地的植被及动物的生存环境遭到严重破坏。

阿富汗动物种类较丰富，其中较著名的有阿富汗猎犬、雪豹和阿富汗狐等。阿富汗猎犬又名喀布尔犬，是英国皇室猎犬，属古老犬种，原产中东地区，后来沿着通商路线传到阿富汗，用来狩猎瞪羚、狼、雪豹等动物。雪豹属联合国濒危野生动植物保护品种，主要分布在阿富汗的东北部、中部地区，表层毛长而厚软，底毛似羊毛般密实，体色呈银灰黄色，腹底部是雪白的毛，身上的斑纹夏季颜色较浓，冬季变浅。阿富汗狐是一种生活在亚洲西部的狐狸，栖息在阿富汗、埃及、突厥斯坦、伊朗东北部、巴基斯坦西南部、巴勒斯坦及以色列的半干旱地区、干草原及山区，属杂食性动物，喜欢吃果实，如葡萄、甜瓜及虾夷葱。

森林在阿富汗国土面积中所占比例很低，加上战争期间很难对天然林及人工林进行管理和保护，以及无计划利用和非法采伐猖獗，使本来就不多的森林不断减少。根据阿富汗森林局公布的数据，其森林面积在20世纪70年代为197.8万平方公里，约占国土面积的3%，1990年为130.9万平方公里，占1.6%，2005年为86.7万平方公里，仅占1.3%。森林资源主要用于作燃料和建材，当地经济主要靠生产、销售和出口坚果支撑。在流域上游，森林发挥着涵养水源、防止土壤流失和泥石流发生等重要作用，是维系多种动植物生存的重要生态系统。

阿富汗的常见森林类型为阿月浑子林、天然郁闭林、天然疏林、荒废林和灌木林4类。其中，阿月浑子林在部分地区与扁桃混生，主要分布在北部及西北部海拔600~1600米地带；天然郁闭林和天然疏林是阔叶树和针叶树混交的工业林，主要位于东部和南部地区；荒废林和灌木林生长在北部和南部沙丘地带以及喀布盆地。在农地和住家周围、村落内种植较多的是杨树、柳树、果树等。这些树木在起到防风和绿荫作用的同时，还作为薪柴、建材和农具材料等被利用。果实除家庭消费外，还可销售以换取现金和粮食。这些森林以外的树木对当地的环境和经济做出了很大贡献。

阿富汗是世界罂粟种植面积最大的国家，2012年为15.4万公顷，2013年达到20.9万公顷（当年全球非法鸦片种植面积为29.6720万公顷）。全国34个省份中有17个在大规模种植大麻，年产量约1500~3500吨。2012年，阿富汗大麻种植总面积为4000公顷（此数字只包括商业和单一作物大麻种植），产量1400吨。2012年，农民从大麻树脂中所得收入为每公顷6400美元，高于每公顷4600美元的鸦片收入。

（四）水资源

阿富汗是一个干旱和半干旱高原内陆国家，大部分地区年均降水量不足300毫米。虽然按降水统计，境内年均水资源总量达到650亿立方米，但实际上大部分水资源经由国际河流流到境外，境内水资源非常短缺。由于降水多集中在冬春季，水利灌溉成为农业生产的先决条件，山区河流往往是发电的主要动力来源。水利灌溉和水力发电在阿富汗国家经济中占有重要地位。

据联合国粮农组织数据，2011年，阿富汗全国水资源总量共计471亿立方米，人均水资源量为1620立方米。据统计，阿富汗2002年水资源消耗量约203亿立方米，其中农业用水量最大，约占98.6%，居民生活用水量次之，约占0.7%，工业用水量约占0.6%（见表9-7）。近年来，随着人口增长和工业逐渐恢复发展，用水量有所增加。

阿富汗灌溉面积约320万公顷。通常，农业用水的80%来自地表水（主要是河水），10%来自现代大型灌溉系统，10%来自泉水和井水。由于长年战乱、灌溉设施缺乏维护和旱涝灾害，阿富汗农业基础设施遭到破坏。缺乏稳定及时的灌溉成为制约阿富汗农业发展的最大障碍。

阿富汗境内河流较多，最主要的有三条：阿姆河、赫尔曼德河、喀布尔河。阿姆河是阿富汗同塔吉克斯坦、乌兹别克斯坦的界河，发源于帕米尔，向西与帕米尔河汇合后称喷赤河，再向西与瓦赫什河汇合后称阿姆河，流入咸海。阿姆河灌溉着阿富汗东北部昆都士、马扎里沙里夫、赫拉特一带的土地。

赫尔曼德河是一条内陆国际河流，发源于阿富汗首都喀布尔市以西约40公里处的塞尔塞勒库巴巴山，由东、向西南方向流动，在查哈布贾克附近转向北,到米拉巴德以北流入伊朗境内,注入萨巴里湖(Saberi)。赫尔曼德河全长1100公里,在阿富汗境内约1050公里,在伊朗境内约60公里,是阿富汗最长的河流,水量和水能资源丰富,灌溉着阿富汗坎大哈一带的南部土地。流域面积38.6万平方公里,其中30万平方公里在阿富汗境内,年径流量约120亿立方米。

喀布尔河是阿富汗和巴基斯坦间的交通要道之一,发源于喀布尔以西约70公里的桑格拉赫山脉(Sanglakh),向东流经喀布尔、贾拉拉巴德(Jalalabad),在开伯尔山口向北流入巴基斯坦,流经白沙瓦,在伊斯兰堡附近汇入印度河。全长700公里,其中560公里在阿富汗境内。喀布尔河灌溉着阿富汗东部地区。河流上游河段落差大,且多急流和险滩,水力丰富,中下游可通平底木船和木筏。

由于阿富汗几乎所有河流下游均流出国外,阿与邻国在跨界河流的用水问题上难免产生争端:一是赫尔曼德河争端。赫尔曼德河流经全国约1/3的土地,流经地区是阿富汗的重要农业产区,对阿西南部地区的发展和生态具有重要作用。与此同时,赫尔曼德河的下游流入伊朗,对伊朗东南部(尤其是沙漠地区)也起着相当重要的作用。从20世纪60年代开始,阿富汗在美国的援助下,在该河上建设卡加克水坝(Kajaki)等水利工程,引起了伊朗的疑虑。1974年,阿富汗承诺向伊朗流入22立方米/秒的水量,伊朗为此修建了总储量为7亿立方米的查尼门水库(Chanimen)以解决生活用水。随着下游用水增多,伊朗计划将水库库容扩大到10亿立方米,遭阿政府拒绝。二是喀布尔河争端。阿富汗在喀布尔河及其支流建有4个堤坝,用于灌溉、发电和养鱼,每年流入下游巴基斯坦的水量约12亿立方米,灌溉巴基斯坦数万公顷土地。巴基斯坦担心阿富汗在上游继续新建水利工程,致使流入巴的水量减少。三是阿姆河争端。阿姆河灌溉着阿富汗、塔吉克斯坦、土库曼斯坦、乌兹别克斯坦四国,并为这些国家提供水力发电。由于各国对阿姆河水的过度开发利用,该河在流入咸海前已接近枯竭。阿富汗的主要水电站及水利灌溉工程如表9-8、9-9所示。

表9-7 阿富汗水资源统计

项目	1996年	2001年	2006年	2011年
水资源总量(亿立方米)	471	471	471	471
人均水资源量(立方米)	2560	2210	1840	1620
灌溉面积(万公顷)	319.9	320.0	320.8	320.8

续表

水资源消费（亿立方米）	1992 年	1997 年	2002 年	2007 年
农业用水	—	—	200.0	—
居民用水	—	—	1.5	2.0
工业用水	—	—	1.3	1.7
水资源消费总计	—	—	202.8	—

资料来源：AquaSTAT, FAO of the UN, http://www.fao.org/nr/water/aquastat/main/index.stm. AquaSTAT, FAO of the UN, http://www.fao.org/nr/water/aquastat/main/index.stm.

表9-8 2002年阿富汗的主要水电站

水电站	装机容量（兆瓦）	发电量（万千瓦时）
Naghlu	100	21120
Mahipar	66	0
Sorobe	22	14644
Pule-Khumre	—	2889
Kajaki	150	11654
Nengrabar	—	4992
Charekar	24	063
Jabul Sarag	25	169
Ghorband	3	021
Kunarha	—	049

资料来源：商务部驻阿富汗经商处网站。

表9-9 2002年阿富汗主要水利灌溉工程

水利灌溉工程	所在省份	灌溉面积（公顷）
Helmand & Arghandab	Helmand	103000
Sardeh	Ghazni	15000
Parwan	Parwan	24800
Nangarhar	Nangarhar	39000
Sang Mehr	Badakhshan	3000
Kunduz-Khanabad	Kunduz	30000
Shahrawan	Takhar	40000
Gawargan	Kunduz	1400
Kilagal	Baghlan	2000
Nahr-e-Shahee	Balkh	50000

续表

水利灌溉工程	所在省份	灌溉面积（公顷）
Reeg	Herat	9000
Salma Dam	Herat	20000
Char Dara	Baghlan	4500
Nahr-e-Lashkari	Nimroz	18000

资料来源：商务部驻阿富汗经商处网站。

三 社会与经济

（一）人口概况

由于长期动荡不安，人口频繁跨界移动，阿富汗缺乏准确的人口统计和民族资料，有关数据彼此相差甚大。据《世界概览》（CIA World Factbook）数据，2014年初，阿全国总人口3182.28万人，人口密度为每平方公里41人。其中，①0~14周岁人口占42%，15~24周岁占22%，25~54周岁占29%，55~64周岁占3%，65周岁以上占3%。②伊斯兰逊尼派信徒占80%，什叶派信徒占19%，其他宗教信徒占1%。③普什图族占42%，塔吉克族占27%，哈扎尔族占9%，乌兹别克族占9%，爱玛客族占4%，土库曼族占3%，俾路支族占2%，其他民族占4%。④2012年共有公职人员11.04万人，其中，男性8.75万人，女性2.29万人。⑤城市人口比重为22.6%，农村人口为77.4%。⑥普什图语和达里语是其官方语言，其他语言有乌兹别克语、俾路支语、塔吉克语、土耳其语等。

普什图族主要分布在阿富汗的东部、南部和西部，首都喀布尔以及贾拉拉巴德、坎大哈、查兰奇等重要城市均属普什图人分布区。在中北部地区也有不少普什图人，与其他民族在地域上形成大杂居、小聚居的分布格局。普什图人又分为"杜兰尼"普什图人和"吉尔扎伊"普什图人两个分支。塔吉克人主要分布在阿富汗东北部与塔吉克斯坦毗邻地区，向西南经法扎巴德、巴格兰到萨曼甘省一线，此外，在南部的加兹尼、坎大哈省中部以及西部的信丹德、赫拉特等地也有部分相对集中的生活区。哈扎尔族比较集中分布在中部的巴米扬、塔加卜一带。其他较大的民族还有乌兹别克族，主要分布在北部马扎里沙里夫、席巴尔干、迈马纳等东西狭长地带。土库曼族集中分布在北部靠近土库曼斯坦和乌兹别克斯坦边界一带，此外还有分布于东部的努里斯坦族和西南部的俾路支族等。

（二）行政区划

阿富汗全国划分为34个省，省下设县、区、乡、村。首都为喀布尔。

34个省分别是：巴达赫尚省、巴德吉斯省、巴格兰省、巴尔赫省、巴米扬省、戴孔迪省、法拉省、法利亚布省、加兹尼省、古尔省、赫尔曼德省、赫拉特省、朱兹詹省、喀布尔省、坎大哈省、卡比萨省、霍斯特省、库纳尔省、昆都士省、拉格曼省、洛加尔省、楠格哈尔省、尼姆鲁兹省、努尔斯坦省、乌鲁兹甘省、帕克蒂亚省、帕克蒂卡省、潘杰希尔省、帕尔旺省、萨曼甘省、萨尔普勒省、塔哈尔省、瓦尔达克省、扎布尔省（见表9-10）。

表9-10 阿富汗行政区划

序号	省	首府
1	喀布尔（Kabol）	喀布尔（Kabol）
2	卡比萨（Kapisa）	马哈茂德埃拉基（Mahmud-e Raqi）
3	帕尔旺（Parvan）	恰里卡尔（Charikar）
4	瓦尔达克（Vardak）	迈丹城（Meydan Shahr）
5	洛加尔（Lowgar）	巴拉基巴拉克（Pule Alam）
6	加兹尼（Ghazni）	加兹尼（Ghazni）
7	帕克蒂亚（Paktia）	加德兹（Gardiz）
8	楠格哈尔（Nangarhar）	贾拉拉巴德（Jalalabad）
9	拉格曼（Laghman）	米特拉姆（Mehtar Lam）
10	库纳尔（Konar）	阿萨达巴德（Asadabad）
11	巴达赫尚（Badakhshan）	法扎巴德（Feyzabad）
12	塔哈尔（Takhar）	塔卢坎（Taloqan）
13	巴格兰（Baghlan）	巴格兰（Baghlan）
14	昆都士（Kondoz）	昆都士（Kondoz）
15	萨曼甘（Samangan）	艾巴克（Aybak）
16	巴尔赫（Balkh）	马扎里沙里夫（Mazar-e Sharif）
17	朱兹詹（Jowzjan）	希比尔甘（Sheberghan）
18	法利亚布（Faryab）	迈马纳（Meymaneh）
19	巴德吉斯（Badghis）	瑙堡（Qal'eh-ye Now）
20	赫拉特（Herat）	赫拉特（Herat）
21	法拉（Farah）	法拉（Farah）
22	尼姆鲁兹（Nimruz）	扎兰季（Zaranj）
23	赫尔曼德（Helmand）	拉什卡尔加（Lashkar Gah）
24	坎大哈（Kandahar）	坎大哈（Kandahar）
25	扎布尔（Zabol）	卡拉特（Qalat）

续表

序号	省	首府
26	乌鲁兹甘（Oruzgan）	塔林科特（Tarin Kowt）
27	古尔（Ghowr）	恰赫恰兰（Chaghcharan）
28	巴米扬（Bamian）	巴米扬（Bamian）
29	帕克蒂卡（Paktika）	沙兰（Sharan）
30	努尔斯坦（Nurestan）	努尔斯坦（Nurestan）
31	萨尔普勒（Sar-e Pol）	萨尔普勒（Sar-e Pol）
32	霍斯特（Khost）	霍斯特（Khost）
33	潘杰希尔（Panjsher）	巴萨拉克
34	戴孔迪（Dāykondī）	卡得市

（三）政治局势

阿富汗曾于1747年建立王国。19世纪后逐渐成为英国和沙俄的角逐场。1919年8月19日摆脱英国殖民统治获得独立。1979年12月~1989年2月苏联入侵阿富汗。苏军撤出后，因各派抗苏武装争权夺势，阿陷入内战。1996年9月塔利班攻占喀布尔，建立政权，1997年10月改国名为"阿富汗伊斯兰酋长国"，在阿实行伊斯兰统治。2001年"9·11"事件后，塔利班政权被美军击垮，美国支持的民选政府上台执政。

阿富汗实行总统制。总统是国家元首、政府首脑和武装部队最高统帅。国民议会是国家最高立法机关，由人民院（下院）和长老院（上院）组成。人民院议员不超过250名，根据各地人口数量平均分配，并保证每省至少有2名女议员。长老院议员从各省、区管理委员会成员中间接选举产生。国民议会负责制定和通过法律、批准国家预算等，还有权弹劾总统（但须召集支尔格大会并获得2/3以上多数通过才可免除总统职务）。现任议会于2010年9月选举产生，2011年1月正式成立。

"支尔格大会"（又称"大国民会议"）由议会上下两院议员、各省议会议长组成，内阁部长、最高法院法官和大法官可以列席。大会根据需要，不定期举行，主要职责是讨论国家最重要的事情，如制定并通过新宪法、呼吁塔利班等参与政治和解进程、阿富汗同美国商签战略伙伴关系文件等。"支尔格大会"是阿富汗根深蒂固的传统部落文化的表现，实际上是阿富汗的传统部落族长会议，主要由各地部落酋长、族长和宗教领袖等权威组成，用于解决各个部落内的重大分歧、商讨社会改革以及达成新的秩序，因此在阿富汗稳定国内秩序方面起着不容忽视的作用。

2001年至今，阿富汗国内政治大体分为两大阶段。

第一阶段是2001~2005年，任务是完成"波恩进程"，组建并扶持民选政府执政。2001年塔利班政权垮台后，在国际社会的帮助下，阿富汗于当年12月成立临时政府，2002年6月组建过渡政府，2004年1月颁布新宪法，确定国名为"阿富汗伊斯兰共和国"，实行总统制，10月举行首任民选总统选举（卡尔扎伊当选），2005年9月举行全国及地方议会选举，12月新议会成立，"波恩进程"至此结束。2009年8月，阿举行第二次总统选举，卡尔扎伊连任。2014年举行第三次总统选举，加尼当选。

第二阶段是2005年至今，任务是启动民族和解进程。在"后塔利班"和"后拉登"时代，阿富汗面临的首要问题仍是如何实现国内政治和解，其中最重要的仍是美国支持的民选中央政府与塔利班的和解。2009年卡尔扎伊连任后，积极推动"和解与再融合"计划。2010年10月成立由前总统拉巴尼任主席的"高级和平委员会"，负责推动阿富汗政府与塔利班等反政府武装和谈。2011年9月拉巴尼遇刺身亡，和解进程受挫。2012年6月，阿富汗塔利班宣布在卡塔尔设立和谈办公室，希望与美国等接触和谈，后因一系列事件，和谈中止。2012年4月，卡尔扎伊任命萨拉胡丁·拉巴尼为高级和平委员会新主席，继续推动和解进程。

2014年4月5日，阿富汗举行新一届总统选举和省级议会选举。为竞选总统和副总统，卡尔扎伊政府中共有25名官员辞去公职，其中包括5名部长。共有11名总统候选人、2740名省议员候选人（420个席位）参选。总统候选人是：卡尔扎伊的胞兄卡尤姆、前外长拉苏尔、前国家安全过渡委员会主席加尼、民族联盟（NCA）主席阿卜杜拉、伊斯兰联盟主席萨亚夫、前国防部长瓦尔达克、前内阁资政阿尔萨拉、楠格哈尔省前省长谢尔扎伊、伊斯兰党（HIG，古尔布丁派）领导人海拉尔、前总统达乌德·汗之孙纳希姆、下院前议员苏尔坦佐伊。第一轮选举过后，未有一人得票过半数，6月14日，阿卜杜拉和加尼两人进入第二轮投票。2014年大选是在西方撤军的大背景下举行的，阿当局首次独立承担起选举的策划、组织和安保工作。9月21日重新计票，结果是加尼当选总统，29日新总统就任，30日美国与阿富汗签署《双边安全协议》，规定驻阿美军在2014年底减至9800人，2015年底前再减半，到2016年底前全部撤离。从2015年起，驻阿美军的主要任务是继续反恐行动以及训练阿富汗安全部队。

（四）经济概况

经过多年战乱，阿富汗的经济遭到严重破坏，被联合国列为最不发达国家之一。从2002年开始，在美国和国际社会提供的大量援助支持下，阿政局总体趋于稳定，经济发展势头总体不错，基础设施建设逐渐恢复，重要法律法规相继出台，金融机构日益活跃，国内市场逐渐复苏，不过，安全局势和毒品问题仍不容乐观。基础设施落后、电力供应紧张、官方机构腐败、动乱持续不断等，使得阿富汗的投资环境相对恶劣，难以吸引外部投资。外资主要投向矿产开发，对基础设施和制造业的实际投资极少。

2008年5月，阿政府出台《阿富汗国家发展战略》（以下简称《战略》），目标是加快国内重建，恢复阿作为连接中亚和南亚以及中东陆地桥的中心作用。《战略》确定了4项区域国际合作目标：一是增强和深化阿富汗在实施地区双边、多边协议方面的参与和主导作用，为地区交通、转运和投资合作提供便利；二是开发阿富汗的水利电力资源和潜力；三是努力安置自愿归国的阿富汗难民；四是扩大边境地区合作，遏制跨国有组织犯罪，如毒品和武器走私等。《战略》提出阿需要着力解决的问题：一是扩大贸易和使贸易自由化，加大贸易和转运；二是发展电力、水和能源贸易，解决能源短缺难题；三是难民安置；四是劳动力移民，提高就业和收入；五是发展私营企业。

据亚行数据，2012年阿富汗三产结构（占GDP比重）分别是：农业27.7%，工业22.2%，服务业50.1%（见表9-11）。据世界银行数据，2011~2013年，阿富汗GDP分别是178.70亿美元、204.96亿美元和207.35亿美元（世界排名第104位），人均GDP分别是581美元、622美元和636美元（见表9-12）。2013年阿富汗GDP多于邻国塔吉克斯坦（84.97亿美元）和吉尔吉斯斯坦（72.25亿美元），少于邻国伊朗（3662.59亿美元）、巴基斯坦（2387.37亿美元）、乌兹别克斯坦（564.76亿美元）、土库曼斯坦（405.69亿美元）。

阿富汗经济以农牧业为主，农牧民约占全国人口的80%。主要农作物有小麦、大麦、水稻、玉米、棉花、甜菜、油料作物和瓜果，主要牲畜有绵羊、紫羔羊、山羊、牛、骆驼等（见表9-13、表9-14）。全国耕地780万公顷，牧场和草地约5500万公顷（实际利用面积620万公顷）。粮食年产量约400万~500万吨，年缺口约100万吨。

阿富汗的工业年产值约40亿~50亿美元。内战前主要工业行业有地毯、纺织、皮革、水泥、电力、化肥、采煤、汽车修理和制糖业等。由于连年战乱，大量工业基础设施被毁，现在仍处于恢复重建之中。虽然矿产资源比较丰富，但油气和煤炭等能源储量很少，能源短缺成为制约阿经济发展的重要因素。

2002年10月7日，阿过渡政府发行新币"阿富汗尼"。在国际金融机构的监管和支持下，阿政府实行严格的货币政策，新币发行以来币值总体保持稳定，但2011年美国宣布撤军计划后，外界对阿富汗信心不足，阿富汗尼出现贬值趋势，2012年的汇率约1美元兑51阿富汗尼。

阿富汗年财政收入为20亿~30亿美元，其中，外国援助约占1/3~1/2，若不计外援的话，则财政为赤字（约10亿美元）。据阿富汗中央统计局统计，2002~2010年，国际社会共承诺向阿援助690亿美元，实际支付570亿美元（51%用于维稳、10.6%用于基础设施建设、1.99%用于经济发展）。美国提供的援助最多（371亿美元），日本第二（32亿美元）。

阿富汗对外贸易连年逆差。2012年进出口总值约为93亿美元，其中，出口约4亿美元，进口约89亿美元（见表9-11）。主要出口对象有巴基斯坦、印度、美国、塔吉克斯坦、俄罗斯等，主要出口商品有天然气、地毯、干鲜果品、皮张、棉花、羊毛等。主要进口来源国有美国、巴基斯坦、俄罗斯、印度和哈萨克斯坦等，主要进口商品有车辆、食品、纺织品、石油产品、糖、植物油和橡胶制品（见表9-15）。

阿富汗是内陆国，陆上主要有8条国际通道，分别连接塔吉克斯坦（1条）、乌兹别克斯坦（1条）、土库曼斯坦（2条）、伊朗（1条）和巴基斯坦（2条）。其中，南线（喀布尔—巴基斯坦卡拉奇港）是最大的出口通道，其货运量约占阿进出口货运总量的60%；西线（阿富汗西部城市赫拉特—伊朗阿巴斯港）货运量约占阿进出口货运总量的20%；北线（阿富汗北部城市马扎里沙里夫—乌兹别克斯坦海拉通）货运量约占阿进出口货运总量的20%。

阿富汗大规模发展铁路外运通道面临的难题主要有两个：一是货运量不足，难以支撑运输利润；二是周边国家的轨距不同。北部的中亚国家的轨距是1524毫米，西部的伊朗的轨距是1435毫米标准轨，东部的南亚国家的轨距通常是1676毫米宽轨。

表9-11　阿富汗经济统计

项目	2010年	2011年	2012年
三产占GDP比重（%）			
农业	32.2	28.7	27.7
工业	21.9	21.4	22.2

续表

项目	2010 年	2011 年	2012 年
服务业	45.9	49.8	50.1
GDP（亿美元）	159.36	178.70	204.96
GDP 增长率（%）	27.63	12.14	14.69
物价指数（年均增长率,%）	56.4	77.8	92.7
货币供应量（亿阿富汗尼）			
M1	2612.15	2978.65	3191.64
M2	2786.44	3183.71	3388.40
M2 年均增长率（%）	23.1	14.3	6.4
M2 占 GDP 比重（%）	37.3	35.2	—
财政收入（亿阿富汗尼）	1318.43	1566.26	2153.63
税收（亿阿富汗尼）	401.91	689.74	787.66
非税收入（亿阿富汗尼）	115.00	148.97	—
捐赠（亿阿富汗尼）	761.51	1217.00	—
财政支出（亿阿富汗尼）	1313.04	1538.67	1991.81
财政收入占 GDP 比重（%）	8.3	10.8	10.4
税收占 GDP 比重（%）	6.4	9.2	8.7
财政支出占 GDP 比重（%）	20.8	20.6	22.0
进出口总值（亿美元）	55.42	67.64	93.46
出口（亿美元）	3.88	3.76	4.14
进口（亿美元）	51.54	63.88	89.32
国际储备（亿美元）	51.466	63.988	71.428
黄金（亿美元）	9.723	11.304	11.603
外汇（亿美元）	39.767	50.714	57.885
特别提款权（亿美元）	1.977	1.969	1.940
汇率（1 美元兑阿富汗尼）	46.45	46.75	50.92
外债总计（亿美元，截至年底）	24.23	26.23	—
长期外债（亿美元）	19.66	20.23	—
政府担保外债（亿美元）	19.66	20.23	—
军费支出占 GDP 比重（%）	3.34%	4.44%	—

资料来源：亚洲开发银行："Key Indicators for Asia and the Pacific"，2013。其中，GDP 总值和 GDP 增长率数据引自世界银行在线数据库。

表9-12 阿富汗GDP统计

年份	2005	2006	2007	2008	2009	2010	2011	2012	2013
人口（万人）	2486	2563	2634	2703	2770	2839	2910	2982	3068
GDP（亿美元）	62.75	70.57	98.43	101.90	124.86	159.36	178.70	204.96	207.35
GDP增长率（%）	18.73	12.46	39.48	3.53	22.53	27.63	12.14	14.69	1.17

资料来源：世界银行在线数据库。

表9-13 阿富汗2012年农业产量统计

单位：万美元，万吨

农业产品	产值	产量
小麦	74694.0	505.0000
牛奶	47049.4	150.7700
牛肉	37558.0	13.9033
葡萄	33729.1	59.0065
绵羊肉	30495.3	11.2000
杏仁（带壳）	18296.0	6.2000
稻米	13333.2	50.0000
蔬菜	10929.6	58.0000
山羊肉	10590.7	4.4200
绵羊奶	8216.6	21.1000
香菜	6909.0	1.2500
杏	4610.1	8.3500
浆果	4355.7	2.5000
大麦	4351.1	50.4000
瓜果	4087.0	22.2012
山羊奶	3959.8	11.8000
水果	3678.0	4.6000
土豆	3527.5	23.0000
羊毛	3348.0	1.7800
苹果	2960.4	7.0000

资料来源：联合国粮农组织在线数据库（http://faostat.fao.org/DesktopDefault.aspx?PageID=339&lang=zh&country=2）。

表9-14　阿富汗畜牧数量统计

单位：万头/万匹/万只

牲畜	1981年	1995年	2003年
牛（包括水牛和牦牛）	375.0	369.3	370.0
绵羊	1890.0	2201.2	880.0
山羊	290.0	893.0	730.0
马	40.0	36.7	14.0
驴	130.0	101.9	160.0
骆驼	26.5	27.7	18.0
家禽	—	—	1220.0

资料来源：1981年数据来源于Central Statistics Office："Afghan Agriculture in Figures", 1978; Statistical Year Book (1983); 1995年数据来源于AF/93/004项目中的估算数据; 2003年数据来源于粮农组织在2003年12月4日报道的牲畜普查结果。

表9-15　阿富汗主要贸易对象国统计

单位：亿美元

出口	2010年	2011年	2012年	进口	2010年	2011年	2012年
总计	4.999	4.653	5.363	总计	84.215	103.987	94.572
巴基斯坦	1.378	1.543	1.775	巴基斯坦	18.965	21.241	24.427
印度	1.314	1.090	1.335	印度	4.328	5.518	5.245
美国	0.793	0.187	0.312	美国	23.676	32.104	16.422
塔吉克斯坦	0.362	0.406	0.467	哈萨克斯坦	3.991	3.664	4.214
俄罗斯	0.177	0.255	0.102	俄罗斯	5.929	8.621	7.945
德国	0.267	0.128	0.162	德国	3.749	4.418	4.037
伊朗	0.117	0.135	0.155	土耳其	2.858	3.036	3.190
阿联酋	0.108	0.124	0.143	土库曼斯坦	2.369	2.653	3.051
荷兰	0.012	0.023	0.041	中国	1.925	2.531	5.109
芬兰	0.070	0.090	0.116	泰国	1.604	2.090	1.570

资料来源：亚洲开发银行"Key Indicators for Asia and the Pacific", 2013。

四　军事和外交

（一）军事

历史上，地方割据一直是阿富汗中央政府最为头疼的事情。阿富汗反恐战争后初期，乌兹别克族领袖杜斯塔姆依旧控制着接近乌兹别克斯坦边境的马扎里沙里夫，塔吉克族"圣战"老将伊斯梅尔盘踞在赫拉特省一带，已故的马苏德部下固守着阿东北部，什叶派哈扎拉族获得阿中部地区的控制权。

2003年4月19日，在阿首都喀布尔召开"勾画阿富汗的未来——军事层面"会议，以美国为首的西方国家对阿各派军阀施加强大压力。会议结束后，阿临时政府国防部发表一份声明，宣布与会各方达成广泛共识，认为阿未来的强大取决于国内各民族的团结，必须由强有力的中央政府领导地方政府，地方政府应当服从中央政府指令；建立阿富汗国民军队，人员组成包含阿境内不同部族、不同地区、不同阶层的成员，以便赢得全国各族人民的信任。国民军由北约部队培训，其中美军负责训练士兵，英军负责培训士官，法军负责培训军官，德国负责训练警察部队。

阿富汗本国的军事力量是"阿富汗国民军"（Afghan National Army），分为陆军和空军两个军种，没有海军。总统是军队的最高统帅，通过国防部指挥军队。军人全部来自18岁以上的志愿兵，没有义务兵役制。军费支出占GDP总值的4.44%（2011年）。国民军待遇较高，新兵训练期间的月薪约合174美元，训练结束后月薪约合284美元，参加战斗的人员还另有战斗津贴，在失业情况严重的形势下，不少阿富汗民众将加入国民军作为自己的出路。截至2013年初，国民军共有20万兵力，下设喀布尔、赫拉特、加德兹、马扎里沙里夫、坎大哈5个地区军团。每个军团内都设有突击队。另外，阿富汗有约10万人的警察部队，部署在阿全国各地，负责维护治安。

除正规军外，阿富汗境内活跃着多支民兵队伍，有些听命于中央政府，有些则忠于塔利班和基地组织，对中央政府及外国部队怀有敌意。其中，北方的民兵力量主要有以下几个。①法希姆派。原北方联盟的塔吉克族武装，由阿政府第一副总统法希姆直接指挥，现有兵力约2.5万~4万人，以潘杰希尔谷地和阿富汗东北部为根据地，控制着喀布尔周围几省。在卡尔扎伊政府中，法希姆派占有席位最多。该派武装受俄罗斯、印度、塔吉克斯坦等国大力支持。②杜斯塔姆派。原北方联盟的乌兹别克族武装，由杜斯塔姆率领，人数约为6000人，控制着以马扎里沙里夫为中心的地区。该派武装受乌兹别克斯坦和土耳其支持，2001年"9·11"事件后，美国也向其提供军事援助。③伊斯梅尔派。原北方联盟内的派别，由有"赫拉特雄狮"之称的伊斯梅尔·汗领导，有5000人左右，控制着以阿富汗西部城市赫拉特为中心的省份，他的一个儿子在卡尔扎伊政府中任职。该派武装主要得到伊朗的支持。④哈利利派。原北方联盟内的哈扎拉族武装，由阿第二副总统哈利利领导，约有2500人，主要控制着阿富汗中部的巴米扬一带，主要得到伊朗的支持。

南方的民兵力量主要是普什图族武装。①阿迦派。古尔·阿迦控制着坎大哈周围几省地盘，武装人数至少超过1万人，主要得到巴基斯坦境内普什图族大部落支持，美国对其也比较重视。②哈利斯派。尤尼斯·哈利斯主要控制着阿富汗东部一些地区，势力范围以阿东部城市贾拉拉巴德为中心，扼守着喀布尔通向巴基斯坦的咽喉要道，武装人数约为7000人左右。

阿富汗境内的反政府武装主要是塔利班和基地组织。2001年阿富汗反恐战争后，塔利班势力日渐衰退，但各界估计仍有2.5万~3.6万名武装分子。与其说塔利班是一支统一的武装部队，不如说它是一支各种力量的集合，战斗时能通过各种手段聚集兵力，包括从巴基斯坦招募人员，或寻求其他组织的支援，平时则只有少量的塔利班是核心，或者说是真正的塔利班。招募补充兵员的首要方式是提供丰厚的待遇。

（二）外交

阿富汗是世俗的伊斯兰国家，2001年塔利班被打败后，阿富汗重回民选政府执政轨道。其对外政策的主要任务是维护国家的独立、主权、领土完整等国家利益，基本原则是坚持平等互利、不干涉内政、睦邻、尊重人权和自由。具体如下。

第一，世俗与多元化原则。成为伊斯兰和西方合作的桥梁和样板，尊重多样文明。

第二，睦邻原则。重视与周边邻国发展睦邻友好关系。

第三，平衡原则。愿与世界所有国家发展平等互利关系，除重视与美国、欧盟的关系外，与俄罗斯、中国、印度、巴基斯坦、伊朗、土耳其、阿拉伯国家等均保持良好关系。

第四，区域合作原则。积极参与地区一体化进程和区域合作机制，发挥地缘枢纽作用，努力成为连接中亚和南亚、西亚的战略通道中心。

第五，国际合作反恐和反毒。

中阿关系。阿富汗是中国的陆上邻国，与中国的新疆接壤。1955年1月20日，中国与阿富汗正式建交，两国关系顺利发展。1979年以前，两国关系发展良好，高层领导人曾多次互访。期间有所中断，1992年两国关系恢复正常。1993年2月，基于安全方面的考虑，中国撤离了驻阿富汗使馆的工作人员，两国关系正常往来也被迫中断。"9·11"事件后，中国政府第一时间启动了临时救援机制，此后，中阿两国关系开始走向正常化。中国坚定支持"阿人主导、阿人所有"的民族和解进程,并在该进程中发挥建设性作用。2012年6月,中阿两国宣布建立"战略合作伙伴关系"。2013年两国发布《关于深化战略合作伙伴关系的联合宣言》,指出双方将继续巩固在政治、经济、人文、安全以及国际地区事务五大支柱领域的合作,充实中阿战略合作伙伴关系的内涵,同时,双方同意加强文化、教育、卫生、新闻媒体等领域的交流与合作,促进中阿传统友谊,以及本地区乃至世界的和平、稳定与发展。

与美国关系。2011年6月22日,美国总统奥巴马宣布从阿富汗撤军计划,美军于2014年底前撤离阿富汗,历时13年的阿富汗战争最终收场。在国际社会的支持下,阿国家安全部队建设取得进展,也具备一定的能力,基本上控制着人口中心和交通主干道沿线安全。截至2013年底,除去一些由于安全原因未能完成移交的地区,阿国家安全部队已基本承担起阿全境的安全责任,居于全国平叛的最前线,北约联军转而执行支持、培训等辅助任务。

阿富汗大支尔格会议于2013年11月通过阿美《双边安全协议》(BSA)草案。按照程序,该草案须经总统签署后才可生效,但卡尔扎伊总统一直以"阿国内的和平和解进程必须先于《双边安全协议》的签署"为由拒绝签署协议,并提出一些附加条件,包括美应确保阿2014年选举公正透明、不再突袭民宅等。美国则以"零驻军"方案和切断援助相要挟。阿美双方在《双边安全协议》问题上摩擦不断。

与北约关系。驻阿富汗"国际安全援助部队"(International Security Assistance Force, ISAF)是根据2001年12月20日(12月8日塔利班从坎大哈撤退后的第12天)联合国安理会决议,向阿富汗派遣的多国部队,任务是协助临时政府维护治安并开展战后恢复与重建工作。虽然ISAF的部队并不完全来自北约成员国,但它从一开始就接受北约的领导,并分担驻阿美军的"反恐"作战任务。

鉴于2014年底国际安全援助部队的战斗任务即告终结,2013年2月,北约和其他出兵国在布鲁塞尔召开防长会,制订2014年撤军之后的"坚定支持使命"计划(Resolute Support Mission),计划向阿派遣8000~12000名士兵,以喀布尔为轴心,沿东南西北四个方向部署,重点是为阿国家安全部队提供培训、咨询和协助,但不包括反恐等战斗任务和反毒任务。阿富汗外交部称,外国在2014年后在阿继续驻军必须先期与阿签署双边协议,否则视为非法。2013年12月,北约与阿政府就《驻军地位协议》(SOFA)

启动谈判，该协议将为2014年后北约驻留部队参与阿本土安保工作提供法律依据。但北约表示，在美、阿签署《双边安全协议》之前，北约不会同阿富汗签署《驻军地位协议》。

五 小结

阿富汗是亚洲西部的内陆国，位置介于西亚、南亚、东亚、中亚四个地理区之间，处于连接中东和远东的具有重要意义的内陆通道上，素有"中东桥梁"之称，自古就是列强竞相角逐的场所。全国共分为34个省，总面积65.23万平方公里，世界排名第41位（排名在缅甸之后），略小于中国面积排名第四的青海省。

阿富汗的地形分为北部平原、西南高原和中央高地。境内地形以高原和山地为主，占全国总面积的4/5。兴都库什山脉被称作"国家的脊梁"，从东北到西南横贯国土，将整个阿富汗分割为两部分。

阿富汗属大陆性气候，夏季炎热、冬季寒冷，具有"寒暑变化剧烈、昼夜温差大、降水少、风沙大"四大特点。因远离海洋，阿富汗境内大部分地区都干燥少雨。降水较集中在冬春两季，尤其是冬季降雪。全国年均降水量约为350毫米。

阿富汗位于欧亚大陆与冈瓦纳大陆交接部位"特提斯—喜马拉雅"成矿带转折段。复杂的地质构造演化和多样化的地质构造环境，形成沉积岩型、夕卡岩型、斑岩型和脉岩型等多种成矿条件。矿产资源以金属矿为主，主要有铜、铁、锂、金、钴、铌、钼、稀土等，非金属矿主要有天青石等，能源矿产主要石油和天然气等。

由于长期动荡不安，人口频繁跨界移动，阿富汗缺乏准确的人口统计和民族资料，有关数据彼此相差甚大。据《世界概览》数据，2014年初，阿全国总人口为3182.28万人，人口密度为每平方公里41人。

阿富汗是世俗的伊斯兰国家，实行总统制。总统是国家元首、政府首脑和武装部队最高统帅。国民议会是国家最高立法机关，由人民院（下院）和长老院（上院）组成。"支尔格大会"（又称"大国民会议"）相当于阿富汗的传统部落族长会议，用于解决各个部落内的重大分歧、商讨社会改革，在阿富汗稳定国内秩序方面起着难以忽视的作用。当前，阿富汗处于美军和北约部队撤走、西方支持的政府全面接管权力、塔利班威胁卷土重来的复杂环境中，民族和解进程仍在继续。

阿富汗本国军事力量是"阿富汗国民军"，共有20万兵力，分为陆军和空军两个军种，没有海军。实行合同兵役制。另外，阿富汗境内活跃多支民兵队伍，主要有法希姆派、杜斯塔姆派、伊斯梅尔派、哈利利派和普什图族的阿迦派。境内的反政府武装主要是塔利班和基地组织。

阿富汗对外政策的主要任务是维护国家的独立、主权、领土完整等国家利益，基本原则是坚持平等互利、不干涉内政、睦邻、尊重人权和自由。具体包括世俗与多元化原则；睦邻原则；平衡原则；区域合作原则；国际合作反恐和反毒。

经过多年战乱，阿富汗的经济遭到严重破坏，被联合国列为最不发达国家之一。从2002年开始，在美国和国际社会提供的大量援助支持下，阿政局总体趋于稳定，经济发展势头总体不错。2008年5月，阿政府出台《阿富汗国家发展战略》，指导当前国家经济社会发展，加快国内重建。2013年GDP为207.35亿美元（世界排名第104位），人均GDP达636美元。阿富汗经济以农牧业为主，工业因连年战乱，现在仍处于恢复重建之中。能源短缺成为制约阿经济发展的重要因素。对外贸易连年逆差。主要进出口对象是周边国家。主要出口商品是农产品，主要进口商品有车辆、食品、纺织品、石油产品、糖、植物油和橡胶制品等。

第二节　国家环境状况

由于持续30年的政治混乱和冲突，如今的阿富汗环境危机严重。据联合国统计，地方性自然灾害及灾难每年影响着约25万阿富汗人民。长期贫困、冲突四起的社区积弱严重，即使规模较小的自然灾害也会对民众的生活造成较严重的打击。

塔利班政权倒台后，尽管阿富汗中央政府采取了一些改进和管理措施，如于2005年设立国家环境保护局（NEPA），同年通过阿富汗第一部《环境法》，但仍有很多工作需要做。当前，阿富汗环境问题主要是土壤退化、空气和水的污染、森林砍伐的速度惊人、过度放牧、荒漠化、城市人口膨胀等。

一　水环境

（一）水资源概况

由于气候干燥，阿富汗水资源稀缺，干旱时期尤其严重。全国超过80%的水资源来自平均海拔2000米的兴都库什山脉。高山既是重要水源，也是水资源的自然存储设施。境内灌溉比重最大的地区是昆都士省、巴尔赫省和朱兹詹省，灌溉最少的地区是拉格曼省、库纳尔省和巴米扬省。阿富汗水资源情况如表9-16所示。

表9-16 阿富汗水资源情况

流域名称	面积（万平方公里）	占总面积的比例（%）	内部可再生地表水资源（亿立方米/年）	实际可再生地表水资源（亿立方米/年）	地下水补给（亿立方米/年）
喀布尔（印度河）	7.26	11	115[c]	215[c]	19.2
赫尔曼德河及其西部	27.00	41	93[d]	848[d]	29.8[e]
哈里河—穆尔加布河	8.00	12	31	31	6.4[f]
北部	7.50	12	19	19	21.4[f]
阿姆河	9.10	14	117[g]	207[g]	29.7
其他	6.34	10	—	—	—
总量	65.20	100	375	557	106.5

注：c——库纳尔流域，发源于巴基斯坦，流入阿富汗，水量100亿立方米；

d——根据1972年的一项协议，赫尔曼德河每年8.2亿立方米要流给伊朗；

e——地下水补给：赫尔曼德河24.8亿立方米，西部5亿立方米；

f——地下水补给：北部的数据包括穆尔加布河，而哈里河—穆尔加布河的数据不包括穆尔加布河；

g——阿姆河流入巴尔坦格河的边界流域是334亿立方米，根据1946年和苏联签订的条约，阿富汗享有每年90亿立方米的使用权。

资料来源：联合国粮农组织在线数据库（阿富汗），http://www.fao.org/countryprofiles/index/en/?iso3=AFG.。

阿富汗境内主要有三条河流：阿姆河、赫尔曼德河、喀布尔河（见图9-2）。其中，阿姆河（Amu Darya）是中亚水量最大的内陆河，咸海的两大水源之一，流域覆盖阿富汗约15%的地表，形成阿富汗55%的水资源。阿姆河源于帕米尔高原东南部海拔4900米的高山冰川。该流域南北长950公里，东西宽1450公里。北接锡尔河，东连塔里木盆地，南接印度河和赫尔曼德河流域。有3条支流：左边是苏尔霍布河（Surkhob），右边是苏尔汉河（Surkhandarya）和卡菲尔尼甘河（Kafirnigan）。阿姆河流域山区冬春多雨，年降雨量可达1000毫米，平原地区年降雨量只有200毫米，下游地区雨量不到100毫米。春季融雪开始涨水，6、7、8月份流量最大。

赫尔曼德河（Helmand）位于阿富汗西南部与伊朗东部，长1150公里，覆盖阿富汗约45%的地表，但水资源量仅占阿水资源总量的10%左右。赫尔曼德河发源于阿富汗的塞尔塞勒库巴巴山（Selselehye Kuh-e Baba），接纳

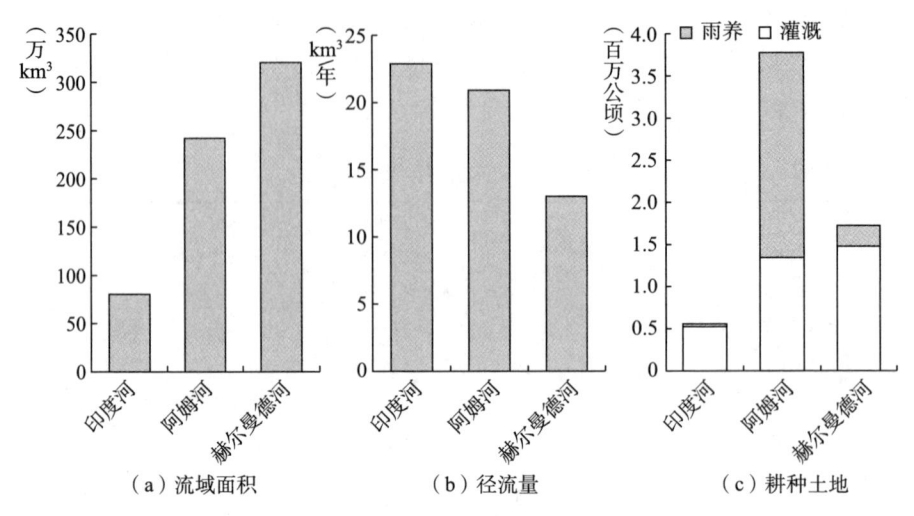

图 9-2 2004 年阿富汗的三大流域

资料来源：阿富汗国家环保局、联合国环境规划署《阿富汗环境（2008）》（*Afghanistan's environment* 2008），第 12 页。

阿尔甘德河（Arghandab）与塔尔纳克河（Tarnak）等支流。赫尔曼德河流域年降雨量 500~125 毫米，平均为 250 毫米，上游多、下游少，由东向西递减。降雨 90% 以上发生在 12 月~次年 5 月。

喀布尔河属于亚洲南部河流，位于阿富汗东部、巴基斯坦西北部。发源于喀布尔以西 72 公里的桑格拉赫山脉（Sanglakh），向东流经阿富汗的喀布尔、贾拉拉巴德，在开伯尔山口以北的谷地中进入巴基斯坦，流经白沙瓦，在伊斯兰堡之西注入印度河。全长 700 公里，其中约 560 公里在阿富汗境内，其余在巴基斯坦境内。主要支流有劳加尔、潘吉舍尔河等。

（二）水环境问题

受冰山锐减和消失、干旱、战争对灌溉系统的破坏、管理落后、乱丢废弃物、农业耗水量大等影响，阿富汗面临水资源短缺难题，水资源生态脆弱。当前，水环境问题主要如下。

一是地下水超采。2014 年 3 月 14 日阿富汗国家环保总局局长穆斯塔法·查希尔接受伊莎贝尔·希尔顿的采访时表示，有着多种用途的地下水资源在近几年被过度使用，地下水位下降的同时，地下蓄水层也在减少。在近 20 年时间里，阿富汗地下水位下降了 12 米。首都喀布尔地下有 7 个含水层，雨雪和冰川融水原本足以补充消耗，但是由于居民用水习惯不良，如有的采用漫灌而不是滴灌或控制性灌溉，有的非法打井，井深达 150~

200米，破坏含水层等，加上政府部门缺乏管理，地下水资源被浪费和破坏较严重。由于干旱和超采，阿富汗50%的地下水资源消失。①

二是水资源减少。干旱和气温上升，使得阿富汗的冰川、湿地、湖泊减少。在帕米尔和兴都库什山脉，大型冰川急剧缩减，一些小型冰川已经完全消失。干旱导致河流水量减少，进而阻碍湿地灌溉。2003年的卫星图像显示，2001年的干旱造成赫尔曼德河流域的锡斯坦湿地99%已经干涸，湿地的大部分天然植被死亡，近150种不同种类的水鸟几近灭绝，土壤流失开始出现，沙土开始向道路、田地和居民地覆盖。

三是饮用水安全。联合国儿童基金会的调查显示，阿富汗国内只有23%的家庭能使用到饮用水（城市地区占43%，农村占18%）。绝大多数阿富汗人将地下水作为他们主要甚至是唯一的饮用水来源。随着地下水资源减少，能使用到安全饮用水的人数也在下降。尤其是那些无力承担挖掘深水井的费用的民众。②

四是水污染。因缺乏必要的卫生设施、垃圾处理不力、工业和生活废弃物处置不得当等，阿富汗的大多数家庭无法获得安全的饮用水，许多水源被污染。

（三）治理措施

为应对水资源短缺，解决水环境难题，阿富汗政府在国际社会帮助下，于2005年12月制定了《环境法》，该法第五章条款34和条款35明确规定了水资源的管理措施，主要内容如下。

一是保护、开发、使用、控制和管理水资源必须遵循两项规则：保护水生态系统及其多样性；减少和防止水资源的污染和退化。

二是制订水资源管理计划时，部委和其他国家机构至少要考虑到6个方面：综合流域管理条例；地下水可持续汲取规定；农业、工业、矿业和城市地表水使用规定；保护人类健康和生态系统的措施；保护湿地生态系统的措施；关于水资源可持续使用和管理的其他任何措施。

三是土地所有者、土地控制者、土地使用或占有者在从事劳作时，若引发或可能引发水资源污染，必须采取6项措施：停止、修正或控制引发污染的行为或活动；遵守废物管理规定或污染管理规定；防止污染物的扩散；清除污染源；减少污染影响；减少河道河床污染影响。

---

① 伊莎贝尔·希尔顿：《阿富汗环保部的尴尬》，http：//www.ftchinese.com/story/001055256/?print＝y。
② 联合国环境规划署：《阿富汗环境评估（2002）》，2003。

另外，联合国环境规划署发布的评估报告《阿富汗环境2008》中，也为阿富汗解决水环境难题提出了一系列富有建设性的治理建议。

一是制定长期战略来管理水资源，减少干旱和其他自然灾害对水资源的影响。该战略需与国际水资源综合管理的宗旨相一致，应包括保护阿富汗民众的安全饮用水计划，以便促进农村社区重建、提高公众健康、发展经济。

二是将污染控制和废物管理整合到国家治理水资源污染的相关政策中，制定相应的规章制度或缓解措施。

三是制定国家水质标准，建立网络化的系统观测站。可参照其他发达国家的水质标准，再根据本国国情及水资源状况，制定合理的国家水质标准。

四是评估气候变化对阿富汗水资源和其他自然资源的影响，制定相应的解决措施。

五是政府实施干预措施，包括改进水资源管理和利用效率；以社区为基础的流域管理，建立梯田、农林业系统，及气候相关研究和早期预警系统；改善粮食安全以及牧场管理；植树、社区教育和职业技能培训等。

二 大气环境

（一）大气环境状况

空气污染是阿富汗城市地区的一大问题。如喀布尔，约60%的居民暴露在氮氧化物和二氧化硫等有害毒素中，居民患哮喘和呼吸道疾病的概率增加。造成空气质量差的原因如下。

一是由于能源短缺，阿富汗人的生活用能源（取暖和做饭）主要依靠烧柴。

二是汽车尾气排放。阿富汗大量车辆破旧且使用劣质燃料。

三是人口增加。除本国人口增加外，阿富汗境内有45万流离失所者，境外还有世界上最大规模的、多达570万人的难民等待返回。近年来，来自邻国巴基斯坦和伊朗的难民不断涌入，许多人愿意留在城市地区。

世界卫生组织公布的城市地区的污染物浓度范围是每立方米1~10ng。总体上看，喀布尔和坎大哈的污染物浓度在世界卫生组织公布的平均范围内，西北部的赫拉特则低于世界卫生组织公布的平均水平。污染物浓度最高的是马扎里沙里夫，数据显示为13ng/m³。

联合国环境规划署2002年在阿富汗的坎大哈、马扎里沙里夫、喀布尔、赫拉特等城市进行空气样本收集。结果显示，大气污染物主要有灰尘、汽车尾气、焚烧和工业排放物，如多环芳烃（PAHs）、苯并芘（Benzoapyrene）等。灰尘增多主要由频繁干旱和植被缺失所致，多环芳烃主要来源于汽车尾气，苯并芘主要来自工业三废（见表9-17）。

表9-17 2002年阿富汗大气污染物监测样本

样本编号	006	003	004	001	002	005	007
采样地点	赫拉特医院	喀布尔卫生部	喀布尔UNICA	坎大哈医院	坎大哈红十字	马扎里沙里夫市	马扎里沙里夫市中心
取样时间（小时）	8.3	6.5	0.4	0.7	0.4	6.3	0.5
取样容积（立方米）	187	146	9	16	9	142	11
环烷（微克/立方米）	<0.01	0.02	0.02	<0.01	0.03	0.02	<0.01
苊烯（微克/立方米）	<0.01	<0.01	<0.01	<0.01	<0.01	<0.01	<0.01
萘嵌戊烷（微克/立方米）	<0.01	0.04	0.02	0.03	0.04	<0.01	<0.01
[有化]芴（微克/立方米）	<0.01	<0.01	<0.01	<0.01	0.04	<0.01	<0.01
[有化]菲（微克/立方米）	0.07	0.15	0.16	0.12	0.26	0.11	0.09
蒽（微克/立方米）	<0.01	<0.01	<0.01	<0.01	<0.01	0.12	<0.01
[有化]荧蒽（微克/立方米）	0.05	0.17	0.12	0.07	0.10	<0.01	0.09
[有化]芘（微克/立方米）	0.03	0.07	0.04	0.02	0.02	0.05	0.06
丙酮中䓛（微克/立方米）	0.08	0.04	0.01	<0.01	0.01	0.01	0.06
苯并蒽（微克/立方米）	0.01	0.04	0.01	0.01	<0.01	0.01	0.06
苯（b）荧蒽（微克/立方米）	0.12	0.22	0.09	0.06	0.04	0.30	0.29
苯（k）荧蒽（微克/立方米）	0.09	0.17	0.08	0.04	0.04	0.13	0.23
苯并芘（微克/立方米）	0.05	0.13	0.05	0.04	0.03	0.26	0.15

续表

样本编号	006	003	004	001	002	005	007
采样地点	赫拉特医院	喀布尔卫生部	喀布尔UNICA	坎大哈医院	坎大哈红十字	马扎里沙里夫市	马扎里沙里夫市中心
多环芳烃（PAHs）	0.79	1.5	0.8	0.47	0.67	1.2	1.7

资料来源：联合国环境规划署《阿富汗环境评估（2002）》，2003，第154页。

（二）治理措施

阿富汗城市地区空气质量已严重下降，特别是首都喀布尔。为改善大气质量，在联合国环境规划署帮助下，阿富汗制定了一系列措施来解决当前大气环境问题，防止进一步的恶化。

一是保护工人。工业设施周围的空气质量很差，影响工人健康。在很多情况下，工人每天直接接触危险化学品，呼吸受污染的空气，许多儿童也在这样的条件下工作。需要保护工人，使其远离不健康的工作环境。

二是改善公共交通系统。采取切实有效的公共交通措施，例如，恢复城市有轨电车网络等，以减轻空气污染，同时为市民提供及时且合算的交通工具。

三是使用更清洁燃料，降低碳氢化合物浓度。要对家庭取暖所使用的燃料、交通部门所使用的柴油和汽油等制定质量标准和税收激励。通过收取较低税额来鼓励居民使用小排放量产品。

四是增加天然气使用。首先鼓励公共汽车使用天然气，其次引入激励机制来更广泛地推广天然气使用。

五是研究中央供暖系统。家庭单独取暖是造成空气污染的重要源头，对燃料使用进行质量控制几乎是不可能。可在主要的城市，如喀布尔，采取集中供暖和分散网络等措施，减少空气污染，提升能源利用率。

六是阻止不受控制的废物焚烧。由于家庭废物通常在个人家庭、废物堆放地或填埋场直接焚烧，会向大气中释放大量的有毒污染物，包括致癌二噁英和呋喃，公众应意识到这些潜在风险，同时停止不受控制的废物燃烧。

七是利用清洁发展机制（Clean Development Mechanism，CDM）。CDM是《京都议定书》引入的灵活履约机制之一，核心内容是允许缔约方（即发达国家）与发展中国家进行项目级的减排量抵消额的转让与获得，在发展中国家实施温室气体减排项目。虽然根据附件规定，阿富汗没有限制温室气体排放的义务，但其可以在自愿基础上，通过参与CDM主持的项目为全球减排做贡献。阿富汗可以通过满足CDM的一些具体需求，如为环保项目吸引额外的资本、允许并鼓励公共部门和私人部门的共同参与、获得技术转让等,来创造更低碳的经济。

三 固体废物

(一) 固体废物问题

尽管阿富汗的生产水平和消费水平较低,但薄弱的固体废物管理已成为这个国家突出的环境问题之一。如果人口快速增加、难民返回、城镇化继续加速,那么本已压力重重的环境系统将不堪重负。2002年联合国环境规划署对阿富汗的环境调查显示,阿富汗的固体废料中,惰性废料(如沙土、碎石、石块、灰尘等)超过50%,塑料约占10%,家庭垃圾占5%,其余是工业废物和医药废物等,危险性废物的比重不大。

阿富汗的固体废物问题主要表现在5个方面:一是垃圾收集与分类不科学,各类垃圾混杂在一起;二是废物填埋不科学,大部分被直接填埋,一些有毒有害物甚至未经必要的先期处理;三是垃圾场选址不恰当,对周边环境影响考虑不足;四是废物循环再利用不足,资源浪费较严重;五是缺乏处理固体废物的基础设施。

解决固体废弃物问题,主要在于政府管理。联合国环境规划署调查发现,同样是大城市,喀布尔和坎大哈的固体废弃物管理水平相差极大。在喀布尔,尽管有垃圾收集设施,但各种垃圾(包括有危险性的、医药的、工业的、家庭用的、惰性的)被收集混杂在一起,没有考虑安全性和收集的有效性,废物收集方法也千差万别,没有达到统一的水平。生活废物被堆放在社区狭窄的街道上,与开放下水道中排出的粪便混合在一起;医院的医疗废物因缺少足够的焚化设备而被不合理地丢弃到街道上;垃圾填埋场建在地下水系统附近,导致有毒的渗滤液污染水源,饮用水质量下降;惰性固体废物收集时不注重科学分类,增加运输成本和车辆尾气排放。与此相反,在坎大哈,联合国人居署和当地市政部门联合为该市的六个地区建立了垃圾回收点,垃圾回收员每天推着小车从各家各户收集垃圾,将其运往指定的垃圾点,然后进行填埋,其工资由项目支付。

(二) 治理措施

为解决固体废物问题,阿富汗政府接受联合国环境规划署建议,本着"污染者付费"原则,制定国家目标和措施,并将环保责任分配到各个部门中,相关环保部门应通力合作,共同解决固体废物威胁。具体措施有以下几个方面。

一是发展废物管理的国家战略。虽然目前垃圾废物负荷不高,但随着工业发展,将有更多废物产生。阿政府决定优先考虑废物管理投资,并与固体废物的相关法律相配套。战略内容包括:①将废物管理的责任分开,分别落实到中央政府、市政府和私人组织上。②制定政策,促进废物再利用,尽可能减少包装的使用。③制定有统一标准的可食用的食品和饮料的容器,发展配套的仓库和卫生等系统。④避免和减少危险废物生产,处理好固体废物的安全贮存问题。⑤发展垃圾分类系统,将惰性材料从普通的城市垃圾中分离出来,从而减少填埋场数量、燃料成本以及车辆尾气的排放。

二是确定污染热点。若公共设施或工业场所,因空气、土壤和水污染威胁到人类健康,则应当被指定为污染热点。这些地方的相关环境参数应被监测且被公众知晓。

三是为废物管理部门配备合适的设施。如合适的卡车、高温焚烧炉、废物转移设备、推土机、铁铲和其他装备,提供专门技术指导和培训的项目。

四 土壤污染

(一) 土壤环境概况

1993年阿富汗土地类型统计显示,牧场占国土总面积比重最大,达到45.2%,分布广泛;其次是荒地,占国土总面积的37.3%;森林覆盖面积很小,多集中在东部地区;其他土地类型如灌溉地、轮耕地、果园、湿地等所占比重很小;大部分沙丘集中分布在国家南部(见表9-18)。

阿富汗北部平原是大中亚平原的一部分,从伊朗延伸至帕米尔高原的山麓。它有着肥沃的平原和丘陵,缓缓地倾向阿姆河。西南部高原到中部高原南部是一个平均海拔为1000米的高原地带,大部分是沙漠和半沙漠。高原的1/4是雷吉斯坦沙漠,穿过赫尔曼德河及其支流阿尔甘达卜。

从已完成的小部分国家土壤地图来看,中部高原有沙漠草原和草甸草原型土壤;北部平原有肥沃的黄土;西南部高原,除了沿河地区有冲积层积累,其余都是贫瘠的沙漠土壤。耕地土壤通常PH值较高,氮是农作物生产的限制营养素,土壤中经常缺磷,钾也稀少。

表9-18 阿富汗土地类型统计(1993年)

土地类型	面积(公顷)	占国土总面积的比重(%)
水浇地	330.2007	5.1
果园	9.4217	0.1

续表

土地类型	面积（公顷）	占国土总面积的比重（%）
灌溉地	155.9654	2.4
轮耕地	164.8136	2.6
汗地	451.7714	7.0
林地	133.7582	2.1
牧场	2917.6732	45.2
荒地	2406.7016	37.3
湿地	41.7563	0.6
水域	24.8187	0.4
冰川	146.3101	2.3
城区	2.9494	0.05
国土总面积	6455.9396	100

资料来源：联合国粮农组织在线数据库。

（二）土壤环境问题

阿富汗境内最严重的土壤环境问题就是沙漠化和土壤退化。据全球土壤退化评价，阿富汗3/4的地区遭受沙漠化影响，约16%的土地因人为活动而被破坏。导致土壤退化的因素主要有：一是落后的农业耕作方式导致土壤肥力退化，如在斜坡上种植农作物；二是战争冲突、土地权利诉求和干旱等改变传统放牧模式；三是滥伐森林、植被缺失；四是洪涝灾害和淤塞影响灌溉系统效能；五是地质、地形和气候特征等自然因素引发土壤流失。[①]

（三）治理措施

为了解决土壤沙化的严峻问题，阿富汗环保部门在联合国环境规划署的帮助下，对本国土壤环境进行深入调研，并针对沙漠化治理提出以下7项措施。[②]

一是稳固沙丘和土壤。为防止沙丘移动和土壤沙化，最直接的措施是种植具有稳固土壤作用的植被。可能的话，也可采用传统技术和劳动密集型的方法。

二是补播高度退化的牧场。积极开展补播或重新种植已退化牧场的项目。

---

① 阿富汗国家环保局、联合国环境规划署：《阿富汗环境（2008）》，2008。
② 阿富汗国家环保局、联合国环境规划署：《阿富汗环境（2008）》，2008。

三是减少在脆弱地区进行放牧和旱地种植。采取激励措施或补偿方案来减少在脆弱地区进行放牧和旱地种植。同时推广其他农业生产方式，如改善灌溉供应，对牧场地理条件进行调查等。

四是绘制易遭受沙漠化的地区图。进行全国范围内的土地评价，对当前出现沙漠化或易受沙漠化影响的区域进行辨别和分类，包括识别易受侵蚀的土壤和易遭遇干旱的土地。评价报告应直接用于土地规划和土地修复战略。

五是制定整体性和综合性的战略与计划。在制定基础性的土地和自然资源政策时，应吸收更广泛的利益相关者参与，涉及国家、省、地方和社区等层面，还需与农业和农村发展的战略相匹配，体现其整体性和一致性。

六是建立量化信息系统。将土地退化程度和其对生态系统的影响进行评价和监控，绘制图表，尽量使其所以量化，并将数据整理保存。

七是实行土地复原，并在项目实施的同时提升公民的保护意识，对公民进行教育和培训。

五 核污染

（一）核辐射状况

核污染主要指核物质泄漏后的遗留物对环境的破坏，包括核辐射、原子尘埃等本身引起的污染，还有这些物质在环境污染后带来的次生污染，如被核物质污染的水源对人畜的伤害。

对于阿富汗来说，核污染主要来自数次战争中的核武器试验和使用。2001年"9·11"事件后，美国发动阿富汗战争，期间使用了大量新型武器，其中一些含有生化和辐射成分，如贫铀弹、BLU-82炸弹、"陶式"炸弹等。贫铀弹以高密度、高强度、高韧性的贫铀合金做弹芯，穿透性极强，具有一定放射性，通常用于轰炸机场、坚实掩体、地下工程等。BLU-82炸弹外号"滚地球"，内含大量硝酸铵，能将半径550米内所有的东西都烧为灰烬，对生态环境的破坏十分严重。

（二）治理措施

当前，阿富汗并未出台有关消除核污染的文件。根据国际经验，减少核污染和控制核辐射的途径如下。

一是避免核战争，约束有核国家对于核武器的研制和开发，签署《核不扩散条约》，实现无核区。

二是限制和尽量减少对放射性核元素的生产和进口，加强核污染防治、核废料安全运输、核辐射环境监测的研究及国际技术交流,加强对现有反应堆核电站周围环境核污染的监测。同时,注重通过立法限制核的使用和核原料的交易。

三是加快核能的科技研究,更深入地了解其原理,以更好地掌握和利用核能。若进行核试验和开发核能,应尽量在比较偏僻的地方进行,以使损失最小化。

六　生态环境

（一）生态环境概况

阿富汗富有冰川和高山植被（特别是在最东北部,包括瓦罕走廊）、山地针叶林和混交林、柏属植物、半荒漠灌木、河流湖泊和沼泽等。其中,牧地、森林和生物多样性是阿富汗"穷人的财富"。大部分农民都要依靠生态系统获得吃、穿、住、行等生活必需品。

阿富汗生物多样性统计见图9-3。

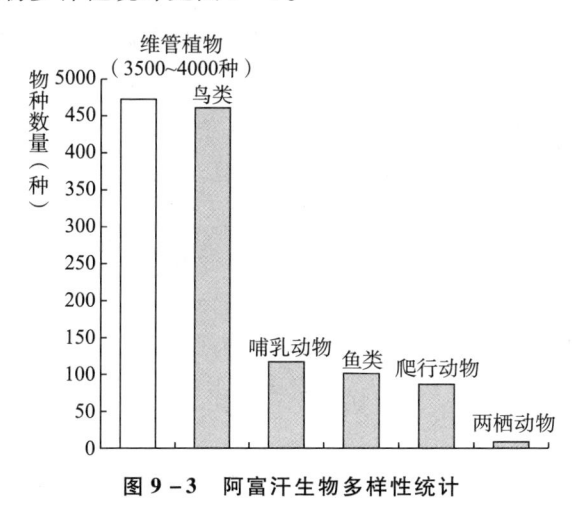

图9-3　阿富汗生物多样性统计

（二）生态环境问题

接近30年的战乱和严重的干旱,使阿富汗的环境和生物多样性受到较严重破坏,主要表现如下。

一是森林乱砍滥伐。几个世纪前,落叶植物和常绿植物构成的森林占阿富汗当前土地的5%,包括100万公顷的橡树和200万公顷的柏树,这些树木大部分生长在阿富汗的东部。由开心果、杏仁和杜松构成的开阔树林占土地总面积的1/3。20世纪中叶,阿富汗的森林覆盖面积约为310万~

340万公顷，现在则剩下 100 万~130 万公顷。2000~2005 年，森林面积以平均每年 3% 的速率减少，相当于每年消失 3 万公顷森林。如果仍以这一速度减少的话，阿富汗所有森林将会在 30 年后消失。

导致森林急速退化的原因很多：一是国内外的木材交易需求增长，特别是邻国巴基斯坦，其木材年交易量为 15 万~50 万立方米；二是战争对森林生态系统造成难以弥补的损害；三是森林管理体系薄弱，民众环保意识及参与度不足。大量的森林砍伐和走私，不仅使阿富汗东部地区的森林面积骤减，也让部分跨国有组织犯罪集团从中牟利；四是国内能源和电力不足，居民需要依靠木材烧火取暖。

二是野生动植物生存环境受到威胁。如火烈鸟在阿富汗已多年没有进行繁殖，里海虎、猎豹处于濒临灭绝的边缘，捻角山羊数量逐年减少等。其原因一是战争改变当地生态环境，破坏了季节性动物和禽类跨越边境和季节性迁移活动；二是狩猎活动，非法狩猎或作为一项运动，或为猎取食物，或为皮毛交易，而屡禁不绝。

三是物种基因资源遭到破坏。如很多农作物的遗传多样性在战争冲突中消失，使用农药导致物种基因改变等。

（三）治理措施

阿富汗人的环保意识较弱，执行力不足。一来，战后的阿富汗任务较重，首要是经济发展和社会稳定，环境保护只是其中一个次要问题而已，没有引起阿富汗人的足够重视。二来，阿富汗政治斗争不断，国内有 104 个政党，均以种族、地域或对个人的忠诚为基础，缺乏全局意识，各项政策措施在落实过程中都会走样。尽管这样，为应对生态环境问题，阿富汗政府于 2005 年 12 月发布《环境法》，对生物多样性和自然资源保护与管理做出明确规定。

一是保护生物多样性。授权国家环保局联合其他相关部委，制定国家生物多样性策略和行动计划，生物多样性策略至少每五年更新一次，重视就地保护和迁地保护。

二是保护自然资源。授权国家环保局联合其他相关部委，为已退化的生态系统制订复原计划，包括自然资源管理计划和保护区管理计划。未经国家环保局、相关部委、省市及地方地府的同意，不得进行损害自然资源可持续使用的活动。

三是设立自然保护区。保护区的类型主要有严格自然保护区、国家公园、自然遗产、栖息地物种管理区、自然风景保护区、资源管理保护区。

此外，为保护生物多样性，实现可持续发展，阿富汗国家环境保护局根据自身国情，借鉴发达国家的成功经验，采取的主要措施如下。

一是编制科学的动物群和植物群名册，列出需特殊保护的珍稀动植物名目。为保护阿富汗的野生动植物，国际野生生物保护学会（Wildlife Conservation Society）协助阿富汗国家环保局列出33种珍稀动植物，保护它们免于被偷猎、被采伐、被非法交易。2009年公布的名单中包括雪豹、瞪羚等20种哺乳动物；猎隼等7种鸟类；4种植物，其中有喜马拉雅榆；1种两栖动物：蝾螈；还有1种昆虫。阿富汗国家环保局表示会就特有物种列表建立网络型保护区域，同时会每五年重估一次特有物种列表。至2010年底，该列表中的动植物种类增加到70多种。

二是建立国家公园。如在国际野生生物保护学会和阿富汗国家环保局的共同努力下，建立国家公园以保护巴米扬山谷中心的由6个蓝宝石色湖泊组成的"班达米尔"（Band-e-Amir）湖泊群，其在保护自然资源和生态环境的同时，也成为热门旅游目的地之一。

三是完善并执行相关法律制度、政策和程序。2005年阿富汗出台国内第一部《环境保护法》。

四是减少非法砍伐，尤其是大规模的跨界砍伐活动。

五是实施造林计划。特别是在那些持续使用森林、牧场和生物多样性资源的地区开展植树造林活动。

七　小结

在灾难性干旱持续近1/4世纪的战争冲突中，阿富汗人民用坚定的意志战胜饥饿，重建被战争摧毁的家园。连年战争冲突毁坏了全国约60%的基础设施，破坏了阿富汗人民赖以生存的自然资源。战争结束后，为实现安全、良好的治理，及可持续发展的目标，阿富汗在自然资源管理和恢复方面做出了大量努力。

在水资源方面，由于气候干燥，地表水资源分布不均，战争对灌溉系统的破坏，使得阿富汗水资源短缺。近年来，受战争影响，水污染问题越来越严重，阿富汗大多数家庭无法获得安全饮用水。在国际环保组织的援助下，阿富汗开始建立相关机构，制定管理水资源的长期战略，保护水资源，减少干旱和其他自然灾害对水资源的影响。与此同时，政府大力关注水污染治理问题。除制定相关政策和规章制度外，还与国际组织积极合作，学习国外先进经验，如制定国家水质标准、建立网络化的系统观测站等。

在大气环境方面，阿富汗民众面临的最大问题是空气污染，这与阿富汗人取柴生火以及使用劣质汽车燃料有很大关系。战争结束后，联合国环境规划署在阿富汗的主要大中城市收集空气样本，结果显示这些地区的灰尘以及颗粒物浓度很高。为此，阿政府制订了防治空气污染计划，使其与其他领域或环节相配合，如能源、废物管理、公共卫生等。此外，环保部门在各大主要城市建立实时空气监测系统，提出并积极实施改善能源结构、提升清洁能源使用比重等战略措施。

在固体废物方面，阿富汗存在的主要问题是垃圾的收集和分类不科学、缺乏具体的固体废物分类标准、随意丢弃和堆放生活垃圾和工业垃圾、可用于废物填埋的基础设施陈旧、填埋技术不科学等。为此，阿富汗环保部门根据具体垃圾种类，制定了切实可行的固体废物分类标准；同时，充分发展和提升固体废物的处理方法，如压实技术、破碎技术、焚烧技术等。

在土壤污染方面，阿富汗面临的主要环境问题是沙漠化和土壤流失。每年，首都喀布尔都要遭遇数次特大沙尘暴，给人们的生活和生产带来不便。沙漠化不断扩大还造成土壤流失，减少可耕地，对以农业为主的阿富汗影响极大，一部分农牧民沦为生态难民。为此，阿政府致力于制定整体性和综合性的战略与计划，建立量化信息系统，实施土地复原。

在核污染方面，对于阿富汗来说，污染主要来源于数次战争中武器的试验和使用。可以说，阿富汗战场成为新型武器的试验场。这些武器中或多或少含有生化和辐射成分，在近几年或未来几十年中，对环境和民众都有极大影响。避免核战争，签署相关条约，实现无核区是成功解决核污染的重中之重。

在生态环境方面，阿富汗有着广泛的生态系统。国内大约80%的农民依靠生态系统获得生活必需品。然而，受近30年战乱和严重自然灾害的影响，阿富汗的生态系统和生物多样性受到了严重的威胁，其中，森林的乱砍滥伐和野生动植物的濒临灭绝最为严重。为此，阿环保部门通过编制珍稀动植物名目、建立国家公园、实施重新造林计划、完善相关法律制度等措施，来保护生态环境。

第三节 环境管理

一 环境管理体制

阿富汗环保主管部门是国家环境保护局（National Environmental Protection Agency，NEPA），成立于2005年，由临时政府组建的临时性环境保护机构——灌溉、水资源和环境部（Ministry of Irrigation，Water Resources and Environment）改组而来。另外，农村恢复和发展部、能源和水利部、信息文化部、矿山和工业部、气象部、国家灾害管理部等机构在气候变化、土壤沙化和生物多样性等环境问题上也比较重要。

根据阿富汗《环境法》，其国家环保局的职责主要有：①保持环境的完整性，促进自然资源的可持续利用；②促进环境的保护与复原；③在地方、国家和国际上协调环境事务；④发展并执行国家环境政策和战略，将环境问题和可持续发展战略整合成法定的、有监管的框架；⑤在环境影响评估、空气和水质管理、废物管理、污染控制以及相关活动领域提供环境管理服务；⑥建立环境信息的交流和推广机制，确保环境问题意识得到提高；⑦执行双边或多边环境协议；⑧执行关于国际濒危野生动植物种的国际贸易公约；⑨代表政府签署有关环境保护和修复的协议；⑩促进和管理阿富汗伊斯兰共和国在双边和多边环境协议中的准入；⑪协调好为环境监测所做国家项目的准备和实施工作，有效利用项目所提供的数据；⑫准备国家环境报告，城市地区每两年一份，农村地区每五年一份，报告准备好后提交总统办公室；⑬至少每两年准备一份有关阿富汗可能出现的环境问题的中期报告；⑭制订国家环境行动计划，评估进行短期、中期和长期行动的紧迫性和重要性，以防止或减少环境报告中呈现的最新环境动态的不良影响，通过与相关部门和机构进行协商，为行动的执行制定协调战略和方案；⑮定期编制和发布重大环境指标报告；⑯编制并发布年度报告，报告应详细阐述批准的授权和国家环境保护局承担的活动；⑰评价环保法案的实施效果；⑱制订并实施环境培训计划，开展环境教育，提升与相关部门和公共机构合作的环境意识；⑲针对有关自然资源可持续利用以及环境的保存和复原等所有问题，与相关部门、省议会、区和村委会、公共机构以及私人机构进行协调与合作；⑳监督法律目标和条款的实施；㉑履行部长理事会指定的职能。

二　环境保护政策和措施

（一）环保法律法规

阿富汗最主要的环保法律法规是2005年12月制定并通过的《环境法》。该法由世界银行、世界保护联盟、联合国和阿富汗的环境专家共同完成，全文共9章，总计78项，确定了13项基本原则（见表9-19），阐明了在环保领域中央和地方之间的职责和相互协调关系，列出了管理自然资源、保障生物多样性、保护饮用水、控制环境污染和开展环境教育的框架，为环保执法提供了依据和工具。

《环境法》为阿富汗自然资源管理提供了一个总体制度框架。除此之外，还有相关配套的具体法律法规，如水利法规、森林法、牧场法、清洁空气条例、保护区条例、国家环境保护行动计划等。联合国环境规划署积极援助阿富汗建立环境影响评价体系，并培训环保人员。

表9-19 阿富汗《环境法》的主要内容

章节名称	主要内容
第一章：总则	总则概括了《环境法》的主要目的和基本原则，列出了环境的执法机构，明确了中央、地方以及公民个体的权利和义务，同时也提到注意义务
第二章：职权	该章详细列出了阿富汗环境保护局的21项职权、环境协调委员会的设置及7项职能、国家环境咨询委员会和地方环境咨询委员会的设置
第三章：影响环境的管理活动	该章具体阐述了与环境有关的管理活动，如严厉禁止的活动、对环境的初步评估、综合缓解措施、成本分析、公众参与、财政预算等
第四章：综合污染防治	该章描述了要申请环境保护执照或许可的具体要求，如废物管理执照、危险废物管理执照、废物的进出口和贸易许可
第五章：有关水资源保护和管理的环境因素	该章探讨了进行水资源管理的前提条件以及防止和补救水污染所带来影响应遵循的原则
第六章：生物多样性和自然资源的保护与管理	该章详细介绍了国家保护生物多样性的策略，对自然保护区的管理、保护区外的自然资源管理、物种的可持续使用和保护、珍稀动植物贸易以及基因资源的管理都做出了全面的概述
第七章：环境信息、教育、培训和研究	该章提到了有关环境信息的收集与整合，对保护环境进行教育、培训和研究应遵循的原则
第八章：遵守与执行	该章论述了监督员的任命及职责、合法行为的类型以及违法人员或机构要受到的惩处
第九章：其他条款	该章重申法案在环保方面的至高权威，以及签署生效的程序

（二）环保政策制度

伴随《环境法》和相关法律法规的颁布实施，阿富汗的环保政策也在不断完善。如2008年完成全球环境管理中国家能力自我评估和应对环境变化的两个项目，充分展示阿富汗在执行《联合国气候变化框架公约》《联合国生物多样性公约》《联合国防治荒漠化公约》中已取得的成果。

2007年，阿富汗环保局制定《国家环境战略》①，阐述了环境管理的重点项目领域，包括牧场和森林的修复与可持续使用、生物多样性的保护、自然文化遗产遗址的保护、基于社区的自然资源管理、污染的防治、城市环境管理、环境教育与意识等。

《国家环境战略》的目标是通过对自然资源的保护和对环境的保护，提高阿富汗人民的生活质量，具体包括：确保清洁和健康的环境；通过保护自然资源基础及国家的环境来实现经济和社会的可持续发展；通过所有利益相关者的参与确保国家环境得到有效管理。

《国家环境战略》强调国家环保局和各职能部门对环境影响评估的执行以及制度建设能力，注重短期和长期结果与主要目标的联结，强调建立"跨部门咨询组织机制"（Consultative Group Mechanisms）的重要性。在咨询组织机制下，环境不仅是一个环境部门的问题，也是跨部门的交叉问题，需要所有部门和项目区域对某一特定环境问题进行关注，确保政府、公民和执行机构在已有的法律法规下设计和执行环境项目，同时对经济和社会发展项目造成的环境影响进行监督及评估。

为推广和保护班达米尔的自然美景，阿富汗于2009年4月22日世界地球日这一天宣布班达米尔为该国第一个国家公园。班达米尔是兴都库什山上的天然大坝形成的密集蓝色湖泊群。这些湖泊由岩石地带断层和裂缝里渗出的富含矿物质的水形成，因注入水源与形成湖床的矿物质而形成多变的颜色，从微宝石绿色到深蓝色。屹立高耸的悬崖峭壁在众多湖泊的南岸形成明显的分割线与阴影。

三 小结

和世界上大多数国家一样，阿富汗的环境管理实行国家各级权力机关的一般性管理与被专门授权的国家环境保护机关的专门管理相结合的体制。阿富汗国家环境保护局是最主要的环境政策制定和监管机构，其他与环境保护有关的机构还有能源与水利部、气象部、国家灾害管理部等，它们分管各自业务范围内的环境保护工作。

阿富汗最重要的环保法律是《环境法》，为阿富汗自然资源管理提供了一个整体性的制度框架。随着战后恢复工作的展开，以及环境保护战略性

---

① 此战略是阿富汗《国家发展战略》的组成部分。

目标的提出，其他配套的环保法律法规及政策制度也在不断完善中，如水利法、森林法、牧场法等，使得阿富汗在自然资源和环境保护方面取得了长足的进步。

第四节　环保国际合作

在对外关系方面，阿政府外交以寻求援助为中心，国家发展主要依靠西方和周边国家的支持和援助。阿富汗是"中亚区域经济合作机制"、南亚区域合作联盟等地区合作机制和组织的成员，是上海合作组织观察员，与邻国签署了《喀布尔睦邻友好宣言》和《喀布尔睦邻友好禁毒宣言》。阿富汗利用地缘优势，力争成为本地区贸易交通枢纽，并在能源、人文和环保方面与其他各国建立良好合作，从而促进本国发展。在国际组织和世界各国的援助下，阿富汗的双边及多边环保合作取得不少成就。

一　双边环保合作

（一）与中国的双边环保合作

近年来，中国和阿富汗两国发布多份联合声明。2006年6月18日，两国元首共同签署了《中阿睦邻友好合作条约》，宣布建立全面合作伙伴关系。2010年3月，卡尔扎伊总统对中国进行国事访问，双方发表联合声明。2012年6月，卡尔扎伊总统出席上海合作组织成员国元首理事会第12次会议并访华，两国建立中阿战略合作伙伴关系，并发表《中阿关于建立战略合作伙伴关系的联合宣言》。2013年，两国发布中阿《关于深化战略合作伙伴关系的联合宣言》，指出双方将继续巩固两国在政治、经济、人文、安全以及国际地区事务五大支柱领域的合作，充实中阿战略合作伙伴关系的内涵。同时，双方同意加强文化、教育、卫生、新闻媒体等领域的交流与合作，促进中阿传统友谊，以及本地区乃至世界的和平、稳定与发展。出于各种原因，中阿两国的环保合作并未提上日程。

（二）与其他国家的双边环保合作

1. 与周边国家

阿富汗政府重视发展与周边国家关系和参与区域合作，先后与包括中国在内的6个邻国签署了《喀布尔睦邻友好宣言》。在环境保护方面，阿政府也积极寻求与其他国家的合作。

2010年3月11日，阿富汗与巴基斯坦签署并发表了内容广泛的《联合宣言》，表示将在跨国交通、贸易与投资、教育、机构建设、农业与环境、能源和民间交流7个方面加强合作。

2011年10月4日，阿富汗与印度签署两国《战略合作伙伴协议》，约定两国将在安全、经济、贸易、文化、环境、教育和民间交往等领域开展合作。

伊朗作为阿富汗西部的重要邻国，与阿富汗有着深厚的历史、文化、宗教、民族渊源和联系。塔利班政权倒台以来，伊朗积极参与阿富汗重建，且加强经贸、文化、教育等领域的交流与合作。

2. 与欧盟[1]

欧盟在其《2007～2013年阿富汗国别战略》文件中认为，阿富汗当前面临的主要环境问题有水资源短缺，森林乱砍滥伐，土壤流失和荒漠化现象日益严重，空气污染，缺失废物处理系统，干净饮用水不足等。为此，欧盟与阿富汗的环保合作集中在三个方面：一是生态系统和生物多样性保护与管理，包括防治沙漠化；二是污染综合防治；三是私人对环境的投资。主要目标是提升阿富汗制定和推进环保政策的能力。作为更广泛的公共管理议程的一部分，欧盟将协助阿富汗中央部门和相关环境部门强化制定和执行新的法律和政策的能力。在欧盟的支持下，联合国环境规划署协助阿富汗起草了一个环境法律框架，为制定更详细的法规和程序起到了指导性作用。不过，到目前为止，得到具体落实的项目并不多。

3. 与美国的合作[2]

美国国际开发署对外环保援助项目主要涉及生物多样性保护、应对气候变化、保护森林（植树与防止乱砍滥伐）、土地管理等。与阿富汗的环保合作项目通常被列入"社会领域项目"，目前主要表现在饮用水安全和发展公民环保组织等方面。

由于水污染以及缺乏自来水基础设施，阿富汗始终面临饮用水安全问题。美国国际开发署（USAID）与阿富汗环保领域的合作主要是"可持续水资源供应和卫生"项目（Afghan Sustainable Water Supply and Sanitation，SWSS），重点在于省级重建队（Provincial Reconstruction Teams）的设计以及系统管理员的可持续培训。SWSS项目的社区动员与可持续单元为减少社区饮用水水源性疾病奠定了基础。该项目执行期共36个月（2009年10月到

---

[1] EU, "Country Strategy Paper Islamic Republic of Afghanistan 2007 – 2013", P. 9、P12.

[2] USAID, "Where We Work—Afghanistan and Pakistan", http://www.usaid.gov/where-we-work/afghanistan-and-pakistan.

2012年9月），活动内容主要集中在改善饮用水、改善卫生条件、强化村民意识和承诺等方面。该项目取得的成就有：在25个阿富汗省份中，签订了169项分包合同，涵盖卫生状况改善、管道和水井方案的设计和建造等，总价值为1651.2881万美元；完成了3011座水井建造和37处管道设计，有61.5725万人受益；建造了4.2129万座崭新的公共厕所，受益人数达到29.4903万人；培训4166名卫生协调员和辅助员，使他们可以通过自己的知识储备和专业技能培训阿富汗民众，提升民众的环保意识；培训150名手泵操作机械员，实现对3011个水井的日常维护；等等。

美国国际开发署自2006年就与阿富汗政府及班达米尔附近的社区一起筹划建立国家公园。为确保公园的长期可持续性，美国国际开发署与国际野生生物保护学会（WCS）一起成立当地社区管理机构，并协助制订国家公园管理计划。USAID还建议政府建立自然保护区的法律框架。国际野生生物保护学会继续帮助阿富汗人民保护他们的自然遗产，目前，正在培训公园管理员保护公园的野生动物，向省级官员传授公园管理知识，并帮助国家官员制定有效的自然资源管理法。

二 多边环保合作

（一）阿富汗已加入的国际环保公约

在联合国环境规划署的帮助下，阿富汗已加入的国际环保公约有：

- 《联合国生物多样性公约》（United Nations Convention on Biological Diversity，UNCBD）；
- 《联合国防治荒漠化公约》（United Nations Convention to Combat Desertification，UNCCD）；
- 《联合国气候变化框架公约》（The United Nations Framework Convention on Climate Change，UNFCCC）；
- 《濒临绝种野生动植物国际贸易公约》（Convention on International Trade in Endangered Species of Wild Fauna and Flora，CITES）；
- 《臭氧条约》（Ozone Treaties）；
- 《拉木萨尔协定》；
- 《迁徙物种公约》。

（二）与中亚地区的环保合作

阿富汗是一个位于亚洲中南部的内陆国家，坐落在亚洲的心脏地区，与大部分毗邻国家在宗教、语言、地理方面具有一定程度的关联。在自然资源和环境保护方面，与中亚五国保持良好合作。

阿富汗与中亚国家的环保合作主要是咸海和阿姆河环境保护。阿姆河是流经阿富汗、塔吉克斯坦、土库曼斯坦和乌兹别克斯坦四国的国际河流，也是阿与塔、乌两国的界河。2013年3月，阿富汗和塔吉克斯坦的水资源环境管理部门的相关负责人在塔吉克斯坦首都杜尚别举行第三次双边会议。会议内容是两国就共享的阿姆河的上游河段建立环境保护项目。会议通过"加强阿富汗和塔吉克斯坦关于阿姆河上游流域的水利及环境保护合作的计划"。在该项目中，阿富汗的国家环保局与能源和水利部，以及塔吉克斯坦的环境保护委员会参与其中。根据已有的双边协议，两国将加强环境方面的信息交流和合作。俄罗斯联邦和联合国欧洲经济委员会提供资金援助。

（三）与上合组织的环保合作

2005年，上海合作组织与阿富汗建立"上合组织—阿富汗联络小组"，目的是就双方共同感兴趣的问题开展合作。2012年，上合组织接纳阿富汗为观察员国，表明上合组织将其与阿富汗的关系发展置入快车道，为上合组织国家与阿富汗之间的政治、安全、经济合作提供了有利条件。在2013年9月举行的上合组织比什凯克峰会上，阿富汗问题成为重点议题之一。成员国元首们再度就阿富汗问题的解决表达了清晰的立场，《比什凯克宣言》中写道："成员国支持将阿富汗建设成为独立、中立、和平、繁荣、没有恐怖主义和毒品犯罪的国家。强调阿富汗民族和解进程应由阿人主导、阿人所有，以尽快实现国家和平与稳定。成员国呼吁国际社会为阿早日实现和平创造条件，支持联合国在协调解决阿富汗问题和协助阿重建的国际努力中发挥主导作用。"

当前，阿富汗与上合组织的主要合作内容有经济重建、地区安全、打击三股势力、打击贩毒和跨国有组织犯罪等，在环保领域尚未有具体的合作项目。

（四）与国际组织的环保合作

在帮助阿富汗进行家园重建的过程中，众多国际组织积极参与，发挥着重要作用。其中，联合国环境规划署（UNEP）在环保领域表现最突出。

第一，2003年战争结束后，UNEP第一时间带领20余人的环境专家队伍赶赴阿富汗进行调研，之后形成《阿富汗冲突后环境评估报告》，指出阿富汗境内存在着严重的环境问题，如地表水和地下水的缺乏及污染、空气污染、固体废物污染、森林乱砍滥伐、野生动植物数量锐减等。一方面，这份报告为阿富汗政府的环境重建计划提供了事实依据，另一方面，为对阿富汗进行援助的国家提出了有效的建议。在 UNEP 的努力下，阿富汗成立国家环保局，制定第一部环境法。在近几年的环境保护中，UNEP 对阿富汗提供着不间断的援助，一项多年环境计划由 UNEP 和 NEPA 共同建立和发展，所需资金由联合国欧洲经济委员会、芬兰政府和全球环境基金提供。

第二，在阿富汗重建家园的过程中，联合国环境规划署对其环境修复和保护提供了持续的帮助。第一阶段是 2002~2003 年。第二阶段是 2003~2007 年，重点是提高基本的体制能力、法律能力和人员能力，以便在国家一级实现有效的环境管理。第三阶段是 2008~2010 年，任务是协助国家环境主管部门在全国范围落实环境管理框架，并对环境恢复和社区管理等工作进行管理。每个阶段的措施制定和实施都是在阿富汗国家环保局、非政府组织、联合国机构和双边及多边伙伴密切合作下开展的。联合国环境规划署对阿富汗国家环保局的相关职员提供培训和指导服务，并在环境协调、环境法律和政策、环境影响评估、污染控制、环境教育和宣传、社区自然资源管理、保护区，以及多边环境治理等领域提供技术援助。

此外，联合国欧洲经济委员会国际红十字委员会为阿富汗提供援助，帮助其建立和完善供水系统。联合国儿童基金会（United Nations International al Children's Emergency Fund，UNICEF）帮助部分地区进行饮用水氯化处理，从而大大降低这些地区的霍乱发生率。

联合国儿童基金会成立于 1946 年 12 月 11 日，最初目标是满足第二次世界大战之后欧洲与中国儿童的紧急需求。1950 年起，它的工作扩展到满足全球所有发展中国家儿童和母亲的长期需求。1953 年，UNICEF 成为联合国系统的永久成员，并受联合国大会的委托致力于实现全球各国母亲和儿童的生存、发展、受保护及参与的权利。联合国儿童基金会在阿富汗的主要合作项目涉及水和环境卫生。目标是确保儿童获得安全的饮用水和基本的卫生设施；主要方式是帮助部分地区进行饮用水氯化，以大大降低这些地区的霍乱发生率。

三 小结

阿富汗与世界大国和周边国家有着广泛的区域合作，建立了合作伙伴关系，但环境合作基本停留在纸面上。在国际组织的帮助下，阿富汗已加入多项国际环保公约，涉及改变气候状况、保护生物多样性、防止荒漠化、保护地球臭氧层等，还积极寻求实施各项多边和区域环境协定。

由于阿富汗特殊的地理位置，其与中亚国家就水资源的使用和开发有着较多合作。其中，与塔吉克斯坦就阿姆河上游流域的保护有过多次协商和合作。面对复杂的国际形势，2001年成立的上海合作组织，在维护和保障地区和平与安全中有着重要的作用。在上合组织中担任观察员国的阿富汗，与其他成员国在诸多领域有着合作交流。对阿富汗战后环境重建做出重大贡献的国际组织有联合国环境规划署、国际红十字委员会、联合国欧洲经济委员会、世界银行等。

虽然战争中阿富汗的环境遭到极其严重的破坏，但战后在各方力量的援助下，修复成效比较显著，其中也有值得我国借鉴的地方。

第一，规范和加强国内法律同国际法律的统一与协调。国际环境法主要指国际条约、国际习惯和一般法律原则以及一些国际会议和国际组织通过的有影响力的文件。国内有关环境的法律与国际法律的统一和合作意在在保持国家独立性的同时，注重地球环境的一体性。战后阿富汗在原有法律的基础上，借助国际组织的援助制定了一系列环境法，较好地实现了与国际环境法的融合。具体表现为已加入的国际环保公约和本国国内的环境法能相互渗透，协同作用，实现共同治理。

第二，建立环境保护的公众参与机制。联合国环境规划署在战后阿富汗环境修复过程中，帮助其培训专门人员，调查小组还深入当地社区，为提高民众环保意识做出了贡献。从中可以看出，在保护环境方面，提高公众参与的积极性是十分重要的。广大的社会力量可以弥补国家力量的不足，从而使环境的修复和保护效果达到最大化。

第三，加强与周边国家合作，有效治理跨界环境污染问题。一般说来，与一些发达国家如英国、美国等进行环保合作是发展中国家环保部门的首选，因为这些国家的法律制度、技术设备、人员素质都具有一定的先进性。然而，水污染、大气污染、核污染等是没有国界的，只要一个国家出现，其邻国往往也难以幸免。因此，重视并加强与周边国家的环保合作是一项长期战略。

参考文献

[1] 余建华：《阿富汗问题与上海合作组织》，《西亚非洲》2012年第4期。

[2] David A. Taylor, "Environmental Triage in Afghanistan", *Environmental Health Perspectives* 2003（111）.

[3] UNEP, "Afghanistan—Post-conflict Environmental Assessment", 2003.

[4] UNEP, "Afghanistan's Environmental Recovery—A Post-conflict Plan for People and Their

Natural Resources", 2006.
[5] UNEP, "Afghanistan's Environment 2008", 2008.
[6] UNEP, "Capacity Building and Institutional Development Programme for Environmental Management in Afghanistan Progress", 2008.
[7] Asian Development Bank (ADB), "Natural Resources Management and Poverty Reduction", 2005.
[8] Asian Development Bank (ADB), "Afghanistan: Country Synthesis Report on Urban Air Quality Management", 2006.
[9] 网站资料，包括：

http://www.afghan-web.com/environment/water.html;

http://www.afghan-web.com/environment/afghan_environ_law.pdf;

http://www.afghan-web.com/;

http://www.afghan-web.com/environment/enviro_protection.html;

《南亚环境合作计划》，http://www.sacep.org/html/mem_afghanistan.htm;

《联合国欧洲经济委员会》，http://www.unece.org/index.php?id=32619;

《上海合作组织》，http://www.sectsco.org/CN11/show.asp?id=171。

第十章
白俄罗斯环境概况

第一节 国家概况

白俄罗斯是原苏联加盟共和国，1991年8月25日独立，1991年12月19日改名为"白俄罗斯共和国"，简称"白俄罗斯"。2004年底，白俄罗斯第一次提出了以观察员国身份加入上海合作组织的请求。2009年6月16日，在上合组织叶卡捷琳堡峰会上，白俄罗斯和斯里兰卡正式成为上合组织的对话伙伴国。

一 自然地理

（一）地理位置

白俄罗斯是欧洲内陆国，位于东欧平原西部，东邻俄罗斯，两国边界长990公里，南接乌克兰，两国边界长975公里，北部、西北部与拉脱维亚和立陶宛交界，西邻波兰。

（二）地形地貌

白俄罗斯国土面积为20.76万平方公里，是欧洲面积第13大的国家。南北相距560公里，东西长600公里。白俄罗斯属于东欧平原一部分，地势低平、多湿地，平均海拔为160米，全国最高处为明斯克高地（最高峰为德任尔珍斯科山），但海拔也只有345米，最低处海拔为-100米。白俄罗斯拥有大小河流2万多条，总长9.06万公里，国内河流、湖泊遍布。水体面积占国家面积的2%。[①]

（三）气候

白俄罗斯属温带大陆性气候，较湿润，年降水量为550~700毫米。气

---

① 《白俄罗斯2020年前水资源战略》，2011。

温从西南部向东北部递减。西南部年平均气温为7℃，东北部年平均气温为4℃。1月西南部平均气温为-4℃，东北部为-8℃。7月平均气温西南部为19℃，东北部为17℃。近年来，白俄罗斯整体气温有上升趋势，2011年的情况为年平均气温7.5℃，较常年观察气温高1.7℃。[1]

二 自然资源

（一）矿产资源

白俄罗斯已确定的矿产品种有1万余种，其中主要矿产资源有钾盐、岩盐、泥炭、磷灰石、褐煤等。能源绝大部分依靠进口，特别是石油和天然气主要依赖俄罗斯。白俄罗斯钾盐储量约83亿吨，是世界著名的钾肥生产国之一，大部分钾肥供应出口。白俄罗斯泥炭蕴藏面积达250万公顷，蕴藏量约50亿吨。白俄罗斯岩盐资源非常丰富，已确认的储量为213亿吨，不仅能满足国内需求，而且大量出口。[2]

（二）土地资源

2012年，白俄罗斯农业用地面积总计887.40万公顷，约占国土面积的43%，其中，国有农业组织用地占86.4%，集体农业组织用地占1.4%，居民个人用地占10.2%。耕地总面积为550.64万公顷，草地面积为322.37万公顷；人均农业用地面积为0.92公顷，其中，人均耕地面积为0.58公顷，人均草地面积为0.34公顷。[3] 农业从业人员有45.6万人，约占总劳动人口的9.7%。白俄罗斯土壤肥力测评全国平均水平为32.2分，其中产出能力强，得分为25~35分的耕地面积占46.4%，得分为20.1~25分的占16.3%，得分在20分以下的贫瘠耕地只占7.6%。[4] 白俄罗斯的农业分为种植业和畜牧业两大生产部门，产值分别占55%和45%。种植业主要种植谷物、马铃薯、蔬菜以及亚麻、油菜、糖用甜菜等；畜牧业以肉、蛋、奶等生产为主。[5]

（三）生物资源

白俄罗斯森林覆盖率为36%，境内有3.1万种动物。截至2009年，可

---

[1]《白俄罗斯环境状况公报（2011）》，2011。
[2]《白俄罗斯的矿产和能源资源概况》，http://by.mofcom.gov.cn/article/ddgk/zwdili/201012/20101207278794.shtml。
[3]《白俄罗斯农业生产现状调研》，http://by.mofcom.gov.cn/article/ztdy/201306/20130600167152.shtml。
[4]《白俄罗斯环境状况公报（2011）》，2011。
[5]《白俄罗斯农业和畜牧业概况》，http://by.mofcom.gov.cn/aarticle/ddgk/zwjingji/200903/20090306096890.html。

砍伐森林蓄木量为12.756亿立方米。① 除森林外，白俄罗斯的灌木林地面积约占国土面积的10%。2012年林地面积较2011年增加了2.14万公顷。② 白俄罗斯是欧洲生物资源和自然景观多样性丰富的国家，特别是沼泽和湿地对欧洲气候和生物多样性有重要影响。

（四）水资源

白俄罗斯淡水资源主要由地表水和地下水组成。地表水主要集中在河流和湖泊。河流平均年径流量为579亿立方米，其中约59%形成于白俄罗斯境内，41%形成于境外（俄罗斯和乌克兰）。地表水年度变化较大，丰水年份河流径流量可达924亿立方米，缺水年份只有372亿立方米。可更新地下水储量为159亿立方米。白俄罗斯人均年可更新水量超过9000立方米，是水资源较为丰富的国家之一。白俄罗斯河流分属黑海河流和波罗的海河流，前者占55%，后者占45%。③

三 社会与经济

（一）人口概况

白俄罗斯总人口为946.24万人。首都明斯克（Minsk）人口为190.25万人（至2013年2月1日）。白俄罗斯共有100多个民族，其中，白俄罗斯族占81.2%，俄罗斯族占11.4%，波兰族占3.9%，乌克兰族占2.4%，犹太人占0.3%，其他民族占0.8%。官方语言为白俄罗斯语和俄罗斯语。主要信奉东正教（占70%以上），西北部一些地区信奉天主教及东正教与天主教的合并教派。④

（二）行政区域划分

全国共划分为6州1市，分别为明斯克、布列斯特、维捷布斯克、戈梅利、格罗德诺、莫吉廖夫6个州和具有独立行政区地位的首都明斯克市。全国共有118个区、106个市、25个市辖区、106个镇、1456个村。

（三）政治局势

1991年白俄罗斯独立，政局总体稳定。总统为卢卡申科，1954年8月30日生于白俄罗斯维捷布斯克州，自白俄罗斯独立以来一直执政。他于

---

① 《白俄罗斯环境状况公报（2011）》，2011。
② 《白俄罗斯环境状况公报（2012）》，2012。
③ 《白俄罗斯环境状况公报（2011）》，2011。
④ 资料来源于外交部网站：http://www.fmprc.gov.cn/mfa_chn/gjhdq_603914/gj_603916/oz_606480/1206_606602/。

1994年7月10日就任白俄罗斯共和国首任总统，并于2001年9月、2006年3月、2010年12月三次连任。白俄罗斯没有执政党。国民会议选举不按党派而按选区原则分配名额，白议会中没有固定的议会党团。政党在社会政治生活中的影响有限。全国共有15个合法政党、37个合法工会、2402个合法社会团体（其中国际性团体230个）。15个政党中较大的有白俄罗斯共产党、白俄罗斯联合左派党"正义的世界"、白俄罗斯人民阵线党、联合公民党、自由民主党等。

（四）经济概况

白俄罗斯没有经历"休克疗法"式的经济大动荡，是苏联地区改革最为稳健的国家。市场经济改革强调以民为本、渐进可控，是独联体地区国有经济比重最大的国家。白俄罗斯经济在走向市场化的过程中面临不少困难，如资金短缺、产品竞争力不强、企业效益不高等。2011年，在诸多内外因素综合作用下，白俄罗斯曾爆发严重的经济金融危机，白俄罗斯卢布贬值近200%，外汇储备急剧减少，物价大幅上涨，居民实际收入锐减。后在俄罗斯的帮助下，经济金融形势逐渐稳定。2012年，白国内生产总值为630亿美元，人均GDP为6657美元，通货膨胀率为21.8%，失业率为0.5%，人均月工资约合447美元。[①] 2014年，白俄罗斯GDP为762亿美元，增长了1.6%，失业率与上年持平。白俄罗斯工业基础较好，机械制造业、冶金加工业、机床、电子及激光技术比较先进；种植业和畜牧业较发达，马铃薯、甜菜和亚麻等的产量在独联体国家居于前列。

四 军事和外交

（一）军事

白俄罗斯武装力量于2001年底开始大规模精简整编，目前由陆军、空防军两个军种和特种部队一个兵种组成，2011年总兵力约6.2万人。白实行普遍义务兵役制和合同兵役制相结合的兵役制度，未受过高等教育的义务兵服役期为18个月，受过高等教育的义务兵服役期为12个月。根据2001年10月通过的《白俄罗斯军事学说》（以下简称《军事学说》），白奉行防御性军事战略，主要目标是防止针对白俄罗斯的军事威胁，将其控制在局部范围内并最终予以消除。《军事学说》规定，白不参加其他国家间的军事冲突，仅在自身遭到侵略或武装入侵并在所有遏制侵略的手段均告无

[①] 资料来源于外交部网站：http://www.fmprc.gov.cn。

效时，才使用军事力量。根据白俄罗斯宪法，总统是武装力量总司令并领导安全会议。安全会议统一协调和领导国防部、内务部、国家安全委员会和国家边防委员会等强力部门。安全会议主席由总统担任。白俄罗斯与俄罗斯是联盟国家，两国在军事领域合作密切。白俄罗斯视俄罗斯为安全后盾，俄罗斯视白俄罗斯为应对西方军事压力的盟友和前线阵地。

（二）外交

白俄罗斯奉行独立务实的外交政策，以发展对俄罗斯关系为重点。1992年6月25日两国建交。1999年签订《关于成立俄罗斯和白俄罗斯联盟国家的条约》。白支持俄推进独联体一体化进程，已与俄罗斯、哈萨克斯坦建立了关税同盟和统一经济空间。2014年5月29日，俄、白、哈三国签署了《欧亚经济联盟条约》，2015年1月1日起正式启动欧亚经济联盟，预计到2025年，三国将实现商品、服务、资金和劳动力的自由流动。另外，白俄罗斯还是欧亚经济共同体、集体安全条约组织的成员国。白俄罗斯与西方关系不睦，美欧认为，白俄罗斯是欧洲最后的独裁国家，对白总统等高级官员实施制裁。白俄罗斯非常重视发展同中国等国的友好合作关系，1992年1月中白建交，双方领导人多次互访。在白俄罗斯建有中国工业园，白对中国投资非常欢迎。

五　小结

白俄罗斯是欧洲东部的重要国家，拥有丰富的生物资源和自然景观多样性，淡水资源丰富，其境内的河流、沼泽和湿地对欧洲气候和生物多样性有重要影响。在自然资源方面，白俄罗斯钾肥资源丰富，在世界上有较高的影响力。经济发展水平低于欧洲平均水平，但在独联体地区表现尚好。白俄罗斯与俄罗斯属联盟国家，对俄经济和安全依赖较深。

第二节　国家环境状况

白俄罗斯自然环境在独联体国家中是较好的。据美国耶鲁大学和哥伦比亚大学公布的《2010年环境表现指数》报告，在全球参评的163个国家中，白俄罗斯环境表现指数居第53位，在所有独联体国家中排名第一。[①]

[①] 《美国大学报告：白俄罗斯环境表现指数领先独联体国家》，http:∥news. xinhuanet. com/world/2011－03/11/c－121175137. htm。

但1986年乌克兰境内发生的切尔诺贝利核事故对白俄罗斯造成巨大影响，迄今仍难以完全消除，是白俄罗斯最突出的环境问题之一。

一 水环境

（一）水资源概况

白俄罗斯淡水资源较为丰富，人均年可更新水量约9000立方米。淡水资源保护较好，受污染情况并不严重。白俄罗斯河流湖泊众多，河流数量超过2.08万条，总长达到9.06万公里。主要大型的河流有7条，分别是西德维纳河、西布戈河、第聂伯河、普里皮亚季河、涅曼河、维利亚河和别列日纳河，其长度均超过500公里。另有中型的河流41条。[①] 主要河流注入黑海，占总河流径流量的55%，其余的注入波罗的海，占45%。白俄罗斯还拥有湖泊1.08万多个，湖泊总面积为2000平方公里，享有"万湖之国"美誉，湖泊总蓄水量为90亿立方米，其中最大的纳拉奇湖面积为79.6平方公里，水深25米，湖泊年更新水量为70亿立方米。白俄罗斯有水库153个，总蓄水量31亿立方米，可用水量12.4亿立方米。地下水年可更新水量为159亿立方米。[②]

2009年，白俄罗斯共从地表和地下取水15.73亿立方米，其中，从地表水体中取水7.15亿立方米，抽取地下水8.58亿立方米，较2008年减少了6550万立方米。2005~2009年，白俄罗斯取水量一直呈下降趋势，2009年比2005年减少2亿立方米。[③] 白俄罗斯农业用水只有4.92亿立方米，占比不到30%。

（二）水环境问题

根据2004~2009年的多年观测数据，当前白俄罗斯地表水的主要污染物是氨氮、亚硝酸盐氮、磷及磷酸盐，另外还有易氧化的有机物。但总体来看，地表水污染呈好转趋势，在最近的几年中，地表水中氨氮的含量下降了21%，亚硝酸盐氮下降了18%，磷下降了30%，石油制品下降了47%，镍化合物下降了64%。[④]

饮用水主要来源于地下水，在现有供应饮用水的地区，其水质问题主要是铁和锰的含量过高，这主要是由自然环境因素造成的。首层地下水的

[①] 《白俄罗斯2020年前水资源战略》，2011。
[②] 《白俄罗斯环境状况公报（2011）》，2011。
[③] 《白俄罗斯环境状况公报（2011）》，2011。
[④] 《白俄罗斯2020年前水资源战略》，2011。

公共井水中，半数化学卫生指标超标，16%的微生物指标超标。[1] 另外，由于自然因素，水源中对人体有益的一些物质，如碘、氟的含量不足。

造成白俄罗斯水质变化的主要原因是人类的生产和生活等活动。造成污染的主要原因如下。①市政和工业企业产生的废水，部分废水未经处理而流入河流，每年工业企业产生的含有污染物的废水约 1.64 亿立方米。这使得不少大城市下游的河段水质较差，如斯维斯洛奇河流经明斯克市后水质明显变差。②从城市和农业区的地表径流携带来的污染物。③流经畜牧业和养殖业地区带来的动物排泄物，流经垃圾填埋场、化肥及石油制品等仓库所在地区带来的污染物。在一些地区，上述污染物深入地下 14～16 米处。④跨境输入的污染物。⑤在个别地区因自然原因形成的某些矿物含量过高，如铁化合物；⑥由一些重要企业，如"戈梅利化工厂"的磷石膏堆放场，造成的污染。白俄罗斯共有 4000 余个矿藏，其中 600 个得到开发，正在开采的有 300 余个，这些矿藏改变了水资源的矿物含量。⑦污水处理能力建设不足，特别是工矿企业的污水处理能力有待加强。白 80% 的污水处理设备和处理技术是 20 世纪 70～80 年代的，设备磨损严重，需要更新，且需采用更先进的技术工艺；⑧由于切尔诺贝利核电站事故造成的核物质泄漏，迄今仍污染着白俄罗斯的很多河流，特别是第聂伯河、普里皮亚季河等。但根据 2009 年的观测数据，第聂伯河流域的放射性污染物开始稳定下来，在地表水中，铯-137 和锶-90 的含量并没有超出国家最高标准。[2]

（三）治理措施

白俄罗斯水资源保护措施主要如下。

① 节约用水。包括：进一步降低人均用水量，总指标为每人每天用水量不超过 140 升；降低水在生产和运输过程中的损失，到 2020 年降幅要达到 20%。

② 循环利用。工业中水资源的循环利用率要达到 95%；充分利用雨水和冰雪融水，特别是将其用于工业生产。在人口超过 5 万人的居民点、度假区和工业区要安装雨水、冰雪融水净化设备。

③ 集中供水。在人口超过 5000 人的居民点要安装集中供水系统。

④ 加强污水处理。未经处理的污水不得直接排入河流湖泊；到 2025 年淘汰半数以上的落后处理设备，含有重金属和持久性污染物的废水排放要

---

[1] 《白俄罗斯 2020 年前水资源战略》，2011。
[2] 《白俄罗斯 2020 年前水资源战略》，2011。

降低95%，含氮、磷的废水排放要减少50%。针对废水中有机物含量超标的问题，要求安装生物处理系统。

从总体数据看，2000~2009年，在白俄罗斯GDP增长89%的情况下，排放到水体中的污染物反而下降了，2009年水资源得到再利用的比例占到总用水量的82%。2000~2009年，向地表和地下排放的污水减少了16%，每天的人均用水（经济和生活用水）下降了165升。[①]

二 大气环境

（一）大气环境状况

白俄罗斯大气环境总体良好，向大气排放污染物的情况见表10-1和表10-2。大气污染源主要有固定污染源和机动污染源。白俄罗斯固定污染源指的是年排放量超过25吨或1级有害物质排放量超过1吨的企业。固定污染源主要是能源企业、化学和石油化工企业、铸造和建材生产企业等；移动污染源主要指的是交通运输工具，移动污染源对白俄罗斯空气污染"贡献"最大，占比达到71%~75%。个别物质，如硫、氮氧化物、铅、镉、汞等主要来自境外，来自境外的占比可达70%~90%。[②]

白俄罗斯固定污染源排放特点是：2006~2008年固定污染源排放下降，而2009年出现大幅上升，特别是氨排放上升明显。

表10-1 白俄罗斯向大气排放污染物情况

单位：千吨

污染物	2005年	2006年	2007年	2008年	2009年
二氧化硫	75.10	89.30	82.20	65.60	140.90
氮氧化物	161.580	177.040	171.900	181.403	175.180
氨	7.085	7.64	8.28	16.6	19.61
颗粒物	73.80	80.0	79.40	85.70	80.20
一氧化碳	802.50	888.10	862.90	903.60	852.40
有机化合物	265.33	287.29	286.78	306.53	286.16

资料来源：《白俄罗斯环境状况公报（2011）》，2011。

---

① 《白俄罗斯2025年前国家环境战略》。
② 《白俄罗斯2025年前生态保护战略》。

表 10-2　白俄罗斯向大气排放污染物人均情况

单位：千克/人

污染物	2005 年	2006 年	2007 年	2008 年	2009 年
二氧化硫	7.66	9.16	8.46	6.77	14.84
氮氧化物	16.49	18.16	17.70	18.72	18.45
氨	0.72	0.78	0.85	1.72	2.07
颗粒物	7.53	8.20	8.17	8.84	8.45
一氧化碳	81.89	91.08	88.83	93.25	89.79
有机化合物	27.07	29.46	29.52	31.63	30.14

主要城市观察站点的数据显示，城市主要污染物为悬浮颗粒物、二氧化硫、一氧化碳、二氧化碳等，另外还有甲醛、氨、苯酚、硫化氢等。

横向比较来看，2009 年白俄罗斯单位 GDP（10 亿白俄罗斯卢布）污染物排放量比 2004 年下降了 54.4%，从 27.2 吨下降为 12.4 吨。其中，固定污染源二氧化硫、氮氧化物、一氧化碳、挥发性有机化合物排放量均大幅下降，这得益于安装捕捉设备，固定污染源污染物的 87%～88% 都被捕捉。[①] 每平方公里污染物排放量白俄罗斯也较低，为 7.7 吨，低于独联体国家（8.3～16 吨/km²），与欧盟国家相当（5.5～9 吨/km²）。2000 年至 2009 年白俄罗斯 GDP 增长了 89%，但污染物排放量只增加了 19%。2008 年白俄罗斯温室气体排放量折合二氧化碳约为 9110 万吨，只相当于白俄罗斯 1990 年的 65%。[②]

（二）治理措施

根据 2025 年国家环境战略，白俄罗斯对大气污染的主要治理措施如下。

① 安装和更新净化设备，进一步减少固定污染源的排放：对燃烧设备安装灰尘废气捕捉器；在每立方米灰尘排放超过 50 毫克的生产设备上安装除尘净化辅助设备；2025 年前停止生产挥发性超过 50% 的有机化合物。

② 减少移动污染源的污染排放。逐步提高机动车排放标准，按欧盟标准执行，根据 2012 年白俄罗斯生态环境报告，白计划分阶段实施欧Ⅲ、欧Ⅳ和欧Ⅴ标准，加速淘汰不环保的旧车；增加使用生物柴油和生物乙醇；鼓励采用公共交通工具，在大城市公共交通的比例要达到 70%；鼓励公共交通以电力和天然气为动力。

[①] 《白俄罗斯 2025 年前环境发展战略》。
[②] 《白俄罗斯 2025 年前生态保护战略》。

目标：到2020年温室气体每年排放量不超过1.1亿吨，含硫化合物不超过11.2万吨，氮氧化物不超过18.6万吨，非甲烷的挥发性有机化合物不超过20.3万吨，氨不超过14.3万吨；到2025年前，破坏臭氧层物质的消耗量要减少96%，确保白俄罗斯完全履行国际义务。[1]

三 固体废弃物

（一）固体废弃物问题

白俄罗斯固体废弃物包括生产和生活两个来源。生产型废弃物主要来自加工业、能源生产、选矿、工程建设等。2005～2009年，年平均固体废弃物产量为3465.6万吨，其中68%（约2357万吨）为"白俄罗斯钾业集团公司"产生的盐岩废弃物和泥浆。2005～2008年生产型固体废弃物产量呈逐年上升趋势。但2008年发生全球性金融危机后，"白俄罗斯钾业集团公司"产量大幅下降，固体废弃物产量随之也下降明显，[2]但2010年起又重回高位，2010年其固体废弃物产量为4377.5万吨，2011年为4430.7万吨，2012年4084.7万吨。该公司始终是白俄罗斯固体废弃物的最大贡献者，其固体废弃物产量占比超过60%。[3]

在固体废弃物管理方面，白俄罗斯面临的主要问题如下。

（1）生产型废弃物不断累积。固体废弃物的利用速度赶不上新生产的速度，特别是岩盐问题突出。该种类的固体废弃物利用率不到8%，因此固体废弃物不断累积。2009年大宗的废弃物累积已经达到9.116亿吨，2011年增加到9.687亿吨，以后还在以年均3%左右的速度递增。累积的固体废弃物中96.2%是"白俄罗斯钾业集团公司"的盐岩和泥浆，2.2%是"戈梅利化工厂"产生的磷石膏。[4] 为处理上述物质，白俄罗斯在一些地区建立了专门的填埋场，但对土地和地下水造成污染。

（2）城市垃圾分类收集和再利用问题依然突出。2005～2009年，白俄罗斯生活废弃物年均产生量为306万吨，且呈逐年上升趋势。另外，进行垃圾分类的比例还不高，直接分类的比例只有16%。

白俄罗斯生活垃圾产量情况如图10-1所示。

---

[1]《白俄罗斯2025年前生态保护战略》。
[2]《白俄罗斯环境状况公报（2011）》，2010。
[3]《白俄罗斯环境状况公报（2012）》，2012。
[4]《白俄罗斯环境状况公报（2011）》，2011。

图 10-1 生活垃圾统计

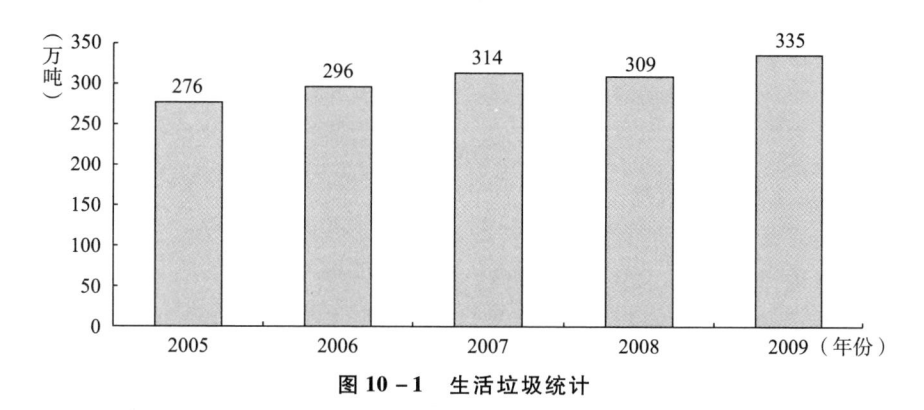

（二）治理措施

白俄罗斯治理固体废弃物的主要措施如下

（1）尽量减少废弃物的产生。通过经济杠杆，鼓励采用低废弃物或无废弃物等新技术，政府对采用新技术的企业给予信贷支持；在工业生产中，尽可能采用新技术，增加钾矿生产过程中的精选比例，最大限度降低岩盐、黏土、盐浆、磷石膏等废弃物的产生；采用环境税等刺激手段减少废弃物的产出。

（2）提高固体废弃物的再利用率。对生产商和进口商实行责任延伸制度，在进口商品和国内生产商品包装上要有标注，生产企业和进口企业对其产品包装等废弃物有回收义务；提高固体废弃物的利用率，在不包括大宗生产型废弃物的情况下，要使固体废弃物的利用率达到85%；在社区、种植园、仓库等地建立综合性回收体系；城市废物回收站点要做到100%社区覆盖；2016年建立家用电器等废弃物回收体系，特别是对于含有有害物质的电器，要确保安全回收；引入城市固体废弃物分类收集体系，确保可再利用物质收集率到达70%；2016年前在明斯克市及其他所有人口超过10万人的中心城市都要建立废弃物处理厂；到2025年前，在所有人口超过7万人的城市都要建立废弃物处理厂；到2025年，在所有人口超过7万人的城市都要建立垃圾燃烧发电站或热力站。

（3）加强对危险品的管理，尽可能进行无害化处理。到2025年前，要使I~III类的危险品存储量减少50%；到2020年，逐步销毁和掩埋过期农药，不允许出现新的过期农药；到2016年前，推行新的危险废弃物加工和掩埋综合体系；对水银温度计、电池、含汞灯具等废旧物质进行清仓，并进行无害化处理。

经过多年努力，白俄罗斯生产型废弃物利用率有了很大提高，2000年利用率为 15.3%，而 2009 年则提高到 42.9%。如果不考虑岩盐等大宗废弃物，这一比例可达到 77.6%。

四　土地资源

（一）土地环境概况

白俄罗斯是个平原国家，全国森林和灌木林地占 43.7%，面积约 900 万公顷；农业用地占 43%，面积约 887.40 万公顷，其中，耕地总面积 550.64 万公顷，草地面积 322.37 万公顷；其次为沼泽，占 4.3%，水体覆盖占 2.3% 左右。农业用地在 2005~2009 年不断减少，共减少了 8.46 万公顷，而森林和林地面积在扩大，增加了 17.2 万公顷。沼泽和水体覆盖分别减少了 1.05 万公顷和 6500 公顷。林地面积增加与国家退耕还林政策有关，部分低产出的农地逐渐变更为林地。而休耕或退耕的一个重要原因是土地退化。土地退化的原因有：农业生产活动导致肥力下降；风蚀和水蚀；土地板结和矿化；采矿等工业活动；化学污染和放射性污染。

白俄罗斯土壤肥力测评全国平均水平为 32.2 分，其中，产出能力强、得分为 25~35 分的占 46.4%，得分为 20.1~25 分的占 16.3%，得分在 20 分以下的贫瘠耕地占 7.6%。[①]

（二）土地环境问题

白俄罗斯土地环境问题主要表现在两个方面，一是土地退化，二是土地污染。根据白俄罗斯国家合理利用自然资源和保护环境 2006~2010 年计划的统计，白俄罗斯现有已经退化或存在退化风险的土地 400 万公顷，其中有耕地 260 万公顷；已经退化的土地面积为 55.65 万公顷，其中有耕地 47.95 万公顷。受侵蚀土地中 84% 是水蚀，16% 是风蚀。[②]

白俄罗斯土壤污染的主要原因是化学污染、重金属污染和放射性污染，化学污染和重金属污染主要集中在城市、城郊、道路两侧、废物填埋场附近、工业企业及周边和个别农村地区，放射性污染主要分布在切尔诺贝利事件污染区。城市中遭到较严重污染土地约有 7.8 万公顷，道路两侧约有 11.9 万公顷，农业区约有 1 万公顷，掩埋场周边约 2500 公顷。[③] 城市中土地遭受的污染主要来自三个方面。一是重金属污染，特别是镉、铅和锌。在主要跟踪的城市中，72% 的受到镉污染，77% 的受到锌污染，61% 的受到

[①]《白俄罗斯环境状况公报（2011）》，2010。
[②]《白俄罗斯环境状况公报（2011）》，2011。
[③]《白俄罗斯环境状况公报（2011）》，2011。

铅污染。其中，镉污染水平超出国家标准1倍的城市有8个，锌污染超出1倍的有14个，铅污染超出1倍的有9个；二是遭受石油污染和可溶性化学品污染，主要是石油制品、硫酸盐、硝酸盐氯化物等，其全国50%的居民点的石油制品含量都超出国家标准的5~15倍，39%的城市硫酸盐超标1~1.5倍，硝酸盐超标的城市有3个；三是遭受农药等污染。上述受到污染的土地约为21万公顷。此外，还有放射性污染。白俄罗斯全国仍有约14.5%的国土面积受到放射性污染，主要分布在戈梅利、莫吉廖夫和布列斯特三个地区，污染的原因是切尔诺贝利核电站事故。另外，2011年白俄罗斯受到严重破坏的土地约为2.55万公顷。[①]

（三）治理措施

（1）针对土地退化、肥力下降的土地，有计划地增加有机物的使用，实行轮作制度，保障土壤中各种有机物和腐殖物的平衡。2011年在许可的范围内增加了部分种类化肥的用量，使磷肥含量增加，以保障氮磷钾等元素的平衡。

（2）对不适合农耕的土地实行退耕还林、退耕还水。

（3）对泥炭采集区、采石场等地进行生态恢复，到2025年前恢复面积不少于7.5万公顷。

（4）对受到化学和重金属污染的地区进行治理，使其生态系统逐步恢复。

五 核环境概况

（一）核辐射问题

1986年发生在乌克兰的切尔诺贝利核事故对白俄罗斯影响巨大。通过大气环流、降水等，约2/3的放射性物质降落在白俄罗斯境内，其受污染程度远比乌克兰严重。辐射物质主要是铯-137和锶-90两种放射性元素，在靠近乌克兰的一些地区，辐射主要是由钚系列同位素及其衰变元素造成的。在核事故初期，白俄罗斯约有4.3万~4.6万平方公里土地受污染，20%的农业用地废弃，400多个居民点成为无人区，直接经济损失超过2000亿美元。[②] 到2012年1月1日，受核辐射污染的国土面积下降为3.01万平方公里，约占国土面积的14.5%。69.4%的受污染区的铯-137辐射量为1~5Ku/km²，

[①] 《白俄罗斯环境状况公报（2011）》，2011。
[②] 鲁桂成：《弘扬消除切尔诺贝利核事故影响的英雄精神，携手促进中白两国持续发展和共同繁荣》，2011。

21.9% 的地区铯-137 辐射量为 5~15Ku/km², 7.3% 的地区为 15~40Ku/km²，1.4% 的地区超过 40 Ku/km²。① 在《白俄罗斯环境状态公报（2012）》报告中，上述辐射数据与 2011 年相比没有任何变化。② 目前，白俄罗斯仍有 100 多万居民生活在切尔诺贝利核事故核污染区，占全国人口的 12.1%；有 28 个市镇共 2394 个居民点面临核辐射危险，它们主要分布在南部的布列斯特州、戈梅利州和东部莫吉廖夫州。③

尽管白俄罗斯是遭受核污染较严重的国家之一，但经过多年论证，其仍建立了核电站。2013 年 11 月，白俄罗斯首座核电站奥斯特洛韦茨核电站正式开工建设，预计一号发电机组将在 2018 年 11 月投产。

（二）治理措施

（1）疏散人群，建立生态保护区。在事故发生后，苏联政府紧急疏散、安置受灾地区居民。1988 年，苏联政府在白俄罗斯核辐射最严重地区建立了生态保护区，面积为 21.6 万公顷。据白俄罗斯国家统计委员会 2012 年 4 月 25 日发布的报告，通过移民和生态建设，生活在核污染地区的居民人数已经减少了 69.9 万人。截至 2013 年 1 月 1 日，生活在核辐射区的居民为 114.26 万人。④ 同时，组建监管机构和核辐射检测和科研机构，研制先进的核辐射检测仪器等。

（2）大规模植树。由于森林对消除核辐射有帮助，白俄罗斯启动了造林行动，仅 2011 年一年在核污染区就造林 5500 公顷。

（3）加大投入，提出利用泥炭及其腐殖酸治理污染的方法。白俄罗斯紧急情况部切尔诺贝利核事故处理局副局长扎戈尔斯基表示，在独立后的 20 年中，白俄罗斯政府投入 190 多亿美元消除切尔诺贝利核事故带来的影响，并在此过程中积累了改善受污染土壤等方面的经验。根据白俄罗斯政府专项治理计划，2011~2020 年将逐步从防止核辐射侵害转向对受污染地区的大规模治理上。2012 年，白俄罗斯共投入 6197 亿白卢布用于辐射治理。白俄罗斯受污染土地中，已有 1.635 万平方公里可以使用。⑤

---

① 《白俄罗斯环境状况公报（2011）》，2010。
② 《白俄罗斯环境状况公报（2012）》，2012。
③ 《白俄罗斯仍有 12% 居民生活在核污染区》，http://news.xinhuanet.com/world/2012 04/26/c_111846094.htm。
④ 《白俄罗斯环境状况公报（2012）》，2012。
⑤ 《白俄罗斯愿与他国分享消除核污染经验》，http://news.xinhuanet.com/2011-04/25/c_13844717.htm。

（4）有针对性地治疗和疗养。核污染地区居民主要受到甲状腺疾病、白血病和免疫功能降低等疾病的威胁。有关机构在受灾地区进行了普查和预防，并安排有关患者进行疗养和康复治疗。现在，受影响地区居民的健康状况处于全国平均值范围之内。

六 生态环境

（一）生态环境概况

白俄罗斯是苏联地区生态环境保护较好的国家，自独立以来，在环境领域立法和执法方面都比较有成效，基本保障了国家环境保护和治理的需要。到2010年1月1日，白俄罗斯55.3%的国土保持着原有的自然状态，包括原始的土地、森林、草甸、沼泽和水体。同时，对一些农产量不高的土地实施退耕还林、退耕还草、退耕还水。白俄罗斯处于自然状态的森林、沼泽等不仅对于白俄罗斯的环境，甚至对于整个欧洲的环境都是非常重要的。根据对白俄罗斯濒危物种"红皮书"所列物种的跟踪调查，这些物种数量近年来都没有出现下降，有的还有了大幅增加。由于白俄罗斯自然生态环境保持较好，形成了众多的生态保护区，森林和湖泊相结合的多样自然环境对发展旅游经济非常有益。

（二）生态环境问题

与大多数国家不同，白俄罗斯生态环境问题有一个突出的特点，就是核辐射污染比较严重，这是多数国家都很少面对的，白俄罗斯也在治理核污染方面积累了很多经验。除核污染问题外，白俄罗斯与多数国家面临的问题类似，包括大气污染、水体污染、土壤退化和侵蚀、固体废弃物污染。在大气污染方面，白俄罗斯悬浮颗粒物污染不算特别突出，全国只有明斯克市和戈梅利市超标，超标天数分别为53天和35天。主要污染物是硫化物和氮氧化物，主要污染物来源是机动车，占比为70%左右。固体废弃物方面，白俄罗斯固体废弃物种类相对单一、来源单一。最大的固体废弃物来源是工矿企业，仅"白俄罗斯钾业集团公司"一家的固体废弃物产量就占总产量的60%左右。固体废弃物种类主要为岩盐及泥浆和磷石膏，合计占比超过90%。而近年来城市固体废弃物利用率较高，超过70%，总体看，白俄罗斯生态系统的结构和功能没有出现严重失调。

（三）治理措施

对生态环境问题的治理主要有两大方面的措施。一是立法。在白俄罗斯国家宪法中明确提出了公民的环境权，白俄罗斯自独立20余年来出台了一系列法律、总统令、政府令，以规范自然人和法人的经济活动。另外，白俄罗斯政府出台了《2025年前国家环境发展战略》《2020年前国家水资源战略》《2020年前降低交通对大气污染战略规划》等，加强对环境问题的管理与治理。白俄罗斯还根据不同地区的环境问题，提出了有针对性的治理方案。二是信息公开，教育预防优先。白俄罗斯每年都会出台环境状况报告，随时公布国家的环境变化，另外在环境教育等方面也做出了巨大努力，环境优先原则深入人心。三是在全国范围内建立了大量保护区，水资源、森林、生物资源等得到较好的保护。

七 小结

白俄罗斯是一个人口不多、环境压力并不大的国家。该国水资源丰富，水体虽然遭受了一定程度的污染，但总体并不严重。土地资源丰富，人均农业用地面积高达0.92公顷，水土流失、土地荒漠化、草场退化都不明显，森林资源还有所增加，生物多样性保持较好。大气污染主要来自机动车辆，但随着采用更加严格的欧洲排放标准，该国空气质量有望持续改善。但白俄罗斯是转型国家，发展经济、再工业化是国家的优先方向，因此环境的压力将始终存在，并在某些领域可能恶化。

第三节 环境管理

一 环境管理体制

白俄罗斯负责生态环境保护的机构是白俄罗斯自然资源与环境保护部，该部主要负责白俄罗斯自然资源合理利用管理、生态环境保护与监测等工作。其前身是白俄罗斯苏维埃环境保护委员会，成立于1960年8月29日。1990年随着白俄罗斯的独立，改名为白俄罗斯生态委员会。1994年根据白俄罗斯部长委员会的决议，生态委员会正式更名为当前的自然资源与环境保护部。地址是明斯克市苏维埃大街11号政府大厦。

自然资源与环境保护部下辖州级自然资源与环境保护委员会，分别为布列斯特州自然资源与环境保护委员会、维捷布斯克州自然资源与环境保护委员会、戈梅利州自然资源与环境保护委员会、格罗德诺州自然资源与环境保护委员会、明斯克州自然资源与环境保护委员会、莫吉廖夫州自然资源与环境保护委员会、明斯克市自然资源与环境保护委员会。

白俄罗斯政府还设立了"白俄罗斯矿产资源综合利用委员会"，由总理直接领导。但该局的日常管理机构是白俄罗斯自然资源和环境保护部。

另外，白俄罗斯自然资源与环境保护部还下辖一些附属机构，包括：国家"生态投资"国际生态项目、认证与审计中心；"白俄罗斯生态研究"国有生态科学研究企业；白俄罗斯环保领导与专业技术人员培训中心；水资源综合利用科研中心；"白俄罗斯生态系统"股份公司；白俄罗斯国家地质中心；白俄罗斯地方生态环境分析与控制中心等。

根据 2013 年 6 月 20 日白俄罗斯部长委员会第 503 号决议，白俄罗斯自然资源与环境保护部的主要职能如下。

① 依法在全国各地贯彻执行环境保护、自然资源利用、矿产资源保护与利用、水文监测等国家统一政策；

② 对研究、保护、繁殖和合理利用自然资源，包括矿产资源、水资源、动植物资源及保护自然环境等方面进行有效管理，对各地水文调节、生态许可证颁发和生态环境进行审查；

③ 协调其他国家政府机构、地方行政机关、生态安全与环境保护组织、自然资源（矿产资源、水文气象活动）合理利用组织、气候变化与臭氧层保护组织等有关部门的工作；

④ 进行地质勘探活动和水文气象跟踪，为各种所有制企业的发展创造条件；

⑤ 与地方行政机构合作，解决环境保护问题；

⑥ 在环境保护与自然资源合理利用、水文气象活动以及矿产资源利用与保护方面进行监控；

⑦ 确保生物多样性及其可持续性，参与制定和实施动植物的繁育工作；

⑧ 向国家行政机关、地方行政机关、公民提供生态环境信息和水文气象信息等，普及环保知识，参与建立环境保护教育体系；

⑨ 在环境保护和自然资源合理利用、水文气象、环境认证和环境监管、气候变化等领域开展国际合作，对相关经验进行研究、汇编和传播。

白俄罗斯自然资源与环境保护部的组织结构如表 10-3 所示。

表 10-3　白俄罗斯自然资源与环境保护部组织结构

序号	司/局级部门	司/局领导	下设处室
1	资源利用与创新发展司	科莫斯克（Комоско Ирина Викторовна）	分析处
			科研与创新处
			审计处

续表

序号	司/局级部门	司/局领导	下设处室
2	地方工作司	杜布尼茨基（Дубницкий Степан Анатольевич）	—
3	财务司	拉宾斯卡亚（Лапинская Инна Николаевна）	—
4	法律与人事司	特列古波维奇（Трегубович Ирина Вильямовна）	国际合作处 新闻及公共关系处
5	组织管理司	拉巴兹诺夫（Лабазнов Роман Юрьевич）	—
6	生物及自然景观多样性管理司	明琴科（Минченко Наталья Владимировна）	土地和自然景观保护处 生物多样性保护处 固体废物处理处
7	大气及水资源管理司	扎维雅罗夫（Завьялов Сергей Владимирович）	大气及臭氧层保护处 水资源保护与利用处
8	国家生态监督局	安德烈耶夫（Андреев Александр Андреевич）	城市建设相互审核处 工业相互审核处
9	机构秘书处	科卢克（Крук Юрий Михайлович）	—
10	社会动员局	纳什洛夫（Нашилов Леонид Витальевич）	—
11	生态管理局	瓦拉科萨（Варакса Владимир Владимирович）	
12	水文气象情况管理司	暂时空缺	水文及气候处 地方水文活动规划处

二 环境保护政策与措施

（一）环保法律法规

白俄罗斯环境保护领域的主要法律是《宪法》和《环境保护法》。公民环境权入宪法是白俄罗斯的一个重要特征。根据 1994 年《宪法》① 第 46 条规定，白俄罗斯每个国家公民都有权获得良好、健康的自然环境，并有因环境破坏而遭受损失时要求获得赔偿的权利。而国家有义务对为改善人民生活水平的合理利用自然资源的活动予以管理，并保护自然环境。

1992 年白俄罗斯通过了《白俄罗斯环境保护法》，这是白俄罗斯在环境领域最重要的基础性法律，也是白俄罗斯独立后环境领域立法的开始。该法律到 2012 年共进行了 18 次大小修订，现行的《白俄罗斯环境保护法》是 2012 年修订版。该法规定了对环境、野生动植物和生物多样性的保护和恢复，规范了自然资源利用和保护等内容，明确了公民、社会团体在环境方面的权利和义务，其宗旨是确保公民环境权得到落实，保障健康和优良环境的可持续性。

除了上述两个基本法，目前，白俄罗斯环境保护方面的法律共有 10 多个，主要的法律包括《白俄罗斯共和国水法》、《白俄罗斯共和国矿产资源法》、《白俄罗斯共和国土地法》、《白俄罗斯共和国大气保护法》、《废弃物处理法》、《水文气象活动法》、《植物法》、《臭氧层保护法》，以及《关于出租车对环境造成损害的赔偿金额度确定》第 348 号总统令、《关于经济活动等对环境造成危害和生态安全的标准》第 349 号总统令等。具体见表 10-4。

表 10-4 白环保法律、法规列表

编号	法律、法规名称	制定时间	性质
1	《白俄罗斯共和国宪法》	1994 年 3 月 15 日	宪法
2	《白俄罗斯环境保护法》	1992 年 11 月 26 日	环境基本法
3	《关于出租车对环境造成损害的赔偿金额度确定》	2008 年 6 月 4 日	总统令
4	《关于减少温室气体排放问题》	2010 年 12 月 8 日	总统令
5	《关于核准危害环境赔偿金程序》（第 1042 号部长委员会决议）	2008 年 7 月 17 日	部长委员会决议
6	《关于实施环境保护 2009~2020 国家战略第 980 号决议》	2009 年 7 月 25 日	部长委员会决议
7	《关于赋予自然资源与环境保护部及地方环保机关相关人员对环境违法行为整理备忘录并提请行政处罚的权力的决定》	2007 年 2 月 27 日	自然资源与环境保护部决定

---

① 《白俄罗斯宪法》分别 1996 年 11 月和 2004 年 10 月进行过两次修订。

续表

编号	法律、法规名称	制定时间	性质
8	《关于限制自然资源利用并对2007年10月22日部长委员会第1379号决议进行修订的决议》	2010年11月29日	部长委员会决议
9	《关于采用综合措施保护自然第528号总统令》	2011年11月17日	总统令
10	《关于落实528号总统令的措施》（第1677号部长委员会决议）	2011年12月12日	部长委员会决议
11	《关于进行环境保护监管的几个问题》（第56号决定）	2011年12月29日	自然资源与环境保护部决定
12	《关于环境领域出现各种性质威胁危害国家利益开列有关清单的决定》	2012年5月30日	自然资源与环境保护部决定

（二）环境保护政策

1. 特别保护区制度

白俄罗斯现有60%的土地保持着原始状态或接近原始的状态，其中一个重要原因是白俄罗斯设立了大量的特殊自然保护区。当然，白俄罗斯人口不到1000万人，土地肥沃，城市化进程早已完成，生存压力小也是能够使保护区制度得以有效执行的一个重要原因。主要的保护区有：别列津生物保护区、别洛维茨国家公园、娜拉洽国家公园、普里别茨国家公园、布拉斯拉夫湖国家公园等；另外，白俄罗斯还设立了数十个国家级和地方级的生物资源储备区、自然景观多样性储备区、水资源储备区和湿地储备区。这些特殊自然保护区面积从数百公顷到9万余公顷不等。白俄罗斯还设立了88个国家级的自然风景名胜区。

2. 许可证制度

凡是需要利用自然资源或会对自然资源产生影响的活动都需要得到白俄罗斯自然资源与环境保护部的专门许可。相关法律文件有：2008年12月19日白俄罗斯自然资源与环境保护部的《关于破坏臭氧层物质回收资质的决定》；2010年9月1日白俄罗斯第450号《关于部分活动实行许可证制度》的总统令；2012年8月30日白俄罗斯自然资源与环境保护部第304号《关于对2011年第363号、2011年第61号白俄罗斯自然资源与环境保护部决定的修改与补充的决定》。上述文件对不同程度的影响自然环境的活动获得许可进行了规定。

3. 对特殊经济活动严格管理

白俄罗斯相关法律规定，所有法人和自然人在从事特别经济活动时，需缴纳相当于一般经济活动 8 倍的费用。而在变更、延期上述特别经济活动时，要缴纳相当于初始许可费用的 50%，即 4 倍于一般经济活动的费用。国家规定的中、小城市和农村地区可以免除费用的除外。特别经济活动指的是消耗臭氧层物质回收、1～3 类危险物质回收和无害化处理（2012 年 6 月 25 日根据白俄罗斯第 284 号总统令，该规定取消）。

白俄罗斯环境保护领域值得关注和借鉴的主要内容如下。

① 经济、环境和社会发展相协调，国家、社会和公民利益相协调原则；
② 自然资源合理利用与生态安全保障不可分割原则；
③ 环境风险预警和危害推定原则；
④ 自然资源利用和环境保护国家调控原则；
⑤ 谁危害自然环境谁消除原则；
⑥ 自然资源利用付费，通过经济杠杆调控资源利用原则；
⑦ 环境保护和资源利用调控部门独立原则；
⑧ 实行特别自然和生态区保护原则；
⑨ 特别自然景观、罕见自然环境和生物物种优先保护原则；
⑩ 维护生物多样性原则；
⑪ 对可能导致动植物基因灭绝或不可逆转损失的活动一律禁止原则；
⑫ 环境信息公开原则，即环保领域的国家机关、社会团体工作情况一律公开，公民可及时、准确、全面了解国家环境状况和信息；
⑬ 明确责权原则，即环境保护和资源利用领域的协调、管理和监察三部门间的权责要明晰，不能重叠；
⑭ 环境违法必究原则；
⑮ 积极进行生态文化培养原则。

三 小结

尽管白俄罗斯独立时间不长，但还是从苏联继承了良好的环境保护意识，而且国家没有因为苏联解体面临经济困难而放松对环境的管理。白俄罗斯在独立后迅速形成了相对完整的环境保护法律体系，《宪法》中也明确了公民的环境权。其形成的一些环境原则，如环境风险预警和危害推定原则、环境信息公开原则以及积极进行生态文化培养原则等对于促进人与自然和谐发展起到重要作用，也是我国应该借鉴的。

第四节　环保国际合作

白俄罗斯在其《2025年前环境发展战略》中确认，将严格遵守在国际环境保护领域协定中所做出的承诺，与周边邻国、欧盟、中东及国际组织等开展积极合作。

一　双边环保合作

（一）与中国的双边环保合作

白俄罗斯环保领域的优先合作伙伴是俄罗斯及其周边国家。中白关系尽管发展迅速，但环保领域的合作还不是很多。双边环境合作主要通过科技领域的合作体现出来。在双方的重要文件，如《中华人民共和国和白俄罗斯共和国关于建立全面战略伙伴关系的联合声明》中提出，将大力开展全方位、宽领域、多层次的人文合作；加强文化、教育、新闻、旅游、医疗卫生和体育等方面的交流与合作。尽管没有明确提出环境合作，但部分内容涉及环境保护领域。

2010年7月，中国—白俄罗斯节能新技术交流研讨会在北京举行，双方希望在绿色、低碳的可持续发展问题上进一步加强合作。中国环保部副部长吴晓青参会并就新能源、节能技术和环境保护技术的开发利用等发言。

中白在生物科学、节能环保领域开展的项目很多，是未来中白环境合作的基础，这些涉及环境保护的项目包括：①"白俄罗斯科学院库普列维奇试验植物学研究所"与中国吉林省蔬菜花卉研究所、吉林省农业大学、吉林省中俄长春科技园等签署合作协议，开展"针对规模工业化生产的经济开发区，研发恢复被重金属污染土壤的技术"项目；②白俄罗斯科学院合理利用自然资源研究所与中国广州市开展的"研究开发中国泥炭矿以满足农业、化工和环境保护需求"的合作；③白俄罗斯科学院技术物理研究所与厦门大学开展的"以硅为基础制取过渡金属（Ti，Fe）二硅化物，拓宽太阳能电池的光谱范围"项目；④白俄罗斯科学院斯捷潘诺夫物理研究所与山东省科学院海洋测绘仪器研究所进行的"研制多波段大气气溶胶扫描雷达"项目等。上述项目虽然都是在中白政府高科技合作委员会工作框架下展开的，但很多都涉及环保领域。

（二）与其他国家的环保合作

白俄罗斯环保合作对象主要是周边国家，特别是原苏联国家、欧盟国家。白俄罗斯共签署了5个政府间协议（见表10-5）和9个部门间的双边环境保护协议（见表10-6）。

表10-5 白俄罗斯签署的政府间协议

编号	名称	合作国别	时间
1	《白俄罗斯与拉脱维亚政府间环境保护领域合作协议》	拉脱维亚	1994年2月21日
2	《白俄罗斯与俄罗斯联邦政府间环境保护领域合作协议》	俄罗斯	1994年7月5日
3	《白俄罗斯与俄罗斯联邦政府间在环境保护及合理利用跨境水资源合作协议》	俄罗斯	2002年5月24日签署，10月25日生效
4	《白俄罗斯政府与乌克兰部长会议间关于维护共同利益和保护跨境水资源协议》	乌克兰	2001年10月16日签署，2002年6月13日生效
5	《白俄罗斯与波兰、乌克兰政府间关于建立跨境"西沼泽林地"生物圈协议》	波兰、乌克兰	2011年10月28日签署

表10-6 白俄罗斯签署的部门间协议

编号	名称	合作国别	时间
1	《白俄罗斯自然资源与环境保护部与摩尔多瓦生态保护署关于自然环境领域合作协议》	摩尔多瓦共和国	1994年12月23日
2	《白俄罗斯自然资源与环境保护部与保加利亚环境保护部合作协议》	保加利亚共和国	1995年10月24日
3	《白俄罗斯自然资源与环境保护部与立陶宛环境保护部在环境保护领域合作协议》	立陶宛共和国	1995年4月14日
4	《白俄罗斯自然资源与环境保护部与斯洛伐克环保部合作协议》	斯洛伐克共和国	1997年7月8日
5	《白俄罗斯韦杰布斯科州、莫基列夫斯科州自然资源与环境保护局与俄罗斯斯摩棱斯克州环保局合作协议》	俄罗斯（斯摩棱斯克州）	1998年12月21日
6	《白俄罗斯维捷布斯克州自然资源与环境保护局与俄罗斯布斯科夫州环保局合作协议》	俄罗斯（布斯科夫州）	1999年4月28日

续表

编号	名称	合作国别	时间
7	《白俄罗斯自然资源与环境保护部与俄罗斯布良斯克州环保局关于环境保护与合理利用自然资源合作协议》	俄罗斯（布良斯克州）	1999年7月21日
8	《白俄罗斯自然资源与环境保护部与俄罗斯自然资源部在矿产资源领域合作协议》	俄罗斯	2000年3月14日
9	《白俄罗斯自然资源与环境保护部与塞尔维亚环境保护部合作谅解备忘录》	塞尔维亚	2007年10月10日

二 多边环保合作

（一）已加入的国际环保公约

白俄罗斯已加入的国际环保公约如表10-7所示。

表10-7 白俄罗斯已加入的国际环保公约

编号	名称	白签署和生效时间
1	《联合国气候变化框架公约》	1992年6月14日签署 2000年8月9日生效
2	《保护臭氧层维也纳公约》	1985年3月22日签署 1988年9月22日生效
3	《关于破坏臭氧层物质的蒙特利尔议定书》	1988年1月22日签署 1989年1月1日生效
4	《远距离跨境空气污染日内瓦公约》	1979年11月14日签署 1983年3月16日生效
5	《关于针对〈远距离跨境空气污染日内瓦公约〉欧洲监控和评估大气污染扩散共同行动计划的日内瓦备忘录》	1984年9月28日签署 1988年1月28日生效
6	《关于针对〈远距离跨境空气污染日内瓦公约〉减少氮氧化物排放及其跨境扩散的备忘录》	1988年11月1日签署 1991年2月14日生效
7	《关于针对〈远距离跨境空气污染日内瓦公约〉硫排放及其跨境扩散至少减少30%的赫尔辛基备忘录》	1985年7月8日签署 1987年9月2日生效
8	《跨界环境影响评估公约》	1991年2月25日签署 2006年2月8日生效

续表

编号	名称	白签署和生效时间
9	《联合国生物多样性公约》	1992年6月11日签署 1993年12月19日生效
10	《濒危野生动植物物种国际贸易公约》	1994年12月20日白批准加入 1995年11月8日年生效
11	《关于特别是作为水禽栖息地的国际重要湿地公约》	1999年5月25日批准 1999年9月10日生效
12	《控制危险废料越境转移及其处置的巴塞尔公约》	白俄罗斯未签署 但1999年9月16日白签署 第541号总统令予以批准 2000年3月9日生效
13	《保护世界文化和自然遗产公约》	1988年批准 无生效时间
14	《在环境问题上获得信息公众参与决策和诉诸法律的公约（奥胡斯公约）》	1998年12月16日签署 2001年10月30日生效
15	《联合国防治荒漠化公约》	1996年12月26日生效但2001年以第393号总统令的形式签署 2001年11月27日正式生效
16	《生物安全卡塔赫纳议定书》	2002年5月6日批准

资料来源：白俄罗斯自然资源与环境保护部网站，http://www.minpriroda.gov.by/ru/napravlenia/mejdunsotr/konvencia#1.

另外，2014年，俄罗斯和白俄罗斯还准备启动联合保护欧洲野牛计划。

（二）与中亚地区的环保合作

白俄罗斯与中亚国家虽同属原苏联地区，但白俄罗斯系欧洲国家，与中亚国家没有直接的环境交集，双方没有共同的河流、林地，环境的相互影响也非常小。同时，二者均属于转型国家，在环境领域都是需要资助的对象，因此相互间的环境合作并不多，环境合作也不是双方合作的重点。白俄罗斯与中亚国家的环境合作主要体现为独联体框架内的环境合作。

1. 独联体国家生态委员会

1992年2月8日，在苏联解体后不久，除乌克兰之外的独联体国家就签署了《独联体国家生态与环境保护协议》，并成立了"独联体国家生态委员会"，该委员会迄今共举行了14次会议，对200多个地区性环境问题进行了讨论，并与联合国发展计划署、联合国环境规划署等建立了合作关系。由于该机构运转效率低下，越来越多的成员国不再参加活动，会议级别也从部长级降为专家级。2005年在中亚国家土库曼斯坦举行了最后一次会议。但近年来，随着"咸海危机"的发展，地区环境的关联性再次受到各方的重视，2011年，在明斯克举行的独联体政府首脑会议上，提出重启独联体国家生态委员会的计划。

2013年5月31日，包括白俄罗斯、所有中亚国家在内的独联体国家领导人签署了《独联体国家环境保护合作协议》及其附件，前者提出了各方在合理利用土地、矿产、森林、水资源方面加强合作，并在大气污染防治、臭氧层、动植物保护以及气候变化方面开展有效合作，制定了相关生态法律基础、生态环境标准，倡导对生态环境及其灾难进行共同监控，以及共同推进生态教育和生态意识培养。附件则对独联体国家生态委员会进行了重新定位，并成立了生态委员会秘书处。

独联体国家还将2013年列为"生态文化与环境保护年"，白俄罗斯也举办了图书展等相应活动。

2. 欧亚经济共同体

欧亚经济共同体有俄罗斯、白俄罗斯、哈萨克斯坦、吉尔吉斯斯坦和塔吉克斯坦五个正式成员国和亚美尼亚、乌克兰、摩尔多瓦三个观察员。乌兹别克斯坦也曾是该组织成员，2008年退出。本质上，这也是独联体框架内的合作机制。2014年5月，欧亚经济共同体举行了第5次环保部长会议，通过了《欧亚经济共同体成员国环境保护合作协议》和2014~2015年工作计划，包括空气清洁国际合作计划和欧亚经济共同体"创新生物技术"国家间综合规划。《欧亚经济共同体成员国环境保护合作协议》还决定了成立欧亚经济共同体大气保护科学研究所以及大气保护专家工作组，协调各国大气保护领域的立法。2014年5月29日，俄、白、哈又签署了《欧亚经济联盟条约》（目前有三个成员国：俄罗斯、哈萨克斯坦、白俄罗斯，亚美尼亚和吉尔吉斯斯坦正在进行入盟谈判），鉴于该联盟与欧亚经济共同体成员国高度重叠，因此，欧亚经济联盟可能会在欧亚经济共同体现有合作的基础上，成立更多的环境、能源、技术合作机制。

（三）与上合组织的环保合作

白俄罗斯在2009年才成为上合组织的对话伙伴，与上合组织的合作刚刚启动。白俄罗斯对上合组织的主要期待在经济和安全合作上，特别希望通过上合组织这一平台发展与中国的经济合作。但现阶段上合组织与对话伙伴的合作项目不明晰，上合组织的经济、安全等核心领域合作对对话伙伴的开放程度低，因此，上合组织与对话伙伴国的合作还不深入。但也正因为如此，环境保护、人文合作等领域的合作更容易开展，这也是拉近上合组织与对话伙伴国关系的纽带。

（四）与国际组织的环保合作

在环境保护领域，白俄罗斯与众多的国际组织开展合作，特别是世界银行、联合国欧洲经济委员会等。

世界银行。白俄罗斯自然资源与环境保护部与世界银行合作已有10多年时间，2002年世界银行与白俄罗斯自然资源与环境保护部签署《环境保护备忘录》，确定了促进社会稳定发展、合理利用和保护自然资源的目标，双方合作的重点是：①处理固体废弃物；②保护水资源，保障水供应及水净化；③空气污染治理及气候环境保护；④消除切尔诺贝利核事故影响；⑤自然资源保护活动的经济杠杆研究与确定；⑥合理利用和保护沼泽林地。

世界银行具体的资助项目包括：①别洛维日森林生物多样性保护；②减少使用和替代破坏臭氧层物质；③林业经济发展项目；④强化生态执法能力建设；⑤气候变化（为白俄罗斯应对气候变化一期工作做准备）；⑥世界银行专家参与制定了1993年和2001年版的《白俄罗斯环境保护领域战略评估》。

联合国欧洲经济委员会。白俄罗斯是该委员会的重要合作伙伴，双方在制定"远距离跨境空气污染日内瓦公约"及其附属条约方面合作广泛。2002年，白俄罗斯与该委员会合作采集和递交了相关数据，对形成第五届泛欧洲环境部长会议基辅报告——《欧洲的环境》起了重要作用。《欧洲的环境》成为欧洲在环保领域最重要的倡议，是整个欧洲地区在保护生物多样性、社会与自然协调发展、生态信息公开等领域的合作平台。白俄罗斯与联合国欧经委员会联合成立了一系列工作组以加强沟通协调，包括：①生态监测专家工作组；②高级职务工作组；③奥胡斯公约工作组；④司法工作系列工作组；⑤电子信息公开化工作组。

双方合作的领域有：①完善生态政策、立法；②降低污染给人类带来的健康风险；③对自然资源进行持续有效管理；④在经济发展过程中综合考虑生态影响；⑤建立并强化以经济手段实现生态目标的机制；⑥在国际公约框架下揭示并合作解决跨境问题。

欧洲安全与合作组织。2003年1月1日起，欧安组织驻白俄罗斯办公室正式启动，双方在生态环境领域的合作主要集中在三个方面：①生态司法合作，对制定并出版"白俄罗斯生态立法评估"等活动给予支持；②对《欧盟与白俄罗斯共和国水资源领域合作框架》给予资金等支持；③建立白俄罗斯地区生态网并使其成为全欧洲生态网的一部分，争取把"布茨科伊沼泽林地跨境生物圈"项目列为联合国教科文组织的项目清单。

另外，白俄罗斯自然资源与环境保护部与欧安组织在明斯克成立了"奥胡斯白俄罗斯中心"，其主要活动是：根据自然人和法人的需求提供生态信息咨询服务；举行生态教育活动；举办圆桌会议，在各种媒体上进行公益宣传；为白俄罗斯落实奥胡斯公约制订计划、出谋划策等。

瑞典环境保护署。瑞典在环境保护方面有很多先进经验，双方在合理利用和保护跨境河流方面合作紧密。在瑞典环境保护署的支持下，白俄罗斯与瑞典、俄罗斯制定了保护和合理利用西德维纳河、涅曼河水资源协议。

白俄罗斯正在执行的国际合作项目如表10-8所示。

表10-8 白俄罗斯区在执行的国际合作项目

编号	名称	资助方/合作方	时间
1	应对气候变化背景下涅曼河水资源管理	欧洲经济委员会	2012~2014年
2	波罗的海气象雷达站完善计划	欧洲经济委员会	2012~2014年
3	大气辐射监测网络现代化计划	国际原子能机构	2012~2014年
4	转型国家消除水氯氟碳行动	全球环境基金、联合国发展计划署	2013~2015年
5	白俄罗斯环境问题与安全关系	环境与安全倡议（通过联合国发展计划署执行）	2013~2015年
6	获得最大生态效益、保持自然景观多样化湿地管理行动	全球环境基金、联合国发展计划署	2012~2017年
6	应对气候变化，减少碳排放，白俄罗斯泥炭可持续管理	欧洲经济委员会（通过联合国发展计划署执行）	2014~2018年

三 小结

白俄罗斯国家和公民对环境保护一直都很重视，因此，尽管白俄罗斯在政治关系上与西方国家不睦，但在环境领域的合作却开展得如火如荼，这也表明可以"免签证"跨界流动的环境问题在某种程度上可以与国家关系分开，受国家政治关系的影响较小。白俄罗斯当前的主要合作对象是联合国欧洲经济委员会、俄罗斯等独联体国家、欧洲邻国，而且双方已经建立了相应的合作机制。与中国及上合组织的合作刚刚起步，但由于没有政治等分歧，双方的合作空间很大。《白俄罗斯环境保护法》第 17 章规定，白俄罗斯将在公认的国际法和环保领域国际条约的基础上，积极开展环境领域国际合作。如果白俄罗斯参加的国家条约所采用的标准高于其国内立法，白俄罗斯将以国际标准为准。这显示了白俄罗斯参与国际合作的愿望，也体现了白俄罗斯在环保领域的自信。

参考文献

[1] 白俄罗斯自然资源与环境保护部官网：http://www.minpriroda.gov.by/ru/。
[2] 《白俄罗斯环境状况公报（2011）》，2011。
[3] 《白俄罗斯环境状况公报（2012）》，2012。
[4] 《白俄罗斯 2020 年前水资源战略》。
[5] 《白俄罗斯 2025 年前生态保护战略》。
[6] 《白俄罗斯 2013 年执行生物多样性保护公约信息报告》，2013。
[7] 中国外交部网站，http://www.fmprc.gov.cn。
[8] 中国商务部网站，http://by.mofcom.gov.cn。

第十一章
伊朗环境概况

第一节 国家概况

一 自然地理

(一) 地理位置

伊朗位于亚洲西南的中东地区，属西亚，北纬 25~40 度，东经 44~63.5 度。全国面积 164.8 万平方公里（与中国新疆相近），其中，陆地面积 163.6 万平方公里，水域面积 1.2 万平方公里，居世界第 16 位。

伊朗西北与阿塞拜疆（界长 432 公里）和亚美尼亚（界长 35 公里）接壤，东北与土库曼斯坦接壤（界长 992 公里），东部与阿富汗（界长 936 公里）和巴基斯坦（界长 909 公里）接壤，西部与伊拉克（界长 1458 公里）和土耳其（界长 499 公里）接壤，北部濒临里海（海岸线长 650 公里）、南部濒临波斯湾和阿拉伯海阿曼湾（海岸线长 1770 公里）。

(二) 地形地貌

伊朗地貌大多由高原、盆地和山脉构成。境内 90% 的土地是高原和山地，平均海拔高度 1200 米。东部有沙漠盆地和盐漠，间有零星盐湖分布。平原主要位于里海及波斯湾北端滨海地区。里海平原是狭长的海岸平原，长约 640 公里，最宽处约 50 公里。波斯湾平原呈三角形，隔阿拉伯河与伊拉克相邻，是美索不达米亚平原的延伸。

中央高原（Central Plateau）位于伊朗中部，海拔 900~1500 米，地势平坦，四周山脉环绕。高原北面是陡立狭长、沿里海盘踞的厄尔布尔士山脉（也有译成亚柏芝山脉，Alborz Mountains）所形成的北部山地（最高点德马峰，海拔 5671 米，是伊朗第一高峰），西面和西南是扎格罗斯山脉（Zagros Mountains）和库赫鲁斯山脉形成的西北和西南山地，东面是加恩山脉形成的东部山地。西部的扎格罗斯山脉由西北向东南绵延 1500 多公里，宽300多公里，是境内最大的山脉，有许多海拔3000米以上的山峰，在中南区有五座山峰海拔超过4000米。

伊朗的地理位置十分重要，历史上有三条具有世界意义的交通动脉：一是北部的"丝绸之路"，连接中国和欧洲；二是南面的沿波斯湾通道，是亚洲陆路通往非洲的要道；三是波斯湾海道。这三条道路自古便是东西方交流的必经之地。

（三）气候

伊朗气候受地形影响较大，大多数地区以亚热带干旱和半干旱气候为主，属干燥或半干燥气候，降雨集中在10月至来年4月，平均年降雨量在250毫米以下。北部里海平原地区属亚热带气候，年降水量由东到西为680～1700毫米，夏季气温很少超过29℃，冬季气温约0℃。中央及东部盆地属大陆性亚热带草原和沙漠气候，大陆性显著，年降雨量在200毫米以下，寒暑变化剧烈，冬季多风，大部分地区1月平均气温在10℃以下，夏季平均气温超过38℃。扎格罗斯山脉地区，冬季严寒，常下大雪，春秋季相对温和，夏季干热。南部波斯湾北端及阿拉伯海沿海平原属热带干旱气候，年降雨量由东到西为135～355毫米，夏季湿热，冬季温和。

伊朗大部分地区降水稀少。西部地区受地中海气候影响，年平均降水量达500毫米以上，中央高原及其边缘山地和南部沿海一带年降水量在200毫米以下，东部沙漠地区减少到100毫米左右，北部沿里海一带年平均降水量达1000毫米以上。全国有两个地区降水量较多：一是里海沿岸和厄尔布尔士山北坡，为全国降水量最多的地区，二是西北部山地和扎格罗斯山西部。由于这些山脉或者临近海洋，或者迎向湿润的西风，降水较丰沛，冬季积雪也多，是伊朗主要水源地之一。

夏季，在青藏高原上空的平流层下部1万帕等压面上有一个半永久性高压环流，称为"南亚高压"，是北半球1万帕等压面上最强大和最稳定的反气旋环流系统。"南亚高压"在夏季跳上青藏高原和伊朗高原后，中心位置的南北变化较小，东西变化较大，高压中心常发生东西振荡，当中心位于青藏高原时称为"青藏高压"，位于伊朗高原时称为"伊朗高压"。"青藏高压"和"伊朗高压"也常常偏离它们的平均位置而发生东西振荡。"南亚高压"的形成和东西振荡与青藏高原的热力作用和大气环流调整有关。两类平衡态间的转换会使东亚和中国的气候发生异常。为"青藏高压"时，高压中心及其东南地面气温升高，而高压西北及北面的气温明显降低，高原东侧的东亚地区多雨。为"伊朗高压"时，高压中心及其西北气温升高，而高压东南的气温降低，较强的降水带出现在高原南侧的南亚地区。

二 自然资源

(一) 矿产资源

伊朗是个矿产资源非常丰富的国家，现已探明的有60多种，除了拥有世界闻名的石油和天然气资源以外，还有金、铜、锌、铅、铬、铁、煤、锡、锰、铝、镍、镁、磷、锑、钨和氧化铁等，储量丰富，其中有些金属的品位很高，具有很高的开采价值。

铬铁矿储量为240万吨，主要分布在南部扎格罗斯山脉、北部厄尔布尔士山脉、东北部萨卜泽瓦尔以及卢特高原周围，矿床均为岩浆型原生矿。已有的勘查资料表明，伊朗南部的扎格罗斯大型推覆带中铬铁矿矿体多呈似层状、大透镜状，矿石品位大于45%，Cr_2O_3/FeO值大于3，储量一般在10万~50万吨，个别大于50万吨，是伊朗最重要的铬铁矿产地，如阿米尔（A-mir）、沙赫里阿尔（Shahriar）、雷扎（Reza）、阿布达什特（Abdasht）等大型铬铁矿床。萨卜泽瓦尔地区的铬铁矿床以中小型为主，矿体呈扁透镜状，规模一般为1000~2000吨，个别达万吨以上，品位为30%~40%，如萨鲁尔（Sarur）、米尔马赫穆德（Mir Mahmud）、加弗特（Gaft）等矿床。

铁矿储量为18亿吨，储量基础为25亿吨，分布相对集中于伊朗东南部扎格罗斯大型推覆带与卢特高原交界处。铁矿床有两种产出方式：一是新太古代—古元古代的火山沉积变质型铁矿床，沿角闪岩相变质岩系呈层状和似层状产出，矿体围岩常有磷灰石化、电气石化和水镁石化，且具有垂直分带现象。地表氧化带主要为褐铁矿石、赤铁矿石，向下则渐变为假象赤铁矿石带和纯磁铁矿石带，如戈尔戈哈尔（Golgohar）铁矿，储量基础达20亿吨，矿石品位为56%~63%，但矿石中含硫较高。二是中—新元古代与火山喷发作用有关的矿浆型铁矿床，沿火山机构产出，矿体呈大透镜状或柱状于火山岩和火山碎屑岩中，矿体与围岩界线清楚，偶见隐爆现象。矿石以磷灰石、黄铁矿、磁铁矿型为主，品位较丰富，含TFe（包括Fe_2O_3和FeO）大于50%，易选，矿体集中，矿床规模较大，如恰道尔马柳（Cha-dor Malu）、乔加赫特（Choghart）、圣恰孚恩（Se Chahun）、恰赫加兹（Chah Gaz）等大型铁矿床，储量都在1亿吨以上。

铜矿石储量为413亿吨，品位较丰富，分布比较集中于伊朗中东部地区的伊朗新生代活动带上。矿床类型有斑岩型、热液型、火山岩型和矽卡岩型，并以斑岩型为主。赋矿的斑岩体规模不大，但矿化比较集中，矿石成分比较单一,以铜为主,伴有钼、金等,矿石品位多在1%以上,并常具有次生富集带,如萨尔切什梅(SarChesmch)铜钼矿床,矿体长2300米,宽1200米,呈椭圆形,产于花岗斑长斑岩与蚀变安山接触带上,次生富集带发育。矿石中的铜品位为1.2%,储量为490万吨,钼品位为0.03%,储量为12.8万吨。查哈尔冈巴德(Chahar Gonbad)铜矿床,含矿的闪长斑岩岩株面积为200米×20米,矿石品位最高可达13.5%,平均品位为1.67%,铜矿储量达300万吨。松岗(Sungun)铜矿床产于花岗闪长斑岩中,钾化强烈,铜平均品位为0.76%,资源量达500万吨,并伴有一定数量钼矿。此外,热液型与火山岩型铜矿多产于火山岩带及其附近,矿体呈脉状、似层状,矿石品位变化大,矿床规模以中小型为主,铜品位为1%~3%,钼品位为0.03%~0.06%,金品位为0.5克/吨。如拉查尔(Lachar)铜矿、安捷尔特(Anjert)铜钼矿、亚玛克汉(Yama khan)铜矿等。矽卡岩型铜矿有马兹雷奇(Mazrach)铜金矿床,产于渐新世花岗闪长岩体与古生代碳酸盐岩接触带上,有4个矿体,呈透镜状,长300米~400米,厚10米~50米,矿石铜品位为2.5%,金品位为2克/吨。

铅锌矿总储量约2200万吨,铅平均品位为6%,锌平均品位为10%,分布较广,但矿床类型相对单一,以层控型为主,其次为热液脉状型。层控型铅锌矿床主要产于滨海、泻湖相沉积岩层中,矿体多呈层状、似层状和大透镜状,矿石成分相对单一,以铅和锌为主,伴有银,矿体赋存层位较多,矿床规模差异也很大,其中,安古兰(Anguran)是伊朗目前已知最大铅锌矿床,锌品位为3%,铅品位为6%,储量为188万吨。阿汉加兰(Ahangaran)、查里斯奇(Charisch)、加达纳赫希尔(Gardanehshar)等铅锌矿床均为中小型。库赫苏尔姆奇(KuheSurmch)铅锌矿床的锌品位达12%,铅品位达5%,矿床规模为中型以上。热液脉状型铅锌矿主要分布于卢特高原,但矿床规模小,很少被开发。

伊朗的能源资源十分丰富。煤炭储量约为76亿吨,因石油天然气资源丰富,动力煤基本不用,部分焦煤用于炼焦。截至2012年底,石油剩余探明可采储量为211.77亿吨,居世界第4位;天然气剩余探明可采储量为33.61万亿立方米,居世界第2位。主要油气富集区为扎格罗斯山前褶皱带和波斯湾盆地,主要的油气田有阿瓦士(Ahwaz)、马伦(Marun)、加奇萨兰(Gachsaran)、阿加贾里(Aghajari)、比比哈基梅(Bibi Hakimeh)和帕里斯(Paris)。目前,伊朗60%的天然气为非伴生气,且大多未开发,特大型天然气田有:南帕斯气田(South Pars),储量7.92万亿~14.15万亿立方米；北帕斯气田（North Pars），储量1.42万亿立方米。伊朗正在生产的大型油气田有40个，其中，27个位于陆上、13个位于海上。欧佩克给伊朗的生产配额为411万桶/日，60%的石油产量来自老油田。

伊朗法律规定，矿山资源归国家所有，禁止政府将矿山资源企业的股份转让给外国公司，禁止政府对国家主要工业（包括大型矿山）实行私有化，国家对大型矿山具有垄断经营权，允许私人企业参与矿山勘探和小型矿藏的开采，经营期为25年。私人企业在完成勘探后，需将矿藏交国家认定的矿业专家进行评估，若专家认定该矿藏属大型矿山，则必须交由国家经营。外国企业在伊朗的矿业合作仅限于选矿领域，如成立地球物理、地球化学实验室等。中国石油天然气总公司于2004年进入伊朗，开展油气投资和油气田工程技术服务等业务。目前共有4个油气项目，其中，南帕尔斯天然气田开发项目由于多种原因而迟迟未开发。

（二）土地资源

据联合国粮农组织数据（2011年），伊朗耕地面积约1754万公顷，森林面积约1107万公顷，人均耕地面积0.26公顷。据美国中情局2014年《世界概览》数据，伊朗的可耕地面积占国土总面积的10.05%，永久耕地占1.08%，全国灌溉面积约8.7万平方公里（见表11-1）。

表11-1 伊朗耕地统计

项目	1996年	2001年	2006年	2011年
国土总面积（万公顷）	16285	16285	16285	16285
耕地（万公顷）	1710	1586	1670	1754
永久耕地（万公顷）	133	136	163	189
森林（万公顷）	1107	1107	1107	1107
人均耕地面积（公顷）	0.30	0.26	0.26	0.26
农业劳动力人均耕地面积（公顷）	3.47	2.90	2.86	2.94

资料来源：FAOSTAT, FAO of the UN, http://faostat.fao.org.

伊朗的土壤侵蚀呈现侵蚀程度高、侵蚀面积广、侵蚀类型多样、侵蚀危害较重的特点。据联合国粮农组织1994年调查报告，伊朗的大部分耕地和永久牧场都受到土壤侵蚀的危害，其中45%的耕地遭受不同程度的水力侵蚀，60%的耕地受到不同程度的风力侵蚀。[1]

---

[1] Food and Agriculture Organization, "Land Degradation in South Asia: Its Severity, Causes and Effects upon the People", 1994.

第十一章 伊朗环境概况

受干旱、半干旱气候条件影响，伊朗很多地区存在不同程度的荒漠化、沙漠化和土壤侵蚀等土地退化现象。全国每年约有 60 万平方米的农田被破坏，165 万平方米的土地变成沙漠，719 万平方米的森林处于土壤严重侵蚀状态，土壤侵蚀量以每年 2000 万~3000 万吨/公顷的速率增加。特别是占国土总面积 3/4、年降雨量不足 200 毫米的地区，土壤侵蚀更加严重，是伊朗国内主要的产沙区。据估算，伊朗全国土壤侵蚀量 1970 年为 10 亿吨，1980 年为 15 亿吨，1999 年为 30 亿吨。

伊朗的风力侵蚀较严重。全国约有 12 万平方公里的地区存在风蚀，60% 的干旱区耕作和牧场遭受风蚀侵害，年均风蚀强度达每平方米 10~19 吨。尤其是中部的沙漠边缘，植被遭到破坏，风力侵蚀最为严重，形成大约 20 万平方公里的沙质荒漠、盐漠和石质荒漠，成为伊朗国内主要的荒漠化地区。

自 20 世纪 50 年代设立流域管理部门以来，伊朗政府管理部门与高校和科研院所一起相继开展了土地规划、水资源管理、防洪减灾、水土保持、泥沙控制、沟道治理、植被恢复等一系列土壤侵蚀和泥沙治理及研究活动，在土壤侵蚀和河流泥沙的治理方面取得了一定成果和经验。

针对水力侵蚀，传统治理措施通常依据地质、地形、气候和土地利用等条件进行布设，如小水塘、集水池、拦沙坝等。小水塘通常建在河床和季节性河流岸边或丘陵峡谷地区，可过滤上游洪水、拦截泥沙，被拦蓄的洪水渗透蒸发后还能形成可耕作的肥沃土壤。集水池四周有石质围墙，主要用于在降雨较少的地区收集径流。拦沙坝可拦蓄洪水和泥沙，提供耕作土壤和灌溉用水，一般在洪水季节蓄水，在干旱季节为农牧养殖和居民生活提供水源。

控制荒漠化的固沙治沙措施已形成生物和非生物措施相结合的完整治沙体系。其中，生物措施主要用于保护村庄和道路等人居活动区域，一般采用耐沙抗旱的乔、灌、草植被，如梭梭、柽柳、沙拐枣等树种。非生物措施主要利用石油废弃物及沥青等材料进行工程固沙，这类措施往往与生物固沙和飞播造林结合使用。总体上，伊朗的治沙策略主要是在沙地栽植大量植被，修建防风栅栏，并利用沙障、草方格、乳化沥青等材料固定流沙。另外，伊朗对旱作农业和节水灌溉的国际合作需求强烈。

针对土壤侵蚀及河流泥沙，防治的主要措施是从源头入手，以小流域为单元进行综合治理，控制水土流失，减少河流泥沙，如采用梯田和水平沟整地、兴修大坝进行集雨灌溉、建立流域内协作关系等。

伊朗北部里海沿岸多雨，泥石流严重。中部干燥地区土地呈沙粒状，易发生泥石流和洪水。防灾措施主要是植树和修筑围堰。林木品种主要是喜马拉雅山杉树等针叶树，这些树木在初期浇灌之后，主要依靠自然生长。从气象条件来看，难以形成成片林区。在工程建设方面除修筑围堰、护岸、堤岸以外，还有修筑洪水分流设施。

3. 生物资源

伊朗共有272个自然保护区，总面积约1700万公顷。伊朗动物资源丰富，有2000多种，主要有熊、瞪羚、野猪、狼、豹、猞狲、狐狸等。家畜有黄牛、水牛、马、驴、羊、骆驼、野鸡、山鹑、鹰等。其中，20多种哺乳动物和14种禽类濒临灭绝，如西伯利亚鹤、亚洲黑熊、波斯小鹿、玳瑁、眼镜蛇、蝰蛇、绿海龟、海牛、海豚等。

伊朗大部分地区属亚热带荒漠，植物稀少，以稀疏草类和多刺植物为主。森林面积达12.4万平方公里。厄尔布尔士山脉北坡森林茂密，分布着80个乔木树种和180个灌木树种，多阔叶林，是主要的木材产地。扎格罗斯山脉西部山麓有稀疏森林。南方生长有灌丛和矮树。全国森林大体划分为5个植物生长区（2003年数据）。

一是里海森林区，是伊朗唯一供应木材的地方，面积约1.9万平方公里，绵延在里海南岸，分布在伊朗北部。区内林木为天然实生混交林，阔叶林占95%。每年平均每公顷生长量为3.5立方米，平均每公顷蓄积量为210立方米。主要树种为各种栎、紫杉、榆、桧、槭、鹅耳枥、桦、梣、花楸、槐、栗、核桃、椴、桤及扁柏等。

二是阿拉斯巴伦森林区，面积约0.16万平方公里，分布在伊朗西北部东阿塞拜疆省，属气候较凉爽的半湿润带。该区森林发挥着重要的保护土壤和调节水源的功能，同时能供应薪柴。主要树种有栎、鹅耳枥、梣、榆、荚蒾、杨、榛和紫杉等。

三是伊朗—图拉年斯克森林区，面积约3.5万平方公里，分布在霍拉桑、阿塞拜疆和中西部省份。因地形和植物不同，该区可划分为草原亚区和山地亚区。山地亚区气候干燥、寒冷，但夏季气候温和，生长着多种桧柏。草原亚区属沙漠气候，夏季炎热。主要树种有柽柳、榆、朴、柳、扁桃、黄连木和山楂等。

四是扎格罗斯森林区，面积约4.7万平方公里，分布在伊朗西部和南部的扎格罗斯山脉，包括西阿塞拜疆、库尔德斯坦、克尔曼沙赫、洛雷斯坦、法尔斯、恰哈马哈勒-巴赫蒂亚里、亚兹德省以及胡泽斯坦省北部。该区气候半干旱,冬季温和,是3条主要河流(卡伦河、卡尔里河和扎因代河)的发源地。主要树种为各种栎,次要树种有黄连木、扁桃、朴、山楂和桦等。

五是波斯湾和阿曼湾森林区,面积约2.13万平方公里,分布于伊朗南部,包括胡泽斯坦、布什尔、霍尔木兹甘及锡斯坦-俾路支斯坦省。该区为半赤道性气候,主要树种有相思、牧豆、枣、海榄雌、红树及杨等。

(四)水资源

由于气候干旱,伊朗总体上属于水资源短缺国家。据世界银行1998年数据,伊朗人均拥有淡水资源1755立方米(相当于当年亚洲平均水平的47.7%,世界平均水平的25.4%),地下淡水资源人均拥有量为671立方米。据美国中情局2014年《世界概览》数据,伊朗全年耗水量为933亿立方米,其中,居民用水占7%,工业用水占1%,农业用水占92%,人均年耗水量1306立方米。伊朗水资源统计情况如表11-2所示。

另据伊朗学者估算,伊朗年总降水量为4164亿立方米,其中1550亿立方米落到波斯湾和阿曼海流域。全国地面总蒸发量为2940亿立方米,其中1000亿立方米发生在中部高原。因此,全国水资源总量大约为1224亿立方米。考虑到还有120亿立方米的地面径流流入伊朗境内,水资源总量为1344亿立方米。伊朗全国年平均降水量约为250毫米,低于亚洲年平均降水量,约为世界降水量的1/3。[1]

表11-2 水资源统计

项目	1996年	2001年	2006年	2011年
水资源总量(亿立方米)	1285	1285	1285	1285
人均水资源量(立方米)	2090	1920	1810	1700
灌溉面积(万公顷)	739.7	802.0	871.5	941.3
项目	1997年	2002年	2007年	2014年
农业用水(亿立方米)	760.0	837.5	860.0	858.4
居民用水(亿立方米)	60.0	49.2	62.0	65.3
工业用水(亿立方米)	10.0	10.2	11.0	9.3
水资源消费总计(亿立方米)	830.0	897.0	933.0	933.0

资料来源:AquaSTAT, FAO of the UN, http://www.fao.org/nr/water/aquastat/main/index.stm。

由于地形限制和气候干燥,伊朗河流通常数量不多,大河稀少,流程

---

[1] 〔伊朗〕M.格瑞维:《伊朗水电开发的成就及规划》,《水利水电快报》2005年第22期。

较短，流量较小。北部、西北部和西南部山区由于气候湿润，降水较多，又有高山冰雪融水的补给，水量相对较大。境内河流集中分布在西北和西南的山区，大多数都发源于扎格罗斯山脉和厄尔布尔士山脉，最后流入波斯湾、阿曼湾、里海，流入中央高原和山间盆地的河流形成内陆湖或消失于沙漠。

伊朗境内最长的河流为卡伦河，发源于扎格罗斯山脉，流经胡泽斯坦平原，汇入阿拉伯河后注入波斯湾北端，部分河段偶尔可行舟。中央高原区的河流，大多数时候是干河床，只在春季融雪时才有水流，注入咸水湖。这些咸水湖到夏季后，往往也只剩下干涸的盐湖床。位于西北角的乌尔米耶湖是境内最大咸水湖，终年不干。

伊朗经济上可开发的水电装机容量和年平均发电量估计分别超过24500MW 和 50TWh。正在运行的水电站如表 11-3 所示。伊朗正在积极推动水电资源的开发，目前正在开发的主要河流包括卡伦河、迪兹河和卡尔黑河，全国 90% 以上的水电蕴藏量集中在这 3 个流域。

伊朗有 3 个主要的内陆湖泊：一是位于东、西阿塞拜疆省交界处的乌尔米耶湖，属咸水湖，面积 4700 平方公里，是伊朗也是中东最大的湖泊；二是与阿富汗边境相邻的锡斯坦诸湖；三是库姆省与伊斯法罕省交界处的马西勒赫卡维尔湖。

由于气候改变、农田用水增加以及河流遭到破坏，乌尔米耶湖的面积近 10 年来逐年缩小，共缩小了 80%。专家担心，如果不加紧抢救，乌尔米耶湖很快就会消失。伊朗总统鲁哈尼上台后，曾宣布把"拯救乌尔米耶湖"列为新内阁首要任务，并组成小组研究应对方法，提出的方法一是人工增雨；二是减少农田面积，控制农业用水量，劝导农民改种用水较少的农作物；三是控制或禁止抽取地下水。

表 11-3 伊朗正在运行的主要水电站

水电站	装机容量（MW）	竣工年份
哈迈丹	<1	1929
阿拉斯	22	1971
扎因代	55.5	1970
塞菲德	88	1964
迪兹	520	1962
卡拉季	45	1961

续表

水电站	装机容量（MW）	竣工年份
马哈巴德	6	1972
吉罗夫特	30	1991
阿尔丁	125	1991
Doroudzan	10	1989
Sarrood	65	1987
卡兰	115	1988
卡伦1	1000	1977
卡伦1（扩建）	1000	2003~2004
拉蒂安	45	1969~1987
塔勒比	2.25	1994
Keric 1	2.5	1994
萨韦	15	1996
Janat Roodbar	1	1996
Gamasiab	2.8	1999
达雷塔赫特	20.9	2000
卡尔黑	400	2002~2003
马斯吉德苏莱曼	1000	2002~2003

资料来源：〔伊朗〕M. 格瑞维：《伊朗水电开发的成就及规划》，《水利水电快报》2005年第22期，第5~7页。

三 社会与经济

（一）人口概况

受地理条件所限，伊朗人口主要分布在山脉的山麓地区和平原地区，尤其是里海沿岸、水量较多的山区和高原上的灌溉绿洲。人口比较集中的省份有德黑兰、伊斯法罕、法尔斯、呼罗珊、东阿塞拜疆。截至2014年初，伊朗全国人口共计8084.0713万人，其中，波斯族占61%，阿塞拜疆族占16%，库尔德族占10%，其余主要民族还有阿拉伯民族、土库曼族等。官方语言为波斯语。伊斯兰教为国教，99.4%的居民信奉伊斯兰教，其中，90%~95%为什叶派，5%~10%为逊尼派。0~14岁人口占24%；15~24岁人口占19%；25~54岁人口占46%；55~64岁人口占6%；65岁以上人口占5%。

波斯族是伊朗的主体民族，在伊朗全国各地分布，中部居多。公元前

2000 年，波斯族自中亚进入今天的伊朗地区而定居下来。

阿塞拜疆人主要居住在伊朗的西北部地区，大多是什叶派穆斯林，属欧罗巴人种西亚类型，使用阿塞拜疆语，属阿尔泰语系突厥语族西南语支，方言和土语较多，仍使用阿拉伯字母的文字。

土库曼人主要分布在东北部地区，信奉伊斯兰教逊尼派，属欧罗巴人种与蒙古人种的混合类型，使用土库曼语，属阿尔泰语系突厥语族。1928年前使用阿拉伯字母的文字，后改用拉丁字母，1940年起用斯拉夫字母。

俾路支人主要分布在克尔曼省和锡斯坦－俾路支斯坦省，与巴基斯坦和阿富汗的俾路支人同文同种，信奉伊斯兰教逊尼派，属欧罗巴人种地中海类型，使用俾路支语，属印欧语系伊朗语族。

阿拉伯人主要分布在南部的波斯湾沿岸地区，尤其是胡泽斯坦省，多数信仰伊斯兰教什叶派，少数信仰逊尼派，属欧罗巴人种地中海类型，使用阿拉伯语，以及拉米字母的阿拉伯文字。

基拉克人和马赞达兰人是伊朗的土著民族，生活在今伊朗的古兰省和马赞德兰省，大多信奉伊斯兰什叶派，文化习俗与波斯人相近，属欧罗巴人种地中海类型，使用基拉克语和马赞达兰语，两种语言相近，都属于印欧语系伊朗语族，无文字。

库尔德人主要分布在扎格罗斯山脉地区，中东地区最古老的民族之一，多数信仰伊斯兰逊尼派，属欧罗巴人种印度地中海类型，使用库尔德语，属印欧语系伊朗语支。

卢尔人大多数分布在西南地区，是原始种族，与波斯人、阿拉伯人以及其他地方的人有混血关系，使用与波斯语极其相近的卢尔语，信奉伊斯兰教什叶派。

俾路支人问题是目前伊朗社会稳定的主要问题。俾路支人主要居住在伊朗东南部的锡斯坦－俾路支斯坦省。历史上，俾路支人曾经在西亚地区建立过独立的民族国家，即俾路支斯坦。俾路支人的分离活动主要发生在巴基斯坦境内，目的在于重新建立独立的俾路支斯坦国。伊朗境内的俾路支人问题不如巴基斯坦那样激烈，而是与胡齐斯坦省的阿拉伯人问题一样，主要集中在反对民族歧视和争取经济发展方面。

锡斯坦－俾路支斯坦省是伊朗社会经济发展最落后的地区，毒品走私活动也较猖獗。阿富汗战争之后，该地区成为伊朗与美国对抗的前沿阵地。为确保当地社会稳定，伊朗政府对俾路支人采取压制政策，如为改变当地民族比例，在该地区实行双向移民，即将俾路支人向其他省份迁移，同时通过无偿提供土地、房屋和就业机会等鼓励其他民族向该地区迁移。伊朗中央政府支持在当地人口中占少数的锡斯坦什叶派掌控地方政权，并禁止成立代表俾路支人利益的政治组织。在宗教、教育和就业等领域也存在歧视性政策。这些做法引起俾路支人的不满和反抗。

（二）行政区划

1950 年以前，伊朗只有 12 个省；1950 年，进行行政区划改革，将省缩减到 10 个；1960 年以后，一些地区被提升到省级地位，截至 2014 年初，伊朗全国共分为 31 个省，省下设 324 个县、865 个区、982 个市镇和 2378 个乡（见图 11-1）。

图 11-1　伊朗行政区划

注：

序号	名称	省会	省所辖的地区数量（个）	面积（平方公里）
1	德黑兰省	德黑兰市	13	18814
2	库姆省	库姆市	1	11526
3	中央省	阿拉克市	10	29130
4	加兹温省	加兹温市	5	15549
5	吉兰省	拉什特市	16	14042
6	阿尔达比勒省	阿尔达比勒市	9	17800
7	赞詹省	赞詹市	7	21773
8	东阿塞拜疆省	大不里士市	19	45650
9	西阿塞拜疆省	乌尔米耶市	14	37437
10	库尔德斯坦省	萨南达季市	9	29137

续表

序号	名称	省会	省所辖的地区数量（个）	面积（平方公里）
11	哈马丹省	哈马丹市	8	19368
12	克尔曼沙赫省	克尔曼沙汗市	13	24998
13	伊拉姆省	伊拉姆市	7	20133
14	洛雷斯坦省	霍拉马巴德市	9	28294
15	胡泽斯坦省	阿瓦士市	18	64055
16	恰哈马哈勒－巴赫蒂亚里省	沙赫尔库尔德市	6	16332
17	科吉卢耶－博韦艾哈迈德省	阿苏季市	5	15504
18	布什尔省	布什尔市	9	22743
19	法尔斯省	设拉子市	23	122608
20	霍尔木兹甘省	阿巴斯港	11	70669
21	锡斯坦－俾路支斯坦省	扎黑丹市	8	181785
22	克尔曼省	克尔曼市	14	180836
23	亚兹德省	亚兹德市	10	129285
24	伊斯法罕省	伊斯法罕市	21	107029
25	塞姆南省	塞姆南市	4	97491
26	马赞德兰省	萨里市	15	23701
27	戈勒斯坦省	戈尔干市	11	20195
28	北呼罗珊省	博季努尔德市	6	28434
29	呼罗珊省	马什哈德市	19	144681
30	南呼罗珊省	比尔詹德	4	69555
31	厄尔布尔士省	卡拉季市	注：厄尔布尔士省是伊朗议会2011年6月新批准设立的省，割德黑兰省西部4个县为其行政区域	

（三）政治局势

伊朗是具有近五千年历史的文明古国，史称波斯。公元7世纪后，阿拉伯人、突厥人、蒙古人、阿富汗人先后统治过该地区。18世纪初沦为英、俄势力范围。18世纪末，伊朗的土库曼人恺伽建立恺伽王朝。19世纪后沦为英、俄的半殖民地。1925年建立巴列维王朝。

1979年霍梅尼领导伊斯兰革命，推翻巴列维王朝，建立伊斯兰共和国，并于当年12月颁布第一部宪法，实行政教合一的制度。1989年修改宪法，强调伊斯兰信仰、体制、教规、共和制及最高领袖的绝对权力不容更改。1989年6月3日霍梅尼病逝后，原总统哈梅内伊继任最高领袖至今。

伊朗的最高国家立法机构是议会，实行一院制，共290名议员，由选民直接选举产生，任期4年。总统是国家元首，也是政府首脑，现任总统（第11届）哈桑·鲁哈尼于2013年6月15日当选，8月4日宣誓就职。司法总监是国家司法最高首脑，由领袖任命，任期5年。最高法院院长和总检察长由司法总监任命，任期5年。

1985年伊朗宣布实行一党制，伊斯兰共和党为执政党，其他政党及其派别均被取缔。1987年伊斯兰共和党宣布中止一切活动。1988年伊朗颁布《政党法》，允许多党制。现主要政党或组织有：伊朗伊斯兰参与阵线、德黑兰战斗的宗教人士协会、建设公仆党、伊斯兰伊朗团结党。这些政党均支持神权政体。支持世俗政体的政党属反对派，均流往海外。

在政教合一的体制中，还有3个部门比较重要：一是"专家会议"，为常设机构，由公民投票选举86名法学家和宗教学者组成，每年举行两次会议，职责是选定和罢免领袖；二是"确定国家利益委员会"，职责是为领袖制定国家大政方针出谋划策，协助领袖监督、实施各项大政方针，当议会和宪法监护委员会就议案发生分歧时进行仲裁；三是"宪法监护委员会"，由12人组成，其中6名宗教法学家由领袖直接任命，另外6名普通法学家由司法总监在法学家中挑选并向议会推荐，议会投票通过后就任，任期6年，负责监督专家会议、选举和公民投票，解释宪法和裁定违宪，审议和确认议会通过的议案等。

当前，伊朗所处的国内外环境日趋严峻。在外，尽管现任总统鲁哈尼做出很多改善与西方关系的举措，但以美国为代表的西方国家仍对伊朗步步紧逼，制裁压力巨大。在内，国内政治经济形势面临诸多挑战：石油收入下降、物资供应短缺、汇率跳水、神权地位下降、政治派系斗争升级等。如果西方经济制裁持续加码，伊朗国内经济社会形势可能进一步恶化，开明民主改革将成为民心所向。

当前，伊朗国内面临的政治难题主要是保守派和改革派之争。保守派反对政治自由化和多元化，坚决维护和执行伊斯兰教法，对内，推行严格的宗教法令和社会管制，对外，反对"霸权"，确保伊朗不受西方腐化。保守派的主要支持者有宗教人士和低收入群体。改革派则倾向于更为自由的政治、经济和社会政策，对内，支持言论和新闻自由，赞成放松部分严厉的伊斯兰教法教规，对外，主张与西方国家进行和解，外交上采用实用主义政策。改革派的主要支持者有青年、女性、知识分子和渴望改革的民众。最高领袖哈梅内伊在总体上保持中立的同时稍偏向保守派，因此保守势力仍有强大市场，2013年总统选举时，改革派候选人阿雷夫中途宣布退选，使得温和保守派候选人总统鲁哈尼赢得选举。

（四）经济概况

截至2011年初，伊朗铁路总长约1万公里，公路1.3万公里，石油管道7018公里，天然气管道1.9246万公里，各类机场54个（其中8个国际空港）。大部分海港集中在波斯湾，主要有阿巴斯港、霍梅尼港、布什尔港、霍拉姆沙赫尔港、恰巴哈尔港等。北部的里海港口主要是安萨里港。2012年发电总量1447兆瓦，不仅可以满足国内消费，还有少量剩余向周边国家出口。

伊朗经济2004~2007年曾保持较高增速（年均约6%），但2008年国际金融危机和2012年西方国家对伊朗实施石油禁运和金融制裁，对伊朗经济造成较严重影响。总体上，伊朗经济规模属于世界前30强，2013年GDP为5148.21亿美元，位于世界第23位，人均GDP为6360美元，位居世界第80位。2009~2012年伊朗经济发展情况如表11-4所示。

表 11-4　伊朗经济统计

项目	2009年	2010年	2011年	2012年
GDP（亿美元）	3626.61	4225.67	5284.26	5523.97
GDP增长率（%）	4	6	3	2
人均GDP（美元）	4927	5638	6599	7211

资料来源：世界银行在线数据库。

据IMF数据，2012年伊朗财政收入840亿美元，支出964亿美元，赤字125亿美元（占GDP总额的2.3%）。截至2013年初，伊朗外汇储备共计1000亿美元，外债余额150亿美元。2012年，伊朗共吸引外资48.7亿美元（其中，中国投资7.02亿美元），截至2012年底，外资存量共计373亿美元（其中，中国资金20.70亿美元）。外资主要投向油气开发、食品和汽车等行业。

伊朗的产业结构大体是服务业占一半，工业占40%，农业占10%。农业虽然占GDP的比重下降（主要是工业发展所致），但产值却增加。伊朗全国耕地面积约1800万公顷，其中，水浇地830万公顷、旱田940万公顷。由于地处高原，沙漠面积较大，气候干燥，水供应不足，农业主要集中在里海和波斯湾沿岸平原地区，机械化程度不高，生产水平较低。主要农产品有小麦、大麦、甜菜、水稻、甘蔗、棉花、茶叶、开心果、向日葵、大豆、藏红花等。畜产品基本能够自给，粮食、食用油、糖等产品的自给率约90%。2012年伊朗主要农产品产量和产值统计见表11-5。

表11-5　2012年伊朗主要农产品产量和产值统计

单位：亿美元，吨

序号	农产品	产值	产量
1	鸡肉	27.86610	195.6330
2	西红柿	22.17384	600.0000
3	牛奶	20.44000	655.0000
4	小麦	16.93316	1380.0000
5	开心果	15.50431	47.2097
6	葡萄	12.28977	215.0000
7	土豆	8.81037	540.0000
8	蔬菜	7.53764	400.0000
9	苹果	7.18954	170.0000
10	核桃	6.98681	45.0000
11	牛肉	6.54071	24.2125
12	水果	6.28959	180.2000
13	椰枣	5.44410	106.6000
14	鸡蛋	5.18368	62.5000
15	洋葱	4.74675	226.0000
16	西瓜	4.32892	380.0000
17	大米	4.13197	240.0000
18	山羊肉	3.92425	16.3778
19	绵羊肉	3.53215	12.9725
20	黄瓜	3.17674	160.0000

资料来源：联合国粮农组织在线数据库（http://faostat.fao.org）。

伊朗工业以石油开采为主，另外还有炼油、钢铁、电力、纺织、汽车制造、机械制造、食品加工、建材、地毯、家用电器、化工、冶金、造纸、水泥和制糖等，但基础相对薄弱，大部分工业原材料和零配件依赖进口。

伊朗石油产量1974年达历史最高，为3.01亿吨。1978年伊斯兰革命及之后的两伊战争重创石油工业，石油产量大幅下跌，1980年石油产量仅为6575万吨。1988年两伊战争结束后，伊朗实施战后重建战略，石油生产逐渐恢复和扩大，产量持续增长，1990年石油产量为1.63亿吨，2000年为1.89亿吨，2011年为2.06亿吨。2012年由于美国和欧洲对伊朗实行石油禁运，石油产量下降到1.53亿吨。据测算，2002~2011年伊朗因国际制裁而遭受的石油收益损失为1270亿~3400亿美元。

伊朗的主要出口产品为油气、金属矿石、皮革、地毯、水果、干果及鱼子酱等，主要出口对象国有中国、日本、伊拉克、土耳其、意大利、南非、韩国、阿富汗等。主要进口产品有粮油食品、药品、运输工具、机械设备、牲畜、化工原料、饮料及烟草等，主要进口来源国有德国、法国、意大利等欧盟国家，阿联酋等中东国家，以及中国、韩国等。2012年伊朗进出口总额1787亿美元，其中，出口1117亿美元，进口670亿美元。中国自2008年起至今始终是伊朗最大的贸易伙伴。

石油和天然气出口收入是伊朗出口收入的重要组成部分。2011年，伊朗共出口石油10.87亿桶（其中，原油出口9.26亿桶，一桶约合0.7吨），收入1147.51亿美元，占出口总收入的87.9%，主要出口对象是亚太地区的日本、中国、韩国和中国台湾地区，以及欧洲的意大利、法国、荷兰和土耳其等。2011年，伊朗共出口天然气91.14亿立方米，主要出口到土耳其，共进口天然气116.59亿立方米，主要来源为土库曼斯坦。欧美对伊朗实行经济制裁后，伊朗石油出口额下降近1/3，石油出口几乎全部流向中国、韩国、日本、印度4个亚洲国家，其中约一半出口到中国。

受欧美经贸、金融和石油制裁的影响，2013年伊朗经济继续大幅度滑坡，表现为：国内生产总值呈负增长，增速为-5.8%；通货膨胀加剧，通货膨胀率约40%；失业率居高不下，达到15%，其中，年轻人失业率为30%；国家债务总额约占GDP的1/5，截至2013年底达2000万亿里亚尔（约合800亿美元）；财政收入减少，2012~2013财年财政收入仅有770亿美元；本币里亚尔大幅贬值，2013年4月伊朗央行将官方汇率从1美元兑换1.226万里亚尔调整至1美元兑换2.5万里亚尔（黑市汇率超过3.5万里亚尔），新汇率从当年7月1日起执行。

2013年鲁哈尼执政百天后便指出，国库几乎已亏空，甚至不能足额发放公共部门的工资。面对严峻的经济形势，鲁哈尼努力调整经济政策，一方面与西方国家和解，解决核问题，争取改善外部环境；另一方面努力提高经济自给自足能力，增加石油产量和出口量，平衡预算，减少开支，控制通胀。

四 军事和外交

（一）军事

伊朗最高领袖是武装力量总司令。最高国家安全委员会是最高军事领导和国防政策的制定机构，由总统、1名领袖代表、司法总监、议长、武装力量指挥委员会主席、国家管理和计划组织主席及外交、内政和情报部部长组成。实行义务兵役制，服役期2年。尽管军事实力在海湾地区位居前列，但伊朗总体上奉行防御战略，强调保卫本土（尤其是海上通道）安全。

伊朗国家武装力量由军队和伊斯兰革命卫队组成。总兵力为54.5万人，其中，军队42万人，伊斯兰革命卫队12.5万人，二者均有陆军、空军和海军3个军种，另有预备役力量35万人。军队是在巴列维王朝的旧军队基础上改建而来的。霍梅尼领导革命成功后，除清洗旧军队的高级军官外，还在军队中成立政治和意识形态部，由宗教人士以伊斯兰思想改造旧军队。伊斯兰革命卫队在伊斯兰革命中诞生，在反对巴列维政权的各种准军事武装基础上成立，使命是保护伊朗领土完整和政治独立、维护伊斯兰教义、维持国内秩序、监控国内的敌对势力。伊朗大部分导弹力量都掌握在伊斯兰革命卫队手中，核能研究、边防和绝大部分政府机关的保卫工作也都由伊斯兰革命卫队负责。两伊战争结束后，伊朗大力加强军队正规化和一体化建设，1992年成立单一的联合指挥部，加速军队和伊斯兰革命卫队的一体化管理。

1. 军队和伊斯兰革命卫队的陆军

军队陆军共35万人，作战编成包括4个装甲坦克师和6个步兵师、2个特种师、1个空降师，若干独立装甲坦克旅和步兵旅及特种旅，以及6个兵团大队和若干陆军航空兵大队。伊斯兰革命卫队陆军共10万人（平时不满员），其主要任务是确保国家内部安全，抗击外来侵略。作战编成包括15个步兵师（部分装备相当于装甲坦克师和机械化师），若干独立旅，其中包括1个空降旅。两支陆军共装备1782辆坦克，1250辆步兵战车和装甲输送车，8196门各类火炮，75具反坦克导弹发射装置，1700门高射炮，17架运输机，223架直升机（其中50架武装直升机），42个战术导弹发射装置。

2. 军队和伊斯兰革命卫队空军

军队空军共5.2万人，作战编成包括5个歼击航空兵大队，9个轰炸航空兵大队，2个侦察航空兵大队，5个运输航空兵大队，若干直升机大队，4个空中加油机大队，若干教练机部队，21个防空导弹营。装备532架飞机，其中包括286架作战飞机、11架侦察机、116架运输机、119架教练机；34架直升机。伊斯兰革命卫队空军共5000人，作战编成包括1个导弹旅，装备"谢哈布-1"和"谢哈布-2"导弹发射装置12~18具；1个导弹营，装备"谢哈布-3"中程弹道导弹发射装置6具，每具4枚导弹。

3. 军队和伊斯兰革命卫队海军

军队海军共1.8万人，装备3艘护卫舰、2艘炮舰、5艘扫雷舰、13艘登陆舰、140艘巡逻艇和海岸警卫艇、26艘辅助船、6艘潜艇。海军陆战队共2600人，作战编成包括2个海军陆战旅；海军航空兵共2600人，装备19架飞机，其中6架侦察机和岸基巡逻机、13架运输机，以及30架直升机。伊斯兰革命卫队海军共2万人，包括海军陆战队5000人，包括若干岸防部队、导弹和炮兵连，装备50艘巡逻艇和海岸警卫艇。海军陆战队编成1个海军陆战旅。

（二）外交

伊朗的地缘安全环境十分复杂。从历史发展看，伊朗在巴列维王朝时期，以追求民族复兴与强大为目标，推行亲西方外交。伊斯兰革命后，霍梅尼时代（1979~1989年）实行"反西方"外交与"输出革命"外交（强调"既不要东方，也不要西方，只要伊斯兰"），导致伊朗陷入孤立。拉夫桑贾尼（1989~1997年）时期和哈塔米（1997~2005年）时期，伊朗采取"缓和与对话"外交，国际环境得到相对改善。内贾德执政后（2005~2013年），伊朗再度走向保守，在核问题上与西方发生尖锐对抗，导致国际社会制裁不断加重，伊朗与国际社会的关系再度趋紧。鲁哈尼时代（2013年至今）奉行"温和、建设性互动"方针。

伊斯兰革命后，无论谁执政，伊朗都坚持独立、自主、不结盟、伊斯兰、反霸、反对以色列等基本原则。总体上，伊朗的外交方针如下。

一是奉行独立、自主、不结盟。认为国家的主权和领土完整应得到尊重，各国有权根据自己的历史、文化和宗教传统选择社会发展道路，愿同除以色列以外的所有国家在相互尊重、平等互利的基础上发展关系。

二是倡导不同文明进行对话及建立公正、合理的国际政治和经济新秩序，反对霸权主义、强权政治和单极世界。反对西方国家以民主、自由、人权、裁军等为借口干涉别国内政或把自己的价值观强加给他国。

三是认为以色列是中东地区局势紧张的主要根源，支持巴勒斯坦人民为解放被占领土而进行的正义斗争，反对阿以和谈，但表示不采取干扰和阻碍中东和平进程的行动。主张波斯湾地区的和平与安全应由沿岸各国通过谅解与合作来实现，反对外来干涉，反对外国驻军，表示愿成为波斯湾地区的一个稳定因素。

2013年鲁哈尼接任伊朗总统后，伊朗外交出现新动向。

一是全面改善与周边邻国和阿拉伯国家关系，防止周边环境恶化。本着"穆斯林皆兄弟"的原则改善与海湾国家（尤其是沙特）、土耳其、埃及等国关系。

二是奉行东西方平衡战略。改变内贾德时期的"全方位加强与俄罗斯和中国关系"的"向东看"战略，在继续巩固和加强与中、俄关系的同时，积极改善与西方关系，在核问题谈判上采取更灵活措施。

三是在叙利亚问题上"扮演更具建设性角色"，与相关国家协调互动。

五 小结

伊朗位于亚洲西南的中东地区，属西亚，面积164.8万平方公里，共分为31个省级行政区。境内90%的土地是高原和山地，平均海拔为1200米。大多数地区以亚热带干旱和半干旱气候为主。矿产资源丰富，尤其是石油。生物资源也较丰富。

受地理条件所限，伊朗人口主要分布在山脉的山麓地区和平原地区，尤其是里海沿岸、水量较多的山区和高原上的灌溉绿洲。全国人口共计8084万人，其中，波斯族占61%，阿塞拜疆族占16%，库尔德族占10%。

伊朗实行政教合一体制。伊斯兰法是国家最高法律，最高精神领袖是国家的实际领导人。国内面临的政治难题主要是保守派和改革派之争。保守派反对政治自由化和多元化，坚决维护和执行伊斯兰教法，主要支持者有宗教人士和低收入群体。改革派则倾向于更为自由的政治、经济和社会政策，主要支持者有青年、女性、知识分子和渴望改革的民众。

伊朗经济规模位于世界前30强，2013年GDP为5148.21亿美元，居世界第23位，人均GDP为6360美元，居世界第80位。工业以石油开采为主，2012年因美国和欧洲对伊朗实行石油禁运，石油产量下降到1.53亿吨。主要出口产品为油气、金属矿石等，主要进口产品有粮油食品、药品、运输工具、机械设备等，中国自2008年起一直是伊朗的最大贸易伙伴。

伊朗军事实力在海湾地区位于前列，但总体上奉行防御战略，强调保卫本土（尤其是海上通道）安全。国家武装力量由军队和伊斯兰革命卫队组成，总兵力为54.5万人。

伊朗外交坚持独立、自主、不结盟、伊斯兰、反霸、反对以色列等基本原则。内贾德执政期间（2005~2013年），伊朗对外政策走向保守，在核问题上与西方发生尖锐对抗，导致国际社会制裁不断加重。鲁哈尼2013年就任总统后至今，奉行"温和、建设性互动"方针，与西方关系有所缓和。

第二节 国家环境状况

一 水环境概况

（一）水资源概况

由于地理位置及气候的原因，伊朗总体上是一个缺乏水资源的国家，全国超过80%的领土都处于干旱或半干旱气候之下，全国年平均降水量仅为252毫米，折合年降水量为4250亿立方米，不到世界年平均降水量水平（830毫米）的1/3，而且降水的时空分布很不均匀。在时间上，降水多分布于冬季（10月到次年4月），而平均气温更高的夏季鲜有降水，使得夏季水资源较缺乏。在空间上，总体呈现北多南少，西多而中东部少的降水特点。北部里海沿岸的平原地区降水较丰沛，全年降水量可达680~1700毫米；中部及东部盆地属较典型大陆性气候，全年降水量在200毫米以下；南部波斯湾及阿拉伯海沿岸平原地区的年降水量为150~350毫米。这样不均衡的降水空间分布，使得伊朗经常出现一部分地区旱灾，另一部分地区洪涝灾害的情况。由于气温较高、气候干旱等原因，伊朗的蒸发量很大，全年降水量中被直接蒸发的就有179毫米，占到降水总量的71%，[①] 增加了本已有限的水资源的利用难度。按照地表水分布，伊朗全国可分为6个流域区。伊朗主要流域区土地面积与降水量占比情况见表11-6。

表11-6 伊朗主要流域区土地面积与降水量占比

流域区名称	占国土面积比例（%）	降水量（亿立方米）	占全国降水量比重（%）
里海地区	10	830	19.5
波斯湾—阿曼湾地区	25	1620	38
乌尔米耶湖区	3	190	5
中央高原区	52	1380	32
Hamoon湖区	7	120	3

---

① 伊朗农业部："Country Report to GSP Regional Workshop"，2012。

续表

流域区名称	占国土面积比例（%）	降水量（亿立方米）	占全国降水量比重（%）
Sarakhs 地区	3	110	2.5

资料来源：伊朗能源部水务及水处理计划局 "An Overview of Water Resources Management in I. R. Iran"，2012。

伊朗的地表水系也不发达。全国范围内的河流多是季节性河流，水量受气候和降水影响很大，许多河流由于蒸发等原因未注入湖泊和海洋就已断流。全国年均地表径流量为 973 亿立方米。国内最长的河流为卡伦河，年均径流量为 247 亿立方米，是伊朗西部地区最主要的水源。其他比较重要的河流还有阿拉克斯河（Araks，库拉河的最主要支流，伊朗与阿塞拜疆界河，年径流量为 46.3 亿立方米）、赫尔曼德河（伊朗和阿富汗的跨界河流，每年由阿富汗流入伊朗的水量有 67 亿立方米）等。

湖泊方面，乌尔米耶湖是伊朗最大的湖泊，也是世界第二大内陆咸水湖。该湖位于伊朗西北部，面积约为 6 万平方公里，是这一地区约 1300 万人口的最重要水源。其他比较重要的湖泊还包括 Parishan 湖和 Zalibar 湖（伊朗最主要的淡水湖）、Hamun 湖（伊朗、阿富汗的跨界湖泊）等。与河流类似，伊朗面积较小的湖泊主要依赖季节性降水而存在，在旱季则基本干涸。另外，伊朗还濒临里海、波斯湾和阿曼海，全国水上边境长约 2700 公里。这三处水体也为伊朗提供了大量的水资源。

地下水也是伊朗的主要水资源。每年补充的地下水水量为 493 亿立方米，其中 127 亿立方米来自于河床渗水的补充。这一规模的地下水资源难以满足伊朗生产生活的需求。从 2001 年开始，伊朗每年的地下水开采量都超过 600 亿立方米，而且至今一直保持这一水平。在伊朗主要有 4 种水利设施用于地下水开发：深井、半深井、暗渠和泉眼（见表 11-7）。其中，深井是开采地下水的主要手段，暗渠则是伊朗根据当地特点发明的古老水利设施。

表 11-7 伊朗地下水利用情况（2001~2005 年）

单位：亿立方米

年份	总开采量	水利设施类型及开采量			
		深井	半深井	暗渠	泉眼
2001	695	308	133	79	175
2002	739	310	139	82	207

续表

年份	总开采量	水利设施类型及开采量			
		深井	半深井	暗渠	泉眼
2003	746	314	140	80	212
2004	743	314	135	82	212
2005	779	339	137	78	224

资料来源：伊朗统计局（http://amar.sci.org.ir）。

通过水循环，伊朗全年获得的可更新水资源总量为1300亿立方米（见表11-8），实际利用的水资源超过900亿立方米，达到全年可更新水资源量的70%以上。这一指标远高于国际上通行的限定水平（通常为40%）。也就是说，伊朗为满足国民生产生活的需求已经占用了原本用于满足生物圈基本运转的水资源的很大份额。

在人均水资源占有量方面，据世界银行数据，伊朗2011年人均水资源占有量为1704立方米，仅为世界平均水平9000立方米的19%。据估计，随着人口的快速增长和水资源的减少，2025年伊朗人均水资源占有量将少于1000立方米，这意味着严重的水资源短缺。[①]

表11-8 伊朗年均可更新水资源量及构成

单位：亿立方米

年平均降水量	4000
其中，年平均蒸发量	2700
可更新水资源总量	1300
其中，地表径流量	920
渗入地下水量	380

资料来源：伊朗能源部水务及水处理计划局"An Overview of Water Resources Management in I. R. Iran"，2012。

在伊朗的水资源使用分布中，农业生产用水占据水资源使用的绝大部分份额。根据伊朗能源部2009年数据，当年伊朗工业、农业用水和饮用水资源全年消耗量超过940亿立方米，其中，农业用水高达860亿立方米，占全部用水量的91.5%；居民生活用水65亿立方米。另据伊朗统计年鉴，目前伊朗农业部门用水量的比重在不断下降，预计到2021年可能降到86%，

---

① Kaveh Madani Larijani, "Iran' Water Crisis: Inducers, Challenges and Counter-measures", ERSA 45th congress of the European regional science association, 2005.

但仍明显高于70%的世界平均水平。除水资源本身相对缺乏外，水资源在不同部门间的分配问题也是困扰伊朗的一个难题。

（二）水环境问题

伊朗水环境主要面临以下两个问题。

一是水资源缺乏。从自然条件看，伊朗是一个水资源缺乏的国家。快速增长的人口及随之而来的工农业生产和城市化发展等，使水资源缺乏状况越发严重。其中，人口增长是水资源缺乏问题凸显的根源。从1979年伊斯兰革命以来，伊朗的总人口从3900万人增长到7700万人，而城市人口也从1700万人增长到4000多万人。城市化使局部地区的人口密度增大，对于水资源的集中需求增加，这就需要城市更多地利用附近流域的地表水和地下水，结果就是整体性的水资源缺乏。伊朗水源与污水处理公司的前负责人表示，伊朗目前有500座城市面临缺水的危机。

除人口增长和城市化因素导致水资源绝对需求增长外，伊朗还存在水资源利用效率低下的问题。农业部门是伊朗最主要的用水部门，而农业部门灌溉的水资源利用率平均水平仅为33%，还有很大的效率提升空间。工业部门的水资源利用效率也很低。伊朗能源部2009年的报告显示，全球水资源的平均浪费比例为9%~12%，伊朗则高达27%~30%。世界银行的"单位水资源生产力水平"数据库数据显示，伊朗每立方米水资源创造的GDP仅为1.63美元（按2000年美元平价计算），在所有收录该数据的全球172个国家中排名第150位。

需求的增长以及不合理的利用造成水资源过量使用，破坏水资源的可持续利用。在地表水方面，由于过多建造堤坝等水利设施，河流和湖泊的水源补给受到影响，导致流域面积和水量不断缩减。自从1995年以来，由于水利设施的不合理规划建设，伊朗乌尔米耶湖流域已有13条河流断流。而湖泊本身的水位也大幅下降，目前有90%的湖面已经干涸。这将大幅减少水循环中的水资源总量，也会对整个生态环境造成损害。地下水的利用过量情况同样严重。按可持续利用的标准，伊朗每年可开采的地下水总量为565亿立方米，但实际上到2007年，年度开采量已达到791亿立方米，超标226亿立方米。[①] 在伊朗东南部克尔曼省的拉夫桑詹地区，地下水储量大概只够支持70口取水井的用量，但是目前当地的取水井已达到1300多口。地下水资源的过量利用除了影响整体水循环，导致水资源利用的不可

---

① 伊朗水资源管理公司，"Ground Water Resources Management in Iran"，2009.

持续之外，还会造成土地荒漠化、地表沉降和生态破坏等诸多环境问题。

由于水资源缺乏，伊朗对于跨界水体的水资源也有大量需求，这还导致了一些国际争端。阿富汗位于流经两国的赫尔曼德河上游，两国曾就该河流水源使用分配签署协议。但是目前伊朗利用该河流的水资源量超过配额规定量的70%，而且修建了未经阿方同意的水利设施。阿富汗则认为本国在赫尔曼德河上建设水利设施未能取得进展主要是伊朗方面阻碍的结果。因此，双方在这一河流的水资源利用方面长期存在分歧，未能达成一致协议。

二是水污染。联合国人权委员会的研究报告显示，伊朗全国有163条河流受到污染，其中有60~70条河流受到严重污染，生态系统被完全破坏，这一数字占到伊朗全国河流总数的35%。以卡伦河为例，仅在其主要流经的胡泽斯坦省，每年未经处理直接排入河中的污水就达到265万立方米。地下水同样受到严重的污染。除了国内流域外，伊朗的海域也遭到比较严重的污染。每年从伊朗排放到波斯湾的原油就有120万桶，而每年排入里海的各种污水总量达到400万立方米，其中只有40%经过处理，这对河流和海洋生态及民众用水安全造成严重威胁。

伊朗的水污染主要来自工农业生产和生活污水排放，其中工业污水是主要的污水来源。世界银行数据显示，2005年伊朗全年排放有机污水总量达58683吨，平均每个工人每日污水排放量为0.15吨，与世界平均水平接近。在伊朗所有工业部门中，排放污水量最高的是食品业，比重超过16%；其次依次是黏土和玻璃行业、化工及纺织业，比重均超过10%，金属制造业污水排放量占比约7%（见表11-9）。据耶鲁大学2014年度"国际环境表现指数"，在污水循环利用和处理方面，伊朗在参评的178个国家中排名第117位，与先进国家差距很大。[①]

表11-9 伊朗工业污水主要来源部门

行业名称	排放比重（%）
食品业	16.1
金属制造	7.1
纺织业	11.2
化工业	12.8
造纸及纸浆业	2.8

---

① Yale University, "Global Ranking for The Environment, The Environmental Performance Index (EPI)", 2014.

续表

行业名称	排放比重（%）
黏土和玻璃行业	13.8
其他行业	36.2

资料来源：Indexmundi。

（三）治理措施

为解决有关水环境的问题，实现水资源的高效可持续利用及控制水污染，伊朗政府采取了多种措施。

一是对水资源实行国有化，统一管理水资源。1968 年开始实行水资源国有化，目的便是结束水资源管理的混乱状态，提高水资源使用效率。国有化不是根本否定水资源私有制，而是统一收取水税，让水资源由普通资源向资产形态过渡。不再无偿将水资源提供给投资者，而是以一定价格将其资产化，促使水资源管理合理化，推进向节水型社会转变。

二是大力发展水利设施。主要举措是建设大型水坝。根据伊朗能源部水务及水处理计划局数据，1996～2011 年，伊朗投入水利基础设施建设的资金累计达 1500 亿美元。截至 2012 年初，伊朗已建成使用的大型水坝超过 220 座，总蓄水量达 320 亿立方米，对全年总水量的调节能力可达 464 亿立方米；在建大型水坝有 85 座。这些水利设施可使全年降水在时空上的分配更加均衡，不仅能保证降水稀少时期的水资源供给，还能控制洪涝灾害。

三是重视传统的水利方式——坎儿井，鼓励发展小水电。小水电站的生产成本低于其他电站，可为农村地区提供就业机会，提供灌溉井动力，带动农村经济繁荣。重视坎儿井的主要原因是，坎儿井不需要用稀缺的外汇资金进口昂贵的供水设备，虽然前期建设投资和劳动力需求大，但伊朗基本可以依靠自身的人力、技术和本土材料解决工程建设问题。

四是开发地下水资源。举世闻名的地下暗渠灌溉系统已有两千多年历史。自 20 世纪 80 年代以来，这些措施再一次受到伊朗重视并被大力发展。到 2009 年，伊朗共建有 78.6478 万处地下水利用设施，包括泉眼 124443 处、暗渠 37197 处、水井 62.4838 万处。[1] 这些设施除了开发利用地下水资源外，也保护地表水不致因蒸发而流失。

五是大力发展农业灌溉系统。已建设 50 处大型水利灌溉系统，总覆盖面积 190 万公顷，另外还有在建灌溉系统 82 处，覆盖面积 140 万公顷。

---

[1] 伊朗水资源管理公司，"Groundwater Resources Management in Iran"，2009.

伊朗水资源管理的一个不足在于：存在偏离农业的趋向，即水资源利用率提高并未促进农业大发展。其原因一是水利工程投产后的主要用途是发电而不是农业发展，发电或供应城市用水的回报高于农业；二是水税的实行导致水的使用在农作物间重新分配，利润偏低的粮食作物如小麦大量减产，利润率较高的经济作物比重提高。

六是建设调水系统。伊朗水资源地区分布不均，单纯通过灌溉系统，无法从根本上解决流域内的水源利用效率问题，因此，伊朗政府计划建设远距离水资源调配系统，调节各地水资源总量。据《德黑兰时报》报道，伊朗2012年启动一项从里海引水到中部地区的管道建设工程，计划2014年完工，每年可向伊朗中部地区提供5亿立方米水。2014年，伊朗考虑修建一条从波斯湾到伊朗中部地区的引水渠，将波斯湾的海水引入伊朗中部地区，解决当地约4800万人口未来50年的用水问题。

七是降低水污染，提升供水质量。为缓解国内水污染严重的情况，伊朗政府通过加强监管，推广新技术等手段，减少工业部门的污水排放。自2003年以来，伊朗的年度有机污水排放量总体下降（2003年有机污水排放量为6.0018万吨，2004年为5.9714万吨，2005年为5.8683万吨）。而且以金属制造、造纸和纺织业为代表的主要排污部门的排放量也逐年减少。

伊朗大力建设污水处理设施。2001年伊朗全国仅有39处污水处理设施，日处理总能力为71.2万立方米，到2010年已新建成79处污水处理设施，日处理总能力达到191万立方米。此外，还有112处污水处理设施在规划中，预计日污水处理能力为159万立方米。①

伊朗政府还大力建设供水设施，增加供水管网系统的管道长度和连接用户数，提升居民（主要是城市居民）生活用水质量。这些举措让伊朗的城市供水率从20世纪80年代的75.5%提高至2006年的98%，水量增长的同时水质也得到大大改善。伊朗城市供水系统的发展情况见表11-10。

表11-10 伊朗城市供水系统的发展

年份	储水量（立方米）	直径80毫米以上管网总长（公里）
2001	8402485	77955
2002	8495175	81123

---

① FAO 2008, http://www.fao.org/nr/water/aquastat/countries_regions/iran/index.stm.

续表

年份	储水量（立方米）	直径80毫米以上管网总长（公里）
2003	9259834	85184
2004	9861868	94002
2005	10328673	115167
2006	10914721	119059

资料来源：伊朗统计局数据。

八是改革水资源管理模式。传统上，伊朗的水权归属私人所有，水权建立在伊斯兰法和习惯法基础上，实行私有制，水资源随土地划分而被分割，农民份额小，很少用于灌溉作物。这种体制并非建立在农业实际需要基础上，使用效率普遍较低，供水设施和设备的兴建和维护体系也难以建立。

伊朗水管理统属于能源部，下设城乡水管理部门，负责水政策制定和下属部门的设置。国家经济委员会管理水价，依地区差别设置不同水价。环境保护组织负责水污染防控，卫生教育部负责水质标准设定和执行及水质监控。国家水工程总公司（NWWEC）负责国家水利投资计划、人力资源开发、建立水资源生产系统。

为进一步改进国内水资源的开发利用和分配，伊朗对现有的水资源管理模式进行改革。2002年通过"气候适应性计划"，统合上述部门以及农业圣战部、国家计划与管理组织等部门对水资源进行统一管理，目标是在全国范围内建立与气候相适应的水资源开发及使用模式，还包括对水污染的防护、对水源分配方式的改进等内容。具体措施包括：根据国内不同地区气候及降水条件，确定该地区的水资源开发及使用模式；制定水资源的不同价格；根据生产者（尤其是农业部门生产者）具体需求提供不同服务模式等。这既不同于私有化时代水资源的开发利用完全归属于土地所有者的模式，也不同20世纪60年代水资源国有化后全国划一的水资源开发及管理模式，更符合伊朗国家在水资源分布方面的自然特点。

九是加强国际交流与合作。为解决国内的水资源及环境问题，伊朗政府积极开展对外合作。从2001年至2010年，世界银行将1.45亿美元用于援助德黑兰污水处理设备的升级，2.34亿美元用于改善伊朗北部吉兰省和马赞德兰省一些城市的污水处理设备及购入净水设备，2.79亿美元用于改善阿瓦士和设拉子两城市的供水和水处理设备。2012年伊斯兰发展银行为伊朗提供用于改进农村地区污水处理技术和提升水坝储水效率的贷款共计

7.1亿美元。2008年伊朗还与联合国教科文组织合作培养2100名水资源专业人才，以此来提升本国水资源管理和污水处理方面的技术。

伊朗政府还积极与周边国家合作以实现跨境水资源的共同开发以及跨境水体的环境保护。如2010年12月26日，伊朗与阿塞拜疆在巴库签署有关两国合作管理里海水资源的谅解备忘录。27日，伊朗能源部部长与阿富汗和塔吉克斯坦两国能源部部长就水资源问题进行会谈，呼吁三国就水资源问题组建三方联合委员会，监督水资源问题。2011年8月15日，里海沿岸的5个国家，即阿塞拜疆、伊朗、哈萨克斯坦、俄罗斯和土库曼斯坦正式签署新的协议，承诺加强针对石油污染事件的区域应对机制，并进一步改善有关保护里海生态环境的监测、管理与合作。这些国际交流与合作有助于伊朗改善国内水资源缺乏和水环境整体恶化的问题。

二 大气环境

（一）大气污染状况

评价一个国家或地区大气环境通常从该国（地区）的空气污染水平、温室气体排放水平以及臭氧层退化的程度等方面进行。伊朗在这三个方面都面临不同程度的问题，其中前两项尤为突出。

（1）空气污染。伊朗可能是全世界空气污染最严重的国家之一。根据世界卫生组织（WHO）2011年发布的数据，依照空气中小于10毫米可吸入颗粒物（PM10）浓度这一指标进行测评，伊朗全国PM10平均浓度达到124微克/立方米，超过WHO建议标准（20微克/立方米）的6倍，在所有参评的91个国家中排名第83位。

伊朗城市污染尤为严重。在WHO公布的同一份数据中，全世界污染最严重的前10名城市中，伊朗占4席，其中最严重的阿瓦士市（Ahvaz）PM10浓度达到372微克/立方米，超过WHO建议标准的18倍，其他参评的伊朗城市的PM10指标也至少超过WHO建议标准3倍。按照更精确的PM2.5浓度指标进行测评，伊朗的城市空气污染水平也达到WHO建议标准的3~10倍。

城市空气污染的这些可吸入颗粒大多来自汽车尾气和能源消耗。德黑兰市政部门和伊朗环保组织2010年的一份调查报告显示，德黑兰市80%的空气污染物来自汽车尾气排放。二氧化氮和二氧化硫主要来源于能源消耗。伊朗目前排放的二氧化硫总量中有73%来源于化石燃料的燃烧，来自其他工业生产过程的占到20%。

严重的空气污染给伊朗带来沉重代价。据世界银行估计，仅 2006 年，空气污染就给伊朗造成近 80 亿美元经济损失，按照这一趋势发展下去，到 2016 年，伊朗每年因空气污染造成的经济损失将达到 160 亿美元。民众生活更因为空气污染受到很大影响。伊朗卫生部统计数据显示，2012 年首都德黑兰因空气污染死亡的人数达到 4400 人，全国范围内这一数字为 8 万人。自 2005 年开始，在每年污染最为严重的 10 月至次年 1 月，德黑兰市都要通过紧急放假的方式限制市民出行，以躲避严重污染的空气，伊朗的其他城市在 2009 年和 2013 年也采取过这一紧急措施，但这并不能够从根本上解决问题。伊朗部分城市空气污染指标见表 11-11。

表 11-11 伊朗部分城市空气污染指标

单位：微克/立方米

城市	PM10 指标	PM2.5 指标
阿瓦士	372	70
萨南达杰	254	—
科曼莎	229	—
库姆	176	—
霍拉马巴特	168	102
伊拉姆	129	—
布舍尔	125	—
科曼	125	—
加兹温	112	—
伊斯法罕	105	—
哈马丹	103	—
阿拉卡	102	—
德黑兰	96	30

资料来源：PM10 数据引自 WHO，"Ambient Air Pollution Database"，2011；PM2.5 数据引自 WHO，"Ambient Air Pollution Database"，2014。

（2）温室气体排放。温室气体主要包括二氧化碳、一氧化氮、甲烷以及其他温室气体。由温室气体过量排放导致的气候变化问题是全球各个国家都面临的大气环境问题，伊朗也不例外。伊朗是世界上温室气体排放量较高的国家之一，二氧化碳排放更是居于世界前列。自 20 世纪 90 年代以来，二氧化碳排放水平就居世界前 20 位，而且保持快速增长趋势，从 1990 年到 2000 年，伊朗的二氧化碳排放总量增长了 40%，到 2008 年达到

53.8404万吨，位居世界第8位，占全世界二氧化碳排放总量的1.79%。尽管目前伊朗二氧化碳排放量的增长已不像之前那样迅速，2009年和2010年二氧化碳排放量的增长率为3.8%和2.8%，但排放规模也已十分可观，而且伊朗的年人均二氧化碳排放量为76吨，超过了人均46吨的世界平均水平。

按照来源分类，伊朗的二氧化碳排放绝大多数来自燃料的消耗，其中液体燃料和气体燃料占绝大多数（见表11-12）。按照行业来源分类，电力及能源生产和交通运输业是伊朗二氧化碳排放量较大的行业，近年来分别超过排放总量的30%和20%，建筑业、商业及公共服务、制造业及基础设施建设也是二氧化碳排放的重要来源（见表11-13）。相较于二氧化碳，其他温室气体排放数量较小。国际能源署数据显示，2010年伊朗氮氧化物排放量为2.3927万吨、甲烷排放量为11.5334万吨，其他温室气体排放量为0.3097万吨。不同温室气体的来源差异较大。以农业部门为例，该部门排放量占到氮氧化物排放总量的78%，但是仅占到甲烷排放总量的12%。

温室气体的排放导致伊朗空气中的污染物不易上升扩散，一定程度上加剧了空气污染。此外，农业生产也受到温室效应所导致气候变化异常的影响。美国国家情报委员会2008年国家评估显示，温室效应导致的气候异常使伊朗的降水增加。尽管这对伊朗的农业生产和水资源有一定积极作用，但是降水的不确定性增加了洪灾的可能，总体上还是对农业有负面影响。由于伊朗的海岸线较短，温室效应导致的海平面上升对于伊朗的影响很有限。

表11-12 伊朗二氧化碳排放总量中的燃料比重

单位:%

年份	液体燃料	气体燃料	固体燃料
2005	51.12	39.45	1.34
2006	47.44	41.85	1.2
2007	45.11	44.25	1.25
2008	46.1	43.43	1.08
2009	46.1	43.9	0.78

资料来源：CDIAC。

表 11-13　伊朗二氧化碳排放的行业比重

单位:%

年份	建筑业、商业及公共服务	电力及能源生产	制造业及基础设施建设	交通运输业	其他部门
2005	25.81	30.81	15.27	24.64	3.47
2006	26.46	30.11	15.35	24.18	3.9
2007	26.44	29.61	17.56	22.41	3.99
2008	24.44	31.57	18.56	22.92	2.51
2009	24.24	31.18	17.94	24.12	2.51

资料来源:CDIAC。

(3) 臭氧层退化。臭氧层是大气层中用于阻挡紫外线的重要部分,臭氧空洞大多出现在纬度以及海拔较高的地区。伊朗全境总体海拔较高,因此出现臭氧层退化的概率较高。在夏季南亚高压中心处于偏伊朗高原位置时,该地区的上升气流较强,将下层含臭氧较少的空气向上输送,从而导致伊朗高原地区夏季臭氧含量明显降低。六七月间随着南亚高压中心位置的变化,伊朗高原上空 12~22 公里气层中的臭氧减少尤其明显,变化数值超过我国青藏高原地区。[①] 在自然因素造成臭氧含量较低的前提下,保护现有的臭氧层对于伊朗有更大的意义。

2002 年以来,伊朗国内对于会破坏臭氧层的化合物使用大幅下降,其中氟氯烃制剂的使用量减少尤其明显。据联合国统计,伊朗 2009 年使用的可能破坏臭氧层的化合物总量为 416.6 吨,为 2002 年水平的 1/20,氟氯烃制剂的使用量为 100 吨,为 2002 年水平的 1/45。

(二) 治理措施

伊朗大气环境问题的核心是生产和生活能源消耗增长过快,过量消耗油气等化石燃料,导致大量有害气体和温室气体排放,造成大气环境恶化。为解决这一问题,伊朗政府采取的措施如下。

一是改革能源政策。2010 年前,为确保国内能源价格低廉以满足生产和生活需求,伊朗对能源采取高额补贴,但此举造成财政资金和燃料双重浪费。据国际能源署估计,2005 年伊朗能源补贴为 370 亿美元,2008 年达

[①] 周任君、陈月娟:《青藏高原和伊朗高原上空臭氧变化特征及其与南亚高压的关系》,《中国科学技术大学学报》2005 年第 6 期。

到1100亿美元，占全国财政预算的1/3。而补贴配额内的汽油价格仅相当于正常汽油价格的25%~30%，这既刺激了民众消费欲望，又增加了尾气排放。从2010年开始，伊朗调整补贴政策，2010年、2012年和2014年三次大幅削减能源补贴，并计划在2015年实现国内能源价格与国际接轨。2010年削减补贴后，当年伊朗民众的汽油消耗立即下降20%，说明政策变更达到了预期效果。

二是提升能源质量，发展替代能源。作为一个油气储量丰富的国家，伊朗能源消耗主要来自石油和天然气等化石燃料。但是受长期制裁影响、伊朗国内石油加工能力有限，加工的石油产品质量低下，燃烧后产生大量有害物质。伊朗政府曾尝试更广泛使用天然气来替代石油，但天然气燃烧后会产生温室气体。

在联合国和一些欧盟国家的帮助下，伊朗开始开发新能源，推广使用生物能源、太阳能以及风能等可再生能源，以部分替代现有的化石燃料，将原本用于传统能源的部分补贴转移到新型能源上来，以促进新能源的推广使用。预计到2017年，伊朗将具备利用废油生产生物能源的技术，国内光伏和风力发电新增装机量累计5GW（2014~2017年）。另外，伊朗努力通过和平利用核能来改善国内的能源结构，国内首座核电站（布什尔核电站）2011年正式投产运营，并入国家电网发电，这标志着伊朗在调整国内能源结构、能源多元化方面取得重要进展。

三是限制氟氯烃制剂的使用以保护臭氧层。2004年，伊朗通过削减使用氟氯烃制剂（CFC）计划，通过财政、技术支持等手段，减少国内制冷业对CFC的使用和排放；通过建立全国性臭氧工作网络，确保各地区整体实现削减目标；通过参与国际合作，促进本国和世界臭氧层保护，包括在联合国支持下，在国内制冷和医疗器械等行业推广氟氯烃的替代物，参与南亚国家保护臭氧层合作等。

三 固体废弃物概况

（一）固体废弃物污染

近年来，随着国内经济发展、城市规模扩大、城市人口快速增长，伊朗生产生活中产生和排放的固体废弃物（垃圾）数量增长很快。与此同时，固体废弃物面临的最大问题是处理手段陈旧、能力有限。

（1）工业垃圾。相关研究显示，伊朗工业部门每年产生并排放的工业垃圾总量达 11 亿吨，年均增长速度约为 6.8%[①]。这些垃圾分别来自伊朗国内 22 个主要工业部门中的 17 个，其中最主要来源为采掘业。研究显示，伊朗采矿业每年制造的矿渣达 2.35 亿吨，超过工业固体垃圾总量的 20%。化工、钢铁等行业也是工业固体垃圾的产生大户，占比也超过 10%。另外，有毒废物排放量超过 1 亿吨，占全年工业垃圾排放总量的 10% 以上。分行业看，有毒废物排放量中，石油业占据的份额最大，超过排放量的 40%，有色金属行业占 30% 左右，化工制造业占 8%，纺织占 6%（见表 11-14）。[②]

目前，伊朗全国每年排放的工业垃圾中，只有 7% 能够被回收再利用，8% 被焚烧或掩埋，其余大多处于露天堆积状态。露天堆积不仅占用土地，而且经过一段时期后，会对工业区和邻近居民区的土地、水源和空气造成污染。另外，伊朗全年排放的危险固体废物中，有 1/7 属非法排放，这些废物几乎未经任何处理，便被直接排放至自然界，对土地、水和生态环境造成严重污染。

表 11-14　伊朗工业有毒废物的主要排放来源

单位：%

行业	石油业	有色金属行业	化工制造业	大众传媒业	纺织业	其他行业
排放比重	43	29	8	7	6	7

资料来源：Iman Homayoonnezhad, Paria Amirian, "Survey on Industrial Hazardous Wastes with Application to Development of Wastes Management in Fars Province, Iran", 2011 International Conference on Biology, Environment and Chemistry, 2011.

（2）城市生活垃圾。根据德黑兰医科大学 2008 年的研究结果，伊朗全国每年产生的城市生活垃圾总量为 1037 万吨，人均日排放 0.64 千克。尽管绝对数字远小于年度工业垃圾排放量，但是增长速度较快，年均增速达到 9.8%。随着人口和城市规模快速扩张，这一增长率还会提升。城市固体垃圾的主要来源是人们日常衣、食、住、行所使用的材料，其中，食品垃圾（有机垃圾）比重最大，约占城市垃圾总量的 70%；纸制品和塑料制品合计约占 15%；纺织物、金属和玻璃各占 2%~3.5%（见表 11-15）。[③]

目前，伊朗的城市生活垃圾中，每年仅 6% 能够被回收再利用，10% 左

[①] M. R. Alavimoghadam, N. Mokhtarani and B. Mokhtarani, "Municipal solid wastes management in Rasht City, Iran", *Waste Manage* (1) 2009.

[②] E. Mozaffari, "An Environment Training Framework For Miners In Iran", *Agriculture, Sciences and Engineering Research* (4) 2013.

[③] R. Nabizadeh, M. Heidari and M. S. Hassanvand, "Municipal Solid Waste Analysis in Iran", *Iran Journal of Health and Environment* (1) 2008.

右能够在处理站被降解后排放，其余通常被填埋或焚烧处理。造成这种局面的原因，除市政当局的技术和设备不足之外，还有民众的垃圾分类意识不强。如在伊斯法罕市，市政部门的垃圾处理厂日处理能力可达 800 吨，但由于收集来的垃圾未分类，有 500 吨左右的垃圾只能被简单分解，但无法回收再利用，这既对环境造成压力，也是资源浪费。

另外，固体废物的规划管理也存在问题，主要体现在垃圾厂选址和垃圾收集等方面。为缩短生活垃圾的运输时间、减少运输成本，许多城镇的垃圾填埋地距离城区过近。如在里海沿岸地区，约 63% 的垃圾填埋场位于所处城镇 3 公里范围内，其中又有 34% 的填埋场处于 1 公里范围内，这不仅影响生活在城市边缘地区的民众，也不利于未来城市扩大[1]。在一些相对偏远的地区，垃圾的收集也存在问题。如卡拉姆巴德地区，只有 54.4% 的城市垃圾能够被每天收集，27.3% 的垃圾每两天被收集一次，13.3% 的垃圾每一周收集一次，另有 5% 的城市垃圾不在市政部门的垃圾收集范围之内[2]。

表 11-15　伊朗城市生活垃圾构成

单位:%

类别	有机垃圾	纸制品	塑料制品	玻璃	纺织物	金属	其他垃圾
比重	70.4	7.4	7.5	2.66	3.3	2.2	7.9

资料来源：Nabizadeh et al, 2008；Alavimoghadam et al, 2009；Jafali et al, 2010；Esfandiari and Khosrokhavar, 2011；Jamshidi et al, 2011。

（二）治理措施

为解决本国固体废弃物排放增长速度过快但处理能力有限的问题，伊朗采取了一系列措施，目标是在保证国内生产和生活、尽量降低排放水平的同时，提升本国垃圾处理能力，增加垃圾回收和再利用。具体措施主要包括加强制度建设和监管、宣传教育、提升民众认识以及提高垃圾处理技术水平。

一是加强制度建设和监管。伊朗伊斯兰议会于 2004 年通过《垃圾管理法》，明确规定垃圾的类别、处理方式、监管机构和违反该法的处罚措施。以这部法律为基础，环保组织负责国内主要垃圾的回收处理和排放监管工作。与之前规定相比，该法加大了对于任意排放垃圾造成污染的处罚力度，

---

[1] S. M. Monavari, S. Tajziehchi and R. Rahimi, "Environmental Impacts of Solid Waste Landfills on Natural Ecosystems of Southern Caspian Sea Coastlines", *Journal of Environmental Protection* (12) 2013.

[2] A. Jafali, H. Godini and S. H. Mirhousaini, "Municipal Solid Waste Management in KhoramAbad City and Experiences", *World Academy of Science, Engineering and Technology* (2) 2010.

初次违法最高罚款金额可达 1 亿里亚尔，再次违法者加倍处罚，以此遏制乱排乱放等破坏环境的行为。环保部门还制定了关于工业部门提升垃圾回收利用比例的计划，争取在 2019 年将工业部门固体垃圾回收率提升至 80%。

二是提高民众认识。伊朗环保部门通过自身工作网络进行宣传，加深民众和管理人员对于环保和监管的认识程度，提高他们对于垃圾处理的认识，宣传和推广新的开采和提炼技术。环保部门也鼓励非政府组织参与，向居民宣传垃圾的分类回收，使城市垃圾在最初收集阶段便被更明确地分类，从而提升垃圾的回收再利用程度。

提高国内垃圾处理技术水平。近年来，伊朗通过大力开展国际合作，引进技术，提高本国垃圾处理和回收再利用能力。其中，比较有代表性的就是引进利用垃圾发电等新能源技术。通过 2010 年与芬兰以及 2011 年与中国的技术引进合作，伊朗在境内包括德黑兰在内的 4 个城市建立了垃圾焚烧发电厂，既提高了垃圾处理能力，也改善了能源结构。另外，伊朗还注重更合理地规划垃圾填埋场，使其远离城区以及河流、湖泊等水源地，同时增加垃圾的填埋深度，减少对地下水的可能污染。

四 土地资源

（一）土地环境

伊朗陆地面积为 165 万平方公里，超过一半国土可作草场，沙漠约占 20%，盐漠约占 6%，适合灌溉农业及旱地农业的土地约占 1/3（约 3700 万公顷）。耕地主要集中于北部厄尔布尔士山地区和东部的扎格罗斯地区，北部的里海沿岸和南部的海岸地区土质也较肥沃（见表 11-16）。耕地中，有 1850 万公顷适合园艺业及谷物种植，其中，640 万公顷可用于一年一季的灌溉农作物，200 万公顷适合园艺，另有 620 万英亩可种植一年一季的旱地作物。受气候干旱、水源缺乏等因素影响，伊朗的实际种植面积仅占国土总面积的 11.2%，其中灌溉面积占比不足 1/3。①

表 11-16 伊朗土地类型及比重

单位:%

土地类型	森林	沙漠	草场	耕地	其他
比重	7	20	52	11	10

资料来源：伊朗环保部"Fourth National Report to the Convention on Biological Diversity"，2010。

---

① 伊朗农业部，"Country Report to GSP Workshop"，2012.

当前，伊朗的土壤环境问题主要表现在土壤流失、森林减少和荒漠化三个方面。

（1）土壤流失。伊朗 2011 年成为世界上土壤流失最严重的国家，而且恶化趋势至今持续。伊朗土壤学会 2013 年的研究表明，伊朗每年土壤流失量达到每英亩 15 吨，是世界平均水平的 5 倍，每年因土壤流失造成的经济损失约占全国国民总收入的 14%。

土壤流失主要分为两类：一是荒漠地区因植被退化和风沙侵蚀而造成的流失；二是河流流域内的水土流失。造成土壤流失的主要原因包括：长期干旱导致的降水减少；工农业生产和生活对水资源的不合理利用所导致的地表水位和地下水位快速下降；风沙等自然原因；人类活动对土地的破坏等。

（2）森林退化。森林是伊朗除油气资源之外的第二大自然资源种类。联合国粮农组织 2011 年数据，伊朗拥有 1107 万公顷森林，占国土总面积的 6.8%。其中，原生林 20 万公顷，次生林 1025 万公顷，经济林 62 万公顷。国内森林资源主要分布在里海沿岸、西部和扎格洛斯山脉、南部波斯湾和阿曼海地区。其中，扎格罗斯山脉森林面积最大，约为 550 万公顷，里海沿岸 193 万公顷，波斯湾和阿曼海地区 280 万公顷，其余森林在西北部地区和其他地区零星分布。

伊朗是目前全世界森林退化最严重的国家之一。自 20 世纪 60 年代到 2010 年，伊朗森林面积减少了 800 万公顷，这一趋势至今持续，没有减缓。其中，西北部森林的退化情况最严重，从最初的 50 万公顷减少到目前仅存的 6 万公顷。现存森林质量也不断下降，每公顷森林的预计木材产出量从 40 年前的 300 吨降低至目前不到 100 吨。

造成森林退化的原因主要有：人口过快增长导致的林地开垦和城市用地增长；工矿业和运输业发展对森林的占用；长期的干旱（2000～2011 年，伊朗经历十多年持续性干旱）；土壤流失导致的林地退化等。森林退化一方面加剧了土壤和水资源的流失以及土地的荒漠化，另一方面也对生态环境产生了更深的影响，如对生物多样性和气候的影响等。

（3）荒漠化。土壤退化和森林退化的结果通常会产生荒漠化。由于气候及人类活动等多重因素影响，伊朗全国超过 70% 的国土都存在进一步荒漠化的可能，其中，5 万平方公里面临水土流失，20 万平方公里受到风蚀，5 万平方公里可能出现盐碱化和物理性退化。伊朗沙漠事务管理局将全国 31 个省份中的 17 个定性为"荒漠化地区"，这意味着，全国 70% 的人口生活在受荒漠化威胁的地区。

（二）治理措施

伊朗对抗土地退化的历史悠久。近年来，随着这一环境问题越发严重，伊朗不断制定对抗土地退化的整体计划和具体措施。2004年出台有关抗击土地退化的"全国行动计划"（NAP），确定短期、中期和长期目标。该计划的长期目标是控制伊朗国内土地的沙漠化程度并减缓干旱对土地的影响；中期目标包括在伊朗国内实现对抗击沙漠化行动的整合管理和紧密合作，实现对土地资源、生物资源和水资源的可持续利用；短期目标包括确认导致沙漠化的因素并对其进行控制、加强对生态脆弱的土地的保护和管理、加强地方管理部门在抗击沙漠化行动方面的行动力等。为实现上述目标，伊朗政府成立全国抗击沙漠化委员会，负责制定整体行动战略，协同各个部门机构之间合作。具体措施如下。

一是在组织机构层面。伊朗全国抗击沙漠化委员会（NCCD）整合原先散布于各个政府部门之中的监管及防范土地退化的机构，成立"国家森林、荒漠、流域管理组织"（FRWO），对全国范围内的土地退化问题进行统一管理。为深入研究本国的土地退化原因和治理措施，伊朗政府加大水土保持和沙漠化研究力度，在原有的水土研究所基础上新建"土地保护和水域管理研究中心"（SCWMRI），还在德黑兰和亚兹德省建立3处沙漠研究中心，以对本国沙漠现状进行深入研究。除官方机构之外，全国抗击沙漠化委员还大力支持国内非政府组织，在全国范围内建立非政府组织网络，向民众宣传，提高其合理利用土地的意识，尤其是合理使用水资源和肥料、保持适当的放牧量等。

二是在制度层面。伊朗伊斯兰议会成立了最高环境委员会（Environmental High Council），负责审议有关抗击土地退化的法律，以及由NCCD提出的抗击沙漠化的计划和战略。在最高环境委员会的审议和推荐下，伊朗伊斯兰议会将NCCD提出的抗击沙漠化战略纳入伊朗全国第三和第四个"五年发展计划"之中，而"全国行动计划"中提出的整体目标也成为伊朗《2025年远景规划》的重要内容。

三是在行动层面。全国抗击沙漠化委员下设专门的全国执行委员会，推进伊朗抗击土地退化的行动。首要措施是通过增加人工植被的方式防止土地继续沙化，改善已沙漠化的土地。目前在国内14个沙漠省份开展这一行动，改造的沙化土地总面积近210万公顷。计划最终改造的沙化土地面积将达到900万公顷。全国执行委员会还在伊朗1420万公顷流域面积内开展保护性管理，以减少水土流失。此外，全国执行委员会调查伊朗境内6500万公顷草场后，对其中2000万公顷进行保护式管理，将在这些草场放牧的牲畜数量削减100万头，以防止过量放牧造成的植被破坏和随之而来的土地退化。伊朗农业部门还通过推广新型农业技术来减少土地流失，引导农民收获后，在田地中保留作物茎过冬，以增加土地的植被覆盖量，抵御冬季降水少和强风沙造成的土地流失。上述措施均取得一定效果。

五 核环境概况

1. 核环境

伊朗境内有一定数量的铀矿资源，但对于具体储备数字则存在不同说法。伊朗原子能机构估计到2012年为止，伊朗国内已探明铀矿储量为4400吨（比2005年公布的数字增加了1750吨），国际原子能机构估计P1级铀资源量约4100吨，但是具有开采价值的C1级铀资源储量仅500吨，C2级储量为1100吨。

伊朗的铀矿资源主要集中于国土的中部和西北部，在南部地区也有少量发现。从20世纪80年代开始，伊朗在中国和俄罗斯的支持下，开始在本国境内勘探铀矿资源，并在1989年首批发现10个适合开采的矿床，其中包括目前伊朗最大的沙甘德铀矿，其位于伊朗中部沙漠地带，估计储量1000吨，但矿石品位较低。此外，还有南部的卡琴矿山，铀矿石品位较高、开采成本也相对低，但储量估计仅有40吨[1]。

由于技术和外交原因，伊朗的铀矿勘探和开发进展比较缓慢。国际原子能机构资料显示，2004~2007年铀矿开采总量仅有25吨，其中2007年开采20吨。近年来，伊朗不断加大对本国铀矿资源的开发利用投入，2005年勘探投入为370万美元，2007年达到880万美元，计划2015年以后，铀矿年产量达到100吨左右。[2]

自20世纪50年代开始，伊朗就以和平利用核能的名义发展核能技术，并于1967年成立"德黑兰核研究中心"，于1968年签署并于1970年批准《核不扩散条约》。20世纪70年代，伊朗曾与欧美等拥有核技术的发达国家开展广泛合作，从这些国家获得反应堆技术及可作为核燃料的浓缩铀，在此期间建立了1个核电站、6个核研究中心和5个铀处理设施。伊斯兰革命

---

[1] Hamed Beheshti, "The Prospective Environmental Impacts of Iran Nuclear Energy Expansion", *Energy Policy* (10) 2011.
[2] 张志东、王晓民：《伊朗金属矿产工业现状与开发前景》，《世界有色金属》2012年第4期。

后，这些合作全部终止，但伊朗仍然试图掌握核技术，以实现能源供给多样化，满足本国人口和工农业增长的能源需求。伊朗的这一意图及相关举动，受到国际原子能机构及美国和以色列等国家的严密监视，伊朗开发利用核能问题也由此成为国际热点，超出了伊朗一国以及核能利用问题本身。

由于外交环境严峻，伊朗的核能利用发展十分缓慢，而且时断时续。目前伊朗仅有2011年投产的布什尔核电站一组核电机组运营。伊朗原子能机构在其2013年发布的报告中宣称，将兴建16个核电站以发展本国的核能利用，但没有公布具体方案，预计将在2025年建设功率达到2万兆瓦的核电机组。

到目前为止，没有公开的报道显示伊朗曾发生过由铀矿或者核设施导致的核污染问题。西方媒体曾披露伊朗的伊斯法罕核技术中心发生过核泄漏事故并引发污染，但伊朗官方从未予以承认。伴随核能利用和国内铀矿开发，伊朗的核环境可能面临以下三方面的问题。

一是铀矿开采废渣问题。一方面，由于铀元素在天然铀矿石中含量很低，开采汇总过程会产生大量矿渣和低含量放射性废料。研究表明，每开采1吨铀，就会相应产生848吨矿渣和1152吨低含量放射性废料。按这一比例计算，目前伊朗运营的布什尔核电站每年可产生30万吨核废物。另一方面，由于伊朗铀矿资源中的铀含量低于0.1%~0.2%的世界平均水平（沙甘德铀矿平均铀含量只有0.05%），在开采过程中势必会产生更多的放射性废料。届时，伊朗的核废料能否及时处理可能会是一个问题。

二是水资源问题。研究表明，铀矿开采和核电站运营都需要大量的水资源。在同等发电量情况下，核电站的需水量超过其他任何一种能源发电。一台1000兆瓦的反应堆每天需要3.5万~6.5万吨水。伊朗已探明的铀矿资源以及建设的核设施大多分布在国土中的干旱及半干旱地区，水资源缺乏。若在这一地区进行直接的矿石开采、提炼、燃料浓缩并使用的话，需要从国内其他地区通过管线输送大量水资源，也会加重这一地区的地下水过量使用情况。如果选择水源相对丰沛的沿海地区建设核设施，也会对沿海地区的生态环境造成影响。就布什尔核电站而言，反应堆排入波斯湾的高温冷却水使海水温度上升，影响了海洋食物链，对波斯湾地区本就脆弱的海洋环境造成了一定影响。

三是核设施安全问题。2013年伊朗发生地震后，尽管伊朗原子能机构否认地震对该国的布什尔核电站造成任何影响，但海湾国家委员会则对这一表态持怀疑态度，并且希望国际原子能组织的相关专家评估该电站对海湾地区的潜在威胁。此前,核问题导致外交环境恶劣时,伊朗的邻国(如科威特、卡塔尔等国)担心伊朗核设施会因遭受攻击而泄漏,从而对该地区造成污染,卡塔尔甚至在2007年建立起覆盖全国的防核泄漏网络,以预防伊朗核电站未来可能发生的泄漏事故。

(二) 治理方案

伊朗需要发展核能,降低本国对于化石燃料的依赖。从长远看,伊朗最终将实现核能和平利用及发展核设施。2013年底,伊朗与"伊核六国"(美国、俄罗斯、中国、英国、法国、德国)达成协议,约定伊朗在暂停提炼20%纯度浓缩铀的条件下,可获得提炼核电站用浓缩铀(纯度为5%)的权利。随着核能利用发展,该领域潜在的环境问题也会发展并暴露出来,为此,伊朗的主要应对措施如下。

一是加强国际合作。一方面,伊朗开发利用核能的每一阶段都是与其他国家和国际组织分不开的,而且今后相当长时间内伊朗和平利用核能的行动也仍将受到国际原子能组织和美国等国家的密切关注。另一方面,目前伊朗整体的核能开发和利用技术仍然比较落后,无法解决现有和未来可能出现的与核能相关的环境问题。因此,在降低核污染可能性的技术方面,伊朗仍需要与国际组织和其他国家开展密切合作(如放射性矿渣、反应堆冷却水处理,核设施建设防护等),通过引进先进技术提升对于核环境问题的处理能力。

二是对核设施和利用核能行动加强监管。目前,伊朗与核能利用相关的事务统一由伊朗原子能机构(AEOI)管理。该机构负责核电站、反应堆等设施的建造、维护和运营,核燃料的制造,核技术的应用推广等。在AEOI内部设置专门的监管机构(Iran Nuclear Regulatory Authority, INRA),负责监控和管理国内核设施的安全性。此外,伊朗环保部负责对国内的土地、水源的质量进行管理,产业资源部负责对国内矿产的开发进行管理。由于核能利用是一个综合过程,相关的环境问题可能涉及若干部门,需要完善不同部门间的合作机制,加大合作力度,确保有关核环境问题得到及时有效解决。

六 生物多样性

(一) 生物多样性现状及问题

伊朗幅员辽阔,土地和气候类型多样,生态系统和生物种群也比较丰富。2008年世界银行公布的伊朗生物多样性指数为7.3(指标0~100从低到高表示生态系统生物多样性丰富程度,0为完全不具有生物多样性),在世界所有国家中排名第 39 位，在中东所有国家中排名首位。因此，保护伊朗的生物多样性对于保护整个中东地区的生物多样性具有重要作用。

根据伊朗环保部 2010 年数据，伊朗国内已发现的植物种类约 8000 种（其中 20% 是独特的地方性植物），鸟类 512 种，哺乳类 194 种，爬行类 203 种，两栖类 22 种，鱼类 1080 种，其中，波斯湾－阿曼海海域内分布有 900 种鱼类（其中 9 种是伊朗独有的鱼类），里海水域及国内其他淡水水域分布有 180 种鱼类（其中 25 种是伊朗独有的鱼类）。

伊朗境内共分布有 1000 余处湿地，总面积达 148 万公顷，其中列入《国际湿地公约》名录、"具有国际重要性"的湿地有 22 处。在众多生态系统类型中，湿地自然拥有积蓄地表水和保存地下水的功能，在平衡整个生态系统的水资源中起到重要作用，在干旱地区的作用尤其明显。伊朗超过一半的国土（53%）处于干旱、半干旱气候，降水量整体偏少，土地蓄水能力不足。因此，伊朗特别重视湿地保护，其成就曾引起世界关注。

据联合国教科文组织 2010 年资料，不同的气候、土壤及物种分布，构成了伊朗至少 25 种不同的生态系统单元。为保护生态系统及生物种群多样性，伊朗政府建立了国家公园、国家自然遗迹、野生动物避难所、自然保护区 4 类生态保护区（见表 11－17）。截至 2010 年，4 类生态保护区总数达到 203 处，总面积超过 1200 万公顷，占伊朗国土总面积的 8%，其中 10 处保护区被联合国教科文组织纳入"世界生物圈保护网络"，受到伊朗本国以及国际组织的重点保护。

表 11－17　伊朗保护区类型概况（截至 2010 年）

类别	数量	面积（万公顷）	占保护区总面积比重（%）	占国土总面积比重（%）
国家公园	23	194.3558	15.18	1.17
国家自然遗迹	30	2.4600	0.19	0.01
野生动物避难所	37	377.4969	29.49	2.29
自然保护区	113	705.5266	55.12	4.28
总计	203	1279.8393	100	7.75

资料来源：伊朗环保部，"Fourth National Report to the Convention on Biological Diversity"，2010。

近年来，伊朗的生物多样性受到威胁，处于退化趋势中。世界银行数据的生物多样性指数显示，伊朗的得分从 2005 年 7.9 下降到 2008 年 7.3。种群生存受到威胁的野生动物数量不断增加。据伊朗环保部 2013 年数据，伊朗境内共有 74 种动物被国际自然保护组织列为濒危动物,其中 15 种处于严重濒危状态,未来状况不容乐观,预测其余濒危动物种群也大多处于"减少"或"不明朗"状态,仅有波斯棕鹿和蓝鲸两个物种种群被预测会增长。

造成这种局面的原因如下。

一是自然原因。主要是全球气候变化导致气候异常,形成持续多年的干旱,致使水量减少和土地退化,对野生动植物的栖息地造成致命影响。

二是人类活动。包括人口增长和社会发展,人们为获取居住及工农业用地而滥伐森林、毁林开荒,严重破坏森林生态系统;不合理的农业生产及过量放牧导致土地沙化、地下水位下降,破坏自然界的水平衡,对整体生态系统,尤其是湿地生态系统构成严重威胁,也破坏了大量动物的栖息地;工农业生产和日常生活排放的废水、废气和固体废物对水源和土地造成污染,同样破坏了生态系统,进而威胁生物多样性。伊朗人口目前仍处于高速增长状态,加上改善生活条件需求增多,必然会对自然环境和生态系统带来更严峻挑战。

三是法律和监管缺失。伊朗现有的环境保护法律对自然资源(森林、矿产、水资源等)的保护相对健全,但对野生动物的保护相对不足,在对偷猎、过量捕捞以及野生动物买卖的法律监管和惩戒方面比较薄弱,犯罪分子的犯法成本和风险小,违法行为屡禁不止。另外,缺乏资金、人员、管理技术和网络、测评指标等,也限制了伊朗有效开展生物多样性保护。2013 年,伊朗所有的自然保护区中共有巡视人员 2617 人,平均每人需要负担的巡视面积达 6500 公顷,超过国际组织建议巡视面积的 2.5 倍。

(二)治理措施

20 世纪 90 年代,伊朗签署并批准《联合国生物多样性公约》。1998 年,伊朗政府公布《全国生物多样性战略与行动计划》(NBSAP),通过与联合国开发计划署、国际自然保护联盟等国际组织合作,保障本国生态系统和生物多样性的可持续性发展。以这一战略和行动计划为基础,伊朗对本国的生物多样性保护提出 4 项战略目标:提升公众的意识和参与度;建立生物多样性信息系统;可持续地利用生物多样性资源;整合生物多样性的监管系统。

一是提升公众的意识和参与。主要通过加强宣传教育、培植和鼓励从事动植物保护的非政府组织等方式达到目标。具体措施有:通过印制、出版相关宣传册和书籍、利用电视和广播等方式,宣传保护动植物的法律法规，教育民众；通过设立纪念日（将"国际生物多样性日"定为本国节日）、组织"绿色电影节"等方式宣传环保观念，提高民众环保意识；在本国和国际专家协助下，培训环保组织的人员，并发展地方环保组织在地方的工作网络，促进其发挥作用。

二是建立生物多样性信息系统。通过大规模数据收集，建立信息系统，详细了解本国物种分布，有针对性地建立保护区，制定保护策略。主要措施有：完善已有的保护区数据库，建立全国范围内的生物多样性数据系统；利用 GIS 技术获得国内保护区更详细、准确的地理资料；建立研究机构（如国家基因库、种子库、生物技术实验室等），保存现有的生物信息和数据。

三是可持续地利用生物多样性资源。首先，增加国内保护区面积，争取全国保护区数量增加至 272 处、总面积达到 1700 万公顷。其次，在扩大保护区面积的基础上，研究在非核心保护区实现生产（主要是农业生产）与生物保护平衡的可能性，如在荒漠保护区有限制性地开展牧业，在里海沿岸森林保护区开展生物资源可持续利用计划等。

四是整合生物多样性的监管系统。保护生物多样性需要众多政府部门、研究机构和社会组织、民众（包括土地持有者、农牧民等）等多方协同。以全国性战略为基础，很多政府部门成立了与环境和生物多样性保护相关的机构，议会也通过立法加强对野生动植物资源的监管。

七 小结

总体上，伊朗面临严重的环境问题。联合国环境规划署发布的报告显示，2009 年伊朗的总体环境指数在 133 个被调查国家中排名第 117 位，属于环境状况很差的国家。主要存在的环境问题有水资源缺乏、水体污染、空气污染、土地荒漠化、铀矿开发核设施运行造成的污染、生物多样性退化、工业垃圾和生活垃圾排放量过高等问题。而且伊朗政府目前在处理这些问题上的能力明显不足。

在水资源方面，伊朗本身属于水资源缺乏的国家。随着人口快速增长、城市快速扩张和工农业生产发展，对水资源的需求与日俱增。但是伊朗国内水资源利用效率低下，进一步恶化了水资源短缺的局面。此外，生产发展也增加了对地表水和地下水的污染。伊朗采取的应对措施主要有大力发展水利设施、降低水污染以提升用水质量、改革水资源管理模式、通过国际合作引进先进节水技术等。

在大气环境方面，伊朗的首要问题是空气污染、温室气体排放过量和臭氧层退化等问题。解决这些问题的核心是优化能源的使用结构和质量。为此，伊朗改革能源政策、提升能源质量、发展替代能源、限制国内含氟氯烃制剂使用等。

土地环境方面，伊朗主要面临的问题是土地退化，体现为土壤流失和森林退化。为解决这一问题，伊朗通过了抗击荒漠化的"全国行动计划"，成立全国抗击荒漠化委员会，统一管理该事务。主要措施包括通过人工增加植被改造土地，限制半干旱牧场内放牧牲畜的数量，对一些牧场进行保护式管理，通过革新农业技术改善土地状况等。

核问题方面，伊朗主要的问题是铀矿开采的废渣处理、核设施排放物对水体的污染、核设施运行中可能造成的污染等。伊朗是《核不扩散条约》的签署国，谋求和平利用核能。目前，伊朗全力整合本国对于核工业的监管，还与国际社会合作，引进先进技术提升本国处理铀矿渣、反应堆冷却水和核设施防护的能力。

生物多样性问题方面，伊朗的生物多样性面临退化的问题，主要体现为濒危物种数量上升、种群预测大多为负面。伊朗政府主要采取增加保护区面积、收集生物资源信息、实现可持续利用、提升公众的生物保护观念、整合国内生物多样性监管系统等办法。

固体废弃物方面，伊朗主要的问题是工业固体废弃物（包括有毒废物）和生活垃圾数量快速增长，而垃圾的回收和处理能力低下，垃圾处理设施和机制设计也较落后。伊朗的应对措施主要包括加强立法和监管、提升公众垃圾分类意识、引进国外先进垃圾处理设备和技术等。

第三节　环境管理

伊朗政府重视国内环境管理和保护，在环境管理部门的管理范围和职能不断扩展和深化同时，尝试打破原有的分割化环境管理模式，转向对特定环境问题进行整合化的综合管理，成立一些专门委员会和非政府组织，负责计划制订和实施。由于这些组织大都建立在原有部门和人员重组基础之上，有时会有机构职能重叠的现象发生。

一　环保管理部门

伊朗环境管理机构最早出现于1956年，1974年成立环保部，此后，部门体系不断专门化，职权和职能范围也不断扩展，成立了一些专门负责应对和解决综合性环境问题的机构，建立起以环保部为核心，其他部门协同管理的综合环境管理体系。

（一）主要环境管理部门

伊朗环保部的职能是监控全国范围内的捕猎和捕鱼活动，确保生物资源的合理利用。1974 年，政府出台《环境保护与促进法案》，负责全国环境监控与保护、国家环境战略规划的制定与执行、培训国内参与环境保护的相关组织和人员、提供技术和资金等。

伊朗十分重视环境管理及保护工作，环保部部长由国家副总统兼任。现任伊朗副总统兼环保部部长是玛苏梅·埃卜特卡尔女士。除中央的环保部外，伊朗在全国 31 个省份都设立了地方环境管理部门，负责各地区环境管理事务，地方环境管理部门统一接受环保部的领导（见图 11-2）。环保部内部主要设立有五个业务部门。

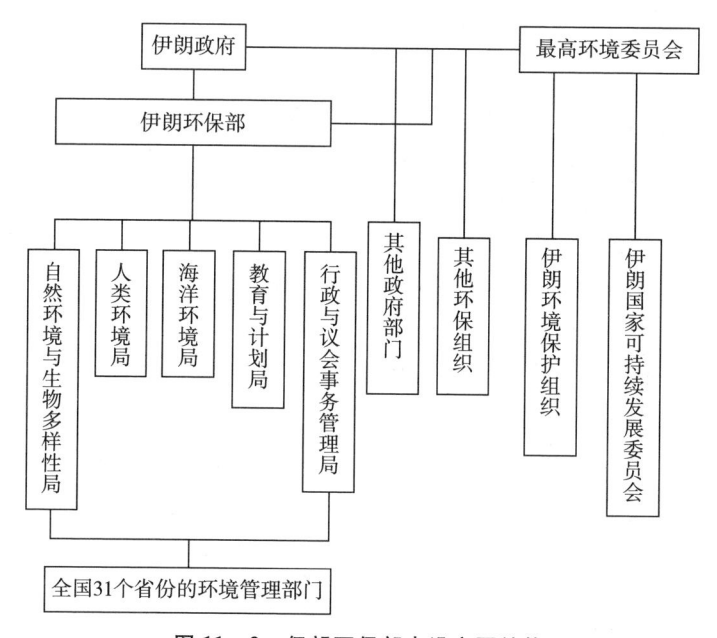

图 11-2 伊朗环保部内设主要结构

一是人类环境局。主要负责与人居环境相关的环境事务管理，包括水、空气、土地、固体废弃物、气候变化等环境问题，评估国内及地区环境状况。

二是海洋环境局。主要负责跨境水域中出现的环境问题，包括跨境河流、里海、波斯湾及阿曼海水域中的污染及其他环境问题等。

三是自然环境与生物多样性局。主要负责生物多样性、生物安全、濒危物种及迁徙动物,以及自然保护区、湿地等生态圈的保护工作。

四是教育与计划局。主要负责开展对外合作、制订国家环境管理计划、培训从事环境管理和保护的相关人员、信息公开、与其他机构开展合作等。

五是行政与议会事务管理局。主要负责环保部的内部行政运作、财务和预算等事务,为环保部的有效运行提供后勤和行政保障。

(二)环境立法的审议及批准机构——最高环境委员会

伊朗的最高环境委员会是国家立法机构——伊斯兰议会内部的专门委员会之一,在1974年伊朗颁布《环境保护与促进法案》后成立。成立之初由总统直接领导,1979年伊斯兰革命之后则成为伊斯兰议会的一部分。其主要职能是审核并批准与环境保护和管理相关的法律法规及议案,并对政府部门的环境管理活动提出意见和建议。根据伊朗的政治体制和立法规则,由最高环境委员会批准通过的法律法规还需要经宪法监护委员会的审核后方能生效。

(三)其他涉及环境保护和管理的政府机构

除环保部外,还有一些政府部门涉及环境事务,如能源部、卫生与医学教育部、农业圣战部、工业与矿业部等。这些部门与环保部合作,共同处理综合性、跨部门的环境问题。能源部下设水务管理局,负责全国范围内水资源的开发和保护,能源部还负责因燃料使用而产生的空气质量问题,通过改善能源结构和提升燃料质量减轻空气污染。卫生与医学教育部负责设定水和空气质量标准,以及监测和报告国内饮用水源及空气质量。农业圣战部负责全国土地状况的调查和信息收集,以及土地资源的规划、开发利用和生态保护,防止土地的荒漠化,还负责规划和管理国内渔业资源。工业与矿业部负责制定并执行工矿业生产中的环境指标,推广新型环保技术等。

(四)环保组织

伊朗有一些专门由政府成立的负责环境保护事务的民间组织和机构。

一是伊朗环境保护组织(IEPO)。前身是1956年成立的"狩猎俱乐部",1967年改组为"狩猎与狩猎指导组织",属自然资源部管理,1971年更名为"伊朗环境保护组织"。1974年伊朗成立最高环境委员会后,该组织归属最高环境委员会管理。其主要职能是"维护并恢复环境,致力于提升民众的环保责任感和义务",并通过最高环境委员会为总统(最高环境委员会的主席由总统担任）提供环境保护方面的政策建议。伊朗环境保护组织的主席由副总统兼环保部部长兼任。由于并非正式的政府部门，其不具有对国内环境问题的决策权和环境政策的执行权，但在职能上又与环保部有一定重合，因此伊朗国内关于该组织的职能作用一直存在争议。

二是伊朗国家可持续发展委员会（NCSD）。于1994年由伊朗最高环境委员会批准成立，是伊朗国内第一个整合原有政府部门管理体系后组建的综合环境保护组织。该委员会由伊朗环保部主管，成员包括能源部、工业与矿业部、石油部、农业圣战部、住房与城市发展部、卫生与医学教育部、科学技术部、内务部、外交部、总统办公室、非政府组织工作网以及国家科学院等18部门的相关负责人。国家可持续发展委员会下设很多负责具体领域的次级委员会，负责履行伊朗参与的有关环境保护的国际公约义务和监督行动计划开展情况，如"联合国生物多样性公约"委员会、"联合国气候变化框架公约"委员会、"蒙特利尔议定书"委员会等。这些次级委员会主要负责配合联合国有关机构（如环境规划署、粮农组织等）在伊朗进行环境保护行动，定期汇总国内相关领域的进展情况，向联合国相关组织或有关国际公约执行机构汇报。

三是伊朗全国抗击荒漠化委员会（NCCD）。2004年由总统批准成立，由政府部门中所有涉及土地荒漠化的监控、分析和管理的部门等整合而来，包括农业圣战部、能源部、石油部、科学技术部、卫生与医学教育部、环保部等，目的是通过抗击土地荒漠化的"全国行动计划"，遏制全国范围内的土地沙漠化。该委员会由农业部圣战部部长担任主席，常设机构为全国执行委员会（NEC），负责具体制订、执行和指导抗击荒漠化行动计划，以及协调各个政府部门行动。组织内还设有科学技术委员会（CST），负责为抗击荒漠化行动提供技术支持。

四是森林、牧场与水域管理组织（FRWO）。于2002年成立，职能是对全国范围内森林、牧场、水域和土地等自然资源进行"保护、维护、开发和再利用"，包括协助环保部管理国家公园、保护区等，与全国抗击荒漠化委员会合作抗击土地沙化等。

二 伊朗环保管理法律法规及政策

（一）环保管理法律法规

早在1906年，伊朗有关国家和省关系的法律（Institute of State and Provinces）第56条就规定"统治者必须对国家的森林予以特别关注并保护"，这是伊朗法律中首次涉及自然资源和环境保护的内容。此后，自然资源保护（尤其是森林资源）在伊朗法律中被多次明确规定。巴列维王朝时期，伊朗将森林、水、矿产等自然资源全部收归国有，目的之一是保护环境，防止自然资源被任意开发。20 世纪 60 年代伊朗出台的环保法律主要涉及植物保护、捕猎和渔业、森林与牧场利用、水资源所有权及管理等，70 年代的环保法律涉及濒危野生动植物、自然保护区、水产资源利用开发等。

随着各种新的环境问题不断涌现，针对新领域的环境保护的法律法规也不断出台。1974 年，伊朗颁布《环境保护与促进法案》，并将其作为全国环保领域总的指导性法律文件，统和之前颁布的多部针对某个领域的自然资源和环境保护的法律法规，其后颁布的环保法律法规也以这部法律为基准。同年，伊朗成立由总统直接领导的最高环境委员会，专门负责审核所有与环境保护相关的法律法规和政策，以及国家环保发展计划。1979 年伊斯兰革命之后，虽然新成立的伊斯兰共和国对巴列维王朝时期的法律体系和内容做出较大修改，但是有关自然资源和环境保护的法律体系非但未削弱，反而得到加强。1979 年颁布的《宪法》第 50 条明确规定，"在伊斯兰共和国里，保护这一代和我们子孙后代在其中生活的环境是公众的义务。因此，一切经济活动如果污染环境或对环境造成不可弥补的破坏都予以禁止"。根据这一规定，保护环境变成伊朗国家和所有自然人、法人的义务。

到目前为止，伊朗已建立了比较完备的涉及环境管理和保护的法律法规，有 20 余部，涵盖水污染治理和水资源保护、土地综合治理、垃圾处理、空气污染治理、生物资源保护等诸多环境问题（见表 11 - 18）。此外，伊朗还就抗击荒漠化、维护生物多样性、水资源利用及保护、气候变化等国内最严重的环境问题出台相关国家战略，并以这些战略为基础推行一系列具体的管理办法和措施，包括加强环境监控和信息收集技术、推动公众参与等。

除专门的环境法律法案外，其他领域（如采矿业、石油行业、水运等）的法律也部分涉及环境保护，如《采矿法》《波斯湾及阿曼海水域法》《石油法案》《采矿业监管执行法案》《水渠及水井挖掘监管法案》等。

表 11 - 18　伊朗颁布的主要环境保护法律、法令和法案

名称	颁布时间
《森林法》	1942 年
《捕猎与渔业法》	1967 年

续表

名称	颁布时间
《植物保护法》	1967 年
《森林与牧场利用及保护法》	1967 年
《伊朗水法与水资源国有化法案》	1968 年
《牧业与森林法》	1974 年
《濒危物种及野生动植物法》	1974 年
《国家公园、保护区、生态脆弱地区保护法》	1975 年
《水产资源保护与利用法》	1976 年
《水资源合理利用法》	1982 年
《反对水污染法》	1984 年
《环境保护与发展法》	1991 年
《反对损害自然环境法》	1991 年
《海洋鱼类资源保护与利用法》	1995 年
《垃圾管理法》	2004 年
《环境保护与促进法案》	1974 年
《关于建立水及污水处理公司的法案》	1974 年
《国家空气清洁法案》	1975 年
《水资源分配法案》	1983 年
《辐射防护法案》	1990 年
《防止水污染监管法案》	1994 年
《综合土地管理法案》	2013 年

资料来源：UNEP, "Iran: United Nations Development Assistance Framework (UNDAF) —2005 - 2009".

(二) 环境保护战略及政策

伊朗以国家环保法律法规和国家战略为基础，出台了一系列具体的政策和管理措施。为改善本国环境状况，指导具体行动，伊朗1993年出台了"国家环境可持续发展战略"，首次提出国家在可持续发展和环境保护方面的总体目标。由于整合管理机制方面存在问题，这一战略并未得到有效执行。此后，伊朗在国内第三和第四个经济社会五年计划中也提出环境保护方面的目标。为使战略更加具体可行，伊朗政府开始偏重于某些具体环境领域的保护战略，主要包括生物多样性、抗击荒漠化、水资源利用及保护、应对气候变化等。

在维护生物多样性方面，伊朗1998年提出"生物多样性行动战略计划"（NBSAP），目标是用 10~15 年时间遏制伊朗生物多样性的衰退趋势。具体措施包括：提升公众保护动植物及自然环境的意识；建立生物多样性的信息收集和监控系统；实现对于生物资源的可持续利用；建立管理及保护生物资源的统一平台及网络。

在抗击荒漠化方面，伊朗 1998 年出台"全国抗击荒漠化行动计划框架"，并于 2001 年将其发展为"全国抗击荒漠化行动计划"，主要内容包括：确定导致荒漠化的因素并对其进行控制；通过保护和再利用实现对自然资源的可持续利用；通过创造工作岗位、发展经济等方式提升荒漠地区民众的生活水平，减少对自然的依赖；增强农村地区社群组织在抗击本地荒漠化方面的决策、方案设计、执行和评估能力。

在水资源利用及保护方面，伊朗主管水资源利用的能源部与负责饮水卫生的卫生与医学教育部于 2004 年共同制定了关于水资源利用以及提升饮用水质量的国家战略。主要目标是建立更广泛的污水处理体系，提升水源供给质量，提升公众健康水平。具体措施包括：建立更多污水处理设施和自来水网络以保障清洁水源的生产和输送；增强地方政府在提供优质水源方面的能力，为其提供技术和资金支持；对水污染采取更严格的监控和更有效的治理措施等。

在应对气候变化方面，作为《联合国气候变化框架公约》成员国，伊朗于 1998 年建立了全国气候变化办公室，并制定了降低温室气体排放、应对气候变化的国家战略。该战略的指导原则为：可持续发展是应对气候变化的最佳范式；为应对气候变化需要开展全球和地区合作；在制订发展计划时需要增强整合程度。具体措施包括：通过各个部门（政府部门、经济部门、民众）间的协调，降低温室气体排放；大力发展清洁能源，如太阳能、风能、核能等；通过宣传，增强公众节能减排的意识等。

在环境监管方面，伊朗建立了环境信息收集和监控系统，用来掌握全国范围内水、空气、土地、生物资源等的变化状况，便于做出评估和行动。还出台了很多针对可能破坏环境行为的监管措施，如设施建设的环境评估、生产环保指标监控、对于破坏环境行为的处罚机制等。

在动员公众参与方面，伊朗通过广播、电视、电影等宣传渠道传播有关环保的法律法规和知识，以提升公众的环保意识。另外，伊朗还大力促进环保类非政府组织的发展，增强社区采取环保行动和改善当地环境状况的能力。

三 小结

伊朗的环境主管部门是环保部。环保部部长由国家副总统兼任。下设业务部门主要有：人类环境局、海洋环境局、自然环境与生物多样性局、教育与计划局、行政与议会事务管理局。

伊朗的环保组织主要有：伊朗环境保护组织（IEPO），国家可持续发展委员会（NCSD），全国抗击荒漠化委员会（NCCD），森林、牧场与水域管理组织（FRWO）。

伊朗的环保法律主要有《环境保护与促进法案》，另外还有20余部有关自然资源和环境保护的专门法律法规，涉及水资源及污水处理、自然环境保护、垃圾处理、土地综合治理等诸多领域。

伊朗的环保政策主要包括生物多样性、抗击荒漠化、水资源利用及保护、应对气候变化等方面。在维护生物多样性方面，主要政策是"生物多样性行动战略计划"（NBSAP）；在抗击荒漠化方面，主要政策是"全国抗击荒漠化行动计划"；在水资源利用及保护方面，主要政策是"水资源利用以及提升饮用水质量的国家战略"；在应对气候变化方面，主要政策是落实《联合国气候变化框架公约》；在环境监管方面，主要政策是建立了环境信息收集和监控系统；在动员公众参与方面，主要政策是通过广播、电视、电影等宣传渠道传播有关环保的法律法规和知识，以提升公众的环保意识。

第四节 环保国际合作

一 双边国际环保合作

长期以来，受核问题困扰，伊朗外交形势比较严峻，但这并未阻碍伊朗政府同其他大国的环境保护合作，伊朗始终希望引进资金和先进技术来解决本国环境问题。

（一）与中国的环保合作

中国与伊朗于1971年建交。自20世纪80年代以来，两国关系发展迅速，交往领域不断扩展，其中，两国在环境保护领域的交往合作也不断深化扩展。早在1996年，中国林业部就与伊朗建设部签订了《关于林业、荒漠化防治和流域整治合作备忘录》。2000年，伊朗总统哈塔米访问中国，两国政府签署《联合公报》，提出两国将在环保领域加强合作。2002年，中伊两国政府间经济、贸易、科学和技术合作联合委员会第11次会议期间，伊朗环保部与中国国家环境保护总局一致同意开展沙漠治理、环境污染、有机食品、可降解塑料和生物技术应用等领域合作，双方还表达了在可再生能源和新材料等领域的合作意向。2004年，伊朗副总统兼环境组织主席埃卜特卡尔女士应邀访华期间，与中国国家环境保护总局副局长祝光耀就环境保护和可持续发展等议题交换意见，并签署《中伊环境合作谅解备忘录》。2008年，两国在德黑兰举行经济、贸易、科学和技术合作联合委员会第13次会议，肯定此前两国在环境领域的合作成果，决定进一步深化合作。2012年5月，伊朗副总统兼环保部部长穆罕默迪扎德访问中国，双方就环境保护问题交换意见，并签署《中伊环境领域合作谅解备忘录》，为今后中伊深化环境合作奠定了坚实基础。双方还就大气污染防治、生物多样性保护等议题进行交流。伊方高度赞赏中国在国际环保合作中保持的积极、开放的态度，希望借鉴中方的先进经验和技术，在环保合作方面进一步扩大交流，推动两国环保事业共同发展。

除官方合作外，伊朗与中国企业在环保方面合作广泛，主要形式是引进中国企业的环境处理设备和技术。目前，伊朗已同中国的相关环保企业签订合同，涉及钢铁企业除尘设备、垃圾处理发电设备、环保材料等。2014年在伊朗举办的水处理展上，中国企业的水处理技术受到伊朗关注。

（二）　与其他国家的环保合作

与中亚国家的合作。伊朗与位于中亚地区的哈萨克斯坦、土库曼斯坦两国同属于里海沿岸国家。双方环保合作主要集中于里海地区的资源开发和环境协同治理问题上。由于气候、降水、土地退化等自然原因，以及地区形势变化，里海地区的整体生态不断恶化，需要重新建构协作治理体系。

苏联时期，里海为苏联和伊朗两国共同管理，其性质也被界定为湖泊型内陆水体。苏联解体后，原苏联和伊朗签署的里海法律文件失效，而独立的哈萨克斯坦、土库曼斯坦和阿塞拜疆位于里海沿岸，于是五国（上述三国加伊朗、俄罗斯）均对里海的水体性质和资源归属提出自己的主张。随着里海矿产资源（主要是油气资源）和其他资源的开发，这一地区的环境也受到威胁。为解决环境问题，五国于2003年在伊朗首都德黑兰签署《里海海洋环境保护公约》（简称《德黑兰公约》，2006年经各国批准后生效）。五国承诺通过单独或共同方式，采取一切必要措施减少和控制里海污染；挽救、保护和恢复里海环境资源；减少对里海生物环境的破坏；开展多边合作。以《德黑兰公约》为基础，五国共同制订了里海保护计划，开展积极合作。联合国环境规则署也设立了专门的《德黑兰公约》秘书处，协调公约相关事项。

在《德黑兰公约》框架下,里海沿岸五国不断深化有关里海环境保护各个方面的合作。2004年,五国通过协议共同打击里海内栉水母的过量繁殖,以保护水域内的鱼类资源。2010年,里海沿岸五国在哈萨克斯坦首都阿斯塔纳签署《德黑兰公约》的两项备忘录,内容涉及防止里海污染、规范海上采油安全等。五国政府均认为需要制定文件,以明确各国在海上采油意外事故发生时所需承担的责任。2011年,五国政府在哈萨克斯坦的阿克套市签署新协议,承诺加强对石油泄漏事件的区域应对机制,并在多国边境地区提高对潜在污染源的检测和管理,签订《有关应对石油污染事故的区域性准备、响应与合作议定书》。另外,五国已就跨境环境影响评估议定书的文本达成一致。该议定书将提供一系列共同规则,有助于各国对任何有可能对里海海洋环境产生重大负面影响的规划活动进行评估。议定书还要求各国将此类活动通知其他成员。

长期以来,由于以核问题为核心的系列问题,伊朗的外交形势比较严峻。尽管如此,伊朗政府也大力发展同其他大国在环境保护方面的合作,希望引进资金和先进技术来解决本国的环境问题。

与美国的环保合作。尽管伊朗和美国的外交关系长时间处于紧张态势,但是双方在非官方领域也开展环保合作,双方均有意将环保合作作为在其他重要领域内扩展合作的基础。1999年,在一个名为"寻找共同基础"(Search for Common Ground)的非政府组织努力下,9名伊朗环境专家访问美国,召开学术会议,讨论伊朗的城市空气质量、水资源管理、非政府组织在环保行动中的角色以及美国环境管理法律体系等问题,考察美国西部地区的一些国家公园和自然保护区,学习美国在保护区管理和生物资源利用方面的经验,目的是使两国在环境保护行动方面建立联系、开展合作。

2001年,4位美国环境研究专家参加在伊朗举行的"城市管理、人口与环境"国际会议,并与德黑兰和伊斯法罕市的环保研究人员和非政府组织成员讨论城市垃圾处理、水资源再利用和当地水污染治理的问题。这一年,双方在环境管理的法律研究方面开展了深入的交流合作。2001年5月,两国环保法律专家在德黑兰举行会议,讨论美国环境保护的法律发展过程、当前监管方式和伊朗如何有效互动解决地区性环境问题等议题。9月,双方在美国召开会议再一次深入研讨了上述问题。2002年,由美国科学院和工程院选派的水资源研究专家在突尼斯会见了伊朗水资源专家,双方决定组成研究小组,共同对美伊两国的水资源利用现状和问题进行研究。在对两国水资源的分布状况、利用及管理模式进行比较后，研究小组对于伊朗目前水资源开发利用方面的问题提出了建议。

2009年，芬兰赫尔辛基大学、芬兰海伦贝里咨询公司以及美伊两国的科学院联合举办"寻找新措施面对环境危机"的研讨会，会上美国和伊朗的环境专家就洁净水资源、信息交换以及环境变化所带来的挑战等问题交换意见。

与欧洲国家的环保合作。伊朗与欧洲主要国家（如德国、法国、意大利等）也开展了一些领域的环保合作。伊朗和德国哥廷根大学于2003年建立了"德国—伊朗大学生工作网络"（GIAN），目标是改善环境。2005年，该组织在伊朗拉什特召开"环境污染：监控、管理和减轻方面的全球和地区合作"会议。从2010年到2013年，每年均举行环境保护专题会议，涉及干旱半干旱地区的农业发展、自然资源的可持续利用、伊朗扎格罗斯地区的生物多样性保护等问题。此外，伊朗法斯省2010年还与德国合作，通过引进污水处理技术和专家，提升本地区污水处理能力。2014年4月，伊朗环保部部长埃卜特卡尔会见法国参议员马里尼，双方表示将在治理空气污染、应对气候变化以及乌尔米耶湖环境保护等方面扩大合作。2013年12月，伊朗副总统兼环境部部长埃卜特塔尔在德黑兰会见意大利外交部部长博尼诺时，双方表示将在野生动物保护和生物资源利用方面深化合作。

与俄罗斯的环保合作。伊朗与俄罗斯的合作主要集中于能源、航天等领域，在环保领域也有所涉及。2010年，伊朗副总统兼环保组织主席同俄罗斯自然资源部部长举行会谈，讨论加强两国环保合作，就加快将两个里海环境议定书纳入以保护里海环境为目的的《德黑兰公约》交换意见，讨论了稀有物种交换及湿地保护等问题。

与日本的环保合作。长期以来，日本通过"国际协力机构"（JICA）对伊朗进行环保援助和技术支持。主要领域涉及环境状况和勘查测量、应对全球变暖和污染防治等方面。2014年，伊朗副总统兼环境组织主席访问日本，双方签署了有关环保合作的谅解备忘录，约定双方将合作实施伊朗北部恩泽利盐湖的水资源和生态系统保护，以及乌尔米耶湖水资源保护计划。日本将向伊朗援助200万美元，以保障这些计划的实施。双方还就水质管理、湿地保护等问题交换了意见。

二 多边国际环保合作

（一）伊朗参与的国际环保公约

伊朗积极参与国际环保合作事务。截至2014年初，伊朗已加入23个公约及协定,内容涉及应对气候变化,保护水、空气、土地等自然资源,维护生物多样性等(见表11-19)。其中,伊朗是《国际湿地公约》和《蒙特利尔议定书》的发起国,也是《联合国在面临严重干旱及荒漠化国家抗击荒漠化公约》的主要参与国。伊朗在这些领域(湿地生态保持、臭氧层退化和土地荒漠化方面)面临严峻的环境保护问题,对于这些领域的国际合作和支持的需求更为迫切,同时也能够在这些领域通过自身环境治理经验为国际合作做出贡献。

表11-19 伊朗签署的国际环保公约及协定

公约及协定名称	签署时间
《捕鱼及养护公海生物资源公约》	1958年5月28日
《国际湿地公约》	1971年
《濒危野生动植物种国际贸易公约》	1973年6月21日
《禁止军事性或其他敌对性使用环境改造技术公约》	1977年5月18日
《关于1973年防止船舶污染公约的1978年议定书》	1978年
《联合国海洋法公约》	1982年12月10日
《维也纳臭氧层保护国际公约》	1985年3月22日
《关于核事故早期通报公约》	1986年9月26日
《蒙特利尔议定书》	1987年9月16日
《控制危险废料越境转移及其处置的巴塞尔公约》	1989年3月22日
《蒙特利尔议定书伦敦附加议定书》	1990年6月29日
《联合国气候变化框架公约》	1992年5月9日
《联合国生物多样性公约》	1992年6月5日
《蒙特利尔议定书第二附加议定书》	1992年11月25日
《联合国在面临严重干旱及荒漠化国家抗击荒漠化公约》	1994年6月17日
《联合国关于〈联合国海洋公约〉中对于保护和管理跨界鱼类资源和洄游鱼类资源的解释》	1995年8月4日
《蒙特利尔议程第九次会议通过的附加议定书》	1997年9月17日
《国际植物保护公约》	1997年11月7日
《联合国气候变化框架公约京都议定书》	1997年12月11日
《鹿特丹协定——关于国际贸易中某些有害化学药品和杀虫剂的优先通知许可程序》	1998年9月10日
《生物多样性公约的卡塔纳赫议定书》	2000年5月24日
《有关持久性有机污染物的斯德哥尔摩公约》	2001年5月22日

续表

公约或协定名称	签署时间
《里海海洋环境保护公约》	2003年11月4日

资料来源：根据伊朗环保部网站资料整理。

（二）与中亚国家的环保合作

伊朗是地区性合作组织"经济合作组织"（ECO）的创始国。该组织于1985年由伊朗、巴基斯坦和土耳其三国成立，阿富汗、阿塞拜疆、哈萨克斯坦、吉尔吉斯斯坦、塔吉克斯坦、乌兹别克斯坦、土库曼斯坦七国于1992年也加入了该组织。该组织的主要目标之一是"促进本地区的毒品控制、生态及环境保护、国家之间的历史和文化联系"。经济合作组织成立了专门的"能源、矿产及环境指导委员会"，环境保护领域的工作主要集中于垃圾处理、油气资源开发的环境评估、空气污染处理等。

自1999年起，经济合作组织每年都会召开专门会议，讨论各国在上述领域遇到的问题并开展相关合作。2013年，经济合作组织在巴基斯坦的伊斯兰堡召开"气候变化与生物多样性专家会议"，来自各成员国的学者和官员讨论气候变化和人类活动对生物多样性的威胁、森林和湿地保护、跨国物种分布管理等问题。

（三）与上海合作组织的环保合作

伊朗积极发展同上合组织的各项合作，2005年被批准成为上合组织观察员国，并于2008年提交申请，希望成为上合组织正式成员国。上合组织的宗旨之一，就是"发展成员国在政治、经贸、科技、文化、教育、能源、交通、环保等领域的有效合作"，而伊朗在地缘上与上合组织成员国相邻，也希望与上合组织开展环境保护合作，改善本国环境状况。伊朗领导人也多次表达与组织成员国扩大合作的意向。

目前，伊朗与上海合作组织在环保领域的合作可能从防治荒漠化开始拓展。在2014年北京第三届国际防治荒漠化科学技术大会上，来自俄罗斯、蒙古、伊朗、尼日利亚、日本及中国的专家一致认为，区域间协作是防治荒漠化工程建设取得成功的根本保障。通过国际协作进行防治荒漠化工程建设是世界防治荒漠化事业的必由之路。因此，优先通过若干国家协作建设防治荒漠化工程，显得更为紧迫。在人口与资源面临巨大挑战时期，联合上海合作组织成员国，共建防治荒漠化工程，争取尽早取得突破性进展。

（四）与国际组织的环保合作

伊朗与联合国开发计划署、环境规划署、粮农组织等国际组织在环境保护上合作广泛。联合国"千年发展目标"之一即为"确保环境的可持续能力",具体内容包括健全各国政府环境资源管理的法律法规、维持生物多样性、保证可靠水源的供给等。在针对伊朗的具体计划中,环境治理目标包括自然资源的可持续利用、维持生物多样性、改善城市空气质量、减少水域污染、提升治理能力和公众意识等诸多方面。为实现这些目标,联合国及其下属机构与伊朗开展了多项环保合作。

与联合国开发计划署的合作。联合国开发计划署根据联合国千年目标,制定了《联合国发展援助框架》,在各国实施。2001年,伊朗和联合国环境规划署在德黑兰签署谅解备忘录,决定在环境保护领域开展合作,环境治理目标包括自然资源的可持续利用、维持生物多样性、改善城市空气质量、减少水域污染、提升治理能力和公众意识等诸多方面。

在已经进行的合作项目中,比较有代表性的项目有2006年联合国开发计划署提供300万欧元资金复苏哈木湖水域的水产资源、2008年对伊朗境内的亚洲猎豹种群进行调查并建立7处保护区、在比尔詹德省开展固碳项目试点,探索农民参与植被恢复的模式等。

最新一期针对伊朗的《发展援助框架》在环境保护方面提出以下总体目标:使伊朗在经济增长的同时降低气候变化带来的影响;提升伊朗监控和评估环境状况的能力;维护伊朗的生物多样性,加强国内保护区网络的建设等。为实现这些目标,联合国开发计划署计划在伊朗国内开展若干项目合作,包括东北部省区的湿地保护项目、扎格罗斯山区的生物多样性保护项目、德黑兰省的臭氧层监控及光伏能源项目,以及根据《蒙特利尔议定书》开展的降低氟氯烃排放项目等。

与联合国环境规划署的合作。伊朗与联合国环境规划署就多方面的环境问题开展合作,主要包括遏制森林退化、维持生物多样性、根据《蒙特利尔议定书》减少危害臭氧层气体排放等。合作的总体目标是改善伊朗国内的整体环境状况。2013年,联合国环境规划署与伊朗签署合作备忘录,提出继续加强双方在上述方面的环保合作。在已进行的合作项目中,比较有代表性的项目有:①2002年,联合国环境规划署出资50万美元在伊朗马赞德兰省进行植树造林计划;②2010年,联合国环境规划署在全球环境基金的支持下,在伊朗、中国、俄罗斯和哈萨克斯坦四国开展白鹤保护计划;③2011年,联合国环境规划署与伊朗环境部和卫生部合作,通过推广新技术废除了吸入剂制造业中氟氯烃的使用,成为亚洲首个实现这一目标的国家。

与联合国教科文组织的合作。伊朗与联合国教科文组织的环境合作主要涉及水资源保护和利用以及生物多样性方面。在水资源利用方面，伊朗在联合国教科文组织的协助下建成了德黑兰水处理中心以及位于亚兹德省的国际暗渠与水利设施历史中心，为本国的水资源利用提供技术和人才支持。此外，联合国教科文组织还将伊朗的两个试点地区纳入全球半干旱地区信息网络，以便将这些地区的治理经验推广到全国其他地区。生物多样性方面，联合国教科文组织通过"人与生物圈"计划，在伊朗建立9处生态系统保护区，2015年前再增加7处。同时，该组织还在德黑兰大学建立了"联合国教科文组织生态讲席"，用以推动伊朗国内环境保护的研究发展。

三 小结

为解决本国环境问题，促进环保事业发展，伊朗积极参与双边和多边的国际环保合作。在双边领域，伊朗与中国积极开展环保合作，2002年以来多次进行有关环境保护领域问题的磋商，签署系列备忘录和合作协议，主要涉及沙漠治理、环境污染、有机食品、可降解塑料、生物技术应用、大气污染防治等。伊朗还与美国、俄罗斯、日本等国家开展官方及民间环保合作，内容包括水资源治理和保护、湿地治理和稀有物种保护等。

在多边领域，伊朗已参与23项国际环保公约及协定，尤其在湿地保护、臭氧层保护和荒漠化防治方面发挥积极作用，还与区域内国家共同合作，保护里海生态系统和资源可持续开发，开展中亚和西亚地区的环境保护和管理，积极谋求与上海合作组织开展环保合作，共同防治中亚地区的荒漠化可能成为双方合作的一个切入点。联合国及其下属国际组织为伊朗制定了全面的环境保护发展目标，并提供大量资金、技术和人员培训的支持。

总体而言，同样作为领土面积较大、自然环境多样、资源较丰富的国家，中国和伊朗的环境状况有一些相似之处，也面临一些类似的环境问题。比较具有代表性的有水环境问题、土地退化问题、生物多样性问题、大气污染问题等。

在水环境方面，中国的水资源总量尽管远高于伊朗（2009年中国水资源总量为28124亿立方米，而伊朗2012年水资源总量仅为1300亿立方米），但是人均水资源占有量却只略高于伊朗（2009年中国人均水资源占有量为2087立方米，伊朗2012年这一数据为1700立方米），都远低于世界平均水平。而且中国水资源的分布存在明显的不均衡状况，华北、西北等地区由于人口和水资源的分布不均，已面临与伊朗程度相近的水资源缺乏问题

第十一章 伊朗环境概况

（如地下水开采过量等）。因此，双方在解决水资源不足方面存在合作空间。目前，总体来看，中国的节水技术高于伊朗，重点体现在农业用水的比重和效率上。到2014年为止，中国农业灌溉用水的平均效率达到52%，而伊朗仅为33%，相应结果就是中国农业用水占总体用水的比重为55%，而伊朗超过90%。但是伊朗在一些小规模水利设施（如暗渠等）建设使用上的经验也值得中国借鉴。双方可以利用彼此优势在技术方面开展交流合作。

在水污染方面，经过多年的保护和治理，中国河流及湖泊污染状况得到一定程度的改善（2013年全国河流水质优良率为71.7%，湖泊水质优良率为60.7%），而伊朗80%的河流（163条）都受到不同程度的污染。中国在污水处理方面的能力和技术高于伊朗（中国的污水排放处理率为89%，而伊朗仅为40%左右），在这方面中国可以帮助伊朗提升防控水污染的能力。

在土地退化方面，中国西北地区土地退化的状况与伊朗类似，存在着较严重的土壤流失和荒漠化问题。而两国也都采取类似措施来遏制土地的退化，包括恢复和增加植被、控制牲畜数量以维持草场的可持续利用、建立监控系统以实现有效的荒漠化信息收集和监控等。两国现有的环保合作也包含了其中的一些内容，接下来需要在荒漠化监控、造林及恢复植被技术方面增强交流与合作。

生物多样性保护方面，中伊两国都是工业化和城市化起步较晚但是发展迅速的国家，经济发展和人口流动对原有的生态环境产生了影响，因此两国也都面临着生态环境改变造成的生物多样性问题。为解决这一状况，两国都通过大力增强国内自然保护区建设力度来维持并提高国内的生物多样性。伊朗在国内湿地资源保护方面拥有丰富经验（伊朗国内湿地面积为148万公顷，拥有22处国际重要湿地；中国湿地总面积为5360万公顷，但只拥有46处国际重要湿地），在这方面中国需要借鉴伊朗的经验以提升本国湿地环境的保护和管理水平。而中国在对海洋生态环境和生物多样性的保护方面（如海南昌黎国家级自然保护区、厦门珍稀海洋生物物种国家级自然保护区等）则可以为伊朗提供一些可借鉴经验。

大气污染对于两国而言都是严重的环境问题。随着工业生产的增加和城市规模的扩张，生产和生活导致的空气污染问题越发严重。2013年数据显示，中国所监测74个城市的PM10平均含量为118微克/立方米，与伊朗2011年的数据（124微克/立方米）十分接近，超过世界卫生组织建议标准的6倍。为解决这一问题，双方采取的共同措施包括加强对气体排放的监控和管理；提高燃料质量以及车辆排放标准；发展新能源代替化石燃料的使用来降低排放等。双方可以在监管政策、排放技术标准方面进行经验交流，其中，中国在新能源技术（光伏、风力发电等）、排放气体处理、空气状况监控等方面具有一定的技术优势，可以与伊朗进行相关领域的技术合作。

参考文献

[1] 周任君、陈月娟：《青藏高原和伊朗高原上空臭氧变化特征及其与南亚高压的关系》，《中国科学技术大学学报》2005 年第 6 期。

[2] 张志东、王晓民：《伊朗金属矿产工业现状与开发前景》，《世界有色金属》2012 年第 4 期。

[3] 中华人民共和国环境保护部：《2013 年中国环境状况公报》，2014 年。

[4] I. R. Iran, "The National Action Programme To Combat Desertification and Mitigate the Effects of Drought", 2004.

[5] I. R. Iran, "National Biosafety Framework", 2004.

[6] UNDP, "United Nations Development Assistance Framework: Islamic Republic of Iran (2005 – 2009)", 2004.

[7] Committee on U. S—Iranian Workshop on Water Conservation, Reuse and Recycling Office for Central Europe and Eurasia Development, Security and Cooperation National Research Council, "Water Conservation, Reuse, and Recycling: Proceedings of an Iranian-American Workshop", 2005.

[8] Kaveh Madani Larijani, "Iran' Water Crisis: Inducers, Challenges and Counter-measures", ERSA 45th Congress of the European Regional Science Association, 2005.

[9] I. R. Iran, "National Report to the Fifth Session of the United Nations Forum on Forests", 2005.

[10] R. Nabizadeh, M. Heidari and M. S. Hassanvand, "Municipal Solid Waste Analysis in Iran", *Iran Journal of Health and Environment* (1) 2008.

[11] M. R. Alavimoghadam, N. Mokhtarani and B. Mokhtarani, "Municipal Solid Wastes Management in Rasht City, Iran", *Waste Manage* (1) 2009.

[12] A. Jafali, H. Godini and S. H. Mirhousaini, "Municipal Solid Waste Management in KhoramAbad City and Experiences", *World Academy of Science, Engineering and Technology* (2) 2010.

[13] M. A. Abdoli, B. Tavakoli and M. H. Menhaj, "A Theoretical Framework for Determining Environmental Costs, Benefits, and the Net Welfare Effects Associated with Hazardous Waste Management", *Caspian Journal of Environmental Sciences* (2) 2010.

[14] I. R. Iran, "Fourth National Report to The Convention on Biological Diversity", 2010.

[15] UNESCO Tehran Cluster Office, "UNESCO Country Programming Document for the Islamic Republic of Iran", 2010.

[16] Hamed Beheshti, "The Prospective Environmental Impacts of Iran Nuclear Energy Expansion", *Energy Policy* (10) 2011.

[17] Farshad Amiraslani, Deirdre Dragovich, "Combating Desertification in Iran over the Last 50 Years: An Overview of Changing Approaches", *Journal of Environmental Management* (1) 2011.

[18] Iman Homayoonnezhad, Paria Amirian, "Survey on Industrial Hazardous Wastes with Application to Development of Wastes Management in Fars Province, Iran", 2011 International Conference on Biology, Environment and Chemistry, 2011.

[19] S. Esfandiari, R. Khosrokhavar, "A Waste-To-Energy Plant for Municipal Solid Waste Management at the Composting plant in Isfahan, Iran", 2011 International Conference on Biology, Environment and Chemistry, 2011.

[20] A. Jamshidi, F. Taghizadeh and D. Ata, "Sustainable Municipal Solid Waste Management (Case Study: Sarab County, Iran)", *Annals of Environmental Science* (5) 2011.

[21] United Nations System in Iran, "The United Nations in Iran", 2011.

[22] I. R. Iran, "Country Report on History and Status of Soil Survey in Iran GSP Regional Workshop", 2012.

[23] A. H. Davami, N. Moharamnejad, S. M. Monavari and M. Shariat, "Evaluation of Urban Solid Waste Landfill in Ahvaz City", 3rd International Conference on Civil, Transport and Environment Engineering, 2013.

[24] H. M. Heravi, M. R. Sabour and A. H. Mahvi, "Municipal Solid Waste Characterization, Tehran-Iran", *Pakistan Journal of Biological Science* (16) 2013.

[25] E. Mozaffari, "An Environment Training Framework For Miners In Iran", *Advances in Agriculture, Sciences and Engineering Research* (4) 2013.

[26] S. M. Monavari, S. Tajziehchi and R. Rahimi, "Environmental Impacts of Solid Waste Landfills on Natural Ecosystems of Southern Caspian Sea Coastlines", *Journal of Environmental Protection* (12) 2013.

[27] UNEP, "Programme Performance Report 2012–2013", 2013.

[28] Nazemi Saeid, Aliakbar Roudbari and Kamyar Yaghmaeian, "Design and Implementation of Integrated Solid Wastes Management Pattern in Industrial Zones, Case Study of Shahroud, Iran", *Journal of Environmental Health Science & Engineering* (12) 2014.

[29] Habib Fathi, Abdolhossinpari Zangane, Hamed Fathi, Hossein Moradi, "Municipal Solid Waste Characterization and It Is Assessment for Potential Compost Production: A Case Study in Zanjan city, Iran", *American Journal of Agriculture and Forestry* (2) 2014.

[30] Sinéad Lehane, "The Iranian Water Crisis", Global Food and Water Crises Research Programme Analysis Paper, 2014.

第十二章
土耳其环境概况

第一节 国家概况

一 自然地理

（一）地理位置

土耳其全国面积达78.0576万平方公里（略小于巴基斯坦，稍大于中国青海省）。土耳其处于亚洲与欧洲连接处，北临黑海，南临地中海，东南毗邻叙利亚（边界线长822公里）、伊拉克（边界线长331公里），西临爱琴海，毗邻希腊（边界线长206公里）和保加利亚（边界线长240公里），东部毗邻格鲁吉亚（边界线长252公里）、亚美尼亚（边界线长268公里）、阿塞拜疆（边界线长9公里）和伊朗（边界线长499公里）。

土耳其控制着黑海入口，处于基督教文化与伊斯兰文化的交汇点，具有重要的战略地位，自古便是兵家必争之地。美国战略学家布热津斯基曾说："土耳其稳定着黑海地区，控制着黑海通往地中海的通道，在高加索地区抗衡俄罗斯的力量，也起着削弱穆斯林原教旨主义影响的作用，并是北约的南部支撑点。土耳其如果不稳定就可能在南巴尔干引起严重的暴力冲突，使俄罗斯更容易重新控制高加索地区新独立的国家。"

（二）地形地貌

土耳其整个国家被博斯普鲁斯海峡、达达尼尔海峡和马尔马拉海分为两大部分：一是位于西部的东色雷斯（Thrace，即东南欧洲，巴尔干半岛东南），面积约占全国总面积的3%，人口约占全国总人口的10%；二是位于东部的安纳托利亚（Anatolian，又称小亚细亚），面积约占全国总面积的97%，形状大致呈长方形。

土耳其地势总体上东高西低，全国平均海拔1332米，85%的国土位于海拔450米以上地区。全国约3/4的国土为高原或山地，平原通常位于沿海，尤其是河流三角洲地区。土耳其地势海拔情况见表12-1。最大的高原是安纳托利亚高原，海拔1524~1981米。境内最高峰是位于东部的阿勒山（Ararat），海拔5137米，距离土伊（朗）边界16公里、土亚（美尼亚）边界32公里。

安纳托利亚高原位于土耳其小亚细亚半岛中部，北临黑海，西临爱琴海，南临地中海，东接亚美尼亚高原，东西长约1000公里，南北宽约600公里，面积52万平方公里。高原南缘是托罗斯山脉，北缘是克罗卢山和东卡德尼兹山（两山合称庞廷山脉），东侧是亚美尼亚高原，呈三面环山、一面敞开之势，地势东高西低。高原地势高峻，多高山深谷，大部分海拔为3000~4000米，中部起伏不平，海拔为800~1200米，夹有盆地和平原。受周围山脉阻挡，高原大部分地区大陆性气候显著。

土耳其位于地中海—喜马拉雅山火山地震带，处于欧亚板块、阿拉伯板块和非洲板块三大板块交界处，地质活动频繁，1999年、2006年和2011年都发生过7级以上地震。

表12-1 土耳其地势海拔情况

单位：米,%

区域所在的海拔高度	占国土总面积的比重
0~250	10.0
250~1000	34.5
1000~1500	30.0
1500~2000	15.5
≥2000	10.0

（三）气候

土耳其气候类型多变，从沿海到内地，气候逐渐由地中海气候向亚热带草原、沙漠气候过渡。黑海、地中海和爱琴海地区为地中海气候，冬季温和多雪，夏季炎热少雨，全年气温为4~29℃；安纳托利亚高原属大陆性草原气候，昼夜温差大，全年气温为-2~23℃；东部和南部较干旱，部分多山地区积雪期长达数月，全年气温为-13~17℃，部分地区夏季可达30℃以上。据土耳其气象局数据，1971~2000年，土耳其全国年均气温为13℃。土耳其气温总体呈上升趋势，每100年增加0.64℃。土耳其主要地区平均气温统计见表12-2。

土耳其降水主要在冬季，雪量大且蒸发量小，夏季少雨且蒸发量大。各地降水量差异很大。黑海沿岸地区年降水量可达2200毫米，爱琴海和地中海沿岸地区年降水量为580~1300毫米，内陆地区年降水量为250~300毫米。据土耳其气象局数据，1971~2000年，土耳其年均降水量为640毫米。土耳其降水量呈下降趋势，每100年减少29毫米。

气候多样性使土耳其的农作物品种极为丰富。这里是世界上主要的烟草、开心果、葡萄和水果蔬菜产地之一。位于土耳其西北角的马尔马拉地区，包括东色雷斯，范围从埃迪恩到伊斯坦布尔，是绵延起伏的牧场和向日葵种植区，农牧业、渔业和轻工业发达。这一地区再往南，跨过马尔马拉海，是水果、橄榄、葡萄和番茄等作物的优良产区，渔业、矿业和葡萄酒加工业是这一地区的重要产业。

表12-2 土耳其主要地区平均气温统计

单位：℃

地区	1月	2月	3月	4月	5月	6月	7月	8月	9月	10月	11月	12月
安塔利亚（南部）	10	11	13	16	20	25	28	28	25	20	15	12
伊兹密尔（西部）	9	10	11	16	20	25	28	27	23	18	15	10
伊斯坦布尔（东北）	5	6	7	12	16	21	23	23	20	16	12	8
特拉布宗（北部）	6	6	7	11	15	20	22	22	19	15	12	9
安卡拉（中部）	0	1	5	11	16	20	23	23	18	13	8	2
埃尔祖鲁姆（东部）	-9	-7	-3	5	11	15	19	20	15	9	2	-5
迪亚巴克尔（东南）	2	2	8	14	19	26	31	31	25	17	10	4

资料来源："Climate of Turkey, Average Temperatures for Major Regions (in celsius)", http://www.enjoyturkey.com/info/usefull_info/Climate.htm.

二 自然资源

（一）矿产资源

土耳其矿产资源检测和勘探局2008年发表《土耳其探明矿产储量报告》，指出土耳其矿产资源丰富，种类繁多，共有49类不同的矿产资源，总储量达500亿吨。在世界138个国家和地区中，土耳其的矿产资源生产能力居第28位，矿产资源多样性居第10位。在全世界可交易的90种矿产资源中，土耳其有77种。

由于拥有丰富多样的自然矿物资源和基础结构，一些国际一流矿业公司愿意在土耳其进行投资，如法国和比利时公司在水泥和石膏领域，奥地利公司在菱镁矿领域，加拿大和美国在黄金和铜领域，德国公司在膨润土、硅藻土、黄金和石膏领域，英国公司在膨润土等领域，意大利公司在陶瓷原材料领域进行投资。

土耳其已探明的铁矿石资源主要分布在迪弗里吉（Divrigi）、海克姆汉（Hekimhan）和艾特普（Atepe）三个矿区，沿西海岸还有一些小铁矿，境内最大的铬铁矿位于东部的埃拉泽省，其次是东南部的费塞耶。海克姆汉矿区估计有含锰5%的褐铁矿及菱铁矿10亿吨，德维西（Deveci）和卡拉库兹（Karakuz）是该矿区的两座主要矿山。迪弗里吉有A、B、C、D四个矿体，其中，C矿体于1982年采完，D矿体矿量很少。A、B两矿体虽然相邻，但矿床类型不同。A为热液交代磁铁矿床，矿石处于正长岩侵入体与石灰岩的接触带内，总储量约4000万吨（计算至1284米），平均含铁54%~55%，含硫2%~2.5%。B是热液矿床，约有赤铁矿1400万吨，含铁55%，含硫低，为0.2%~0.3%。A、B矿体均采用露天开采。

土耳其有三个有色金属矿床带。矿床中含有铜、铅、锌等。第一个矿带从土耳其西部沿黑海延伸到高加索，内有屈雷（Kure）、查耶利（Cayeli）和木尔古尔（Murgul）等铜矿床。第二个矿带从土耳其西南部碱性蛇纹岩区延伸到塞浦路斯，有埃尔加尼（Ergani）和马登克依（Madekoy）等铜矿床，含铜量1.57%。第三个矿带位于土耳其中部陶鲁斯地区，储量较小。塞拉特佩（Cerattepe）金铜矿属科明科（Cominco）资源公司所有。该矿有一个高品位的铜矿床（坑内开采）和一个金矿床（露天开采）。

土耳其发现的铀矿位于安纳托利亚中部的太姆热兹里（Temrezli）铀矿，拥有总计680万吨平均品位为1170ppm的矿石，其中拥有1740万lbU3O8（6697吨U）。2013年10月8日，土耳其能源与自然资源部下属的矿业事务总局向安纳托利亚能源公司（Anatolia Energy）发放太姆热里兹铀矿运营许可证。许可证涵盖以前颁发的勘探许可证所覆盖的所有矿床区，有效期至少10年。预计2016年投产，产能为100万lbU3O8/年（385吨U/年），在10年运行寿期内的总产量为912.5万lbU3O8（3500吨U）。

土耳其的硬煤总地质储量为32亿吨，褐煤总地质储量为200亿吨；硬煤已探明储量为12亿吨，褐煤已探明储量为83亿吨。有经济价值的含煤地层属石炭纪、二叠纪、老第三纪和新第三纪。北部古生代含煤岩系发育，局部可见侏罗纪地层。新生代含煤地层几乎都分布在安卡拉以南，北部少见。石炭纪煤层主要位于北部的宗古尔达克煤田、东部迪亚巴克尔市与埃尔祖鲁姆市之间一些不大的背斜和兹罗山地。

土耳其毗邻世界油气资源丰富的波斯湾和里海，但自身油气资源不足，2004年已探明石油储量约3亿桶（约2亿吨），2008年已探明天然气储量约 85 亿立方米。每年约 60% 的油气需求依靠进口。为减少对油气的依赖，土耳其采取了一系列措施。一是大力开发煤炭，煤炭产量从 2003 年的 100 万吨增加到 2013 年的 1300 万吨，计划到 2023 年煤炭发电占总发电量的比例提升至 30%，可再生能源发电和天然气发电比例增至 30%，核电比例达到 10%。二是努力开发页岩油气。据 EIA 预测数据（2013 年），土耳其安纳托利亚盆地和色雷斯盆地拥有 163 万亿立方英尺的页岩气，其中 24 万亿立方英尺为技术性可采页岩气资源。同时，这两个页岩盆地还拥有 940 亿桶页岩油储量，其中 47 亿桶储量技术可采。土耳其石油地质学家联合会则称，土耳其的页岩气足够整个国家消费 40 年。

土耳其在全球储量领先的矿产主要是非金属矿，如硼、斑脱土、天然碱、长石、大理石、石灰岩、浮石、珍珠岩、锶和方解石等。其白云石储量全世界第一，约 158 亿吨，大理石储量 139 亿吨，矿盐储量 57 亿吨。土耳其矿产资源储量统计见表 12-3。

表 12-3　土耳其矿产资源储量统计

矿产	储量（万吨）	特性
蓝晶石	384.0000	三氧化二铝含量为 21%～52%
白云石	1588716.0000	氧化镁含量 >15%
高岭土	8906.3770	三氧化二铝含量为 15%～37%
矾土	65436.2650	陶瓷和耐火材料
石英砂	130741.4250	二氧化硅含量 >90%
石英岩	227028.7821	二氧化硅含量 >90%
菱镁矿	11136.8020	氧化镁含量为 41%～48%
叶蜡石	664.4000	陶瓷、耐火、水泥
铬铁矿	31020.0000	冶金、耐火、化学
稀土族	3035.0000	含有萤石、重晶石、钍
蛭石	621.5000	耐火隔热材料
钙硅石	159.1950	陶瓷
铝矾土	33082.0000	三氧化二铝含量为 40%～67%
方解石	2900.0000	碳酸钙含量 >95%
石灰石	储量非常大	碳酸钙含量 >90%

资料来源：梁玉编译《土耳其耐火原材料》，《耐火与石灰》2008 年 2 月。

（二）土地资源

据联合国粮农组织 2011 年数据，土耳其的森林面积为 1145 万公顷，约占国土总面积的 15%，耕地面积为 2054 万公顷，约占国土总面积的 27%，人均耕地面积为 0.32 公顷（见表 12-4）。据测算，全国经济可灌溉地面积约 850 万公顷，实际灌溉面积为 521 万公顷，灌溉发展率为 61%。全国约 95% 的灌溉采用地表灌溉，如沟渠、漫灌等，喷灌设施较少。灌溉用水 80% 来自地表水，20% 来自地下水。

表 12-4 土耳其耕地统计

	1996 年	2001 年	2006 年	2011 年
国土总面积（万公顷）	7696	7696	7696	7696
可耕地（万公顷）	2451	2380	2298	2054
永久耕地（万公顷）	247	255	290	309
森林（万公顷）	996	1026	1086	1145
人均耕地面积（公顷）	0.45	0.41	0.38	0.32
农业劳动力人均耕地面积（公顷）	2.73	2.90	3.04	2.99

资料来源：FAOSTAT, FAO of the UN, http://faostat.fao.org/site/377/default.aspx#ancor; AquaSTAT, FAO of the UN, http://www.fao.org/nr/water/aquastat/main/index.stm.

（三）生物资源

由于土耳其位于地中海和近东生物基因中心的交界处，其拥有丰富的生物基因多样性。由基因多样性带来的生物多样性是土耳其的一大特征。形成土耳其生物多样性的原因有很多。第一，内陆水资源环境对生物多样性的保持发挥着重要作用，已确认 135 块湿地具有国际重要性，其中 12 块被写入《国际湿地公约》。第二，环绕土耳其的具有不同特色的海洋对生物多样性的形成也有影响，如黑海、马尔马拉海、爱琴海、东地中海。第三，各种自然保护区的建立，如国家公园、自然公园、湿地公园等，对生物多样性的保护起到了重要的作用。

据调查，同温带地区的其他国家相比，土耳其在动物方面的生物多样性更加丰富。尽管缺乏准确数据，但是相关记载表明，无脊椎动物是已发现的生物中最大的群体。在土耳其，无脊椎生物的总数量大约是 1.9 万种，其中约 4000 种是常见的。截至目前，脊椎生物的总数量接近 1500 种，其中超过 100 种是常见的，包括 70 多种鱼类。安纳托利亚是欧洲小鹿和野鸡的栖息地。土耳其位于世界上两条主要的鸟类迁徙路线上，这使其成为鸟类饲养和繁殖的重要区域。在整个欧洲大陆现存的 1.25 万种裸子植物和被子植物中，仅安纳托利亚地区就有接近 1.1 万种。

土耳其森林主要分布在属于海洋性气候的黑海和地中海沿岸地带及爱

琴海和马尔马拉海沿岸。受干旱气候影响的安纳托利亚内陆地区、安纳托利亚高原东南部及安纳托利亚高原东部的高山地带则很少有森林分布。由于气候条件和地形差异，森林生态类型可分为北部高山森林、西部和南部沿海的内陆森林、各地低海拔的冲积带森林和中部及东部干旱半干旱地带的森林生态类型。主要的森林树种约有 40 种，针叶树占乔林的 80% 以上，分布范围很广，从低海拔到高海拔都有分布；阔叶树则主要分布在低海拔条件适宜的地方。欧洲黑松、土耳其松、欧洲赤松为针叶林的优势树种，高加索冷杉、西里西亚冷杉、东方云杉、黎巴嫩雪松及刺柏属树种等是重要的针叶树种。山毛榉和栎树为主要阔叶树种。

土耳其最著名的牲畜是安卡拉山羊，因原产于土耳其首都安卡拉附近而得名，性驯良，适于吃粗饲料，耐干旱，所产羊毛长而有光泽，弹性大且结实，国际市场上称马海毛，属高级精梳纺，是羊毛中价格最贵的一种。

（四）水资源

据土耳其国家统计局 2005 年数据，土耳其年均降水量为 643 毫米，年总降水量为 5010 亿立方米，蒸发量为 2740 亿立方米，渗入地下水量为 690 亿立方米，渗入地下水滞留于地表的水量为 280 亿立方米（有些地下水被抽取返回地表），来自邻国的地表水供水量为 70 亿立方米，地表水总量为 1930 亿立方米，可开发的地表水量为 980 亿立方米，总可恢复利用的水量为 2340 亿立方米，深层地下水量为 140 亿立方米，以目前的技术和经济条件，总可开发利用的水量为 1120 亿立方米（其中，950 亿立方米来自地表，30 亿立方米来自邻国，140 亿立方米来自深层地下水）。

据联合国粮农组织 2011 年数据，土耳其的水资源总量为 2270 亿立方米，人均水资源量为 3110 立方米。水资源年消费总量是 401 亿立方米，其中生活用水占 15%，工业用水占 11%，农业用水占 74%（见表 12 - 5）。

据土耳其国家统计局数据，土耳其人均可开发利用的水资源拥有量 1960 年为 4000 立方米，2000 年为 1500 立方米，预计到 2030 年将降到 1000 立方米（届时人口将达 1 亿人），这意味着，依照 2005 年的水资源利用水平，到 2030 年，土耳其将从水资源压力国（人均水资源拥有量 1000 ~ 2000 立方米）滑落到水资源贫穷国（人均水资源拥有量低于 1000 立方米）。

表 12 - 5　水资源统计

项目	1996 年	2001 年	2006 年	2011 年
水资源总量（亿立方米）	2270	2270	2270	2270

续表

项目	1996 年	2001 年	2006 年	2011 年
人均水资源量（立方米）	3820	3540	3310	3110
灌溉面积（万公顷）	420.0	498.5	521.5	521.5
水资源消费	1992 年	1997 年	2002 年	2007 年
农业用水（亿立方米）	229.0	—	315.0	296.0
生活用水（亿立方米）	52.0	—	64.0	62.0
工业用水（亿立方米）	35.0	—	41.0	43.0
水资源消费总计（亿立方米）	316.0	—	420.0	401.0

资料来源：AquaSTAT, FAO of the UN, http://www.fao.org/nr/water/aquastat/main/index.stm; FAOSTAT, FAO of the UN, http://faostat.fao.org/site/377/default.aspx#ancor.

三 社会与经济

（一）人口概况

截至 2014 年初，土耳其人口共计 8161.94 万人，其中，土耳其族占 75%，库尔德族占 18%，其余民族占 7%。0~14 周岁人口占 25%，15~24 岁人口占 17%，25~54 岁人口占 43%，55~64 岁人口占 8%，65 岁以上人口占 7%。全国约 99% 的人口信仰伊斯兰教（绝大部分属逊尼派），信仰其他宗教的人口不足 1%。

土耳其是个多民族国家，土耳其族是主体民族，库尔德族是第二大民族，其余为高加索人、亚美尼亚人、希腊人、阿拉伯人和犹太人等。库尔德人大部分生活在土耳其东部和东南部，虽然同样信仰伊斯兰教且外表相似，但与土耳其族在语言、文化和家庭传统上差异较大。库尔德人要求脱离土耳其独立建国，始终是影响土耳其安全稳定的主要因素之一。

（二）行政区划

土耳其行政区划等级分为省、县、乡、村。全国共分为 81 个省，约 600 个县，3.6 万多个乡、村（见表 12-6）。由于省的数量太多，习惯上将土耳其全国划分为 7 个大区，分别是地中海地区、东安纳托利亚地区、爱琴海地区、东南安纳托利亚地区、中安纳托利亚地区、黑海地区、马尔马拉地区。

表 12-6　土耳其行政区划

序号	省	面积（平方千米）	首府	序号	省	面积（平方千米）	首府
1	阿达纳省	14256	阿纳达	41	科贾埃利省	3635	伊兹米特
2	阿德亚曼省	7572	阿德亚曼	42	科尼亚省	40824	科尼亚
3	阿菲永卡拉希萨尔省	14532	阿菲永	43	屈塔希亚省	12119	屈塔希亚
4	阿勒省	11315	阿勒	44	马拉蒂亚省	12235	马拉蒂亚
5	阿马西亚省	5731	阿马西亚	45	马尼萨省	13120	马尼萨
6	安卡拉省	25615	安卡拉	46	卡赫拉曼马拉什省	14213	卡赫拉曼马拉什
7	安塔利亚省	20599	安塔利亚	47	马尔丁省	9097	马尔丁
8	阿尔特温省	7493	阿尔特温	48	穆拉省	12716	穆拉
9	艾登省	7922	艾登	49	穆什省	8023	穆什
10	巴勒克埃西尔省	14442	巴勒克埃西尔	50	内夫谢希尔省	5438	内夫谢希尔
11	比莱吉克省	4181	比莱吉克	51	尼代省	7318	尼代
12	宾格尔省	8402	宾格尔	52	奥尔杜省	5894	奥尔杜
13	比特利斯省	8413	比特利斯	53	里泽省	3792	里泽
14	博卢省	10716	博卢	54	萨卡里亚省	4895	阿达帕扎勒
15	布尔杜尔省	7238	布尔杜尔	55	萨姆松省	9474	萨姆松
16	布尔萨省	11087	布尔萨	56	锡尔特省	5465	锡尔特
17	恰纳卡莱省	9887	恰纳卡莱	57	锡诺普省	5858	锡诺普
18	昌克勒省	8411	昌克勒	58	锡瓦斯省	28129	锡瓦斯
19	乔鲁姆省	12833	乔鲁姆	59	泰基尔达省	6345	泰基尔达
20	代尼兹利省	11716	代尼兹利	60	托卡特省	9912	托卡特
21	迪亚巴克尔省	15162	迪亚巴克尔	61	特拉布宗省	4495	特拉布宗
22	埃迪尔内省	6241	埃迪尔内	62	通杰利省	7406	通杰利
23	埃拉泽省	9181	埃拉泽	63	尚勒乌尔法省	19091	尚勒乌尔法
24	埃尔津詹省	11974	埃尔津詹	64	乌沙克省	5174	乌沙克
25	埃尔祖鲁姆省	24741	埃尔祖鲁姆	65	凡城省	20927	凡城
26	埃斯基谢希尔省	13904	埃斯基谢希尔	66	约兹加特省	14083	约兹加特
27	加济安泰普省	7194	加济安泰普	67	宗古尔达克省	3470	宗古尔达克省
28	吉雷松省	7151	吉雷松	68	阿克萨赖省	8051	阿克萨赖
29	居米什哈内省	6125	居米什哈内	69	巴伊布尔特省	4043	巴伊布尔特
30	哈卡里省	7729	哈卡里	70	卡拉曼省	8816	卡拉曼

续表

序号	省	面积（平方千米）	首府	序号	省	面积（平方千米）	首府
31	哈塔伊省	5678	安塔基亚	71	克勒克卡莱省	4589	克勒克卡莱
32	伊斯帕尔塔省	8733	伊斯帕尔塔	72	巴特曼省	4671	巴特曼
33	梅尔辛省	15737	梅尔辛	73	舍尔纳克省	7296	舍尔纳克
34	伊斯坦布尔省	5170	伊斯坦布尔	74	巴尔滕省	1960	巴尔滕
35	伊兹密尔省	11811	伊兹密尔	75	阿尔汉达省	5495	阿尔达汉
36	卡尔斯省	9594	卡尔斯	76	厄德尔省	3584	厄德尔
37	卡斯塔莫努省	13473	卡斯塔莫努	77	亚洛瓦省	403	亚洛瓦
38	开塞利省	17116	开塞利	78	卡拉比克省	2864	卡拉比克
39	克尔克拉雷利省	6056	克尔克拉雷利	79	基利斯省	1239	基利斯
40	克尔谢希尔省	6434	克尔谢希尔	80	奥斯曼尼耶省	3189	奥斯曼尼耶
				81	迪兹杰省	1065	迪兹杰

（三）政治局势

土耳其史称突厥，13世纪末建立奥斯曼帝国，16世纪达到鼎盛期，20世纪初沦为英、法、德等国的半殖民地。1919年，凯末尔领导民族解放战争取得胜利，1923年10月29日建立土耳其共和国，实行世俗化、三权分立、议会制政体。

现行宪法于1982年颁布。2007年宪法修正案规定总统任期由7年减到5年，由只能担任一届改为可以连任一届。2010年再次修改宪法，改革检察官、法官和宪法委员会成员等司法人员的任免和遴选机制，加强政府对司法系统的控制，削弱军队影响力。

总统是国家元首兼武装部队最高统帅，由议会选举。政府总理由议会多数党推举，是国家行政负责人，掌握实权。2014年8月，正义与发展党主席、前政府总理埃尔多安赢得新一届总统选举，成为土耳其建国后第12任总统。

大国民议会是最高立法机构，共设550个议席，依照政党比例选举产生，任期4年。只有得票率超过全国选票10%的政党才可进入议会。本届议会（第24届议会）成立于2011年6月29日，其中正义与发展党318席、共和人民党134席、民族行动党52席、和平民主党22席、无党派14席、人民民主党8席。

由于既坚持世俗政体，又实行多党民主制度，传统与现代、宗教与世俗、军队与政府等三重关系交织碰撞，始终是影响土耳其国内政局的主要因素。

一是政府与军队的关系。军队是由职业军人还是文官控制，始终是土耳其政治生活中的头等大事。军队以"维护世俗的民主共和政体"的名义，曾在1960年、1971年、1980年、1997年四次干政，解散民选政府。2009年2月22日，土耳其治安部队宣布挫败一场蓄谋已久而未能启动的军事政变，逮捕50名政变嫌疑犯。这是早在2003年就策划的大规模军事政变，代号"大锤"，目的是推翻在大选中获胜的、带有浓厚伊斯兰思想的正义与发展党组建的政府，实行军人管制。军人干政虽然具有一定合理性，但缺乏合法性。

二是世俗化和伊斯兰化之争。尤其是当前带有伊斯兰色彩的正义与发展党执政时期，很多政策措施的伊斯兰化倾向明显，世俗力量（以军队和宪法法院为代表）和宗教力量（以埃尔多安领导的政府为代表）竞争激烈。2011年7月27日，总理埃尔多安下令取消学校内不得戴头巾的禁令，土最高宪法法院认为此举是"反世俗行为"，并启动关于取缔和解散执政党——正义与发展党的审议听证，但7月30日以一票之差未通过取缔裁决。

三是库尔德分离主义。库尔德是中东和西亚地区的古老民族，历史上曾建立过库尔德斯坦政权，第一次世界大战后被分割，分布在土耳其、伊朗、伊拉克、叙利亚、阿富汗和高加索等地。为防止出现分离势力，土耳其实行民族同化甚至"以暴制暴"政策，库尔德人认为自己被歧视，始终希望建立统一的库尔德国家，在库尔德工人党领导下多次抗争。正义与发展党执政后，采取"又打又拉"政策，在继续保持高压，严厉打击库尔德工人党的同时，也在积极提供和改善库尔德人的民生和民主条件。

（四）经济概况

土耳其位于欧亚交界处，地理位置优越。全国公路总长6.5万公里，其中高速公路2100公里。铁路总长1.1万公里，约90%属于单线，约1/4实现电气化。境内时速250公里的高速铁路有2条：安卡拉—伊斯坦布尔线全长249公里，安卡拉—孔亚线全长301公里。全国共有45个机场，其中13个是国际机场。

土耳其是二十国集团成员，据土耳其国家统计局数据，2010~2013年其GDP分别为7311亿美元、7747亿美元、7863亿美元和8200亿美元，GDP增长率分别为19%、6%、1.5%、4.3%，人均名义GDP分别为10135

美元、10605 美元、10459 美元、10782 美元。从三产比重来看，2013 年农业占 8.38%、工业占 26.58%、服务业占 65.04%。2008~2012 年土耳其经济情况统计见表 12-7。

土耳其是农业大国，是农产品净出口国，是中东地区最大的小麦生产国和世界第三大杜仑麦生产国。主要农作物有小麦、大麦、甜菜、棉花、橄榄、烟草、葡萄、葵花籽、豆类和干鲜水果等（见表 12-8）。小麦种植面积占种植总面积的 3/4。沿海地区主要种植蔬菜、水果等经济作物，内陆地区主要种植小麦、棉花和瓜果类作物，东部地区则主要发展牧业。农业生产以农户分散生产为主。2004 年世界银行报告显示，土耳其农民平均耕种 8~30 个地块，其中 65% 为 10~500 平方米的小地块。

土耳其工业基础好，主要有纺织、汽车、食品加工、采矿、钢铁、石油、建筑、木材和造纸等产业。土耳其是世界第五大纺织国，产值约占工业总产值的 1/5、出口总值的 1/3。土耳其是中东地区的整车制造中心，奔驰、福特、丰田、菲亚特、雷诺和韩国车企均在此设厂，70% 以上出口欧盟。

土耳其每年对外贸易规模约 3000 亿~4000 亿美元，其中，2012 年对外贸易额共计 3891 亿美元，出口 1526 亿美元，进口 2365 亿美元，逆差 839 亿美元。主要进口商品是石油等矿物燃料（601 亿美元）、机电产品（426 亿美元）和钢铁（196 亿美元），其中，石油主要来自俄罗斯和伊朗，机电产品主要来自中国，钢铁主要来自美国、俄罗斯和乌克兰。主要出口商品有贵金属、车辆及其零配件、机械器具等，主要出口市场为欧盟和中东国家。2012 年土耳其主要贸易伙伴情况见表 12-9。

2012 年，中土双边贸易总额 191 亿美元，其中向土出口 156 亿美元，主要出口商品为机电产品、光学钟表、医疗设备、贱金属及其制品等。从土进口 35 亿美元。主要进口商品为矿物原料、纺织品和化工产品。

土耳其投资环境持续改善，外国投资不断增加，2012 年吸引外资流量 124 亿美元，其中来自中国 1.09 亿美元。截至 2012 年底，外资存量总计 1810 亿美元，其中中国存量 5.03 亿美元。外资主要投向金融服务、制造业、服务业。

表 12-7　土耳其经济情况统计

项目	2008 年	2009 年	2010 年	2011 年	2012 年
人口（万人）	7036.3511	7124.1080	7213.7546	7305.8638	7399.7128

续表

项目	2008 年	2009 年	2010 年	2011 年	2012 年
人口年均增长率（%）	1.23	1.23	1.25	1.26	1.27
国土面积（万平方公里）	78.3560	78.3560	78.3560	78.3560	78.3560
人均 GNI（美元）	9340	9130	9980	10510	10830
GDP 总值（亿美元）	7303	6145	7311	7747	7863
年均汇率（1 美元 = 里拉）	1.3015	1.5500	1.5028	1.6750	1.8019
年均通胀率（%）	11.99	5.29	5.67	8.57	6.78
农业增加值占 GDP 比重（%）	8.60	9.34	9.64	9.14	9.07
工业增加值占 GDP 比重（%）	27.68	25.94	26.94	27.91	27.04
服务业增加值占 GDP 比重（%）	63.70	64.71	63.40	62.93	63.88
出口占 GDP 比重（%）	23.90	23.31	21.20	23.97	26.44
进口占 GDP 比重（%）	28.34	24.42	26.75	32.64	31.55
资本形成总值占 GDP 比重（%）	21.786	14.93	19.52	23.55	20.27
财政收入（不含捐赠）占 GDP 比重（%）	31.16	32.98	33.41	33.23	34.62
财政赤字占 GDP 比重（%）	-1.6	-5.82	-3.23	-1.05	-0.56
军费占 GDP 比重（%）	2.31	2.62	2.43	2.28	2.30
外债总额（亿美元）	2889	2772	2991	3054	3374
偿债率（外债/GNI,%）	7.72	10.33	8.17	7.353	7.06
外国直接投资（亿美元）	19.760	86.63	90.36	160.47	125.19

资料来源：世界银行在线数据库。

表 12-8　2012 年土耳其主要农产品产量

序号	农产品	产值（万美元）	产量（万吨）
1	牛奶	49.8606	1597.7837
2	西红柿	35.6533	1135.0000
3	小麦	28.7074	2010.0000
4	鸡肉	24.5554	172.3905
5	葡萄	24.4404	427.5659
6	牛肉	17.9448	66.4284
7	橄榄	14.5728	182.0000
8	苹果	12.2180	288.9000
9	棉花	12.1625	85.1000

续表

序号	农产品	产值（万美元）	产量（万吨）
10	榛子	10.5792	66.0000
11	辣椒和胡椒	9.7547	207.2132
12	鸡蛋	7.7293	93.1923
13	土豆	7.6559	482.2000
14	绵羊肉	6.7754	24.8840
15	甜菜	6.4521	1500.0000
16	樱桃	6.1116	48.0748
17	开心果	4.9262	15.0000
18	草莓	4.7935	35.3173
19	棉籽	4.4361	137.3440
20	杏	4.3935	79.5768

资料来源：联合国粮农组织在线数据库，http://faostat.fao.org/DesktopDefault.aspx?PageID = 339&lang = zh&country = 2。

表 12-9　2012 年土耳其主要贸易伙伴

出口对象	德国	伊拉克	伊朗	英国
出口额（亿美元）	131.3	108.3	99.2	86.9
占出口总额比重（%）	8.6	7.1	6.5	5.7
进口来源国	俄罗斯	德国	中国	美国
进口额（亿美元）	266.3	214.0	213.0	141.3
占进口总额比重（%）	11.3	9.1	9.0	6.0

四　军事和外交

（一）军事

土耳其总统为武装力量统帅。国家安全委员会是国家安全事务的最高决策机构，成员有总统、总理、总参谋长、国防部部长、内政部部长、外交部部长和宪兵司令，总统任主席，任务是军事准备和决策、决定与国家安全有关的重大问题。最高军事委员会是武装力量的最高决策机构，由总理、总参谋长，以及陆、海、空三军司令和宪兵司令组成，负责国防事务决策。

国防部是军事行政机构，部长由总理任命的文职官员担任。总参谋部是军事训练和作战机构，总参谋长由总统根据总理提名在担任过陆、海、空军司令的上将中任命,任期4年。总统通过国防部和总参谋部对全国武装力量实施领导和指挥。

武装力量建设的主要指导文件是2006年通过的《国家安全战略》和《2007~2016年武装力量长期发展计划》。土耳其是北约成员国,但与其他北约成员不同的是,土耳其实行义务兵役法。服役期限为15个月。

土耳其武装力量有陆军、空军和海军3个军种,战时还可动用海岸警卫队和宪兵部队(平时归内务部指挥)。截至2012年初,土耳其军队总兵力约46万人(陆军约35万人,空军约6万人,海军超过5万人),宪兵部队约1.5万人。陆军是土耳其军队的主要军种,占武装力量总兵力的80%左右,目前有4个野战集团军、北塞浦路斯土耳其部队(驻塞浦路斯土耳其维和部队)司令部、9个军(其中7个编入各野战集团军)。

土耳其武装力量规模庞大,在北约中其兵力仅次于美国。当前的不足在于组织编制臃肿、部队机动性低、老旧武器数量多(按北约的标准)、具有实战经验的军人比例低、高级军事领导人的经验不足等。

(二) 外交

土耳其地处非洲、欧洲和亚洲的中心,各种机会和风险密集交错影响。独特的处境决定其外交需采取正确步骤,妥善利用现有潜力,避免考虑不周带来危机。总体看,土耳其外交政策总原则是开国领袖凯末尔制定的"对内安定、对外和平",奉行稳健的、多元的、建设性的、积极进取的、现实的、负责任的外交政策,具体如下。

一是坚持独立、自主和民主,通过政治、经济、人道主义和文化等多渠道和多途径,开展积极外交活动,在地区内外营造持久和平、安全和繁荣发展的环境。

二是探索全球治理新模式。追求建立一个更具代表性、更民主的全球系统,促进不同文化、不同宗教之间的相互尊重。与西班牙共同发起"不同文明联盟"倡议,对"文明冲突"做出回应。

三是在奉行"东西并重"的同时,努力加入欧盟。土耳其于1987年申请加入欧盟,1999年获得候选人资格,2005年开始入盟谈判。截至2014年初,在总计35个政策谈判领域,仅开启12个。

四是坚持北约框架内的安全合作。土耳其认为一个不断扩大的北约在维护世界和平方面还有许多事情可做,土耳其在任何时候都努力坚守联盟精神。

五是奉行互利双赢的全方位外交,与周边邻国、大西洋沿岸国家、巴尔干、中东和北非、南高加索、南亚和中亚地区各国发展关系,加强与各国的政治对话,探寻新的经济和商业合作领域,增加对发展中国家的人道主义援助,促进区域合作,推动全球和平、稳定和发展。

六是希望在全球能源安全方面发挥重要作用,发挥能源枢纽和主要能源过境国潜力。

七是注重发挥调解人的角色和功能。帮助第三国通过和解来解决其国内问题和双边问题,强调在发展中解决问题,优先考虑那些有助于改善国与国关系的机会和倡议,而不是存在的问题和威胁。

2002年土耳其正义与发展党执政后,最初对邻国奉行"零问题"外交政策,旨在维持中东现状前提下,扩大和改善土耳其生存空间,尤其是发展与周边邻国关系,无论对象国的政体性质如何,均采取经贸开道、与邻为善、广交朋友的方针。在此原则指导下,土耳其与希腊、塞浦路斯、亚美尼亚、伊朗等国关系大幅改善。"零问题"外交政策假定土耳其与邻国的所有问题均可化解,希望利用自身优越的地理位置和历史传统,将土耳其打造成地区核心国家。有学者指出,该政策建立在一种不切实际的基础上,具有很大的空想性,高估了土耳其的实力。

随着2011年中东北非地区的"阿拉伯革命"愈演愈烈,土耳其逐渐放弃"零问题"外交政策,介入中东事务的力度明显增大,外交关注对象由国家转向人民,将民众的民主诉求置于优先位置,积极参与中东新秩序构建,充当地区民主转型的"政治导师",力求实现其"区域领袖"抱负。

五 小结

土耳其全国面积78.0576万平方公里(略小于巴基斯坦,稍大于中国青海省),全国共分81个省。人口总计8161.94万人,其中,土耳其族占75%,库尔德族占18%。整个国家被博斯普鲁斯海峡、达达尼尔海峡和马尔马拉海分为东色雷斯和安纳托利亚两大部分。土耳其控制着黑海入口,处于基督教文化与伊斯兰文化的交汇点,具有重要的战略地位,自古便是兵家必争之地。

地势总体上东高西低,全国平均海拔1332米,85%的国土位于海拔450米以上地区。全国约3/4的国土为高原或山地,平原通常位于沿海,尤其是河流三角洲地区。

土耳其气候变化很大,从沿海到内地,逐渐由地中海气候向亚热带草原、沙漠气候过渡。黑海、地中海和爱琴海地区为地中海气候,安纳托利亚高原属大陆性草原气候。降水主要在冬季，雪量大且蒸发量小，夏季少雨且蒸发量大。

土耳其矿产资源丰富，种类繁多，共有49种不同的矿产资源，矿产总储量达500亿吨。在世界138个国家和地区中，土耳其的矿产资源生产能力居第28位，矿产资源多样性名列第10位。在全世界可交易的90种矿产资源中，土耳其有77种。

土耳其实行世俗化、三权分立、议会制政体。由于既坚持世俗政体，又实行多党民主制度，传统与现代、宗教与世俗、军队与政府三重关系交织碰撞，政府与军队的关系、世俗化和伊斯兰化之争，以及库尔德分离主义，始终是影响土耳其国内政局的主要因素。

土耳其是二十国集团成员，2013年GDP达8200亿美元，农业占8.38%，工业占26.58%，服务业占65.04%，人均GDP达10782美元。土耳其是农业大国，是农产品净出口国，是中东地区最大的小麦生产国和世界第三大杜仑麦生产国。工业主要有纺织、汽车、食品加工、采矿、钢铁、石油、建筑、木材和造纸等产业，是世界第五大纺织国，是中东地区的汽车制造中心。每年对外贸易规模约3000亿~4000亿美元，主要进口商品是石油等矿物燃料、机电产品和钢铁，主要出口商品有贵金属、车辆及其零配件、机械器具等。

土耳其是北约成员国，但实行义务兵役法。武装力量有陆军、空军和海军三个军种，总兵力约46万人。陆军占武装力量总兵力的80%左右。

土耳其奉行稳健的、多元的、建设性的、积极进取的、现实的、负责任的外交政策。2002年土耳其正义与发展党执政后，最初对邻国奉行"零问题"外交政策，旨在扩大和改善与周边邻国关系。随着2011年中东北非地区的"阿拉伯革命"愈演愈烈，土耳其介入中东事务力度明显增大，积极参与中东新秩序构建，充当地区民主转型的"政治导师"，力求实现其"区域领袖"抱负。

第二节 国家环境状况

近年来，随着工业化发展和城镇化快速推进，土耳其的环境问题日益凸显。主要表现为：化学制品和洗涤剂的倾倒引起的水污染问题；空气污染，尤其是在城市地区；固体废弃物污染；森林砍伐；石油泄漏引起的海洋污染等。

第十二章 土耳其环境概况

一 水环境

（一）水资源概况

土耳其不仅水资源不丰富，而且水资源分布不均匀，可利用的水资源不能适时适地地满足生产和生活需求。境内河流分为六大主要水系：黑海水系、马尔马拉海水系、爱琴海水系、地中海水系、波斯湾水系、里海水系，共计25条河流。其中，里海和爱琴海水系又可分为欧洲流域和安纳托利亚流域；黑海、地中海、爱琴海水系的河流数量较多；波斯湾水系主要包括底格里斯河和幼发拉底河两大流域。

近年来，水环境问题日益凸显。土耳其国家水利总局曾根据2006年水质状况，绘制出全国水质地图。土耳其水资源集中在东部和西部地区，在中部地区相对较为贫乏。水资源丰富的地区水质相对较好，水质不好的水源集中在全国的西北部，分布较少。

（二）水环境问题

土耳其面临最大的水环境问题如下。

一是水资源短缺。以1990~2008年数据来看，土耳其年水资源消耗总量中，农业用水通常占72%~74%，生活用水占15%~17%，工业用水约占11%。预计到2030年，工业用水的比重将增加到20%，农业用水的比重将减少到64%，生活用水比重为16%。土耳其各部门用水量情况见图12-1。

据土耳其国家统计局数据，土耳其人均可开发利用的水资源拥有量1960年为4000立方米，2000年为1500立方米，预计到2030年将降到1000立方米（届时人口达1亿），这意味着，依照2005年水资源利用水平，到2030年，土耳其将从水资源压力国（人均水资源拥有量1000~2000立方米）滑落到水资源贫穷国（人均水资源拥有量低于1000立方米）。

土耳其国会研究委员会发表的《全球变暖效应和水资源的永续管理》报告认为，全球变暖导致干旱状况恶化，土耳其可能在2030年之前面临严重缺水问题。具体表现在三个方面：首先，总体降水量小，蒸发量大。土耳其年平均降水量为679毫米，但其中约64%的水量流失或蒸发，能够回收利用的水量不多。其次，地区和时间上分配不均。内陆地区年降水量仅有250毫米，黑海东部沿岸年降水量可达2500毫米，降水和降雪多集中在10月到来年3月，而夏季雨量甚少。最后，城市化进程加重缺水问题。土耳其多个大城市人口过于稠密，最大城市伊斯坦布尔拥有1200万人口，使得城市供水系统承载了很大压力。①

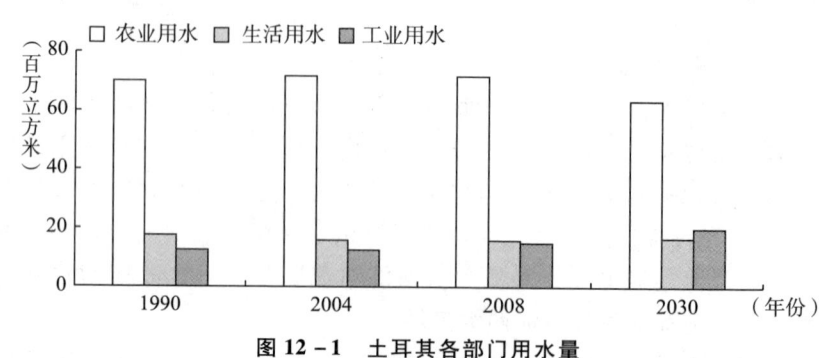

图 12-1 土耳其各部门用水量

资料来源:"General Directorate of State Hydraulic Works" http://www.eea.europa.eu/soer/countries/tr/soertopic_view?topic=freshwater.

二是干旱和水灾频发。由于降水分布不均衡,加之全球气候变暖导致极端气候增多,土耳其经常遭受洪涝和干旱等灾害威胁。如 2000~2001 年,由于降雨少,严重干旱,土耳其被迫将幼发拉底河向下游叙利亚的水流量减少了近协议水平的一半。按照协议,幼发拉底河向叙利亚的供水量应为 500 立方米/秒,而 2000 年 9 月~2001 年 3 月降至 300 立方米/秒。另外,干旱造成土耳其水库蓄水量和发电量锐减。

据统计,洪水是土耳其第二大自然灾害,每年造成的经济损失约 1 亿美元。2000 年至今,大约 50 万公顷的城市和农业用地遭受过洪水的侵袭。2006 年土耳其南部和东南部洪水造成 39 人死亡,2009 年西北部遭遇 80 年一遇洪灾,造成 37 人死亡。

三是水污染。主要污染源是家庭、工业和农业废水排放,造成水质富营养化。人口增加、城镇化推进、工业生产发展、农药及肥料的过度使用等,都是加速水污染的因素。土耳其 2009 年发表的《土耳其埃迪尔内地区河流水污染研究》对土耳其埃迪尔内地区的通贾河、阿尔达河、埃尔盖内河的物理和化学参数进行调查,收集 1998~2004 年的研究数据,将其与欧盟阈值水平进行对比,研究结果显示,河流中磷、铅、铜、镍、锰、钴的含量均高于欧盟规定的临界值。

(三) 治理措施

为治理水污染,保护水质和饮用水安全,土耳其的主要措施有节约用

---

① 吴佳妮:《土耳其存在缺水隐患》,http://news.xinmin.cn/rollnews/2009/03/19/1705857.html。

水、开发与保护水质、水质以及污染监测与评价、对灌溉的环境影响监测评价等,具体如下。

一是完善立法和技术标准。如制定、修改或补充《环境法》《水污染防治条例》《饮用水与公用事业用水水质指令》《土壤污染防治条例》《水产品条例》《地下水法》等。

二是加强各部门协调。在土耳其,保护水资源和防治水污染涉及多个政府机构,如总理府、环境与林业部、能源部、农业部、旅游部、工业部、公共工程部、卫生部以及运输部等,还有许多科研机构、大学、财团、社团及其他组织参与防治研究。例如,每年5~10月都是土耳其的旅游旺季,也是夏季干旱最严重的时期。游客增多加剧水供应紧张,且增加废水排放,因此景区和大城市的水务、环保和旅游部门需密切配合,使人与自然和谐,既发展旅游经济,又不给环境造成过大压力。

土耳其国家水利总局负责水资源勘测、规划、开发、运行、管理。农村服务总局负责农村发展服务,如基础设施建设、农民搬迁、移民安置及土地征用等。农村水用户协会是由农民自发组织起来管理水利设施和促进合理用水的非政府组织。

三是改善基础设施。如建设污水处理厂和水利工程等。其中最具代表性的是"安纳托利亚工程"项目(Great Anatolia Project,GAP)。该项目是土耳其建国以来规模最大、投资最多的一项流域综合开发项目,覆盖土耳其的9个省区,包括22座大坝、19座水电站,总装机7476兆瓦,年发电量27345吉瓦,灌溉面积达169万公顷。

土耳其处理污水的方法有物理技术、生物技术和其他方法,其中,生物技术的应用比例最高。据统计,2001~2006年,土耳其污水处理量逐年上升。

四是积极开展国际合作。如与欧盟合作,制定3年期和5年期欧盟援助计划,此计划用来执行欧盟的水域指令,包括水框架指令(WFD)、污水处理指令和限制有害物质指令等,并根据这些指令分析、调整土耳其国内的法律、指令、机构、申请项目、组织培训和研究访问等。合作项目涉及防止有害物质排入水体、防止农业生产用水受到硝酸盐污染、水框架指令、城市污水处理、水质安全等。

土耳其还签署或加入了许多有关防治水污染的国际协定与协议,如《关于防止地中海污染的协议》《关于防止地中海受到船舶和飞机排出物污染的协议》《关于特殊情况下防止地中海受到油类及其他有害物质污染进行合作的协议》《关于特殊情况下防止地中海受到污染与防止船舶产生污染进行合作的协议》《关于防止地中海受到陆地污染物污染的协议》《关于在地中海设立特别保护区的巴塞罗那协议》《关于在地中海设立特别保护区以及保持生物多样性的巴塞罗那协议》《关于土耳其加入欧洲环保局以及欧洲信息监测网络的协议》等。

二 大气环境

(一) 大气环境概况

土耳其的气候类型较多,其中,东南部较为干旱;中部安纳托利亚高原腹地属于大陆型气候,冬季寒冷干燥,夏季炎热;地中海和爱琴海地区属于地中海型气候,冬季凉爽多雨,夏季炎热干燥;而多山的东部地区属于内陆山地型气候,夏季较为短暂,冬季极为寒冷,会有长达数月的积雪期。通常来说,土耳其的夏季长,气温高,降雨少;冬季寒冷,寒流会带来降雪和冷雨。

土耳其大气环境面临的主要问题是空气污染,欧洲环境委员会(EEA)指出,空气污染物的排放既有人为因素,也有自然因素(火山喷发、风沙等)。对于土耳其来说,主要有5种空气污染物,分别为氮氧化合物(NO_x)、二氧化硫(SO_2)、非甲烷挥发性有机物(NMVOCs)、氨气、一氧化氮。它们主要来源于能源产业的排放、道路交通尾气的排放、工业以及农业过程的废气排放等。据统计,1990~2011年土耳其空气污染物的排放中,NO_x、SO_2、CO的含量较高,NH_3、NMVOCs的含量较低(见图12-2、图12-3、图12-4、图12-5、图12-6)。

随着城镇化的快速发展以及人口的不断增多,1990~2007年,土耳其的温室气体排放量稳步增长,从1.7亿吨增加到3.7亿吨,增长了117.6%。[①] 土耳其外交部指出2009年土耳其人均温室气体排放量为5.09吨,是经济合作与发展组织的1/3,是欧盟国家平均水平的1/2。自1850年以来,土耳其在全球累计温室气体排放量的份额为0.4%。

土耳其最主要的温室气体是二氧化碳,占温室气体排放总量的81.7%;其次是甲烷,占14.6%;一氧化二氮(N_2O)占2.6%。能源行业的温室气体排放量占总排放量的77.4%,废物处理排放的温室气体量占8.5%,农业排放占7.1%,工业过程排放占7.0%。

---

① European Environment Agency, "The European Environment-State and Outlook 2010", http://www.eea.europa.eu/soer/countries/tr.

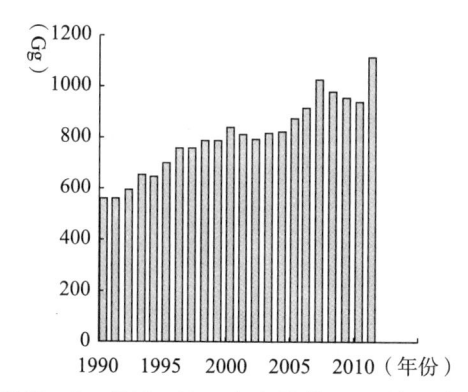

图 12-2　1990~2011 年土耳其 NO_x 的排放量

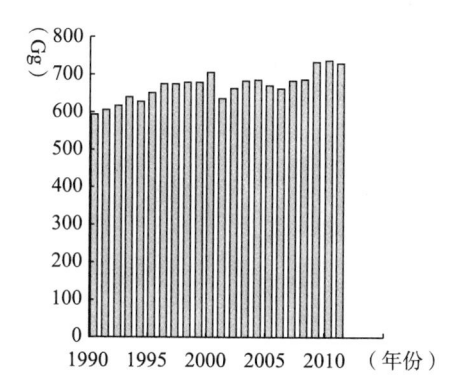

图 12-3　1990~2011 年土耳其非甲烷挥发性有机物的排放量

土耳其交通网络日益发达，机动车辆的数量明显增加，因此空气中 CO_2 的排放量增多。2006 年，在全国范围内来自道路交通排放的 CO_2 总量中，土耳其六大主要城市占据了排放总量的一半，其中，伊斯坦布尔占 22%，安卡拉占 10%，伊兹密尔占 7%，安塔利亚占 4%，布尔萨占 4%，科尼亚占 3%。

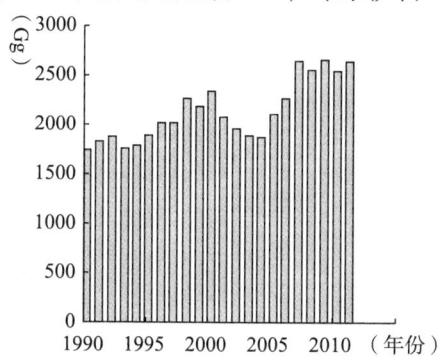

图 12-4　1990~2011 年土耳其 SO_2 的排放量

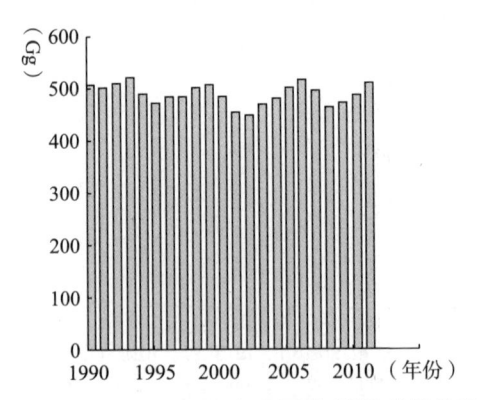

图 12-5　1990~2011 年土耳其 NH3 的排放量

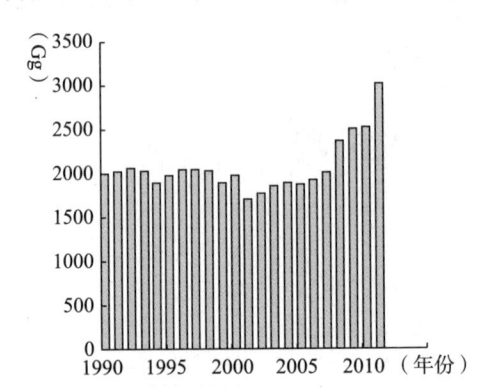

图 12-6　1990~2011 年土耳其 CO 的排放量

（二）治理措施

近年来，土耳其开始注重解决空气污染问题，除广泛开展国际合作外，主要措施是控制排放和改善能源结构。

一是改善能源结构。如发展可再生能源，提高水电和核电的发电比重；禁止使用高硫化物进行家庭取暖，代之以天然气（大部分进口于俄国和伊朗）；对天然气、液化石油气和生物柴油设置更低的税率等。2002~2008年，土耳其的二氧化硫平均浓度和颗粒物（PM10）浓度逐渐下降。特别是在冬季，一些城市的 PM10 浓度大约是 260μg/m³，反映出能源结构改革的效果较明显。①

二是严格废气排放。规定所有燃煤电厂要配备烟气脱硫设备；提高机动车辆尾气排放标准；提高机动车辆的燃油质量标准等。

---

① European Environment Agency, "The European environment—State and Outlook 2010", http://www.eea.europa.eu/soer/countries/tr/soertopic_view? topic = air% 20pollution.

三是制定并执行相关规章制度。《空气质量控制条例》规定自然人或法人要减少煤烟、烟尘、尘埃、有毒气体、悬浮微粒等的排放量。规定了废气中污染物质浓度的限度，尤其是发电厂要采取措施降低废气中二氧化硫的浓度，火力发电站的排放量上限为1000毫克/Nm^3。对于有害健康或有害设备的使用，要申请排放许可。此外，能源政策的落实对于改善空气质量也会起到一定的作用。《新能源效率法》和《用于发电的可再生能源使用法》旨在提升能源的有效性以及使用可再生能源，减轻空气污染。

三 固体废物

（一）固体废物问题

相关数据显示，土耳其人均每天的废物产生量2006年是1.12千克，2008年是1.15千克。固体废弃物问题主要表现在5个方面，即城市垃圾、包装废料、废油、废旧电池和蓄电池、危险废弃物。2008年土耳其城市垃圾的组成成分见表12-10。

一是城市垃圾。据土耳其"固体废物管理计划"（Solid Waste Master Plan）2008年统计数据，土耳其共有38个垃圾填埋场、4个垃圾堆肥厂。代尼兹利垃圾堆肥厂的垃圾在进厂之前就已经进行分类，其他地区的垃圾堆肥厂则是入厂后分类。2008年，土耳其城市垃圾总量达2436万吨，其中1095万吨垃圾被直接填埋，约28万吨用于堆肥堆制；可进行生物降解的垃圾总量（厨房垃圾、花园垃圾、纸张/纸箱等）约1500万吨（见表12-11）。2008年土耳其的堆肥设施情况见表12-12。

表12-10　2008年土耳其城市垃圾的组成成分

组成成分	所占比例（%）
厨房垃圾	34.4
纸张/纸箱	19.7
其他不可燃垃圾	12.5
建筑废料	10.5
塑料	8.4
其他可燃垃圾	7.0
金属	2.7
玻璃	2.1
园林废物	2.0

续表

组成成分	所占比例（%）
电子电器废弃物	0.5
危险废物	0.3

资料来源："The European Environment, State and Outlook 2010", http://www.eea.europa.eu/soer/countries/tr/soertopic_view? topic = waste.

表12－11　2008年土耳其城市生活垃圾处理方法

处理方法	数量（万吨）
垃圾填埋场	1094.7437
垃圾堆放场	1267.7142
堆制肥料	27.5737
其他	46.0547
垃圾收集总量	2436.0863

资料来源："The European Environment, State and Outlook 2010", http://www.eea.europa.eu/soer/countries/tr/soertopic_view? topic = waste.

表12－12　2008年土耳其的堆肥设施情况

所在省份	总容量（万吨）	转移的垃圾量（万吨）	制成堆肥的垃圾量（万吨）
伊兹密尔	12.7750	6.4499	3.8866
伊斯坦布尔	36.5000	13.9346	7.1243
安塔利亚	5.4750	7.1348	3.2385
代尼兹利	0.3000	0.0544	0.0544

资料来源："The European Environment, State and Outlook 2010", http://www.eea.europa.eu/soer/countries/tr/soertopic_view? topic = waste.

二是包装废料。根据土耳其环境与森林部（MoE&F）数据，土耳其包装废料分类和回收设施2005年共有930个，2006年增加到2637个。从2003年开始，土耳其实行包装废料分类和回收设施授权申请，这些设施需申请执照才能运行。2008年获回收设施执照颁发的共91家，获分类设施执照颁发的共81家（见表12－13）。

表12－13　获颁发执照的包装废料分类和回收设施的数量

单位：家

年份	分类设施	回收设施
2003	15	13

续表

年份	分类设施	回收设施
2004	23	14
2005	31	18
2006	47	38
2007	67	78
2008	81	91

资料来源:"The European Environment, State and Outlook 2010", http://www.eea.europa.eu/soer/countries/tr/soertopic_view? topic = waste.

三是危险废弃物。土耳其有3家危险废弃物填埋场:一是伊兹米特废物处理、焚烧和再利用公司 (Izmit Waste and Residue Treatment and Incineration and Recycling Co. Inc.);二是厄尔德米尔钢铁公司 (Erdemir Iron and Steel Manufacturing Inc.);三是伊斯肯德伦能源生产和贸易公司 (Isken derun Energy Production and Trade Company)。其中,伊兹米特处理厂可接收来自全国不同工业产生的废弃物,废弃物年接收总量是79万立方米,其他两家公司只能处理自己产生的废弃物,不接收其他工业废弃物。土耳其危险废弃物回收设施的数量和容量见表12-14。

表12-14 2008年土耳其危险废弃物回收设施的数量和容量

回收代码	设施数量	容量（万吨）
R1（能源回收）	29	77.5738
R2（溶剂再生）	8	5.3616
R3（回收溶剂以外的有机物质）	4	0.5990
R4（回收金属及金属化合物）	87	63.0319
R5（回收无机化合物）	3	1.5905
R6（酸和碱的再生）	3	0.6187
R11（R1到R10产生的废物再利用）	6	2.0544
R12（R1到R10产生的废物进行交换）	18	75.3709
总量	158	226.2008

资料来源:"The European Environment, State and Outlook 2010", http://www.eea.europa.eu/soer/countries/tr/soertopic_view? topic = waste.

四是废油。土耳其每年投入市场的矿物油总量约35万吨,产生的废油总量约15万吨。每年废油的回收量都不同,2004年仅为0.14万吨。此后,2005~2007年废油的回收量一直在增加。2004年废油还原量为0.04万吨,

2005年为0.20万吨，2006年为1.4万吨，2007年为1.6万吨。在2004~2007年，可替代燃料的总量也呈上升态势，2004年为0.10万吨，2005年为0.97万吨，2006年为1.24万吨，2007年为1.73万吨。每年直接丢弃的废油量很少，2004~2007年均在100吨之内（见图12-7）。

五是废旧电池和蓄电池。土耳其每年投放市场的电池数量大约是1万吨，蓄电池的数量是7.4万吨。2007年登记的废旧电池量是200吨，废旧蓄电池量是4.5476万吨，回收的废旧电池量约占市场投放量的2%，回收的废旧蓄电池量约占市场投放量的67%。

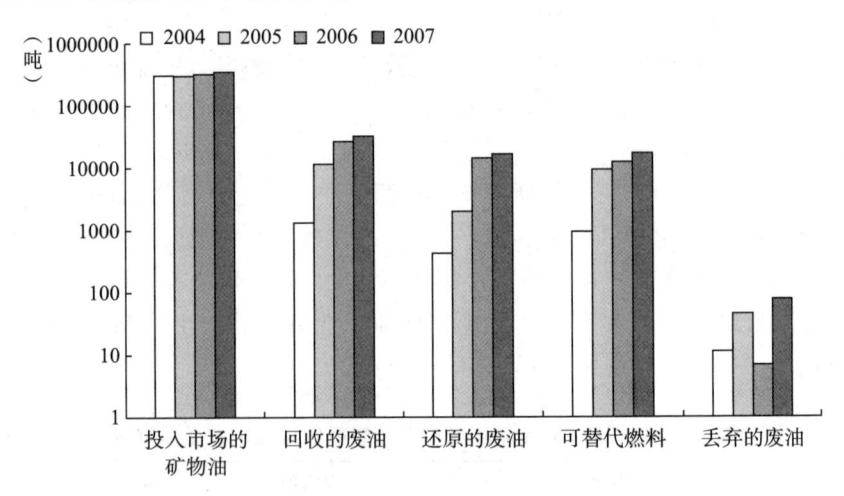

图12-7 土耳其废油回收情况

资料来源："The European Environment, State and Outlook 2010", http://www.eea.europa.eu/soer/countries/tr/soertopic_view? topic = waste.

（二）治理措施

土耳其关于固体废弃物管理的主要措施如下。

一是依据距离远近和相似性，建立城市公会或固体废弃物管理公会，根据不同废弃物的特点，采取不同的管理模式，不追求全国统一的废弃物管理方法和体系。由土耳其环保当局倡议建立城市公会，其目标是制定各种规划，如建立垃圾填埋场、减少固体废弃物总量、提高回收利用率、降低交通运输成本、建立废物转移站等。

二是努力提高公民垃圾分类意识。土耳其市属环保机构可加大关于垃圾分类的宣传力度，提高居民垃圾分类参与意识。必要条件下，可申请专项经费用于启动、设施配置及补贴等。

三是制定固体废弃物管理法令。为了符合欧盟有关固体废弃物分类和管理法规，土耳其政府也制定了《有关废弃物管理总则的章程》。该章程介绍了废弃物管理的整体策略，并参照欧盟废弃物分类目录制定垃圾分类标准。

四是有效执行废弃物管理法律法规。为了提高全国和地区范围内废弃物管理水平，土耳其计划多项措施来增加法律法规执行的有效性。如遴选、任命、培训高素质工作人员进入废物管理环保机构；配置适当的、足够数量的技术资源（设备等）；进行数据的收集和评估，依此建立信息系统。

五是制订针对不同废弃物类型的管理计划。土耳其政府发布的《2020年的展望》提出要更加细化废弃物管理策略，旨在2020年实现包装废料管理计划、危险废弃物管理计划、生物可降解废弃物管理计划的制订和执行。

四 土壤污染

（一）土壤环境概况

土耳其的国土面积虽然很大，但可利用的资源却有限，土壤较为贫瘠，其中安纳托利亚内地表现得最为明显。目前全国80%的土地不适合用来耕种，只能用作牧场或林地，另外的20%是潜在耕地，但是生产力水平却有很大差别。农田主要集中在南部和东南部地区、科尼亚盆地、色雷斯地区，其他地区则大多是地势陡峭的山地，耕地被分割成零散的小块，分布在山谷和盆地之中。2006年土耳其土地类型统计见表12-15。

表12-15 2006年土耳其土地类型统计

土地类型	面积占比（%）	面积变化（万平方米）
人工土地	1.61	+37729.0004
农业用地	42.35	-13451.3788
森林和半野生土地	54.04	-25952.5930
湿地	0.36	-1515.9025
水体	1.64	+4141.5305
总量	100	—

（二）土壤环境问题

土耳其的土壤环境问题主要表现在三个方面。

一是浅层土壤比重较大，不利于农业生产。据统计，土耳其浅层土壤（深度为20~50厘米）占30.5%，很浅层土壤（深度小于20厘米）占37.2%。

二是水土流失。土耳其是世界上土地被高度侵蚀的国家之一，主要原因有地形结构、气候、不恰当的农业生产方式、过度放牧、森林破坏等。

三是耕地减少。主要原因有人口增长、工业发展、城镇化、非理性的旅游投资等。

（三）治理措施

土耳其治理土壤的主要措施如下。

一是制定综合性土地开发利用规划。该规划旨在为战略性问题提供解决方案，分为国家和地区两个执行层面。该规划在制定的过程中充分考虑了环境因素、土地使用的变化和要求。在具体实施过程中符合可持续发展的战略。该规划中也提到要制定和执行土地保护和使用的相关法律条文。

二是与欧盟合作实施"环境信息协调"项目（Coordination of Information on the Environment）。该项目是在欧盟全球环境与安全监测的大背景下实施的一个土地管理项目，最初由欧洲委员会发起，使用卫星来探测土地使用变化情况，借助远程监测和地理信息系统，监测环境，建立土地利用图。

三是兴建水利设施。典型代表是 GAP 项目（东南安纳托利亚工程，Great Anatolia Project）

四是实施土地资源保护措施。如优化耕地排水设施以尽量减少土壤退化，保护表层土壤和腐殖质不致流失；减少固体废弃物排放；采用新型耕作方式提高土地水保能力和生产能力；为种植、放牧和植树造林的地点以及农作物品种和耕作方法制定详细和切合实际的规划等。

五 核污染

（一）核污染状况

土耳其是《核不扩散条约》签约国，国内没有核武器。境内铀矿于2013年才开始开发，核电站正在建设过程中，尚未运营。总体上，土耳其不存在核污染问题。

土耳其一直致力于发展核能。2010年土耳其发电总量是2110亿千瓦时，其中46%来自天然气（2/3从俄罗斯进口，其余大部分从伊朗进口），26%来自火力，24%是水电。据统计，土耳其电力需求每年以8%的速度增加，人均电力消耗从1990年的800千瓦时增加到2010年的2200千瓦时。

土耳其计划全国电力装机总量2030年达到30吉瓦，为减少对油气的依赖，提高煤炭使用比重和发展核电成为一项基本国策。

近10年来，围绕建设核电站问题，土耳其执政党与反对党之间争执不断，并引发政府与司法界争议。2007年，由土耳其国会通过，总统签署一项关于核反应堆的建造、运营和核电价格的条文。该项条文为土耳其 TAEA（Turkish Atomic Energy Authority）建造和运营反应堆的相关标准要求。其中，TAEA 公布了部分招标的细节，如反应堆的功率至少是 600MWe、运行寿命也不得少于 40 年。2010 年底，土耳其与俄罗斯签署协议，俄为土建设运营首座核电站，电站位于南部港口城市梅尔辛（Mersin）附近的阿库优（Akkuyu），计划 2019 年开始发电。2011 年，俄已为建设该核电站投资 7 亿美元，2012 年计划再投资 24 亿美元。与此同时，土耳其计划在北部黑海港口城市锡诺普（Sinop）兴建第二座核电站，目前尚未确定合作伙伴。据评估，此地冷却水温度平均比阿库优地区低 5 度，运营效率可能提高 1%，计划首先建造一座 100 兆瓦的示范电站，之后再建一座 5000 兆瓦的商业电站。另外，关于建造第三座核电站的工作也提上议程，厂址可能选在距离保加利亚 12 公里的伊格尼阿达（Igneada）。

（二）治理措施

土耳其拥有相当丰富的铀矿资源，2007 年的红皮书报告称有 7400tU 的铀矿可以开采。铁梅尔兹里（Temrzil）铀矿储量达 3000tU。发展核能，可以减少土耳其对石油、天然气以及煤炭的进口依赖。据悉，土耳其大约 70% 的能源供应依靠进口。可以说，能源需求激增和对外依存度高是土耳其青睐核电的主要原因。土耳其政府认为，在国际市场竞争日益激烈的背景下，掌握能源生产对于土耳其来说是必不可少的战略。

日本福岛核事故后，虽然国内有反对的声音，认为发展核电的风险很大，但是土耳其政府的核电计划并没有因此改变。2012 年，土耳其宪法法院决定支持在南部地区建设核电站的法案。到目前为止，土耳其核电发展不仅得到政府和议会的支持，而且也得到司法界的支持，发展核电已经成为土耳其一项基本国策，不会因为政府更迭而改变，这也标志着整个国家观念的转变。

从土耳其选取国际竞标的核电承建合作伙伴的过程中可以看出，其在减少核电风险方面做出的努力一是选择世界最先进的核反应堆，减少核事故可能性，二是慎重选址，三是重视铀矿开发的生态环保要求。

六 生态环境

（一）生态环境问题

土耳其的生态问题主要表现在两个方面。

一是农业生物多样性和草原生态系统受到威胁。引起草原生态系统锐减的主要原因是，草原一般分布在平原上，而这些区域通常容易被废弃，或者被用于建造居民区。具体原因介绍见表 12-16。

表 12-16 土耳其农业生物多样性和草原生态系统被破坏的原因

农业生物多样性受到的威胁	草原生态系统受到的威胁
• 不合理的农田使用 • 不恰当的灌溉和生产方式 • 本地品种和外来品种的杂交 • 缺乏土地注册处和地籍登记处	• 建造基础设施和地面建筑带来的破坏性影响 • 具有经济价值的农作物的过多聚集 • 错误的不合理的造林工程 • 过度放牧
农业生物多样性和草原生态系统受到的常见威胁	
• 全球经济政策的不良影响（农业单一种植，基因改造生物工程等） • 未经筹划的不合理的城镇化 • 未经筹划的不合理的工业化 • 土壤流失 • 气候变化 • 灌丛火灾 • 不合理的采矿活动	

二是沿海和海洋生物多样性受到威胁。主要原因有外来生物入侵、过度捕捞、非法捕捞、污染、生物栖息地破坏、旅游活动发展等。农业使用大量肥料和农药，虽然在一定程度上提高了农作物产量，但同时也污染了内陆水域，改变了食物链结构，造成水质下降，从而威胁水域生物多样性。此外，投放到内陆水域的鱼种比较相近，也不利于水域生物多样性。全球变暖等气候变化同样为生物多样性带来潜在威胁。

（二）治理措施

土耳其已签署并被批准加入《联合国生物多样性公约》。为保护生物资源，土耳其的主要措施如下。

第一，制订《植物基因多样性就地保护国家计划》（*In-situ Conservation of Plant Genetic Diversity National Plan*），该计划于 1998 年制订，明确了生物就地保存的法律、制度和财政要求，推进建设用于生物异地养护的基础设施。

第二，保护河流生物及水源地生态。主要措施包括：禁止生产、销售受保护动物及其制品；个别流域季节性禁渔政策；在水坝建设时为水生生物建造洄游通道；水生生物养殖与放归；在两河上游水源地和流经的峡谷、盆地区域禁止砍伐树木或进行有计划采伐，开展植树活动；严格限制伐木、捕鱼等行业许可的颁发；制定区域整体动植物生存环境保护规划，努力避免因公路等设施的建设而造成的野生生物生存环境被隔断；落实流域分段治理权，加强地方政府责任等。

第三，拟定关于生物多样性和自然保护的法律草案。目前该法案尚未获得议会通过。

第四，建立生物多样性就地保护区。就地保护是指在生物的原产地开展对生物及其栖息地的保护工作。自20世纪50年代起，土耳其就已经修建了各种类型的就地保护区，如国家公园、自然保护区、自然公园、野生动物保护区、环境保护特区、自然遗迹、自然资产、基因保护与管理区等（见表12-17）。2000年之后，土耳其不同类型的就地保护区面积占国家总地表面积的比重已从4%上升到6%。[1]

表12-17 土耳其生物多样性就地保护计划

保护计划	成立时间	主管单位	数量（个）	面积（英亩）
国家公园	1958年	环境与森林部	39	87.8801
自然公园	1983年	环境与森林部	29	7.8868
自然保护区	1987年	环境与森林部	32	6.3008
自然遗迹	1988年	环境与森林部	105	0.5541
野生动物保护区	1966年	环境与森林部	80	120.5599
野生动物育种站	1966年	环境与森林部	22	0.4551
防护林	1950年	环境与森林部	57	39.4853
基因保护森林	1994年	环境与森林部	193	2.7735
母树林	1969年	环境与森林部	338	4.6086
环境保护特区	1988年	环境与森林部	14	120.6008
湿地区域	1994年	环境与森林部	12	20.0000
自然考古保护区	1973年	旅游与文化部	1003	—
自然资产	1973年	旅游与文化部	2370	—
基因保护与管理区	1993年	环境与森林部/农业部	—	—

第五，建立国家生物多样性数据库系统。[2] 该数据库已于2007年11月启用，主要包括物种、栖息地和地区三大方面。数据由各大学、非政府组织、科学家和研究人员提供。

---

[1] "The National Biological Diversity Strategy and Action Plan", 2007.

[2] www.nuhungemisi.gov.tr.

第六，制订国家生物多样性战略与行动计划（NBSAP）。[①] 在签署《联合国生物多样性公约》后，为履行义务，土耳其于2007年准备国家生物多样性战略和行动计划。该计划介绍了土耳其生物多样性的保护、可持续利用以及基因多样性保护和利用的战略性目标。根据总目标，针对不同领域，如农业生物多样性、草原生物多样性、森林生物多样性、内陆水域生物多样性等提出具体的目标和行动规划，并明确提出该计划在第一个五年实行期内要达到的效果和成功的标准。

第七，保护森林。为保护树种多样性，同时保证国家木材需求量，土耳其采取的主要措施为：一是压缩采伐量，同时大力植树造林，确保木材采伐量始终在年生长量以下，1976年土耳其木材产量为4481万立方米，1986年后降至1600多万立方米；二是重视森林防火；三是加强森林经营，改造低产林，在无林、农业撂荒地区造林等。

七 小结

土耳其的环境概况分为6个方面，分别是水环境、大气环境、固体废弃物、土壤污染、核污染以及生态环境。随着土耳其经济的快速发展，这6个方面出现不同程度的环境问题，因此土耳其政府、环保部门纷纷制定相应的治理措施，同时也与其他国家和国际环保组织进行合作，为保护人类赖以生存的自然资源和环境做出了努力。

在水资源方面，土耳其有25条河流，但水源分布并不均匀，可利用水资源不能满足人民的生产生活需求。而且最近几年，水污染问题在土耳其也越来越严重，污染源头主要是家庭、工业和农业废水的不合理排放。为此，土耳其环保部门一方面大力开发可利用水资源，另一方面进行水污染治理。在水利工程建设方面，东南安纳托利亚工程是土耳其建国以来规模最大、投资最多的一项流域综合开发项目，该项目的成功实施已然为土耳其人民带来了巨大的福祉。此外，在水污染治理方面，土耳其国内积极采用物理、化学、生物技术来处理污水，同时得到了欧盟的援助，这使得土耳其水污染治理更加趋于国际化。

在大气环境方面，土耳其面临的最大的环境问题是空气污染。主要污染源头是人为活动产生的SO_X、NO_X和PM10。为此，土耳其政府采取相应措施去治理空气污染。在能源使用方面，禁止使用高硫化物进行家庭取暖，

---

① "The National Biological Diversity Strategy and Action Plan"，2007.

而是代之以天然气；禁止加铅汽油的使用；并且制定详细的能源政策，为空气污染的治理提供了法律依据。

在固体废弃物方面，土耳其的废弃物种类很多，分别有城市垃圾、包装废料、危险废弃物、废油、废旧电池和蓄电池。针对不同的废弃物类型，土耳其政府采取了不同的处理方法。具有代表性的就是依据距离远近和选择有相似特征的城市来建立固体废弃物管理公会。这样的治理措施能有针对性地解决固体废弃物带来的城市污染。

在土壤环境方面，土耳其面临的问题有土地使用、土地过度侵蚀、农耕地锐减。虽然土耳其国土面积很大，但可利用的土地面积却十分有限，农耕地较少。为此，土耳其政府在欧洲环境委员会的援助下制定了综合的土地使用规划，并参与了欧洲委员会发起的 Corine 土地覆盖项目，同时在 GAP 开发项目中，实施了一系列的土地资源保护措施。

在核污染方面，目前土耳其国内并没有发生核泄漏以及大规模辐射的状况。但是最近几年，为了满足能源的需求，土耳其一直在致力于核电的发展，先后已有三处地址被提议建造核电站。虽然在建造核电站过程中，部分人会反对。但土耳其政府承诺重视核电安全，并签订了核安全条约和核不扩散条约。

在生态环境方面，土耳其有着特殊的生态系统，造就了丰富的生物多样性。然而，在工业化、城镇化快速发展的冲击下，生物多样性受到了前所未有的威胁，其中包括草原生态系统、农业生物多样性、海洋生物多样性、内陆水域生物多样性。为此，土耳其政府积极进行生物多样性的保护，制订国家计划、保护河流生物和水源地生态、拟定法律草案、建设国家生物多样性数据库等。

第三节 环境管理

一 环境管理体制

土耳其与环保有关的机构主要如下。

一是环境与城市规划部（Ministry of Environment and Urban Planning）。该部门于 2011 年 6 月 29 日改组成立，负责土耳其的环境、公共工程、城镇规划等事务。

二是森林与水资源管理部（Ministry of Forest and Water Management）。负责土耳其森林、动植物和水资源等相关事务。内设机构主要有：森林总局、国家公园及野生动植物总局、林业及农村事务总局、绿化及水土流失治理总局等。此外，还有自然保护与国家公园理事会、环境管理理事会、环境影响评价与计划理事会等。

三是能源与自然资源部（Ministry of Energy and Natural Resources）。全面负责土耳其的能源政策和能源项目审批，监督能源实施情况并评估其有效性。代表土耳其与其他国家相关部门洽谈能源合作项目。内设机构主要有：采矿工作总局、能源事务总局、可再生能源总局、原子能事务部、石油事务总局等。

四是国家水利工程总局（General Directorate of State Hydraulic Works）。其1953年成立，隶属于环境与城市规划部。

该局是土耳其水资源开发的首要执行机构，是负责水资源的总体规划、管理、施工以及运行的国家行政执行机构，具体职能范围包括：流域开发规划、为农业提供无污染水源、水力发电、大城市的市政及工业供水、水质改善、灌溉、防洪、河流整治及控制、环境治理及对水工设计和施工材料的研究。

该局行政组织分为管理层、部门办公室、区域办事处三个层级，前两者均在安卡拉，25个区域办事处则分散于土耳其的各地。

二　环境保护政策与措施

当前，土耳其的现行环保法律法规主要有：《环境法》《森林法》《空气质量控制条例》《水体污染控制条例》《噪音控制条例》《固体废弃物控制条例》《环境影响评估条例》《医用废弃物控制条例》《有毒化学物质和产品控制条例》《危险废弃物控制条例》等。

在环境保护方面，《森林法》等法律法规的宗旨是实现可持续发展，严禁侵害森林，严禁以各种名义缩小林地面积，除非公共利益需要，否则不得在林地中安装各种设施和从事项目建设，严控森林火险，政府鼓励自然人和法人种植森林，政府有义务免费提供树种。

在大气保护方面，《空气质量控制条例》规定自然人或法人要减少煤烟、烟尘、尘埃、有毒气体、悬浮微粒等的排放量。规定废气中污染物浓度的限度，尤其是发电厂要采取措施降低废气中的二氧化硫浓度，规定火力发电站的排放量上限为1000毫克/Nm^3。对于有害于健康或有害于设备使用的废气排放，需申请排放许可。

在水体保护方面，《水体污染控制条例》确定了水体保护的技术和法律原则，划分了保护区范围，制定了用于饮用水的水库、湖泊土地使用战略，以及向地表水和地下水中排放污水和处理污水的原则。同时，将地表水划分为4个等级，将地下水划分为3个等级。

在污染事故处理方面，相关规定散见于《民法典》《环境法》等法律法规中。保持环境、防止环境污染是国家和所有公民的义务，任何主体发现污染环境和破坏环境的行为或事故，均可要求（申请）行政当局阻止此类行为，行政当局可以处罚任何违反环保法律法规、污染环境、进口有毒废弃物、制造噪音、污染海域的自然人和法人，可采取的具体措施为停产、停止侵害、恢复原状、罚金。

在环境影响评估方面，《环境影响评估条例》对各类工程项目实施所导致的水、土壤、大气等方面的环境问题进行评估，并制定相关对策。所有重大工程、工业区以及独立项目在正式实施之前，必须通过环保部门审核。环保法律贯穿于工程开发的始终，而不是环境破坏后的补救。

除制定环保法律法规，土耳其还十分重视环境保护责任的落实。传统的"行政型"环保措施只关注过程和规则的合法性，土耳其的环保措施则是一种具有回应性的"管理型"执行制度，它关注环保措施的执行层面和结果实现，并引入公众参与。在土耳其，环境保护问题由中央和地方两级政府共同负责。中央政府各部委负责制定相关环境规章和做出司法解释，规章制度等则通过各地区政府和司法机构加以贯彻实施，包括各类官方环保组织和机构。根据土耳其宪法以及相关环境法的基本要求，土耳其政府、公民和一切社会团体均对环境保护负有责任。由此在责任落实层面上，通过法律确认的形式实现保护主体的多元化，这有利于调动实际保护主体的积极性，提高政策执行效率。1998~2006年土耳其已实施的国家环保战略、计划和项目如表12-18所示。

表12-18　1998~2006年土耳其已实施的国家环保战略、计划和项目

中文名称	英文名称	实施年份
《国家环境行动计划》	National Environmental Action Plan	1998
《植物基因多样性就地保存国家计划》	National Plan for In-Situ Conservation of Plant Genetic Diversity	2001
《国家生物多样性战略和行动计划》	National Biological diversity Strategy and Action Plan	2001
《国家21项目议程》	National Agenda 21 Programme	2001
《国家湿地战略》	National Wetland Strategy	2003

续表

中文名称	英文名称	实施年份
《土耳其国家森林项目》	Turkish National Forestry Programme	2004
《2003~2023年国家科技政策的战略文件》	National Science and Technology Policies 2003~2023 Strategy Document	2004
《土耳其防治沙漠化国家行动项目》	Turkish National Action Programme Against Desertification	2005
《国家环境战略》	National Environmental Strategy	2006
《国家农村发展战略》	National Rural Development Strategy	2006

三 小结

根据环保工作的分类，土耳其的环境保护机构主要有环境与城市规划部、森林与水资源管理部、国家水利工程总局、能源与自然资源部。土耳其于1983年就颁布了《环境法》，此法是保护环境、防止污染的总法。此后陆续有许多相关法规生效，主要有《森林法》《空气质量控制条例》《水体污染控制条例》《噪音控制条例》《固体废弃物控制条例》《环境影响评估条例》《医用废弃物控制条例》等，这些法规不仅强调对自然生态的保护，也极其关注人文社会环境的保护和建设，在环境建设和保护中扮演着不可或缺的角色。

土耳其实行一种更加具有回应性的"管理型"执行制度。这种执行制度更加重视环保责任的落实，并且引入公众的参与，用法律确认的形式实现环保主体的多元化。

第四节 环保国际合作

一 双边环保合作

（一）与中国的双边环保合作

中土合作潜力巨大、前景广阔。当前，两国合作在金融、基础建设、直接投资和旅游等领域取得长足进展（见表12-19）。土耳其总理埃尔多安曾提出两国贸易额在2020年实现1000亿美元的目标。两国在环保方面的合作也随之进一步发展中土双方将在节能减排、绿色经济、新材料等领域加强合作。

在环保设备贸易方面，中材节能股份有限公司承建土耳其 Akcansa 水泥公司 CNK 水泥窑余热发电项目（2011 年 9 月竣工），这是土耳其历史上第一个余热发电项目，是中材节能在土耳其承建的第一个余热发电项目。该项目将中国的新型环保技术引入土耳其，利用废气余热，每年可发电 1.05 亿千瓦时，每年可减少 6 万吨二氧化碳排放量。

在水资源领域，2008 年 10 月 27 日土耳其与中国签署《水资源领域技术合作备忘录》。其条款中提到要在国际泥沙中心与 DSI 技术研究与质量控制部（TAKK）之间开展双边合作与技术交流。

在环保科技交流方面，土耳其国家水利工程总局与国际泥沙中心合作顺利。国际泥沙研究培训中心（International Research and Training Center on Erosion and Sedimentation，IRTCES）是中国政府创办、联合国教科文组织资助的一个科学性质的国际机构，于 1983 年在联合国教科文组织 22 届大会（巴黎）上通过，于 1984 年 7 月 21 日在北京成立，总部设在中国科学院。其任务包括促进泥沙科学研究、组织国际培训班和国际学术讨论会、建立情报资料中心等。

表 12 - 19　中土已签订的协议

签订日期	协议名称
1971 年 8 月 4 日	《建立外交关系联合声明》
1972 年 9 月 14 日	《民用航空运输协定》（1986 年 12 月修订）
1974 年 7 月 16 日	《贸易协定》
1981 年 5 月 18 日	《贸易议定书》
1981 年 12 月 19 日	《经济、工业与技术合作协定》
1984 年 1 月 11 日	《土耳其广播电视管理局（TRT）和中国广播电影电视总局合作议定书》
1985 年 6 月 4 日	《安纳托利亚通讯社和新华通讯社合作议定书》
1988 年 4 月 26 日	《1988 年至 1990 年文化交流计划》
1989 年 3 月 6 日	《领事条约》
1989 年 12 月 24 日	《公务护照持有人互免签证协议》
1990 年 3 月 19 日	《标准化领域合作协定》
1990 年 10 月 14 日	《卫生领域合作协定》
1990 年 10 月 30 日	《科学技术领域合作协定》
1990 年 11 月 13 日	《关于投资互惠促进与保护协定》
1991 年 5 月 9 日	《旅游领域合作协定》

续表

签订日期	协议名称
1992年9月28日	《关于民事、商事及刑事司法协助协定》
1992年10月10日	《卫生领域合作协定》
1992年10月23日	《海运协定》
1993年11月9日	《文化合作协定》
1995年5月23日	《关于所得税避免双重征税和防止偷漏税协定》
1997年4月15日	《关于水资源开发合作议定书》
1997年11月13日	《关于外交部之间建立政治磋商机制谅解备忘录》
1998年11月8日	《1998年至2001年文化交流计划》
2000年2月14日	《打击跨国犯罪合作协议》
2000年4月4日	《检验合作协定》
2000年4月19日	《中华人民共和国与土耳其共和国联合公报》
2000年4月19日	《能源领域合作框架议定书》
2001年12月14日	《关于中国公民组团赴土旅游实施计划谅解备忘录》
2002年3月18日	《2002年至2005年文化交流计划》
2002年4月16日	《关于农业合作谅解备忘录》
2002年4月16日	《关于海关事务合作与互助协定》
2002年4月16日	《关于信息技术领域合作谅解备忘录》
2002年6月13日	《关于公共管理和人力资源开发合作谅解备忘录》
2005年6月27日	《关于建立工业产品质量和安全磋商及合作机制议定书》
2006年1月24日	《关于动物卫生与检疫合作协议》

资料来源：土耳其驻华使馆，http://beijing.emb.mfa.gov.tr/ShowInfoNotes.aspx? ID = 122030

（二）与其他国家的双边环保合作

在供水和卫生方面，土耳其主要的合作对象是法国和德国，主要是提供贷款和技术援助，改善基础设施，培训相关人员等。法国开发署（Agence Française de Développement，AFD）为土耳其城市的市政基础设施建设提供贷款补贴，如2009年AFD向伊斯坦布尔提供贷款1.2亿欧元、向开塞里提供2200万欧元、向科尼亚提供5000万欧元，以帮助这些城市进行基础设施建设，包括供水和卫生等基础设施，还提供了1600万欧元贷款帮助布尔萨污水处理厂进行污泥治理。

自20世纪80年代末到2006年，德国政府和国有开发银行深切关注土耳其最贫困地区，向土耳其提供了7.8亿欧元资助，并在供水和卫生方面提供了软贷款。具体合作由德国国际合作组织和开发银行共同执行。

德国向土耳其的几个城市（伊斯帕尔塔、塔尔苏斯、锡尔特、巴特曼、凡城、迪亚巴克尔、费特希耶、马拉蒂亚）提供了卫生项目资助，还向伊斯坦布尔和亚达那两座城市的供水项目提供技术和金融支持。1997年建成于安卡拉的第一座机械生物废水处理厂便得到了德国的资助。

二 多边环保合作

（一）已加入的国际环保公约

土耳其已加入的国际环保公约如表 12-20 所示。

表 12-20　土耳其已加入的国际环保公约

国际环保公约名称	加入时间
《联合国防治荒漠化公约》United Nations Convention to Combat Desertification	土耳其在 1997 年加入该公约，并向公约秘书处提交 2005 年准备的《防治荒漠化国家行动计划》。已建立国家协调单位
《黑海防污染公约》（布加勒斯特公约）Convention on the Protection of the Black Sea Against Pollution（Bucharest Convention）	黑海沿岸六国（保加利亚、格鲁吉亚、罗马尼亚、俄罗斯、土耳其、乌克兰）1992 年在布加勒斯特召开会议，签署《黑海防污染公约》，建立黑海委员会和常设秘书处，目的是防止船舶造成海洋污染
《联合国气候变化公约和京都议定书》United Nations Framework Convention on Climate Change（UNFCCC）and the Kyoto Protocol	土耳其于 2009 年 8 月 26 日成为缔约国
《濒危野生动植物国际贸易公约》Convention on International Trade in Endangered Species（CITES）	土耳其于 1996 年成为缔约国
《联合国生物多样性公约》Convention on Biological Diversity	土耳其于 1996 年签署该公约，并在 2007 年 2 月向公约秘书处提交了第三份国家报告
《保护地中海，防止污染的公约》（巴塞罗那公约）The Convention for the Protection of the Marine Environment and the Coastal Region of the Mediterranean（Barcelona Convention）	土耳其于 2002 年成为缔约国
《控制危险废料越境转移及其处置的巴塞尔公约》Basel Convention on the Control of Transboundary Movements of Hazardous Wastes and Their Disposal	土耳其在 1994 年成为缔约国，并于 2003 年批准公约修正案

（二）与国际组织的环保合作

欧盟。土耳其与欧盟的合作旨在借助欧盟的帮助，提高环境质量，达到欧盟环境保护标准和规则，为早日加入欧盟做准备。为了适应欧盟的环境法规，土耳其在诸多环境领域与欧洲环保局、欧洲信息与监测网进行合作，如水质改善、温室气体排放等领域。2014年6月24日，在土耳其首都安卡拉启动了一个欧盟资助的环保项目，目的是讨论大气、水资源、固体废弃物和生物多样性4个领域的战略环境评估报告（SEA），使其符合欧盟标准，同时帮助土耳其修改有关战略环境评估的草案章程，以期达到欧盟规定的准则。此外，该项目的目的还在于提升土耳其各阶层民众对环境影响评价的认识，并为土耳其环保方面的专家提供专业培训。在这一项目中，欧盟提供的金融资助超过9亿欧元。

联合国粮农组织。该组织是联合国系统内最早的常设专门机构，宗旨是提高人民的营养水平和生活标准，改进农产品的生产和分配，改善农村和农民的经济状况，促进世界经济发展并保证人类免于饥饿。

土耳其与联合国粮农组织的合作项目主要是旱地恢复计划。旱地森林在保护生物多样性、为珍稀动植物提供栖息地以及维护生态平衡等方面扮演着重要的角色。然而，由于森林乱砍滥伐、荒漠化的日益加重，加之不合理的土地政策和管理，旱地森林的面积锐减。为此，联合国粮农组织计划为恢复旱地森林制定规章制度。

旱地恢复计划项目始于2001年，重点在于林业合作。目标是保护森林地区；可持续地提供工业和能源产业所用木材，以满足国内需求；提供非木材产品；造林绿化，扩大国家公园和保护区。整个项目进程包括三部分：一是对土耳其当前林业状况进行概述；二是制定国家林业原则，实施跟进策略，以实现国家林业政策和目标；三是制订短期行动计划（2004~2008年）。

联合国环境规划署。该组织与土耳其的合作内容主要有：一是在签订有关环境问题的主要国际协议和公约方面提供大力帮助，如气候变化、生物多样性、防治荒漠化、危险废物的控制、臭氧层、濒危物种的非法贸易等国际协议；二是向土耳其提出政策建议；三是在联合国系统内提供指导和协调环境规划总政策，并审查规划的定期报告；四是促进环境信息的取得和交流。

世界银行。世界银行主要为土耳其的环境改善项目提供金融资助，通过金融资助，实现提高市政服务质量、改善环境的目的。比如，世界银行通过土耳其伊勒河银行资助执行一个市政服务项目，该项目于2005年启动，第一笔贷款金额为2.75亿美元，2010年又提供贷款2.4亿美元，为土耳其很多城市进行环保投资，包括安塔利亚（供水及污水排放）、代尼兹利（供水、污水排放及雨水排放系统)、开塞利（固体废物填埋）等。伊斯坦布尔市政服务项目于2007年获得批准并得到世行3.36亿美元的贷款，其中项目收益的43%用于改善供水系统和卫生设施。

日本国际协力机构。日本国际协力机构通过官方发展援助贷款和技术合作，满足土耳其发展环境、培养人才以及普及技术等方面的需要。主要合作方式是提供援助、技术合作、灾难紧急援助等。通过与土耳其共同设立技术合作项目，在一定期限内派遣日方专家、接收土方对口人员赴日进修，提供器材等多种合作形式，进行综合性技术合作。由于土耳其是一个地震多发的国家，日本国际协力机构还对土耳其的长期防灾准备做培训。2012年1月，日本国际协力机构与土耳其合作与协调机构签署了促进双方环保合作与技术合作的备忘录。

三 小结

土耳其一直积极参与国际合作，努力解决复杂的、与社会经济息息相关的环境问题。考虑到国家利益和社会经济条件，土耳其在全球和地区层面加入了很多有关保护环境的公约和协议，如气候变化、生物多样性、防治荒漠化、危险废物的控制、臭氧层保护、濒危物种的非法贸易等。

随着生产力的提高，以及人类利用和改造自然力度的加大，世界各国面临的环境问题也趋于相似。由此，借鉴别国治理环境问题的成功经验不失为一种提升本国环保能力的有效方式。通过对土耳其环境概况及治理措施的梳理和归纳，可以看出，土耳其政府偏重于制定并完善相关的环境法律或法例，制订中长期的环保规划，同时大力推进双边、多边以及与国际组织的环保合作。具体而言，土耳其在寻求资源开发和环境保护的平衡中，较为成功的代表即是东南安纳托利亚工程（Great Anatolia Project，以下简称GAP）。

GAP项目是一个围绕水资源开发所构建的流域整体开发计划，在其开发过程中形成了周密细致的环境保护体系，以严格的法律制度作保障，以缜密的环境调查为依据，以详细的保护规划为指导，以全面的保护措施为手段。一方面，它突出了对于区域优势资源——水资源的保护力度，另一方面，它对于当地人文环境特别是历史文化的保护也形成了较为成熟的方法，这种在流域开发过程中保护资源环境的方式值得我国借鉴。[①]

---

① 柴铎、刘学敏：《土耳其GAP项目中的环境保护模式对中国的启示》，http://www.paper.edu.cn，2010年。

第一，根据地区优势资源，建立区域环境发展模式。划定优势资源集中的地区为一个特定区域，对该区域进行科学合理的开发利用，采用统一协调的开发方式。在保证资源得到充分利用的同时，还能够对其进行合理的保护。现阶段，在我国一些资源大省的资源开发和利用中，尤其要注重可持续发展。

第二，在环保措施执行过程中，积极推动公众参与。GAP 采用向"水用户团体"进行灌溉设施产权转移的措施，借助当地民众自身利益最大化的需求来加强对水利设施的维护，特别是提高水资源节约和保护的效率。当资源的使用者和受益者有了一定的责任意识后，环境保护工作的实施将收到很好的效果。

第三，在保护自然环境的同时，不应忽视对人文环境的保护。虽然GAP 是一项大型的水利工程，但其在实施过程中，非常注重对人文环境的保护。除满足建设区域内的生产生活需要外，该项目还发展基础设施和公共服务，打造良好的社区人居环境，且采取措施尽可能保护地区的文物资源不受损坏。

参考文献及资料来源

[1]《星月之国土耳其》，http://www.mfa.gov.tr/united-nations-convention-to-combat-desertification.en.mfa。

[2] 许燕、施国庆：《土耳其环境保护与征地移民工作进展》，《水利水电快报》2009 年第 3 期。

[3] 柴铎、刘学敏：《土耳其 GAP 项目中的环境保护模式对中国的启示》，http://www.paper.edu.cn。

[4] Eckhard Plinke, Hans-Dietrich Haasis, Otto Rentz and Mecit Sivrioglu, "Analysis of Energy and Environment Problems in Turkey by Using a Decision Support Model", *Ambio* (2) 1990.

[5] 欧盟官网中有关土耳其的内容，包括：

http://www.eea.europa.eu/soer/countries/tr；

http://www.eea.europa.eu/soer/countries/tr/soertopic_view?topic = air%20pollution；

http://www.eea.europa.eu/soer/countries/tr/soertopic_view?topic = biodiversity；

http://www.eea.europa.eu/soer/countries/tr/soertopic_view?topic = land；

http://www.eea.europa.eu/soer/countries/tr/soertopic_view?topic = freshwater；

http://www.eea.europa.eu/soer/countries/tr/soertopic_view?topic = waste；

http://www.eea.europa.eu/soer/countries/find#c11 = FlexibilityReport&geo1 = http://rdf-data.eionet.europa.eu/ramon/countries/TR&geo1 = 。

第十三章
斯里兰卡环境概况

第一节 国家概况

一 自然地理

（一）地理位置

斯里兰卡民主社会主义共和国旧称锡兰，位于南亚次大陆以南的印度洋上，由斯里兰卡岛及附近岛屿组成。斯里兰卡地处北纬 5°55′~9°50′，东经 79°42′~81°53′，东临孟加拉湾，西隔马纳尔湾和保克海峡与印度相望，南为印度洋，处于连接中东与东亚海上交通线的要冲位置。斯里兰卡国土面积为 65610 平方公里，南北长 432 公里，东西宽 224 公里，海岸线 1340 公里，地处东 5.5 时区，当地时间比北京时间晚 2.5 个小时。斯里兰卡风景秀丽，素有"印度洋上的珍珠"之称。

（二）地形地貌

斯里兰卡国土的主体斯里兰卡岛大致呈梨形，中部隆起，四周向沿海地区倾斜，大致可以分为三个区：高原、平原地区和沿海地带。海拔 300 米左右的高原约占国土总面积的 2/3，主要位于主岛的中南部。全国最高点为海拔 2524 米的皮杜鲁塔拉格勒山。北部和沿海是平原。河流一般发源于中南部的高山地区，呈辐射状流向沿海地区。斯里兰卡最大河流为发源于岛屿中部、最终汇入亭可马里湾的马哈威利河，全长 335 公里。

（三）气候

斯里兰卡接近赤道，受海洋洋流影响大，属海洋性热带季风性气候，全年气温变化不大，平均温度为 28℃。但地区间温度差异较大，沿海地区为典型的热带气候，最高气温为 31.3℃，最低气温为 23.8℃，而山区的最高气温为 26.1℃，最低气温为 16.5℃。

斯里兰卡并无明显的四季之分，只有雨季和旱季的差别，雨季为每年 5 月至8月和11月至次年2月,即西南季风和东北季风经过之时。全国平均降水量约为2000毫米。中部山区和西南部降水丰沛,东北部与东南沿海降水相对较少。

二 自然资源

(一) 矿产资源

受地理、地质等条件所限,斯里兰卡矿产资源的种类和数量有限,主要矿石有宝石、石墨等。斯里兰卡有"宝石之国"的美誉,宝石主要集中在中南部的高山地区,有18大类、40~50种之多,其中不乏蓝宝石等名贵宝石。斯里兰卡石墨矿也十分丰富,其开发已有近200年的历史。云母矿种类虽较为齐全,但由于常年的风化作用,高品质的云母不多,大大降低了出口产品的竞争力。此外,还有钛铁、磷灰石、油气等资源。

(二) 土地资源

由于国土面积不大,斯里兰卡土地资源有限。其中,可耕地面积为400万公顷,占国土总面积的61%。在这些地区遍布着大片的茶园、橡胶园和椰子园。茶、橡胶和椰子是其经济收入的主要来源。依地势不同,三大作物产区分明。沿海最低处是椰林,地势稍高地区是橡胶林,山区则种植茶林。水稻在各个区域都有种植,其种植面积约为107万公顷,产量约为385万吨(2012年数据)。[①]

(三) 生物资源

斯里兰卡地形的多样性造就了其生物的多样性特征。斯里兰卡动植物种类极为丰富,是亚洲生物多样性最丰富的国家,也是世界上25个生物多样性热点地区之一。无论是植物还是动物,斯里兰卡当地特有物种的比例都相当高:岛上23%的开花植物和16%的哺乳动物都是当地特有物种。

斯里兰卡原是森林资源非常丰富的国家,有"森林之国"的美誉。然而近百年来,由于种植园的大面积开发,森林面积已减至约200万公顷,森林覆盖率为30%左右。斯里兰卡主要出产麻栗树、红木、黑檀、柚木、铁木等珍贵木材,还有大量的橡胶木和椰子木。

(四) 水资源

斯里兰卡是典型的热带气候,终年受季风影响,带来降雨。各地年均降水量为1283~3321毫米。受季节和地形的影响,斯里兰卡各地水资源分

[①] Department of Census and Statistics Finance and Planning, Statistical Data Sheet: "Sri Lanka 2013", http://www.statistics.gov.lk/DataSheet/Data%20Sheet%20_%20English.pdf.

布极为不均。国内共有 103 个独立的河流流域,其流域面积从 10 平方公里到 10000 平方公里不等,103 条河流中只有 17 条的流域面积超过了 1000 平方公里。年径流量约为 49.2 立方千米。全国最大的河流为全长 335 公里的马哈威利河。① 与地表水资源相比,斯里兰卡的地下水资源相对较少。斯最大的蓄水层位于西北部和北部的海岸地区,绵延 200 多公里。

三 社会与经济

(一)人口概况

斯里兰卡总人口约为 2033 万人(2012 年)。其中,僧伽罗族占 75%,泰米尔族占 16%,摩尔族占 9%。僧伽罗语、泰米尔语同为官方语言和全国语言,上层社会通用英语。居民 70.2% 信奉佛教,12.6% 信奉印度教,9.7% 信奉伊斯兰教,此外还有天主教和基督教。斯里兰卡人口分布不均,人口最密集的地区是西南部潮湿地区和中部高山地区。

(二)行政区划

全国分为 9 个省和 25 个区。9 个省分别为西方省、中央省、南方省、西北省、北方省、北中省、东方省、乌瓦省和萨巴拉加穆瓦省。首都科伦坡(Colombo)面积为 37.31 平方公里,人口为 75.3 万人,为斯里兰卡最大城市,也是全国的政治、商业和文化中心,素有"东方十字路口"之称。其他主要城市有康提、高尔、汉班托塔、亭可马里等。

(三)政治局势

斯里兰卡在 18 世纪末成为英国殖民地。1948 年获得独立,定国名锡兰。1972 年改称斯里兰卡共和国。1978 年改国名为斯里兰卡民主社会主义共和国。目前,斯里兰卡实行总统制,总统为国家元首、政府首脑和武装部队总司令,享有任命总理和内阁其他成员的权力,任期 6 年。现任总统为马欣达·拉贾帕克萨,自由党主席。议会为一院制,由 225 名议员组成,任期 6 年。主要政党有斯里兰卡自由党、统一国民党、泰米尔全国联盟、人民解放阵线等。

斯里兰卡独立后,曾经历 20 多年的内战,交战双方主要是斯里兰卡政府和泰米尔伊拉姆猛虎解放组织(又称猛虎组织)。猛虎组织谋求在斯里兰卡北部和东部建立一个独立的泰米尔伊拉姆国,被世界上 32 个国家列为恐怖组织。内战从 1983 年 7 月 23 日开始,直到 2009 年 5 月 18 日政府军击毙

---

① The Encyclopedia of Earth, "Water Profile of Sri Lanka", http://www.eoearth.org/view/article/156991/.

猛虎组织领导人普拉巴卡兰等之后结束,共造成7万多人死亡。内战结束至今,国内安全局势基本稳定,国家重建工作持续推进。然而,民族和解之路任重而道远,民族宗教冲突仍有可能激化。

猛虎组织被消灭后,西方国家不断在流离失所者的安置和人权等问题上向斯里兰卡施压,多次在联合国人权理事会上推动通过涉斯决议。斯方对此坚决反对。

(四) 经济概况

斯里兰卡是以种植园经济为主的农业国家,在南亚国家中率先实行经济自由化政策。近年来,斯里兰卡经济保持了稳定快速的增长。世界经济论坛《2013~2014年全球竞争力报告》显示,斯里兰卡在148个国家和地区中,排名第65位。2013年,斯里兰卡GDP为672亿美元,人均GDP为3280美元(见表13-1);官方外汇储备为74.95亿美元。2013年底,斯里兰卡政府以《马欣达愿景》为指导,制定了未来经济发展的纲领性文件——《不可阻挡的斯里兰卡——2020年未来展望和2014~2016年公共投资战略》(Unstoppable Sri Lanka 2020: Public Investment Strategy for 2014~2016),该规划是斯里兰卡中短期经济社会发展的行动指南。

表13-1 2008~2013年斯里兰卡宏观经济数据[①]

年份	2008	2009	2010	2011	2012	2013
GDP(亿美元)	407	420	495	592	597	672
增长率(%)	6.0	3.5	8	8.3	6.4	7.3
人均GDP(美元)	2014	2053	2399	2836	2923	3280

资料来源:斯里兰卡中央银行。

2013年,第一、第二和第三产业产值分别占GDP的10.8%、31.1%和58.1%。

农业。斯里兰卡农业以种植园经济为主,土地肥沃,气候条件优越,盛产热带经济作物。茶叶、橡胶和椰子是农业经济收入的三大支柱。然而,由于斯里兰卡农业生产成本高、生产率低、损耗大,加之非农业产值不断上升,农业产值在GDP中的占比一直呈下降趋势,从20世纪50年代的50%、70年代的35%、90年代的20%,进而下降到2013年的10.8%。农产品出口是斯里兰卡出口创汇的重要组成部分,创汇额占外汇收入的25%左右。

[①] 商务部:《对外投资合作国别(地区)指南:斯里兰卡》,2014。

工业。斯里兰卡工业基础相对薄弱。由于资源缺乏，大量工业原材料仍需从国外进口。斯里兰卡资金和技术密集型工业尚未形成，几乎没有重工业。目前主要有纺织、服装、皮革、食品、烟草、化工、石油、橡胶、塑料、非金属矿产品加工业及采矿、采石业。其中，纺织、服装业是国民经济的支柱产业和最重要的工业行业，也是斯里兰卡第一大出口创汇行业。另外，斯里兰卡宝石及加工世界闻名。

服务业。近年来，斯里兰卡政府利用国民识字率高、劳动技能训练有素的相对优势，努力把本国经济打造成为服务业导向型经济。服务业已发展为国民经济的主导产业，并已成为经济增长的主要驱动力，信息和通信业的发展势头尤为迅猛。

斯里兰卡重视双边和多边区域合作，重视发展与周边国家和新兴国家的经济合作。斯里兰卡与印度和巴基斯坦签署了自由贸易协定。目前，中斯自由贸易协定的可研工作已经完成，斯里兰卡还积极同日本、孟加拉国等开展自贸谈判。斯里兰卡是亚太贸易协定和南亚自贸协定成员国，与包括中国在内的27个国家签署了《双边投资保护协定》，与38个国家签订了《避免双重征税协议》。[①] 主要贸易伙伴有美国、英国、印度、中国、日本、德国等，其中，美国为斯里兰卡最大的出口市场。

外国援助一度在斯里兰卡经济生活中作用突出，几乎所有大型项目均依靠外援兴建。进入21世纪以来，外援有所下降。

四　军事与外交

（一）军事

斯里兰卡陆军、空军建于1949年，海军建于1950年。总统为武装部队总司令。最高国防决策机构为国家安全委员会，成员有国防部长、陆海空三军司令、警察总监等，主席由总统兼任。国防部为最高军事行政机构。武装力量由正规军和警察组成。正规军分陆、海、空三个军种。总统通过国家安全委员会、国防部和陆海空三军司令部对全军实施领导和指挥。总兵力约17万人，其中，陆军13.5万人、海军2万人、空军1.5万人；另有警察、国民辅助志愿队和家乡卫队约8万人。斯里兰卡与英国、印度军事关系密切。

（二）外交

斯里兰卡奉行独立和不结盟的外交政策，支持和平共处五项原则，反

---

① 商务部：《对外投资合作国别（地区）指南：斯里兰卡》，2014。

对各种形式的帝国主义、殖民主义、种族主义和大国霸权主义，维护斯里兰卡独立、主权和领土完整，不允许外国对本国内政和外交事务进行干涉。关心国际和地区安全，主张全面彻底裁军，包括全球核裁军，以及建立国际政治、经济新秩序。坚决反对国际恐怖主义，在联合国和南盟等组织内呼吁加强国际反恐合作。1998年1月签署了《联合国反恐怖爆炸公约》，成为该公约的第一个签字国。积极推动南亚区域合作，已同全球140多个国家建立了外交关系。

斯里兰卡独立之初，与英国关系密切，非常认同英联邦国家的身份。1994年前后，其外交政策更加均衡，重点在于争取国际社会对其解决国内民族问题的理解和支持。

五 小结

斯里兰卡位于南亚次大陆的印度洋上，由主岛斯里兰卡岛和附近岛屿组成，东临孟加拉湾，西面与印度隔海相望，地理位置十分重要。斯里兰卡属热带季风性气候，无明显四季之分。受季节及地形影响，其水资源分布极为不均。斯里兰卡岛总体上南高北低，国土面积不大，土地资源有限，生物多样性丰富，矿产资源虽不算丰裕，但宝石储量闻名全球。斯里兰卡是一个以种植园经济为主的农业国家，近年来经济保持了较为稳定和快速的发展。斯里兰卡实行西方的民主制，2009年内战结束后，持续推进国家重建工作，但民族和解之路任重道远。斯里兰卡在国际上奉行独立和不结盟的外交政策，积极推动南亚区域合作。

第二节 国家环境状况

一 水环境

（一）水资源概况

斯里兰卡属热带气候，降雨量在时间和空间上分布极为不均匀，明显受到热带季风的支配，主要集中在中央高地。其中，西坡降水量超过了5000毫米，东坡降水量少于3500毫米，而西北和西南低地的降水量只有935毫米左右。[①]

斯里兰卡的地表水资源较为丰富，年径流量约为49.2立方千米。103

---

① "Water Profile of Sri Lanka", http://www.eoearth.org/view/article/156991.

条河流流域覆盖了斯里兰卡岛 90% 的区域，长度在 100 公里以上的有 16 条，其中 12 条河流占到全国河流流量的 75%。流域面积超过 1000 平方公里的河流只有 5 条。最大的河流为马哈威利河，全长 335 公里。其次为阿鲁维阿鲁河，长度为 196 公里。斯里兰卡几条主要的河流集中在西南部，由于地形险峻、雨量充沛、河流水流量大、冲击力强，发展水电条件优越。西部沿海还有一些与海岸平行的运河。斯里兰卡境内有多个大型湖泊，其中最大的是巴提卡罗亚湖，面积约为 120 平方公里。

斯里兰卡最大的蓄水层位于西北部和北部的沿海地区，绵延 200 余公里。地下水作为一种相对便宜的替代或补给水源，被广泛应用。据统计，斯里兰卡约有 72% 的农村人口和 22% 的城镇人口的主要生活用水来自地下水。[1] 地下水也被广泛用于灌溉。斯里兰卡每年的农业用水、工业用水和家庭用水分别占到年度水资源总量的 83%、6% 和 5% 左右。[2] 据估计，全国每年抽取的地下水量高达 150 亿立方米。[3]

（二）水环境问题

斯里兰卡面临的水环境问题主要包括以下几点。

1. 水资源缺乏

斯里兰卡年人均有效淡水资源约为 2592 立方米，按照国际标准并不属于用水紧张国家。但在一些地区，缺水问题非常严重。造成干旱的主要原因是降水不均衡、大量地表径流蒸发损失、硬岩区地下与地表水库储水条件差、气候变化及人类活动等。[4] 尤其是随着经济的发展和人口的增长，对粮食、电力、水和卫生设施的需求也增长，这都对水资源造成了很大压力。尽管斯里兰卡政府组织修建了一批水利工程，但预计今后每年仍有 25 亿立方米的水资源短缺。[5]

水资源缺乏可能影响到斯里兰卡的政局稳定和社会安定。2009 年 7 月，泰米尔伊拉姆猛虎解放组织关闭了位于亭可马里东北的马维拉鲁大坝水闸，

---

[1]〔丹〕维尔霍斯，〔斯〕拉加索里亚：《斯里兰卡地下水资源管理面临的挑战》，《水利水电快报》2011 年第 4 期。

[2] "Sri Lanka's Middle Path to Sustainable Development through Mahinda Chintana-Vision for the Future", Country Report of Sri Lanka, United Nations Conference on Sustainable Development, http://sustainabledevelopment.un.org/content/documents/1031srilanka.pdf.

[3]〔丹〕维尔霍斯，〔斯〕拉加索里亚：《斯里兰卡地下水资源管理面临的挑战》，《水利水电快报》2011 年第 4 期。

[4]〔丹〕维尔霍斯，〔斯〕拉加索里亚：《斯里兰卡地下水资源管理面临的挑战》，《水利水电快报》2011 年第 4 期。

[5] 刘思伟：《水资源与南亚地区安全》，《南亚研究》2012 年第 2 期。

造成政府控制区内六万多人断水。据猛虎组织的解释，他们关闭大坝水闸的原因是政府没有为猛虎组织控制区建造水塔。①

2. 地下水超采

导致超采的部分原因是自20世纪80年代中期起，国家对地下水灌溉和地表与地下水结合灌溉进行补贴。水位下降、水量减少、水井恢复缓慢、水井和自然水流干涸、水井串扰等问题表明，这种模式是不可持续的。由于家庭和农业用水的过度开采，在沿海地区还发生了海水入侵现象。

3. 水污染

尽管斯里兰卡有着较为丰富的水资源，但是可利用水资源却因为污染而日益减少。造成地表水和地下水污染的主要原因是农业活动、工业废水和废渣、城市垃圾、生活污水等。特别是由于在种植农业作物时持续过量地使用化肥，加之采取地下水灌溉，斯里兰卡一些地区土壤和地下水中的硝酸盐水平超高。

斯里兰卡落后的卫生体系也是造成浅层地下水和水井大面积细菌污染的原因之一。斯里兰卡城市中只有约一半的地区实现了管道供水，而在乡村，80%的生活用水都源自掘井和管井，由于缺乏对水井的防护，污水很容易直接或沿外网垂直进入水井。家庭住宅的厕所往往和水井相隔很近，这增大了交叉污染的风险，尤其是在湿季地下水位上升的情况下，这种污染导致了与水或食物污染相关疾病发病率的升高，如伤寒、痢疾、传染性肝炎、腹泻和寄生虫感染等。2004年的印度洋海啸加剧了这一问题：海水泛滥和卫生设施损毁后污水的注入，造成了海岸含水层中地下水的大面积污染。事后的水质监测表明，几乎所有受影响地区水井中的地下水都出现了盐碱化和大肠杆菌污染，无法供人饮用。②

4. 水利设施老化

斯里兰卡的水坝网络由350个大中型水坝和12000个小型水坝组成。大部分水坝都存在老化问题和各种结构性缺陷，蓄水能力不足。这对居民的生命财产安全、生态系统都构成了潜在的威胁。

（三）治理措施

2013年底，斯里兰卡政府出台中短期经济发展纲领性文件——《不可阻挡的斯里兰卡——2020年未来展望和2014～2016年公共投资战略》，其

---

① 刘思伟：《水资源与南亚地区安全》，《南亚研究》2012年第2期。
② 〔丹〕维尔霍斯，〔斯〕拉加索里亚：《斯里兰卡地下水资源管理面临的挑战》，《水利水电快报》2011年第4期。

中明确提出，要加快干旱地区水资源项目建设，建设新的水利设施，减少无收益水损耗，提高安全饮用水覆盖率；加强水务管理体系建设，完善水价机制。①

为提高水资源的使用效率，提供安全的饮用水，政府在国际资助方的帮助下，采取了以下措施。

1. 节水

应对水资源消耗量巨大这一问题，特别是针对农业耗水量大的问题，政府改善了用水规划，吸收利益相关方参与水资源管理，扩大小型水库的供水，改善地下水的补给和恢复，实现农业灌溉系统的现代化（鼓励采取微灌技术），并根据当地的条件，种植生长周期短的高产稻米来实现减少耗水量的目的。② 上述措施取得了一定成效。

2. 减少水污染

斯里兰卡中央环境署（CEA）设有专门的水质监测处，对水体、工业废水等进行监测，收集基线数据，为环境部等部门制定水资源保护规范与标准以及修复受污染水体提供技术支持。③ 1998 年，斯里兰卡环境部开展了"清洁河流"（Clean River/Pavithra Ganga）项目，以保证国内水体的洁净。该项目主要的目标之一就是协助相关的地方政府维护主要水体的水质，使其符合使用标准。④ 为减少农业生产中化肥对水体的污染，政府提高了有机肥的产量，同时加大了对农民培训的力度以增加其环保意识。

3. 加强水利设施的建设和维护

2008 年 8 月，在世界银行的财政支持下，大坝安全与水资源规划项目（DSWRPP）启动。项目的主要目标是促进和改善国内水资源的开发和管理，减少水灾害，同时提高水利投资的效率。项目共包含三个子项目：大坝安全及运行效率改善、当前水利气象信息系统现代化和多部门水资源规划。⑤

总体说来，斯里兰卡的水管理，尤其是地下水管理尚处于起步阶段，

---

① 商务部：《对外投资合作国别（地区）指南：斯里兰卡》，2014 年。
② 《联合国世界水资源发展报告系列之三——案例研究卷（四十四）》，http://www.icec.org.cn/gjjl/fyyd/201009/t20100929_237971.html。
③ 摘自斯里兰卡中央环境署水质监测处网站：http://www.cea.lk/web/index.php/en/2013-05-07-07-51-07/environmental-pollution-contorl-division/water-quality-unit。
④ "Sri Lanka's Middle Path to Sustainable Development through Mahinda Chintana-Vision for the Future", Country Report of Sri Lanka, United Nations Conference on Sustainable Development, http://sustainabledevelopment.un.org/content/documents/1031srilanka.pdf, P17.
⑤ 〔斯〕Sudahrma Elakanda, Madusha Chandrasekera：《斯里兰卡水坝安全和水资源规划项目对堆石坝的特殊考虑》，《现代堆石坝技术进展》，2009 年。

尚未出台正式的水政策或水法，也没有建立基于综合的水资源管理的全国性规划和发展计划。只是在《国家环境法》、《国家环境条例》以及其他一些政府法令中对水管理有所提及。从 1996 年开始，政府数次为建立全国性水资源政策开展准备工作，但是至今未能成功。由于政策上的缺失，水质持续下降这一问题很难解决，也无法有效管理水资源利用并促使利益相关方参与水资源管理。在国家层面，有多个政府机构具有水管理职能，在地方上也有许多参与水管理的机构。在地下水问题上，由于没有明确界定其所有权和管理责任，也无法进行有效的管理。①

二 大气环境

（一）大气环境概况

和大多数发展中国家一样，斯里兰卡也受到大气污染的困扰。根据世界卫生组织的报告，斯里兰卡 2010 年的 PM10 和 PM2.5 浓度分别为 64 微克/立方米和 28 微克/立方米，均超出世界卫生组织的建议标准。② 由于斯里兰卡工业化水平相对较低，重工业不多，大气污染主要来自机动车排放和热电厂。

斯里兰卡陆上交通系统以公路为主（93%），③ 使用天然气等清洁能源的机动车数量不多，因此，车辆排放成为主要的大气污染源。其中，科伦坡市的机动车数量就占到了全国机动车总量的 60%。④ 日益增大的交通量、日趋严重的交通拥堵、车辆检测不到位及保养不善、路况不佳等因素加剧了机动车排放污染的状况。

从斯里兰卡能源结构来看，生物质燃料占 47%，石油占 45%，水力仅占 8%。⑤ 之前，水力发电曾占据斯里兰卡电力工业的主要地位。然而，1996 年降雨量减少导致电力供应不足，政府开始重视热力发电，热电的比重不断增加。目前，在斯里兰卡 2483 兆瓦的发电容量中，几乎有一半来自热能。这些

---

① 〔丹〕维尔霍斯，〔斯〕拉加索里亚：《斯里兰卡地下水资源管理面临的挑战》，《水利水电快报》2011 年第 4 期。
② "Ambient (outdoor) Air Pollution in Cities Database 2014", http://www.who.int/phe/health_topics/outdoorair/databases/cities/en/.
③ "Country Synthesis Report on Urban Air Quality Management: Sri Lanka, 2006", http://cleanairinitiative.org/portal/system/files/documents/srilanka_0.pdf.
④ Yatagama Lokuge S. Nandasena, Ananda R. Wickremasinghe and Nalini Sathiakumar, "Air Pollution and Health in Sri Lanka: A Review of Epidemiologic Studies", http://www.biomedcentral.com/content/pdf/1471-2458-10-300.pdf%7CAir.
⑤ "Country Synthesis Report on Urban Air Quality Management: Sri Lanka, 2006", http://cleanairinitiative.org/portal/system/files/documents/srilanka_0.pdf.

热电厂多为私人经营,其数量还呈上升趋势。① 新建热电厂的增多势必加重空气污染。

(二) 治理措施

早在1993年,斯里兰卡内阁就通过了《清洁空气2000行动计划》。该行动计划是世界银行"大城市环境改善项目"的一项成果。1994年,斯里兰卡在《国家环境(环境空气质量)条例》中首次制定了针对选定空气污染物的可容许空气环境质量标准。《国家环境行动计划(1998~2001)》中也有针对工业、能源等领域的空气污染问题和环境卫生问题的相关规定。2000年,斯里兰卡通过了《国家城市空气质量管理政策》。2001年7月,斯里兰卡森林与环境部专门成立了空气资源管理中心(Air Resource Management Center, AirMAC)。根据2005年世界卫生组织颁布的空气质量准则,斯里兰卡于2008年8月修订和公布了空气质量标准,包括PM10和PM2.5的标准。② 斯里兰卡还制定了固定源排放标准,该标准较为全面地涵盖了各种燃料、天然能源、化学元素和污染物。③ 斯里兰卡还加强了对空气质量的监测,监测主要由中央环境署负责。检测指标包括:一氧化碳、二氧化硫、氮氧化物、臭氧、颗粒物(PM10)等。④ 空气检测的重点是首都地区。

在治理机动车污染方面,2002年6月起,斯里兰卡开始逐步淘汰市场主流的汽油,并于2003年1月引进低硫柴油,2008年禁止了二冲程三轮车的进口,同年发起车辆排放检测项目倡议,这些都是控制市区空气污染的关键步骤⑤。

三 固体废物

(一) 固体废物问题

随着经济的发展和人口的增长,斯里兰卡固体废物的数量也不断增加。

---

① 〔斯〕尼哈尔:《斯里兰卡生活生产方式与环境保护的关系》,吉林大学硕士学位论文,2011年。
② Yatagama Lokuge S. Nandasena, Ananda R. Wickremasinghe and Nalini Sathiakumar, "Air Pollution and Health in Sri Lanka: A Review of Epidemiologic Studies", http://www.biomedcentral.com/content/pdf/1471-2458-10-300.pdf%7CAir.
③ 〔斯〕尼哈尔:《斯里兰卡生活生产方式与环境保护的关系》,吉林大学硕士学位论文,2011年。
④ R. N. R. Jayaratne, "Air Quality Issues in Sri Lanka", http://www.cseindia.org/userfiles/air_quality_issues_srilanka.pdf.
⑤ Yatagama Lokuge S. Nandasena, Ananda R. Wickremasinghe and Nalini Sathiakumar, "Air Pollution and Health in Sri Lanka: A Review of Epidemiologic Studies", http://www.biomedcentral.com/content/pdf/1471-2458-10-300.pdf%7CAir.

尤其是在城市地区，越来越多的垃圾成为影响城市环境的主要问题。科伦坡市面临着每天产生 1500 吨固体废物的严峻压力。从城市生活垃圾的主要组成物来看，其中有 80%～85% 都是有机垃圾，包括厨余垃圾和花园垃圾。其余的 15%～20% 则是纸、塑料、玻璃、金属和其他非有机物质。部分有机垃圾对环境产生巨大的影响，非常危险。①

斯里兰卡大部分城市都缺少合适的垃圾回收设施，更不用说对危险废物和医疗垃圾的处理了。政府通常的做法是将在居民区、商业区和工业区收集到的垃圾倾倒在郊区的垃圾场。但在路边、空地、河岸上常有固体废物被随意丢弃和非法倾倒，在一些地区成群的野生大象和猴子以垃圾为食。由于缺乏对固体废物的回收和适当处理，斯里兰卡居民常常遭受登革热的困扰。

（二）治理措施

在法律与政策制定层面，斯里兰卡环境部出台了《国家废物管理政策》(The National Waste Management Policy) 与《国家固体废物管理战略》(National Solid Waste Management Strategy)。1992 年，斯里兰卡批准了《控制危险废料越境转移及其处置的巴塞尔公约》。为执行该公约，斯里兰卡在国家层面出台了《执行危险废物管理条例与和谐系统规范的指导方针》(Guidelines for the Implementation of Hazardous Waste Management Regulations and Harmonized System Codes)。

斯里兰卡中央环境署环境污染防治司废物管理处主要负责危险废物治理、固体废物治理和化学治理的相关管理工作。② 2008 年，中央环境署与韩国国际合作署共同发起了旨在加强地方社区有机废物管理的 Pilisaru 项目 (the Pilisaru Programme)。2010 年，中央环境署发起了旨在收集和处理电子垃圾的国家电子垃圾管理项目 (The National E-waste Management Programme)。

2007 年，为了更好地实施国家固体废物管理的相关战略与政策，在日本国际协力机构的建议下，斯里兰卡地方政府与省议会部成立了国家固体废物治理支持中心 (NSWMSC)。该中心实施的主要项目有：建立和完善地方环境保护中心、建立粪便处理厂、改善垃圾填埋场等。③

此外，斯里兰卡私人部门也积极参与固体废物的管理。2007 年，斯里兰

---

① K. L. S. Perera, "An Overview of the Issue of Solid Waste Management in Sri Lanka", 2003.
② 摘自斯里兰卡中央环境署废物管理处网站：http://www.cea.lk/web/index.php/en/2013 - 05 - 07 - 07 - 51 - 07/environmental-pollution-contorl-division/waste-management-unit。
③ 摘自斯里兰卡地方政府与省议会部网站：http://www.lgpc.gov.lk/eng/? page_id = 1118。

卡国内最大的手机服务供应商提出手机垃圾计划（the Mobile Phone Waste, M-waste）倡议，即将收集、运输和存储国内废旧手机作为公司的一项产品延伸责任。一些其他电子供应商也通过为新品提供折扣的方式来鼓励民众妥善处置二手电子产品。[1]

四 土壤污染

（一）土壤环境概况

斯里兰卡国土总面积为65610平方公里，其中，领土面积为64630平方公里，领海面积为980平方公里。在土地使用上，耕地占18.29%，永久性作物用地占14.94%，其他为66.77%（2011年）。[2] 斯里兰卡有17种不同的土壤类型。其中，红褐土（淋溶土）是干旱地区最主要的土壤类型。在湿地和过渡地区，不同程度红土化的红黄灰化土（老成土）则是主要的土壤类型。[3]

近年来，不断增长的人口对有限的土地资源形成了压力。斯里兰卡人均土地面积由1981年的人均0.44公顷降至2011年的人均0.29公顷，未来这种下降趋势仍将继续。

（二）土壤环境问题

斯里兰卡土壤环境面临的最大问题是土地退化。具体表现为土壤侵蚀问题严重。据估计，斯里兰卡大约1/3的土地遭受土壤侵蚀，不同地区的侵蚀率从10%到50%不等。采伐森林是加剧土壤侵蚀的重要原因之一。斯里兰卡原是森林资源较为丰富的国家，但由于经济原因，不少森林被开垦为种植园或农业耕地，树木还常常被用作燃料和木材，造成森林面积不断减少，大大加剧了水土流失的风险。由于水力侵蚀的作用，耕地土壤中的营养物质被冲走，大面积耕地的肥力也日益下降，进而导致农作物减产。水力侵蚀还在河流的下游造成淤积问题。淤泥充塞水库，降低了水力发电的效率和大坝的寿命。[4]

---

[1] "Sri Lanka's Middle Path to Sustainable Development through Mahinda Chintana-Vision for the Future", Country Report of Sri Lanka, United Nations Conference on Sustainable Development, http://sustainabledevelopment.un.org/content/documents/1031srilanka.pdf.

[2] CIA, *The World Factbook: Sri Lanka*, https://www.cia.gov/library/publications/the-world-factbook/geos/ce.html.

[3] A. M. Mubarak, G. K. Manuweera, R. Senviratne, "Contaminants and the Soil Environment in Sri Lanka", 1996.

[4] 〔斯〕尼哈尔:《斯里兰卡生活生产方式与环境保护的关系》，吉林大学硕士学位论文，2011年。

土地退化和干旱也加大了斯里兰卡的荒漠化风险。虽然斯里兰卡并不在《联合国防治荒漠化公约》所列出的沙漠地区范围之内，但其还是于1998年正式加入了该公约。① 可以说，当前土地退化问题是影响斯里兰卡经济发展的主要问题之一。

(三) 治理措施

在政策层面，斯里兰卡国家发展政策框架——《马欣达的思索：未来展望》(*The Mahinda Chintana: Vision for the Future*) 和推进可持续发展进程的国家平台——《绿色斯里兰卡项目国家行动计划》(*National Action Plan for Haritha Lanka Programme*) 都将应对土地退化问题列为优先方向。②

1996年政府制定的《土壤保护法》(*Soil Conservation Act*) 明确指出了保护土壤资源不受破坏的措施、活动和研究方向。根据《土壤保护法》，有责任保护土壤资源的机构包括环境、土地开发、防务、高速公路、种植园、企业、财政部、市委员会、煤矿和矿物质、森林和灌溉等部门和机构。2002年，斯里兰卡环境部制订了一项综合性的国家行动计划来应对土壤退化和干旱的影响。该计划包括在土地退化的地区进行水土保持、草原保护，应对森林减少、森林退化，以及减少干旱的影响等内容。

为加强水土保持，斯里兰卡政府大力提倡人工造林，鼓励私人投资植树造林，商业造林作为一种经济上有效和可持续的木材生产方式被逐步纳入管理体系。③ 2011年，斯里兰卡内阁通过了全国性的年度植树项目——Dayata Sevana，④ 环境部倡议于每年的11月15日在全岛植树。斯里兰卡还建立了全国性的护林组织，制订了森林重点发展计划，从现有森林资源中划出100万公顷作为重点保护区。另外，斯里兰卡加强了与国际机构的合作。目前，其木材伐运状况已有所改观。

---

① "Sri Lanka's Middle Path to Sustainable Development through Mahinda Chintana-Vision for the Future", Country Report of Sri Lanka, United Nations Conference on Sustainable Development, http://sustainabledevelopment.un.org/content/documents/1031srilanka.pdf.

② "Sri Lanka's Middle Path to Sustainable Development through Mahinda Chintana-Vision for the Future", Country Report of Sri Lanka, United Nations Conference on Sustainable Development, http://sustainabledevelopment.un.org/content/documents/1031srilanka.pdf.

③ "Environmental Protection and Sustainable Development In Sri Lanka", http://www.thesundayleader.lk/2012/07/08/environmental-protection-and-sustainable-development-in-sri-lanka/.

④ "Sri Lanka's Middle Path to Sustainable Development through Mahinda Chintana-Vision for the Future", Country Report of Sri Lanka, United Nations Conference on Sustainable Development, http://sustainabledevelopment.un.org/content/documents/1031srilanka.pdf.

五 核污染

(一) 核辐射概况

目前,斯里兰卡不属于有核国家,但其政府已经开始考虑将核能纳入能源结构。

斯里兰卡对核辐射的担忧主要来自与之隔海相望的印度。印度发展核军备是斯印双边关系中的敏感问题。斯里兰卡一向反对发展核武器,主张实现印度洋和平区与印度洋无核区,但为了维持与印度的关系,并未对印度发展核军备做出过激反应。印度发展民用核能也引发了斯里兰卡的担忧。2012年,印度决定重启其南部泰米尔纳德邦库丹库拉姆核电站的建设。由于该电站距离斯里兰卡北部城市贾夫纳仅有150英里,斯政府认为这会使本国安全受到威胁,担心未来会发生类似日本福岛核事故的灾难。[①]

(二) 治理措施

斯里兰卡与印度就核电站安全问题进行了积极对话和沟通,低调处理了核安全争议。2012年10月,斯印还就民用核能全面合作进行了谈判,双方同意共同起草民用核能合作协议。2014年5月,双方进行了核能合作的第二轮谈判。

斯里兰卡还与俄罗斯在民用核能和核安全问题上进行了密切的合作。2013年7月,斯俄签署合作备忘录,包括核安全与辐射安全管理、在斯开发核技术基础设施等内容。根据该文件,俄罗斯将协助对斯里兰卡核科学家进行培训,俄罗斯还同意在核废料管理、核研究、核质料等方面向斯里兰卡提供专业知识。[②]

六 生态环境

(一) 生态环境问题

当前,斯里兰卡面临的主要生态环境问题如下。

① 气候变化对斯里兰卡生态环境造成严重威胁。斯里兰卡是一个岛国,也是各种自然灾害高发的国家,其中以山体滑坡、干旱和洪水最为频繁。斯里兰卡大多数自然灾害,尤其是水文灾害的发生都与气候变化有着直接关系。根据预测,未来二十多年,气候变化将造成斯里兰卡海平面升高半

[①] 《斯里兰卡威胁"报复"印度》,http://news.xinhuanet.com/world/2012-04/11/c_122962527.htm.
[②] "Sri Lanka to Enhance Nuclear Technology with Russia's Assistance", http://www.colombopage.com/archive_13B/Jul02_1372789509JV.php.

米，这会使旱地更旱，涝地更涝，海岸地区生态环境更加脆弱：红树林和珊瑚礁遭到破坏，生态系统和海洋生物退化，海岸附近地区淡水源盐碱化，居民房屋、基础设施和人身安全也将遭到威胁。气候变化还将造成气温升高和可用水减少，这对斯里兰卡农业生产构成重大威胁：未来 20~30 年内水稻或将减产 20%~30%。[①]

② 人类活动的增多对生态环境造成破坏和污染。斯里兰卡的人口不断增加，随之而来的是城市用地、农业用地和工业发展用地的扩张，砍伐森林、填埋湿地、倾倒城市垃圾、开采珊瑚礁、砍伐红树林等均对自然生态系统造成影响。乱砍滥伐是斯里兰卡面临的紧迫的环境问题之一。独立之后，斯里兰卡人口增加了两倍，天然林消失的速度不断加快。1990~2000 年，斯里兰卡每年失去约 26800 公顷的森林，每年的砍伐率高达 1.14%，2000~2005 年，砍伐率达到了 1.43%。当前，斯里兰卡天然森林的覆盖率只有 25%，该数字只有独立之初的一半，即便加上人工林，森林覆盖率也只有 30% 左右。[②]森林退化引发种种问题，除土壤侵蚀、山体滑坡、洪水、动植物退化之外，还对人类的生命财产带来损害。[③]

（二）治理措施

1993 年 11 月，斯里兰卡批准了《联合国气候变化框架公约》，成为首批批准该公约的 50 个国家之一。斯里兰卡制定了《适应气候变化国家战略》（National Climate Change Adaptation Strategy）和《公众信息和公众意识战略》（Public Information and Awareness Strategy）。为了应对气候变化带来的跨部门的挑战，2008 年，斯里兰卡环境与可更新能源部成立了一个气候变化秘书处，以应对气候变化带来的挑战。斯政府还积极参加与气候变化问题相关的地区多边合作，尤其是南亚区域合作联盟框架内的环境合作。

斯政府和国际环境组织还通过建立国家公园、自然保护区等措施解决生态环境问题，其中辛哈拉加森林保护区于 1988 年被载入世界遗产名册。其他公园包括亚拉国家公园、本拉达国家公园、霍顿平原国家公园、瓦斯加木瓦国家公园等。

[①] "Sri Lanka's Middle Path to Sustainable Development through Mahinda Chintana-Vision for the Future", Country Report of Sri Lanka, United Nations Conference on Sustainable Development, http://sustainabledevelopment.un.org/content/documents/1031srilanka.pdf.

[②] "Environmental Protection and Sustainable Development In Sri Lanka", http://www.thesundayleader.lk/2012/07/08/environmental-protection-and-sustainable-development-in-sri-lanka.

[③] Ram Alagan, "Sri Lanka's Environmental Challenges".

七 小结

在美国耶鲁大学和哥伦比亚大学发布的《2014全球环境表现指数》中，斯里兰卡环境状况在所调查的178个国家中排名第69位。[1] 当前，斯里兰卡面临的环境挑战主要包括土地利用规划不合理，砍伐森林，土地退化（土壤侵蚀、荒漠化），缺乏安全的饮用水，生物多样性丧失，温室气体排放和气候变化，自然灾害频发，自然资源管理不可持续，珊瑚礁和矿产开采，固体废物增多，环境污染（水、空气、土壤、噪声污染、海洋污染）等。

第三节 环境管理

一 环境管理机制

斯里兰卡环境保护的主管部门为环境与可再生能源部（MoE&RE，以下简称环境部）。该部在2001年之前名为森林与环境部（MoE&F），在2001年曾更名为环境与自然资源部（MoE&NR）。环境部并不依靠国家财政，而是通过污染罚款自筹资金。[2]

该部下设：行政管理司（Administration & Establishment Division）、空气资源管理和国际关系司（Air Resource Management & International Relations）、生物多样性司（Biodiversity Division）、气候变化秘书处（Climate Change Secretariat）、自然资源管理司（Natural Resources Management Division）、政策与规划司（Policies & Planning Division）、可持续发展司（Sustainable Development Division）、可持续环境司（Sustainable Environment Division）、推广和环境教育司（Promotion and Environmental Education）、国家臭氧联合会（National Ozone Union）、财务司（Finance Division）、人力资源发展司（Human Resource Development）、国内审计司（Internal Audit Division）和法务司（Legal Division）。[3]

具体执行的部门有：斯里兰卡中央环境署（Central Environmental Authority）、森林局（Forest Department）、国家宝石与珠宝署（National Gem and Jewellery Authority）、宝石与珠宝研究培训学院（Gem and Jewellery Research and

---

[1] "2014 Environmental Performance Index"，http://issuu.com/yaleepi/docs/2014_epi_report.
[2] "Mahinda Chinthana—Vision for the Future"，http://www.asiantribune.com/sites/asiantribune.com/files/Mahinda_Chinthana.pdf.
[3] 摘自斯里兰卡环境与可再生能源部网站，http://www.environmentmin.gov.lk/web/index.php?option=com_content&view=frontpage&Itemid=1&lang=en。

Training Institute)、地质调查和矿产局（Geological Survey and Mines Bureau）、海洋环境保护局（Marine Environment Protection Authority）、可再生能源局（Sustainable Energy Authority）、国家木材公司（State Timber Corporation）。[1]

其中，中央环境署是最主要的执行部门。该署成立于1981年，是根据1980年的《第47号国家环境法》而设立的。《第47号国家环境法》经过1988年和2000年的两次修订，赋予了中央环境署更大的监管权。其主要职责包括：取得环保许可证、环评、环境建议、信息服务、检测服务、预定的废物管理许可证、公众环境投诉等。中央环境署的主要部门包括：环境污染防治司（该司下设环境污染防治处、废物管理处、空气质量处和水质处）；环境管理与评估司（该司下设自然资源管理与监管处、环评处、研发处、环境经济事务处）；环境教育与环境意识司（该司下设环境教育处、环境媒体与宣传处、环境信息中心）；行政与财务司（该司下设行政处、人力资源处、财务处、信息技术处、投诉处）。[2]

另外，斯政府灾害管理部门的工作范围也涉及环境管理问题，这些部门包括：灾害管理部（MDM）、灾害管理中心（DMC）、国家减灾服务中心（NDRSC）、气象局、国家建筑研究组织（NBRO）等。[3]

二　环境保护政策与措施

（一）环保法律法规

斯里兰卡环境法律法规建设较早。1978年宪法中就规定了"斯里兰卡的每一位公民都有义务保护自然和保留自然的财富""为了全体公民的福祉，国家将保护、维持和改善环境"。[4]

1980年，《第47号国家环境法》作为环境保护的主要法律开始生效。该法为环境的保护、管理和改善提供了法律支持。根据该法，政府设立中央环境署为其执行机构。该法先后于1988年和2000年进行过修订。后来，为控制发展中带来的新的环境污染，斯里兰卡还颁布了《环境影响评价法》。

斯里兰卡环境保护的相关法律还包括：《动物疾病法》（*Animal Diseases*

---

[1] 摘自斯里兰卡环境与可再生能源部网站：http://www.environmentmin.gov.lk/web/index.php?option=com_content&view=article&id=120&Itemid=126&lang=en。
[2] 摘自斯里兰卡中央环境署网站：http://www.cea.lk/web/index.php/en。
[3] 摘自斯里兰卡政府网站：http://www.gov.lk/web/index.php?option=com_content&view=article&id=289&Itemid=340&lang=en。
[4] Dekshika Charmini Kodituwakku, "The Environmental Impact Assessment Process in Sri Lanka".

Act)、《动物法》(Animals Act)、《农药控制法（修正案）》(Control of Pesticides (Amendment) Act)、《2008 环境保护法》(Environment Conservation Levy Act 2008)、《动植物保护法》(Fauna And Flora Protection Act)、《渔业和水生动物资源保护法》(Fisheries and Aquatic Resources Act) 及修正案、《防洪保护法》(Flood Protection Act)、《森林保护法》(Forests Act)、《海洋污染防治法》(Marine Pollution Prevention Act)、《土壤保护法》 (Soil Conservation Act)、《2005 海啸法》(Tsunami Act 2005)、《水资源保护法》(Water Resources Board (Amendment) Act 1999) 以及《野生动物保护法》 (Wildlife Protection Society Act) 等。[1]

（二）环保政策制度

在国家的发展政策层面，斯里兰卡国家发展政策大框架——《马欣达的思索：未来展望》和推进可持续发展进程的国家平台——《绿色斯里兰卡项目国家行动计划》都涉及环保政策问题。其中，绿色斯里兰卡项目于 2009 年由环境部发起，其目标就是处理好经济发展中的环境问题，将环保引入经济发展进程。该项目所提出的主要任务包括：清洁空气、保护动植物和生态系统、应对气候变化、合理利用沿海地带和周边海域、合理利用土地资源、废物倾倒管理、清洁水供应、绿色城市、绿色工业、拥有可做出正确选择的知识。[2]

《国家环境政策》(National Environment Policy, 2003) 为斯里兰卡环境管理提供了一个总的框架。其他国家环境政策包括：《国家清洁生产政策》(National Cleaner Production Policy, 2004)、《国家空气质量管理政策》(National Air Quality Management Policy, 2000)、《国家生物安全政策》(National Environment Policy, 2003)、《国家森林政策》 (National Forestry Policy, 1995)、《国家大象保护政策》 (National Policy on Elephant Conservation, 2006)、《国家野生动物保护政策》 (National Policy on Wild Life Conservation, 2000)、《将沙子作为建筑业资源的国家政策》 (National Policy on Sand as a Resource for the Construction Industry, 2006)、《国家固体废物管理政策》 (National Policy on Solid Waste Management)、《国家湿地政策》 (National Policy

---

[1] 《斯里兰卡相关法律》，http://www.csaaetc.org/2011/1220/225.html。
[2] "Sri Lanka's Middle Path to Sustainable Development through Mahinda Chintana-Vision for the Future", Country Report of Sri Lanka, United Nations Conference on Sustainable Development, http://sustainabledevelopment.un.org/content/documents/1031srilanka.pdf.

on Wetlands，2005）等。①

三 小结

斯里兰卡《国家环境法》和《国家环境政策》及其附属相关文件为解决斯里兰卡当前面临的环境问题提供了一定的法律和政策框架。总的来说，斯里兰卡环境管理机构设置较为健全，法律和政策体系也较为完备。但贫困、人口压力、执行不力等问题影响了环保政策实施的效果。

第四节 环保国际合作

一 双边环保合作

（一）与中国的双边环保合作

自建交以来，中斯两国一直保持友好合作关系，在许多重大国家和地区问题上拥有广泛共识。

1998年12月，中斯两国环保部门签订了《中华人民共和国国家环境保护总局与斯里兰卡民主社会主义共和国森林与环境部环境保护合作协定》。该协定规定：双方在平等互利的基础上，实施与开展有关环境保护和合理利用自然资源的双边合作。具体合作领域包括：自然保护区的管理和生物多样性的保护；水污染及大气污染监测技术；环境教育、培训和宣传；环境科学技术研究；清洁生产；自然资源和环境保护的法律、法规、政策和标准，包括工业生产和产品的环境标准等。

2013年，斯中关系升格为战略合作伙伴关系。同年发表的《中华人民共和国与斯里兰卡民主社会主义共和国联合公报》中写道："双方同意进一步加强海洋领域的全面合作。对宣布建立海岸带和海洋合作联委会表示欢迎，将推进海洋观测、生态保护、海洋与海岸带资源管理等海洋领域的合作。"②

（二）与其他国家或地区的双边合作

1. 日本

日本方面主要通过直属外务省的国际协力机构（JICA）与斯里兰卡进行环保援助、人员培训和技术支持。灾害管理和气候变化是日斯环境合作

---

① 摘自斯里兰卡环境与可再生能源部网站：http://www.environmentmin.gov.lk/web/index.php?option=com_content&view=article&id=136&Itemid=127&lang=en。
② 《中华人民共和国与斯里兰卡民主社会主义共和国联合公报》，http://news.xinhuanet.com/world/2013-05/30/c_115970144.htm。

的重点领域之一。JICA 通过"凉爽地球伙伴关系"（Cool Earth Partnership）向斯政府提供技术支持。① 在废物管理方面，正是在 JICA 的建议下，斯里兰卡成立了国家固体废物治理支持中心。近年来，日本还加强了与斯里兰卡在海洋安保问题上的合作。据报道，日本国际协力机构从 2014 年起向斯里兰卡派遣专家，传授应对海上石油泄漏以及海难事故的经验，还计划在日本对相关人员进行培训。②

2. 韩国

近年来，斯里兰卡和韩国加强了在经济、能源、环境等方面的合作。2013 年，在科伦坡举办了"韩国—斯里兰卡环境合作论坛"，双方还签署了《环境发展协议》，协议内容包括：供给洁净的饮用水、改善卫生设施、改进排水管网和环境保护等。③

3. 挪威

2000 年，挪威与斯里兰卡签订了《防止海洋污染协定》。三年内挪方共拨付 1000 万挪威克朗援助斯里兰卡预防海洋污染局，以加强其对石油泄漏事故的处理能力。④

4. 欧盟

欧盟委员会曾对斯里兰卡马哈威利河工程与灌溉设施提供了援助。在欧盟的国家战略文件（2002～2006）中，将对斯里兰卡的开发援助改为经济合作。

二 多边环保合作

（一）已加入的国际环保公约

斯里兰卡积极参加国际环境合作，截至 2012 年，斯里兰卡已经批准了 36 个多边环境协议（MEA），包括《联合国生物多样性公约》《联合国气候变化框架公约》《京都议定书》《联合国防治荒漠化公约》《濒危野生动植物物种国际贸易公约》《控制危险废料越境转移及其处置的巴塞尔公约》《海洋法公约》《保护臭氧层维也纳公约》《国际防止船舶造成污染公约》

---

① 摘自日本国际协力机构网站，http://www.jica.go.jp/srilanka/english/office/about/overview.html。
② 《日本拟帮助斯里兰卡提高海上警备能力》，http://cn.nikkei.com/politicsaeconomy/politicsasociety/10792-20140827.html。
③ "Sri Lanka and Korea Ink Agreement on Environmental Development", http://www.itnnews.lk/?p=25784.
④ 王兰主：《斯里兰卡》，社会科学文献出版社，2004 年。

《萨拉姆湿地公约》《禁止为军事或任何其他敌对目的使用改变环境的技术的条约》等。①

此外，斯里兰卡还批准了包括《斯德哥尔摩宣言》《内罗毕宣言》《里约宣言》《华盛顿宣言》等在内的主要的环境宣言。斯里兰卡也承认《联合国宪章》《国际法院规约》《1969 年维也纳条约法公约》《联合国第 2625 号决议》以及 1970 年 10 月 24 日通过的《关于各国依联合国宪章建立友好关系及合作之国际法原则之宣言》。这些多边环境协议的实施牵涉到斯里兰卡外交部、商务部、渔业和海洋资源部、农业部、劳动部、野生动物署等重点部门。②

（二）与中亚地区的环保合作

斯里兰卡与中亚地区联系有限，至今尚未在中亚国家设立使馆。斯里兰卡驻俄罗斯使馆兼管哈萨克斯坦与乌兹别克斯坦事务。

（三）与上合组织的环保合作

2010 年，斯里兰卡获得了上合组织对话伙伴国地位。2012 年，斯里兰卡代表团出席了上合组织北京峰会，参加了上合组织文化部长第九次会晤。目前，斯里兰卡参与上合组织环保合作的实质内容有限。

（四）与国际组织的环保合作

1. 南亚合作环境项目（SACEP）

SACEP 成立于 1982 年，是南亚地区环境合作的政府间组织，意在改善南亚地区环境质量。现有斯里兰卡、阿富汗、不丹、孟加拉国、印度、马尔代夫、巴基斯坦和尼泊尔 8 个成员国，下设南亚环境和自然资源中心（SENRIC）、南亚珊瑚礁工作组（SACRTF）、南亚海洋计划、南亚生物多样性信息交换机制等。该组织与联合国环境规划署合作开展了清洁水资源、土地、森林、生物多样性、海洋和海岸管理等项目。

2. 南亚区域合作联盟（SAARC）

南亚区域合作联盟成立于 1985 年，现有斯里兰卡、孟加拉国、不丹、印度、马尔代夫、尼泊尔、巴基斯坦、阿富汗 8 个成员国。观察员国包括中、美、日、欧盟等 9 个国家和地区。南盟的主要任务是加速经济发展，提

---

① CIA, *World Fact Book*: *Sri Lanka*, https://www.cia.gov/library/publications/the-world-factbook/geos/ce.html.
② "Sri Lanka's Middle Path to Sustainable Development through Mahinda Chintana-Vision for the Future", Country Report of Sri Lanka, United Nations Conference on Sustainable Development, http://sustainabledevelopment.un.org/content/documents/1031srilanka.pdf.

高和改善本地区人民的生活福利，推动成员国之间的协作。环境合作是其主要合作领域之一。

1992 年，南盟成立了环境技术委员会，其主要职能是：审议地区研究提出的建议；确定行动的措施；决定具体的执行方式。2004 年前后，该委员会更名为环境和森林技术委员会。由于南亚地区自然灾害多发，南盟还建立了自然灾害快速反应机制（The SAARC Natural Disaster Rapid Response Mechanism）。

自 1992 年起，南盟已举行过多次环境部长例行会议，还曾在 2005 年 7 月和 2008 年 7 月分别就印度洋海啸和气候变化问题举行了特别会议。南盟国家在一系列环境和气候变化相关国际会议上采取了共同的立场。2009 年 10 月，第八次南盟环境部长会议通过了环境合作《德里宣言》，该宣言不仅指出了许多亟待解决的问题，还重申要在环境和气候变化领域加强区域合作。2009 年在《联合国气候变化框架公约》第 15 次缔约方会议上，斯里兰卡作为当年的主席国阐述了南盟国家在气候变化问题上的共同立场。在 2010 年第 16 次缔约方会议上，主席国不丹再次阐述了南盟共同立场。

南盟在环境合作方面通过的重要文件和宣言有：《南盟环境行动计划》（SAARC Environment Action Plan，1997）；《达卡宣言和南盟气候变化行动计划》（The Dhaka Declaration and SAARC Action Plan on Climate Change，2008）；《2006~2015 年灾害管理综合框架》（The Comprehensive Framework on Disaster Management，2006~2015）。2010 年 4 月召开的南盟第 16 届峰会以气候变化问题为主题，元首们通过了《气候变化廷布宣言》（The Thimphu Statement on Climate Change）。在这次峰会期间的外交部部长会议上，外交部部长们通过了《南盟气候合作公约》（SAARC Convention on Cooperation on Environment）。

南盟还与南亚环境合作项目（SACEP）、联合国国际减灾战略（UNISDR）、联合国环境规划署（UNEP）等建立了合作关系。[1]

3. 联合国开发计划署（UNDP）

过去，联合国开发计划署在斯里兰卡的活动主要集中在受国内冲突影响地区的恢复与重建上。当前《联合国开发计划署国家项目（2013~2017）》提出了两个重点合作领域，其中一个是环境可持续性与灾害恢复

---

[1] 摘自南亚区域合作联盟网站，http://www.saarc-sec.org/areaofcooperation/cat-detail.php?cat_id=54。

(ESDR)，具体包括：以生态系统为基础的自然资源管理、清洁能源、适应与减轻气候变化和降低灾害风险。主要项目有：斯里兰卡社区林业项目（Sri Lanka Community Forestry Programme）、推动可持续生物质能源生产与现代生物能源技术（Promoting Sustainable Biomass Energy Production and Modern Bio-Energy Technologies）、对实施一个更加安全的斯里兰卡路线图的战略支持（Strategic Support to Operationalizing the Road Map towards a safer Sri Lanka）、加强斯里兰卡对外来入侵物种引进和传播的控制能力（Strengthening Capacity to Control the Introduction and Spread of Alien Invasive Species in Sri Lanka）等。[①]

4. 亚洲开发银行（ADB）

亚洲开发银行对斯里兰卡的援助涵盖能源、公路、供水和卫生、教育、冲突后重建等领域。亚行与斯政府间的环境合作主要集中在水资源管理方面。2009年，亚行向斯里兰卡提供8500万美元的援助资金，用于斯里兰卡干旱地区城市用水及洁净水资源设施开发项目。[②]

5. 世界银行（WB）

世界银行在斯里兰卡的活动也集中在水资源领域，主要项目有"大坝安全与水资源规划"（DSWRPP）等。

三 小结

斯里兰卡积极参与双边和多边国际环保合作，主要目标是解决本国环境问题、促进环保事业的发展以及争取资金支持和技术援助。目前，斯已经签署和批准了多个国际环保协定和公约，涉及海洋、气候变化、生物多样性、荒漠化防治、废物管理等多个领域。斯里兰卡主要合作对象包括拥有资金、技术优势的欧洲和亚洲国家，还有南亚地区的区域组织、联合国框架内机构以及国际多边金融机构等。

中国和斯里兰卡同为发展中国家，面临着较为类似的环境问题和可持续发展任务。

① 节能、清洁能源、替代能源、可持续农业、环境监测、水资源综合管理、气候变化、防止海洋污染、环保能力建设等是双方可进行交流、合

[①] 摘自联合国开发计划署网站，http://www.lk.undp.org/content/srilanka/en/home/operations/projects/overview.html。

[②] 《亚行援助斯里兰卡干旱地区水资源项目》，http://www.mofcom.gov.cn/aarticle/i/jyjl/j/200907/20090706382801.html。

② 在我国有技术优势的领域，可对其进行环保技术支持或是环保技术共享。通过示范项目的方式，将较为先进的环境技术、设备和方法引入斯里兰卡，迅速提升其相关技术水平。

③ 双方环保部门、研究机构可通过联合研究、召开国际会议、共同实施培训计划等方式进行经验交流和人员交流。

参考文献

[1] 王兰：《斯里兰卡》，社会科学文献出版社，2004。

[2] 商务部：《对外投资合作国别（地区）指南：斯里兰卡》，2014。

[3] 〔丹〕维尔霍斯，〔斯〕拉加索里亚：《斯里兰卡地下水资源管理面临的挑战》，《水利水电快报》2011 年第 4 期。

[4] 《联合国世界水资源发展报告系列之三——案例研究卷（四十四）》，http:∥www.icec.org.cn/gjjl/fyyd/201009/t20100929_237971.html。

[5] 〔斯〕Sudahrma Elakanda, Madusha Chandrasekera：《斯里兰卡水坝安全和水资源规划项目对堆石坝的特殊考虑》，《现代堆石坝技术进展》2009 年。

[6] 〔斯〕尼哈尔：《斯里兰卡生活生产方式与环境保护的关系》，吉林大学硕士学位论文，2011 年。

[7] 《斯里兰卡威胁"报复"印度》，http:∥news.xinhuanet.com/world/2012-04/11/c_122962527.htm。

[8] 《斯里兰卡相关法律》，http:∥www.csaaetc.org/2011/1220/225.html。

[9] 《中华人民共和国与斯里兰卡民主社会主义共和国联合公报》，http:∥news.xinhuanet.com/world/2013-05/30/c_115970144.htm。

[10] 《日本拟帮助斯里兰卡提高海上警备能力》，http:∥cn.nikkei.com/politicsaeconomy/politicsasociety/10792-20140827.html。

[11] 《亚行援助斯里兰卡干旱地区水资源项目》，http:∥www.mofcom.gov.cn/aarticle/i/jyjl/j/200907/20090706382801.html。

[12] The Encyclopedia of Earth, "Water Profile of Sri Lanka", http:∥www.eoearth.org/view/article/156991/2008.

[13] "Sri Lanka's Middle Path to Sustainable Development through Mahinda Chintana-Vision for the Future", Country Report of Sri Lanka, United Nations Conference on Sustainable Development, http:∥sustainabledevelopment.un.org/content/documents/1031srilanka.pdf.

[14] "Ambient (Outdoor) Air Pollution in Cities Database 2014", http:∥www.who.int/phe/health_topics/outdoorair/databases/cities/en/.

[15] "Country Synthesis Report on Urban Air Quality Management: Sri Lanka", http:∥clean-

airinitiative. org/portal/system/files/documents/srilanka_0. pdf, 2006.

[16] R. N. R. Jayaratne, "Air Quality Issues in Sri Lanka", http://www.cseindia.org/userfiles/air_quality_issues_srilanka.pdf.

[17] Yatagama Lokuge S. Nandasena, Ananda R. Wickremasinghe and Nalini Sathiakumar, "Air Pollution and health in Sri Lanka: A Review of Epidemiologic Studies", http://www.biomedcentral.com/content/pdf/1471-2458-10-300.pdf%7CAir, 2010.

[18] K. L. S. Perera, "An Overview of the Issue of Solid Waste Management in Sri Lanka", in Martin J. Bunch, V. Madha Suresh and T. Vasantha Kumaran, eds., *Proceedings of the Third International Conference on Environment and Health*, 2003.

[19] CIA, *World Factbook*: *Sri Lanka*, https://www.cia.gov/library/publications/the-world-factbook/geos/ce.html.

[20] A. M. Mubarak, G. K. Manuweera, R. Senviratne, "Contaminants and the Soil Environment in Sri Lanka", 1996.

[21] "Environmental Protection And Sustainable Development In Sri Lanka", http://www.thesundayleader.lk/2012/07/08/environmental-protection-and-sustainable-development-in-sri-lanka/.

[22] "Sri Lanka to Enhance Nuclear Technology with Russia's Assistance", http://www.colombopage.com/archive_13B/Jul02_1372789509JV.php.

[23] 中国外交部网站：http://www.fmprc.gov.cn/mfa_chn/。

[24] 中国商务部网站：http://www.mofcom.gov.cn/。

[25] 中国国家林业局网站：http://www.forestry.gov.cn/。

[26] 中国驻斯里兰卡经商参处网站：http://www.mofcom.gov.cn/。

[27] 水信息网：http://www.icec.org.cn/。

[28] 斯里兰卡政府网站：http://www.gov.lk/。

[29] 斯里兰卡环境与可再生能源部网站：http://www.environmentmin.gov.lk/。

[30] 斯里兰卡中央环境署网站：http://www.cea.lk/。

[31] 斯里兰卡地方政府与省议会部网站：http://www.lgpc.gov.lk/。

[32] 亚洲开发银行网站：http://www.adb.org/。

[33] 世界银行网站：http://www.worldbank.org/。

[34] 联合国开发计划署网站：http://www.undp.org/。

[35] 联合国环境规划署网站：http://www.unep.org/。

[36] 世界卫生组织网站：http://www.who.int/。

[37] 美国中央情报局网站：http://www.cia.gov/。

[38] 欧盟委员会网站：http://eeas.europa.eu/。

[39] 南亚区域合作联盟网站：http://www.saarc-sec.org/。

[40] 南亚合作环境项目网站：http://www.sacep.org/。

图书在版编目(CIP)数据

上海合作组织区域和国别环境保护研究：2015／中国－上海合作组织环境保护合作中心编著． -- 北京：社会科学文献出版社，2016.6
（上海合作组织环境保护研究丛书）
ISBN 978－7－5097－8746－5

Ⅰ.①上… Ⅱ.①中… Ⅲ.①上海合作组织－环境保护－国际合作－研究 Ⅳ.①X

中国版本图书馆CIP数据核字（2016）第025794号

上海合作组织环境保护研究丛书
上海合作组织区域和国别环境保护研究（2015）

编　　著／中国－上海合作组织环境保护合作中心

出 版 人／谢寿光
项目统筹／周　丽　王楠楠
责任编辑／王楠楠

出　　版／社会科学文献出版社·经济与管理出版分社（010）59367226
　　　　　　地址：北京市北三环中路甲29号院华龙大厦　邮编：100029
　　　　　　网址：www.ssap.com.cn
发　　行／市场营销中心（010）59367081　59367018
印　　装／三河市东方印刷有限公司
规　　格／开　本：787mm×1092mm　1/16
　　　　　　印　张：23.5　字　数：406千字
版　　次／2016年6月第1版　2016年6月第1次印刷
书　　号／ISBN 978－7－5097－8746－5
定　　价／98.00元

本书如有印装质量问题，请与读者服务中心（010－59367028）联系

版权所有 翻印必究